镉锌污染土壤的超积累植物修复研究

骆永明　吴龙华　胡鹏杰　李　柱　蒋玉根　著

科 学 出 版 社
北　京

内 容 简 介

本书全面介绍了重金属超积累植物的筛选、景天科植物生长与生境特征；系统总结了景天科植物的重金属耐性与积累性、超积累植物（伴矿景天）的培育技术、农艺措施对修复植物生长和金属吸收的调控作用、超积累植物修复镉锌污染土壤的调控途径，同时也报道了镉锌污染土壤的超积累植物连续修复研究，以及修复植物安全处置技术原理。本书侧重于中轻度重金属（尤其是镉）污染农田土壤的植物修复，对土壤重金属污染的绿色修复技术的发展和农产品安全生产具有重要的学术价值和实践指导意义。

本书可作为土壤学、环境科学、农学、植物生理学、土壤修复等领域科研工作者、技术人员的参考书，也可作为高等院校、研究所相关专业研究生课程的参考教材。

图书在版编目（CIP）数据

镉锌污染土壤的超积累植物修复研究/骆永明等著. —北京：科学出版社，2015.11

ISBN 978-7-03-046180-3

Ⅰ. ①镉… Ⅱ. ①骆… Ⅲ. ①植物–应用–镉–重金属污染–污染土壤–生态恢复–研究 ②植物–应用–锌–重金属污染–污染土壤–生态恢复–研究 Ⅳ. ①X530.5

中国版本图书馆 CIP 数据核字（2015）第 259333 号

责任编辑：周　丹 / 责任校对：郭瑞芝
责任印制：徐晓晨 / 封面设计：许　瑞

科 学 出 版 社出版
北京东黄城根北街16号
邮政编码：100717
http://www.sciencep.com

北京凌奇印刷有限责任公司印刷
科学出版社发行　各地新华书店经销
*
2015 年 11 月第　一　版　开本：787×1092 1/16
2021 年 8 月第三次印刷　印张：18 3/8　插页：3
字数：445 000

定价：99.00 元

（如有印装质量问题，我社负责调换）

前　　言

土壤污染是我国土壤环境的主要问题，其中尤以土壤重金属污染更为突出。环境保护部、国土资源部于2014年4月17日公布的“全国土壤污染状况调查公报”显示，我国耕地土壤污染物点位超标率为19.4%，其中轻微、轻度、中度和重度污染点位比例分别为13.7%、2.8%、1.8%和1.1%，主要污染物为镉、汞、砷、铜、铅、铬、锌等。可见，镉是我国土壤重金属污染中的“头号”污染物。

土壤中镉、锌等重金属的污染可造成生态环境恶化，导致粮食减产和农产品重金属超标，最典型的是近年来报道的“镉大米”事件。防止土壤镉、锌等重金属污染，修复受重金属污染的农田土壤，确保粮食安全和生态系统健康，已成为我国乃至世界各国实现可持续发展的重大现实需求。

农田土壤重金属污染具有隐蔽性、潜伏性、不可逆性和难修复性等特征，关键在于防治，避免污染。对于已经污染的农田土壤，一般通过工程、化学、生物和农艺措施进行修复或调整利用。工程修复通常是指通过物理（机械）或物理化学方法对污染土壤进行工程化去除或稳定的一类技术措施，一般修复时间短，但成本高，例如客土法。化学修复通常是指通过化学、物理化学方法对污染土壤进行固定、稳定以降低迁移性和生物有效性的一类技术措施，一般修复见效快，但成本较高，污染物总量未减少，并具有再释放的风险，例如使用化学稳定剂等。生物修复通常是指利用一些具有特定功能的植物、微生物及动物通过快速吸收或挥发或稳定或阻隔等途径实现污染土壤净化或风险控制的目的，例如植物修复（种植超积累植物）或微生物修复（促进挥发的高效菌株）。农艺措施则包括控制土壤水分，选种抗污染的农作物品种，增施有机肥和选择合适形态的化肥，改变耕作制度或改为非粮食用地等。

植物修复是指利用绿色功能植物从土壤中快速吸取重金属或将其无害化而达到净化目的的方法，是一种环境友好、经济、高效的备受青睐的土壤环境生物修复技术。利用植物修复治理土壤重金属污染具有如下四大优点：①成本低；②不破坏土壤生态环境，能使土壤保持好的结构和肥力状态，可以边修复边生产；③通过对植物的集中无排放处理，不造成二次环境污染；④植物修复是一个自然过程，易为公众所接受。

十年前，我国缺少本土的能用于镉污染土壤修复的超积累植物。在研究过程中，往往采用国际上常用的遏蓝菜或印度芥菜等超积累或积累植物为研究对象，研究成果难以应用于我国实际镉污染土壤的修复。当时，作者课题组的一项工作是寻找我国本土的超积累植物。2005年，课题组通过调研发现了景天科的伴矿景天等植物，经水培、土培、田间试验验证及植物学特性检验，于2013年正式命名为景天科植物的新种，并证明它是一种镉锌超积累植物，具有多年生、可无性繁殖、生物量较大、生长速度快等特性，是适合镉锌污染土壤修复的良好资源。十年来，课题组及国内外合作研究小组，在国家973计划项目、国家自然科学基金项目、国家863计划项目、中科院创新工程方向项目、国际合作项目等的资助下，围绕镉锌污染土壤修复理论与技术创新需求，系统开展了景天科植物资源调查、伴矿景天植物习性和生长特性、伴矿景天的耐性和吸收性、伴矿景天超积累机制、伴矿景天连续修复技术及示范应用、修复植物的安全处置技术等方面的研究工作。

本书是我国也是国际上首部采用景天科超积累植物（伴矿景天）进行植物修复过程机理、技术原理与示范应用研究的专著，是作者课题组科研人员、博士后、研究生及合作者十年来有关研究工作的系统集成。研究工作包括重金属超积累植物的筛选、伴矿景天植物生长特性与培育技术、景天科植物的重金属耐性与积累性、农艺措施对修复植物生长和金属吸收的调控作用、镉锌污染土壤的超积累植物修复的化学、生物及农艺调控技术原理、镉锌污染土壤的超积累植物修复技术与示范、修复植物安全处置技术原理等方面，具有原创性、系统性和可应用性。我们认为，采用超积累植物——伴矿景天的植物修复技术，基于土壤化学形态与生物有效性调控，可以较快地净化轻中度镉污染农田土壤（特别是受镉污染的微酸性偏沙质土壤），达到国家《土壤环境质量标准》（GB15618—1995，二级），确保粮食生产与安全。为了让读者更好地了解我们的研究工作，促进植物修复与土壤修复学科的发展，本书基本保持了研究材料、方法、数据及结果的原始状态，分六章介绍了这些研究的进展，以期为我国土壤重金属（镉、锌）污染的植物修复技术研究发展和农产品安全生产提供借鉴。

本书内容框架由骆永明研究员、吴龙华研究员拟定和完成，全书由吴龙华统稿、骆永明审定。参加研究和撰写工作的主要科研人员、博士后、研究生及合作者有：骆永明，吴龙华（前言、结语、第一至六章）；毕德，王科，刘芸君，王松凤，周守标（安徽师范大学），贲爱玲（南京晓庄学院），郑蕾娜，蒋玉根（浙江省杭州市富阳区农业和林业局）（第一章）；李娜，徐礼生，李思亮，李柱，胡鹏杰，王耀东（the University of Melbourne，澳大利亚）（第二章）；沈丽波，蒋玉根，赵冰，任婧，能凤娇，罗凯（第三章）；李娜，崔立强，沈丽波，胡鹏杰，刘玲，能凤娇，尹永根（第四章）；李娜，李柱，刘玲，蒋金平（第五章）；钟道旭，李宁，陆胜勇（浙江大学）（第六章）。在此，一并致谢！在开展有关研究过程中，还得到了研究组其他同事（包括滕应、李振高、宋静、刘五星、章海波、黄玉娟、李秀华、过园、包梅芬等）和博士后、研究生们的支持和帮助，在此不一一列举，深表谢意！

由于作者水平有限，书中不足之处在所难免，敬请各位同仁批评、指正！

骆永明　吴龙华

2015 年 9 月于南京

目　录

第一章　重金属超积累植物的筛选与繁育

植物修复作为一种“绿色”的污染土壤治理手段，具有较高的生态效益、易于被大众接受，又有成本低甚至可获得一定经济回报等优点，也适应环境保护的要求与趋势，因而迅速成为国际研究热点，并且开始进入产业化初期阶段。植物修复的关键是超积累植物的筛选、鉴定和应用。

本章对我国现有超积累植物资源进行了统计，调查了浙江铅锌矿区的优势植物，并对伴矿景天的生物学特性和繁育技术进行了研究，旨在为伴矿景天实际应用提供技术参考。

第一节　超积累植物资源的筛选

在过去二十多年间，已报道的超积累植物有近 500 种，其中 70%以上是镍（Ni）超积累植物（Reeves et al., 2003），这些植物涵盖了 20 多个科，其中十字花科植物较多（Baker et al., 1995），研究主要集中于芸苔属（*Brassica*）、庭芥属（*Alyssums*）及遏蓝菜属（*Thlaspi*）。这些超积累植物大多是在气候温和的欧洲、美国、新西兰及澳大利亚的污染地区被发现的。相比而言，我国对于超积累植物的研究起步较晚，到 20 世纪 90 年代末期，中国学者才开始对超积累植物的调查研究。本节统计我国已报道的超积累植物，尤其是重金属超积累植物，旨在为重金属污染土壤的植物修复提供种质资源。

一、超积累植物的定义

超积累植物是指能够超量吸收和积累重金属的植物，英文为“hyperaccumulator”，最早见于 1974 年 Brooks 等有关新西兰和法属新喀里多尼亚（New Caledonian）地区镍超积累植物的报道（Brooks et al.，1974；Jaffré and Schmid，1974）。“Hyperaccumulator”的中文译法较多，主要包括超积累植物、超富集植物、超累积植物和超量积累植物等。“超积累植物”中文译法最早见于 1994 年的一个综述性介绍材料中（齐展，1994），1999 年开始“超积累植物”在中文文献中的出现总数超过 10 次。“超富集植物”一词最早出现于 2000 年（骆永明，2000）；陈同斌等 2005 年提出将其翻译成“超富集植物”更为合适，并列举了相关依据（陈同斌等，2005）。但近期的文献检索发现，自该文 2005 年 5 月发表至今仍然仅有约一半的文献采用“超富集植物”的提法。“超积累植物”、“超富集植物”等称谓并存可能有以下原因：①“hyperaccumulator”最早直译为“超积累植物”，并给出了相应的定义，已为部分学者所接受和采用；②后续报道的部分植物并未严格符合“hyperaccumulator”的超富集条件，但是也被同行所认可。如商陆是锰的超积累植物，但其地上部锰浓度低于根系（薛生国，2003）。鉴于历史积淀、学者的认识及我国植物修复领域相关研究最新进展，将“hyperaccumulator”译为“超积累植物”可能更为合适并为大家乐于接受和采用；也或许“超积累植物”、“超富集植物”的说法将长期并存。

无论译法如何，研究者们均认为重金属超积累植物需满足以下四个基本条件（Baker，1981；Baker and Brooks，1989；Baker，2000）：①很高的积累能力，植物叶片部分或地上部分（干重）中含镉（Cd）达到100mg/kg，含砷（As）、钴（Co）、铜（Cu）、镍（Ni）、铅（Pb）达到1000mg/kg，含锰（Mn）、锌（Zn）达到10 000mg/kg以上的植物；②转移系数（TF）：$S/R>1$（S和R分别指植物地上部和根部重金属的浓度）；③生物富集系数（BF），植物地上部生物富集系数（植物中某元素质量分数与土壤中元素质量分数之比）应大于1，至少当土壤中重金属浓度与超积累植物应达到的临界浓度标准相当时植物地上部富集系数大于1（Wei and Zhou，2004；魏树和等，2004；聂发辉，2005）；④耐性能力，植物对重金属具有较强的耐性，当土壤中重金属浓度高到足以使植物地上部重金属浓度达到超积累植物应达到的临界浓度标准时地上部生物量没有下降，植物也没有出现毒害效应。

对于积累植物来说，至少要满足以上条件的三个。然而，超积累植物和积累植物的最大区别是第一个标准，即积累能力。超积累植物叶片部分或地上部分（干重）必须满足Zn、Mn＞10 000mg/kg；As、Pb、Cu、Ni和Co＞1000mg/kg；Cd＞100mg/kg；金（Au）＞1mg/kg的条件，但这些条件却不是决定积累植物的先决条件，积累植物只需要满足植物地上部分重金属浓度呈现梯度上升变化即可。

二、超积累植物的种类

21世纪以来，我国报道的As、Zn、Cd、Cu、铬（Cr）、Mn超积累植物种类数量大幅度上升（表1.1），这些植物主要分布在重金属浓度极高的矿区，具有很高的重金属耐性且不表现出毒害效应。

（一）As超积累植物

蜈蚣草是世界上第一个As超积累植物，先后在美国和中国发现（Ma et al.，2001；陈同斌等，2002b）。该植物具有生长速度快、生物量大、分布广和多年生的特性，且具有很高的As污染土壤修复能力（陈同斌等，2002a）。继蜈蚣草后，同属于凤尾蕨科的其他几个As超积累植物也被发现报道（表1.1）。

（二）Zn和Cd超积累植物

已有4个科的5个种植物报道为Zn超积累植物（表1.1），由于Zn、Cd具有相似的地球化学作用，这些植物也具有忍耐Cd的能力。东南景天（景天科）是生长于古老铅锌矿区的Zn、Cd超积累植物（杨肖娥等，2002；Yang et al.，2004），是一种多年生肉质植物，具有生长快生物量大的特点，其地上部Zn、Cd浓度分别为29 000mg/kg和5000mg/kg。同科的伴矿景天表现出相似的Zn、Cd超积累能力（吴龙华等，2006，2007），因其具有很高的重金属耐性和Cd吸取能力而得到广泛关注。许多植物达不到超积累植物的标准，已被报道为潜在的超积累植物。然而，一些油料植物有积累Cd的能力，可能有潜在的污染土壤植物修复价值（苏德纯和黄焕忠，2002），很多农作物被筛选为超积累植物，但后来被证明没有积累重金属的能力。

（三）Cu 超积累植物

海州香薷是第一个被发现的 Cu 耐性积累植物（Tang et al.，1999；Yang et al.，2002），该植物在铜矿区具有很高的 Cu 耐性能力，地下和地上部分浓度分别为 700～800mg/kg 和 200mg/kg。海州香薷广泛分布于铜矿区，拥有很大的生物量，干物质量最高达 10t/hm^2，在水培条件下海州香薷地上部可以积累超过 Cu1000mg/kg 干重（Yang et al.，2002）。

（四）Mn 和 Pb 超积累植物

薛生国等（2003）报道商陆为 Mn 超积累植物，它是国内第一个被报道的 Mn 超积累植物，其最大累积量为 19 300mg/kg。随后，其他 10 个种也被报道为 Mn 超积累植物（表 1.1）。有些种被报道为 Pb 积累植物，它们表现出了吸取修复 Pb 污染土壤的能力（表 1.1）。

（五）Cr 超积累植物

李氏禾是国内报道的仅有的 Cr 超积累植物。它是一种多年生植物，生长于电镀厂、尾矿边缘或溪边，其 Cr 积累量达 1787mg/kg（1084～2978mg/kg）（张学洪等，2006）。

表 1.1　中国已报道超积累植物

元素	科名	种名	报道年份	报道人
As	凤尾蕨科	蜈蚣草	2002b	陈同斌等
		大叶井口边草	2002	韦朝阳等
		凤尾蕨	2007	Wei 等
		傅氏凤尾蕨	2007	Wei 等
		斜羽凤尾蕨	2007	Wang 等
Cd	堇菜科	宝山堇菜	2003	刘威等
	茄科	龙葵	2004	魏树和等
	桑科	岩生紫堇	2005	祖艳群等
	十字花科	圆锥南芥	2005	汤叶涛等
	景天科	东南景天	2004	Yang 等
		伴矿景天	2007	吴龙华等
		皖景天	2009	Xu 等
	商陆科	商陆	2006	聂发辉等
	莎草科	水葱	2007	李硕等
	蔷薇科	长柔毛委陵菜	2007	胡鹏杰等
	十字花科	球果焯菜	2008	魏树和等
	苋科	苋菜	2009	Fan 和 Zhou
	菊科	三叶鬼针草	2009	Sun 等
		滇苦菜	2009	Tang 等
	桔梗科	半边莲	2009	Peng 等
	忍冬科	忍冬	2009	Liu 等

续表

元素	科名	种名	报道年份	报道人
Cd	石竹科	粘萼蝇子草	2009	Wang 等
	酢浆草科	杨桃	2009	Li 等
	苋科	籽粒苋	2010	李凝玉等
		绿穗苋	2010	Zhang 等
	菊科	红花	2010	Shi 等
Cr	禾本科	李氏禾	2006	张学洪等
Cu	鸭跖草科	鸭跖草	1999	Tang 等
	石竹科	蝇子草	2001	束文圣等
	唇形科	海州香薷	2002	Yang 等
Mn	商陆科	商陆	2003	薛生国等
		美洲商陆	2008	Peng 等
	禾本科	草地早熟禾	2006	Liu 等
		狗牙根	2007	范稚莲等
	蹄盖蕨科	菜蕨	2007	范稚莲等
	莎草科	香附	2007	范稚莲等
	蓼科	水蓼	2007	王华等
		杠板归	2011	王钧
		伏毛蓼	2010	Deng 等
	山茶科	木荷	2008	Yang 等
Pb	藜科	土荆芥	2004	吴双桃等
	十字花科	圆锥南芥	2005	汤叶涛等
	菊科	两面刺	2005	祖艳群等
		密毛白莲蒿	2009	赵磊
		白莲蒿	2009	赵磊
	紫草科	滇紫草	2009	Wang 等
	堇菜科	宝山堇菜	2010	Wu 等
Zn	景天科	东南景天	2002	杨肖娥等
		伴矿景天	2007	吴龙华等
	十字花科	圆锥南芥	2005	汤叶涛等
	蔷薇科	长柔毛委陵菜	2006	Qiu 等
	菊科	滇苦菜	2009	Tang 等

第二节　铅锌矿区优势植物调查及重金属耐性

超积累植物具有很强的重金属忍耐和吸收能力，植物地上部重金属浓度一般为普通植物的 10～500 倍（Jaffré et al.，1976；Brooks et al.，1979；Shen and Liu，1998），这也是利用植物提取土壤中重金属污染物的基础（McGrath et al.，1993；Baker et al.，1994；McGrath，

1998）。金属型植被通常对污染元素具有较高的耐性（Ernst et al.，1989），超积累植物很少单独以个体栖息分布于野外，多以群落方式聚集，主要在矿山区、成矿作用带、富含金属元素岩石风化而成土壤上（Brooks，1998）。因此，对矿区露头、矿渣堆及废弃的尾矿库等金属异常区上自然生长的植物进行调查研究是超积累植物筛选的有效途径之一。

本节对浙江省境内六个铅锌矿区进行了植被和土壤调查，采样分析了植物的 Cu、Zn、Pb、Cd 吸收特点，以期发现新的重金属超积累植物或耐性植物，并对其污染土壤净化潜力作初步探讨。

一、调查区植物种类

在浙江富阳上台门铅锌矿尾矿堆上采集的植物样品有：白背叶野桐[*Mallotus apeltus*（Lour.）Muell. Arg.]，葛藤［*Pueraria lobata*（Wild.）Ohwi］，紫藤［*Wisteria sinensis*（Sims）Sweet］，苎麻［*Boehmeria nivea*（L.）Gaud］，鸡矢藤［*Paederia scandens*（Lour.）Merr.］，高粱泡（*Rubus lambertianus* Ser.），金樱子（*Rosa laevigata* Michx），白茅[*Imperata cylindrica*（L.）Beauv. var. *major*（Nees）Hubb.］，东南景天（*Sedum alfredii* Hance），爪瓣景天（*Sedum onychopetalum* Frod），野艾蒿（*Artemisia lavandulaefolia* DC.），苦荬菜（*Ixeris polycephala* Cass.），一年蓬（*Erigeron annuus* Annui），蕨［*Pteridium aquilinum*（L.）Kuhn var. *latusculum*（Desv.）Underw］，荠菜［*Capsella bursapastoris*（L.）Medic］，鸭跖草（*Commelina communis* L.），博落回[*Macleaya cordata*（Willd.）R. Br. ex G. Don.］，小果博落回［*Macleaya cordata*（Maxim.）Fedde］，野雉尾金粉蕨［*Onychium japonicum*（Thunb.）Kunze］和盐肤木（*Rhus chinensis* Mill.）。

在天台大岭口铅锌银矿古冶炼渣堆上采集的植物样品有：杠板归（*Polygonum perfoliatum* L.），木防己［*Cocculus trilobus*（L.）DC.］，硕苞蔷薇（*Rosa bracteata* Wendl），珠芽景天（*Sedum bulbiferum* Makion），旋复花[*Inula japonica* L.var. *chinensis*（Rupr.）Reg.］和芒萁［*Dicranopteris dichotoma*（Houtt.）Nakai］。

在淳安潘家铅锌矿废弃尾矿堆下方小溪两边采集的植物样品有：博落回，垂盆草（*Sedum sarmentosum* Bunge）和景天属一种（*Sedum* sp.）。

在富阳导岭铅锌矿垂直矿口附近的菜地上采集植物样品有：香青（*Anaphalis sinica* Hance），商陆（*Phytolacca americana* Roxb.），小根蒜（*Allium macrostemon* Bunge），插田炮（*Rubus coreanus* Miq.），白背叶野桐，藓状景天（*Sedum polyticoides* Hemsl），东南景天和葛藤。

在诸暨姚王铅锌矿遗弃的尾矿堆上采集的植物样品有：五节芒和皖景天（*Sedum jinianum*）。

在龙泉铅锌矿上采集的植物样品有：鸭跖草，狗脊蕨［*Woodwardia japonica*（L.f.）Sm.］和奇蒿（*Artemisia anomala* S. Moore）。

二、调查区土壤重金属浓度、植物的重金属浓度及富集系数

土壤重金属浓度最高的为 Zn[（7780±1359）mg/kg]，其他依次为 Pb[（7482±1243）mg/kg]、Cu[（374±55）mg/kg]、Cd[（182±113）mg/kg]；植物重金属浓度最高的为 Zn[（1091±457）mg/kg]，其他依次为 Pb[（47.0±16.5）mg/kg]、Cd[（26.4±15.6）mg/kg]、Cu[（16.1±2.1） mg/kg]；各植物地上部的重金属富集系数无显著差异（表 1.2），与《土壤环境质量标准》（GB 15618—1995）（pH＞6.5 时，Cu、Zn、Pb、Cd 的三级标准值分别为 400、500、500、1.0mg/kg）和《食物质量标准》（CAPM，NY 525—2002，1998）（Cu、Zn、Pb、Cd 分别为 10、50、0.4、0.2mg/kg）相比，本次所调查的矿区土壤重金属 Zn、Pb、Cd 总量均远高于国家土壤环境质量三级标准值，矿区植物体内 Zn、Pb、Cd 浓度也远远超《食物质量标准》（CAPM，NY 525—2002，1998）。

表 1.2 矿区优势植物及土壤中重金属浓度及优势植物富集系数 （单位：mg/kg）

矿区名	植物名称	Cu			Zn			Pb			Cd		
		植物	土壤	富集系数	植物	土壤	富集系数	植物	土壤	富集系数	植物	土壤	富集系数
上台门	白背叶野桐	10.4	184	0.06	108	3557	0.03	146	8196	0.02	2.68	33.4	0.08
	葛藤	8.60	192	0.04	111	9417	0.01	10.3	9222	0.00	0.54	83.0	0.01
	紫藤	9.00	104	0.09	99	1577	0.06	4.30	1036	0.00	0.69	12.2	0.06
	苎麻	11.0	322	0.03	120	25 854	0.00	8.30	24 524	0.00	0.34	270	0.00
	鸡矢藤	9.90	74.0	0.13	164	605	0.27	6.90	720	0.01	0.48	2.10	0.23
	高粱泡	11.5	565	0.02	137	19015	0.01	6.50	12 748	0.00	3.18	185	0.02
	金樱子	16.7	136	0.12	75.0	3674	0.02	3.80	3048	0.00	0.41	41.8	0.01
	白茅	7.10	354	0.02	73.0	34 347	0.00	7.90	32 749	0.00	1.41	361	0.00
	东南景天	15.8	759	0.02	4423	16610	0.27	167	17 305	0.01	14.9	172	0.09
	爪瓣景天	18.3	749	0.02	3351	27 162	0.12	135	18 030	0.01	5.05	256	0.02
	野艾蒿	10.6	75.0	0.14	67.0	248	0.27	3.50	144	0.02	1.52	1.90	0.80
	苦荬菜	8.50	778	0.01	105	10 957	0.01	27.0	21 383	0.00	13.8	83.2	0.17
	一年蓬	9.00	320	0.03	148	4699	0.03	52.0	22 645	0.00	7.34	21.8	0.34
	蕨	10.7	408	0.03	104	11 810	0.01	9.60	8772	0.00	2.81	96.1	0.03
	荠菜	7.30	95.0	0.08	126	4756	0.03	7.90	4839	0.00	3.75	45.1	0.08
	鸭跖草	18.3	273	0.07	655	16 370	0.04	308	15 749	0.02	5.58	149	0.04
	博落回	4.90	358	0.01	266	21 729	0.01	14.7	16 565	0.00	2.94	202	0.01
	小果博落回	6.40	79.0	0.08	138	906	0.15	1.50	907	0.00	0.03	8.10	0.00
	野雉尾金粉蕨	16.4	315	0.05	137	25 972	0.01	2.00	12 851	0.00	8.72	281	0.03
	盐肤木	6.10	171	0.04	44.0	5174	0.01	2.70	1951	0.00	0.96	39.0	0.02
大岭口	杠板归	28.4	554	0.05	1512	3456	0.44	24.6	4052	0.01	1.94	6.93	0.28
	木防己	8.90	365	0.02	177	2342	0.08	15.2	3351	0.00	0.20	3.57	0.06
	硕苞蔷薇	10.1	190	0.05	64.0	1656	0.04	4.20	2109	0.00	0.05	2.35	0.02
	珠芽景天	19.0	1490	0.01	1066	6215	0.17	16.6	1232	0.00	2.59	9.07	0.29
	旋复花	25.6	641	0.04	1330	2871	0.46	7.20	4561	0.00	4.36	5.45	0.80
	芒萁	7.00	1309	0.01	120	5053	0.02	59.6	8020	0.01	0.88	7.57	0.12

续表

矿区名	植物名称	Cu			Zn			Pb			Cd		
		植物	土壤	富集系数	植物	土壤	富集系数	植物	土壤	富集系数	植物	土壤	富集系数
潘家	博落回	35.9	437	0.08	219	4018	0.05	17.5	1972	0.01	0.70	59.9	0.01
	垂盆草	13.9	159	0.09	117	759	0.15	5.80	121.3	0.05	3.70	4.40	0.83
	景天属一种	10.5	1421	0.01	13 665	663	20.6	9.10	138.9	0.07	567	2.90	194
导岭	香青	6.50	76.0	0.09	146	530	0.28	12.5	328	0.04	0.60	3.10	0.19
	商陆	14.4	82.7	0.17	144	249	0.58	22.9	163	0.14	0.10	0.20	0.50
	小根蒜	18.4	37.7	0.49	268	4589	0.06	33.5	4340	0.01	2.80	29.8	0.09
	插田炮	7.70	78.1	0.10	125	4352	0.03	10.0	2275	0.00	2.50	6.60	0.38
	白背叶野桐	33.5	53.2	0.63	489	1002	0.49	24.7	680	0.04	1.40	3.20	0.44
	藓状景天	24.8	50.2	0.49	837	1512	0.55	58.7	784	0.07	1.30	3.50	0.37
	东南景天	81.1	290	0.28	1099	16 484	0.07	62.8	13 977	0.00	43.5	158	0.27
	葛藤	24.8	116	0.21	86.9	9787	0.01	25.8	9257	0.00	46.4	16.7	2.78
姚王	五节芒	4.40	264	0.02	155	3290	0.05	13.7	2610	0.01	2.06	73.9	0.03
	皖景天	37.3	659	0.06	13 568	9894	1.37	614	5987	0.10	349	4789	0.07
龙泉	鸭跖草	20.1	264	0.08	117	660	0.18	4.90	798	0.01	0.70	22.6	0.03
	狗脊蕨	16.7	390	0.04	35.8	2159	0.02	4.70	1798	0.00	0.20	53.9	0.00
	奇蒿	10.2	457	0.02	36.8	789	0.05	0.90	1229	0.00	0.10	19.6	0.01
	平均值	16a	373b	0.10a	1091b	7780a	0.65a	47.0a	7482a	0.02a	26.0a	181a	5.01a
	最小值	4.4	37.7	0.01	35.8	249	0.01	0.9	121	0	0.03	0.20	0
	最大值	35.9	1491	0.63	13 665	27 162	20.6	614	32 749	0.14	568	4789	194

注：同行标有不同字母的表示差异具有显著性（LSD 检验，$P<0.05$）。

草本植物的重金属富集能力高于灌木，这与 Landberg 和 Greger（1996）的报道一致。本次调查的草本植物重金属最高的为 Zn[（1486±628）mg/kg]，其次为 Pb[（57.8±22.4）mg/kg]、Cd [（35.6±21.7）mg/kg]，最低的为 Cu [（18.1±2.7）mg/kg]，其中 Zn 与 Cu、Zn 与 Pb 及 Zn 与 Cd 之间有显著性差异（$P<0.05$）；灌木重金属浓度最高的也为 Zn [（117±12）mg/kg]，其次为 Pb [（22.8±15.4）mg/kg]、Cu [（10.7±0.8）mg/kg]，最低的为 Cd [（0.95±0.38）mg/kg]，其中 Zn 和 Cu、Zn 和 Pb 及 Zn 和 Cd 之间有显著性差异（$P<0.05$）；草本植物对应的土壤重金属浓度 Cu 和 Cd 大于灌木对应的土壤重金属浓度，Zn 和 Pb 则反之；富集系数之间均无显著差异（表 1.3）。

三、调查区超积累植物的初步筛选

除超积累植物外，植物地上部 Cu、Zn、Pb、Cd 的正常浓度一般在 10、100、5、1mg/kg

(Zu et al.，2004)。本次调查发现，矿区47.6%的植物中重金属浓度是植物正常值的10倍以上，其中浓度超过10倍以上的植物中Zn19.0%、Pb 16.7%、Cd 11.9%。根据普遍认为重金属浓度超过一般植物100倍的植物属于超积累植物，即Cu、Pb浓度应在1000mg/kg以上，Zn浓度应在10 000mg/kg以上，Cd浓度应在100mg/kg以上（Brooks et al.，2004），皖景天和景天属一种达到超积累植物标准（表1.3，表1.4）。超积累植物的定义长期以来存在着争议，目前已知的超积累植物虽然体内重金属浓度高，但绝大多数生长慢、生物量小且大多数为莲坐生长，很难进行机械操作。因而一些学者对植物修复技术提出质疑，认为这些小型超积累植物不适宜大面积污染土壤的修复（龙新宪等，2002）。最近有学者指出，生物富集系数=（地上部植物中元素质量分数×地上部植物生物量）/土壤中元素质量分数（聂发辉，2005），具有一定的意义；如把公式中的土壤中元素质量分数改为土壤中有效态元素质量分数可能会更有意义。此外，应当把地下部分浓度很高且又易于收获（如一些百合科植物具有块根、块茎）的植物，作为土壤修复的潜在资源。本次进行的六个重金属污染地区的植物调查表明，相同地区不同植物对重金属的吸收有明显的差异；不同植物或同种植物不同生态型的重金属吸收和转运能力也不同（Pence et al.，2000）。自然界具有复杂多样性，植物长期受客观环境的驯化与诱导，表现出遗传变异，从而对土壤重金属的吸收累积表现出质的差异，在矿山和冶炼厂污染区出现抗重金属生态型，是在重金属污染胁迫下植物种群发生进化的结果（Wu，1990）。本次调查也发现，姚王皖景天地上部Cd浓度为349mg/kg，高于超积累浓度标准，而在大岭口采集的珠芽景天地上部仅为2.59mg/kg，未达到超积累浓度标准。这可能与土壤性质、不同地点土壤有效金属离子活性不同有关，提取土壤不同重金属形态也是找出影响植物吸收重金属的关键因素（Calvet et al.，1990；Ramos et al.，1994）。

景天属为一年生或多年生肉质植物，根多分枝，株芽多，无性繁殖速度快且生长快速，环境适宜时，其可在短时期内形成良好的地面覆盖，稍加管理一年内便可收获3～4茬。因此，景天属植物具有良好的超积累植物种质筛选和修复的潜力。

表1.3　不同类型优势植物、土壤重金属浓度及富集系数

植物类型	金属种类	植物中平均浓度/（mg/kg）	土壤中平均浓度/（mg/kg）	富集系数
草本	Cu	18.1±2.7（4.00～81.1）	431±74（35.8～13 665）	0.11±0.03（0.01～0.63）
	Zn	1486±628（35.8～13 665）	6992±1438（248～27 162）	0.89±0.68（0.01～20.6）
	Pb	57.8±22.4（0.90～614）	6845±1315（121～22 645）	0.02±0.01（0～0.14）
	Cd	35.6±21.7（0.03～568）	219±158（0.20～4789）	0.29±0.54（0～2.85）**
灌木	Cu	10.7±0.8（8.60～16.7）	237±51.7（74.0～565）	0.06±0.01（0.02～0.13）
	Zn	117±12（64.0～177）	7522±2997（605～25 854）	0.06±0.03（0～0.27）
	Pb	22.8±15.4（3.80～146）	7217±2566（720～24 524）	0.005±0.002（0～0.02）
	Cd	0.95±0.38（0.05～3.18）	70.4±31.7（2.10～270）	0.33±0.02（0～2.7）

注：括号内数值为变化范围（最小值～最大值）。

** 除去一异常点194。

表 1.4　重金属浓度超过植物正常值 10 倍以上的植物及富集系数

重金属	植物名称	倍数	富集系数
Zn	东南景天	44.2	0.27
	爪瓣景天	33.5	0.12
	杠板归	15.1	0.44
	珠芽景天	10.7	0.17
	旋复花	13.3	0.46
	珠芽景天	135.7	0.37
	东南景天	10.8	0.07
	皖景天	136	20.6
Pb	白背叶野桐	29.2	0.02
	东南景天	23.5	0.01
	爪瓣景天	27.1	0.01
	一年蓬	10.4	0.00
	芒萁	11.9	0.01
	珠芽景天	127	0.10
	藓状景天	13.7	0.07
Cd	东南景天	172	0.09
	苦荬菜	13.8	0.17
	东南景天	43.5	0.27
	葛藤	46.4	2.78
	景天属一种	568	196

四、铅锌矿区优势植物调查结果及重金属耐性分析

本次调查的典型铅锌矿区植物多样性较低、同种植物较一般非矿区自然状态下生物量小；植物种群密度高，物种单一；不同矿区优势植物种明显不同，物种多为地理分布区广阔种。矿区植被优势植物由 79 种维管植物组成，分属 39 科，以草本植物占绝对优势。调查区重金属浓度超过植物正常值 10 倍以上的优势植物共有 20 种，其中有 60.5%分布在景天科景天属。

矿区土壤重金属污染严重，土壤平均金属浓度顺序为 Zn＞Pb＞Cu＞Cd，植物平均金属浓度顺序为 Zn＞Pb＞Cd＞Cu；植物体内 Zn、Pb、Cd 浓度与对应的土壤重金属浓度呈显著正相关关系。

第三节　伴矿景天的生物学特性

景天属（*Sedum*）为景天科的一年生或多年生草本植物，全属 470 种左右，主要分布

在北半球，一部分分布在南半球的非洲和拉丁美洲，西半球以墨西哥种类丰富（Hart and Bleij，2003；Thiede and Eggli，2007）。我国有124种、1亚种、14变种以及1变型，主要分布在西南地区。全属分3组：小山飘风组、山景天组和景天组。小山飘风组有8种，我国都有生长；山景天组约67种，我国有64种；景天组约60种，其中我国有49个种（Fu and Ohba，2001）。

2005年4～8月，对浙江省金属矿区进行重金属超积累植物调查与筛选，发现在浙江省铅锌矿区普遍旺盛生长着一种景天科景天属植物，该植物叶形与东南景天极其相似。查阅《中国植物志》、《浙江植物志》、《江苏植物志》和《安徽植物志》后发现，该种与东南景天存在差异，2006年以简报的形式发表为景天科景天属一新种，即伴矿景天（*Sedum plumbizincicola* X.H. Guo et S.B. Zhou sp. nov.）（吴龙华等，2006）；2013年2月英文稿新种发表，正式命名为伴矿景天（*Sedum plumbizincicola* X.H. Guo et S.B. Zhou ex L.H. Wu（Crassulaceae））（Wu et al.，2013）；模式标本保存于安徽师范大学植物标本室，标本号为 *Bide05061028*（ANU!）。

本节对伴矿景天进行了外部形态特征调查，并与同采集地东南景天、凹叶景天、对叶景天进行比较；开展了伴矿景天与东南景天叶、茎解剖特征和种子微形态比较；进行了伴矿景天与其余景天属ITS序列分析，丰富了伴矿景天生物学特性的研究。

一、伴矿景天与其他景天种的形态特征调查

伴矿景天（*S. plumbizincicola*）为景天科景天属的多年生草本植物。假根状茎，根须状。花茎直立，常1～3枝，高22～45.5cm。叶互生卵状长圆形或匙形，长1～5cm，宽0.5～1.5cm，先端圆钝，基部楔形。花序为多回聚伞花序，有花多数，密集；苞片匙形或线状披针形，长5～10mm，宽3～8mm；花为4基数；花梗无；萼片狭三角形，长1～2mm，宽0.2～1.1mm，先端圆钝；花瓣黄色，披针形，长4～6mm，宽1～1.5mm；雄蕊8，两轮，略短于花瓣，内轮基部与花瓣连生；鳞片4，倒梯形，长0.3～1.0mm，宽0.25～0.8mm；心皮4，略叉开，长5.4～11.1mm，宽0.4～0.9mm，合生1.5～3mm，花柱长约1.3～1.8mm。蓇葖叉开四芒状，蓇葖果有种子多数；种子长椭圆形、深棕褐色，长0.71～0.91mm，有乳头状凸起。花期6～7月，果期7～9月，如图1.1和图1.2所示。

(a) 植株

(b) 盛花期

图1.1　伴矿景天植物野外生长状况图（见彩图）

图 1.2　伴矿景天

a. 繁殖枝；b. 营养枝；c. 叶；d. 带两雄蕊的花瓣；e. 花萼；f. 成熟期萼片；g. 心皮；h. 蓇葖果；i. 苞片；j. 鳞片（比例尺：a，c=10mm；b=6mm；d，i=5mm；e～g=2mm；h=4mm；j=0.5mm）；周守标绘

二、伴矿景天与东南景天叶和茎解剖特征比较

选择植株上的完整成熟叶片（从下往上第 3 片叶）和茎的中段部位，置于 FAA 固定液中，采用常规石蜡切片法，切片厚度为 8μm，甲基蓝染色，中性树胶封片，显微测微尺测量，OLYMPUS（DP71）体式显微镜下观察拍照。

从横截面观察，东南景天［图 1.3（a）］和伴矿景天［图 1.3（b）］比较相似，都由表皮、叶肉组织（含栅栏组织、海绵组织）和维管束三部分组成。表皮为一层排列整齐的细胞，有上下表皮之分。栅栏组织和海绵组织分化不明显。维管束包含木质部和韧皮部，没有皮层。形态学结构显示伴矿景天叶片比东南景天厚（表 1.5）。

东南景天［图 1.3（c）］和伴矿景天［图 1.3（d）］茎均由表皮、皮层、初生维管柱三部分组成；表皮由一层不规则细胞组成；皮层由外皮层和内皮层薄壁细胞组成；维管柱由外韧维管束、髓和髓射线组成；束内形成层存在初生木质部和初生韧皮部之间，有弱次生加厚。结果表明：东南景天和伴矿景天茎解剖结构有明显差异（表 1.5）。东南景天比伴矿景天小很多，与伴矿景天相比东南景天有很多的皮层薄壁细胞和少的髓；伴矿景天有很多的维管束，木质部与韧皮部之比高于东南景天。

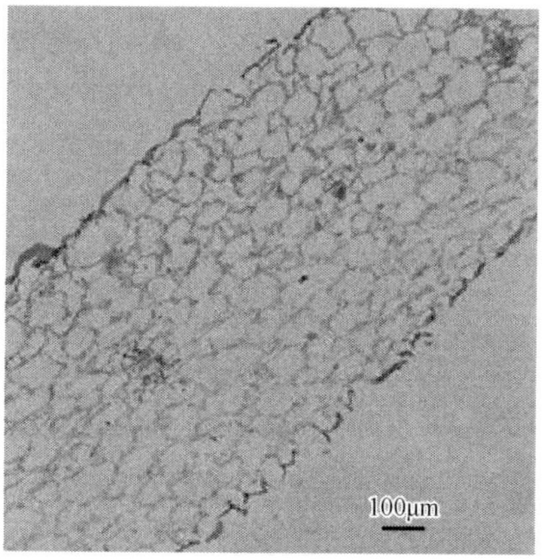

(a) 东南景天叶横切面

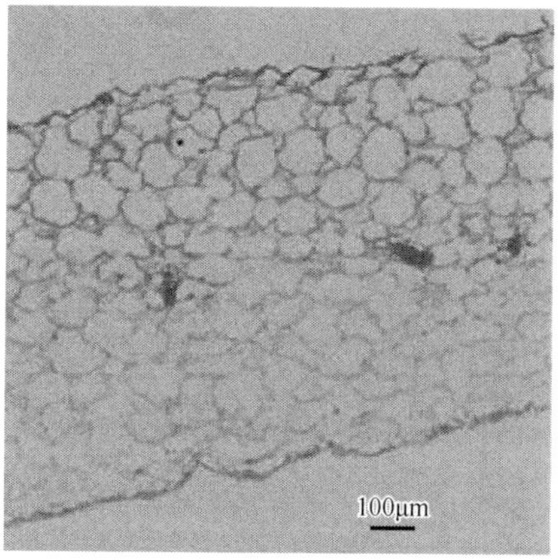

(b) 伴矿景天叶横切面

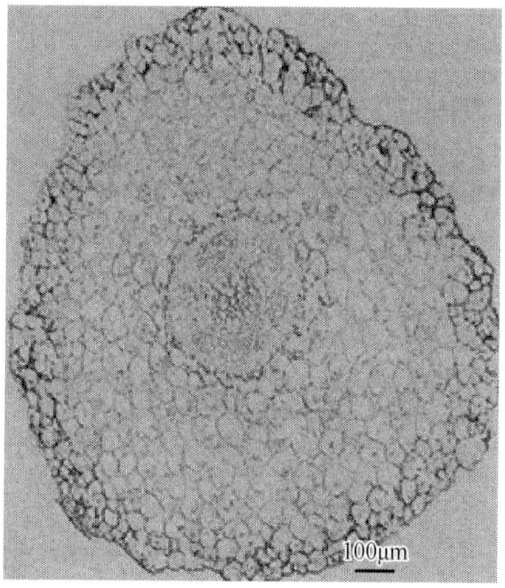

(c) 东南景天茎横切面

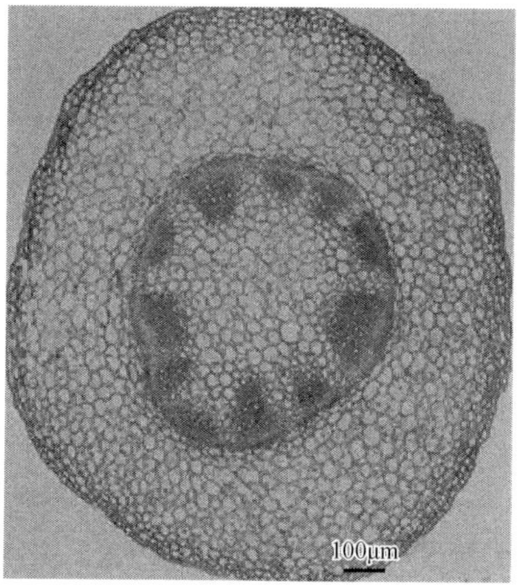

(d) 伴矿景天茎横切面

图 1.3　东南景天和伴矿景天叶、茎横切面观察

表 1.5　东南景天和伴矿景天叶、茎片的解剖特征比较

特征	东南景天	伴矿景天
叶片厚度/μm	625±28	911±66
上表皮细胞厚度/μm	14.1±2.1	35.2±4.7
下表皮细胞厚度/μm	10.2±0.7	24.1±2.2
叶肉组织厚度/μm	601±26	852±59
茎直径/μm	1372±22	2416±62
皮层薄壁细胞比例	64.1	45.9

续表

特征	东南景天	伴矿景天
髓薄壁细胞比例	10.9	30.2
维管束数目	5	11
木质部韧皮部之比	1.99	6.82

2011 年夏天，采自浙江省的 5 种，16 居群（表 1.6），开展了形态特征的比较，如表 1.7 所示。

表 1.6　材料来源

种名	采集地	海拔/m	北纬	东经	标本号
S. alfredii 1	富阳	177～198	30°06′40″～30°06′41″	119°49′57″	*P.C.Tsoong 19363935*（WUK）
S. alfredii 2	杭州	18～52	30°11′58″～30°12′02″	120°06′57″～120°11′58″	*G.j.Li 198211777*（IBK）
S. alfredii 3	临安	996～1040	30°17′29″～30°17′36″	119°11′36″～119°11′37″	*Z.r.Liu 19562314*（WUK）
S. emarginatum 1	杭州	15～52	30°11′58″～30°12′02″	120°06′57″～120°11′58″	*M.x.Nie 1957661*（LBG）
S. emarginatum 2	杭州	60～68	30°08′42″～30°14′32″	120°03′30″～120°05′53″	*M.x.Nie 1957661*（LBG）
S. emarginatum 3	临安	181～702	30°12′56″～30°16′08″	119°11′18″～119°11′31″	*M.x.Nie 1957661*（LBG）
S. hangzhouense	杭州	59～77	30°08′42″～30°14′32″	120°03′30″～120°05′53″	*Y.j.Liu 201106011*（ANU!）
S. baileyi 1	临安	997～1024	30°17′29″～30°17′30″	119°11′35″～119°11′37″	*Q.h.Li 19591357*（LBG）
S. baileyi 2	淳安	135～211	29°32′15″～29°35′14″	118°34′47″～118°38′53″	*Q.h.Li 19591357*（LBG）
S. plumbizincicola 1	淳安	134	29°32′08″～29°32′09″	118°34′48″～118°39′05″	*Y.j.Liu 201106021*（ANU!）
S. plumbizincicola 2	淳安	188～220	29°35′43″～29°35′53″	118°34′51″～118°34′52″	*Y.j.Liu 201106022*（ANU!）
S. plumbizincicola 3	淳安	199～220	29°35′42″～29°35′55″	118°34′48″～118°34′51″	*Y.j.Liu 201106023*（ANU!）
S. plumbizincicola 4	淳安	251～270	29°36′50″～29°36′55″	118°39′53″～118°39′56″	*Y.j.Liu 201106024*（ANU!）
S. plumbizincicola 5	淳安	239～267	29°36′56″～29°37′00″	118°39′49″～118°39′53″	*Y.j.Liu 201106025*（ANU!）
S. plumbizincicola 6	淳安	234～282	29°36′56″～29°36′59″	118°39′49″～118°39′53″	*Y.j.Liu 201106026*（ANU!）
S. plumbizincicola 7	淳安	234～282	29°36′56″～29°36′58″	118°39′50″～118°39′51″	*Y.j.Liu 201106027*（ANU!）

表 1.7 5 个景天种的宏观形态，生物气候和生态学特征

特征	种名				
	东南景天	凹叶景天	杭州景天	圆叶景天	伴矿景天
习性	多年生	多年生	一年生	多年生	多年生
根状茎	无	无	无	有	有
营养枝	纤细	纤细	纤细	无	粗壮
株高/cm	10～20	10～15	8～20	3～7	10～25
叶型	互生	对生	互生	对生	互生
叶形	线装楔形，匙形	匙状倒卵形至宽圆形	狭卵形至匙状卵形	倒卵状匙形	匙形至倒卵形
叶长/cm	2～6	5～10	3～7	3～6	5～15
叶宽/cm	1.2～3	1～2	2～3	1～1.5	1～5
花序	聚伞状	聚伞状	聚伞状	聚伞状	聚伞状
苞片形状	似叶而小	似叶而小	似叶而小	卵形	线形至线状披针形
苞片长/cm	3～10	2～6	6～20	1～3	5～10
苞片宽/cm	1～4	2～6	2～5	1～4	3～8
萼片形状	线状匙形	披针形至狭长圆形	线状卵形	长圆状线形	三角形
萼片长/cm	3～5	2～5	1.5～2.4	4～5	1～2
萼片宽/cm	1～1.5	0.7～2	0.3～0.6	0.6～1.5	0.16～1.08
萼片数	5	5	5	5	4
花瓣形状	披针形至披针状长圆形	线状披针形至披针形	线状披针形	披针形	披针形
花瓣长/cm	4～6	6～8	4～4.5	4～5	4～6
花瓣宽/cm	1.6～1.8	1.5～2	0.8～1.2	0.9～1.5	1～1.5
花瓣数	5	5	5 不等	5	4
雄蕊数	10	10	10	10	8
鳞片形状	匙状正方形	长方形	长方状匙形	长方状匙形	倒梯形
鳞片长/cm	0.2～1.2	0.3～0.6	0.2～0.4	0.4～0.6	0.3～1.0
鳞片数	5	5	5	5	4
种子颜色	棕色	棕色	棕色	棕色	棕色
花期	4～5 月	5～6 月	5～6 月	4 月	6～8 月
果期	6～8 月	7 月	6～7 月	7 月	7～9 月
生境	山坡石缝中	山坡阴湿处	山坡阴湿处	山坡石缝中	矿区
海拔/m	＜1400	600～1800	600	900	134～290

三、伴矿景天与其他景天种子的微形态比较

尽量选取干燥且即将开裂的蓇葖果剥取成熟种子，将成熟的种子置于解剖镜下，记录种子的形状和颜色。每个种随机选取 20 粒用显微测微尺测量种子长和宽。扫描电镜观察时每个种随机取 5～10 粒种子，用双面胶带纸粘于样品台上，喷金后在 FEI QUANTA 200 扫描电镜下观察和摄影。

在环境扫描电镜下观察，东南景天和伴矿景天种子外观显示如图 1.4 所示。东南景天和伴矿景天与景天属其他 3 个种比较结果如表 1.8 所示。5 个种的种子均为褐色，形状上有少许差异。东南景天表皮细胞明显隆起，其他 4 个种不明显。东南景天和伴矿景天表面均疏生乳头状凸起，东南景天呈近圆球形，而伴矿景天凸起呈长圆球形。

在解剖镜下观察，伴矿景天种子形状为纺锤形，颜色为褐色；东南景天种子形状为椭圆形，颜色为红褐色。在测量种子长度、宽度的基础上计算种子大小指数，伴矿景天种子最大为 0.288（表 1.8）。在扫描电镜下可见两种景天表皮均疏生有乳头状凸起，伴矿景天凸起不规则，东南景天凸起部分均为近圆球形且排列规则（图 1.4）。

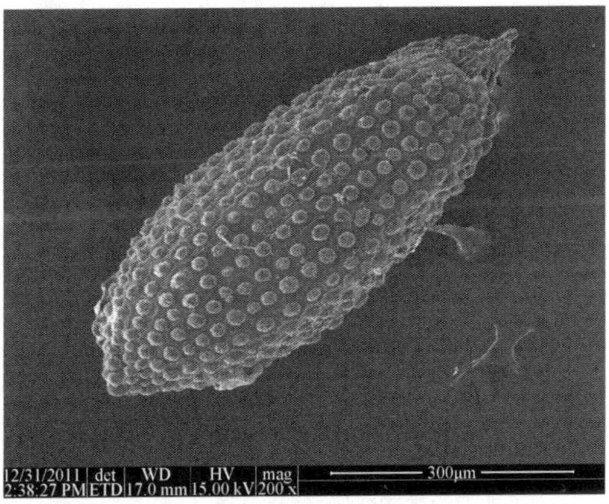

(a) 东南景天种子，200×

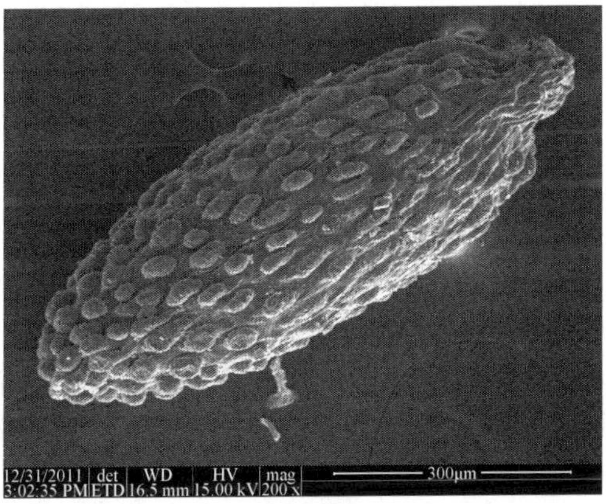

(b) 伴矿景天种子，200×

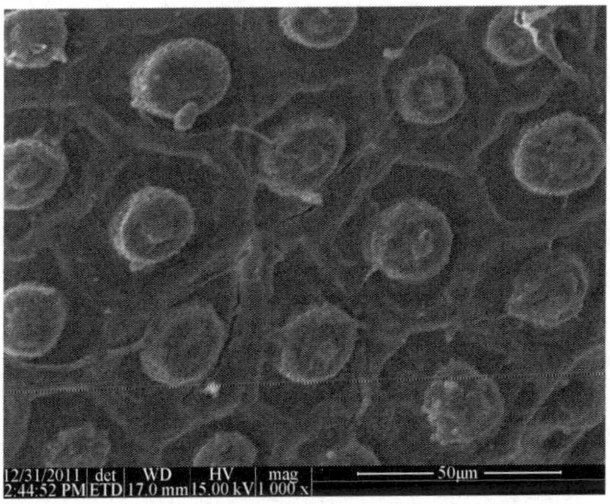

(c) 东南景天种子，1000×

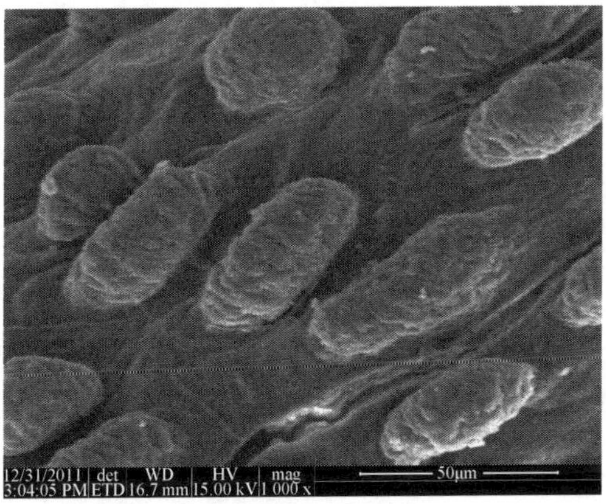

(d) 伴矿景天种子，1000×

图 1.4　东南景天和伴矿景天的种子微形态

表 1.8 伴矿景天与景天属其他 4 个相似种的外观、种子大小和表面纹饰

种名	种子外观		种子大小（长×宽）/mm	大小指数	种子纹饰	来源
	颜色	形状				
伴矿景天	褐色	纺锤形	（0.818±0.087）×（0.352±0.032）	0.288	表面疏生乳头状凸起，凸起部分呈球形或长圆形	图 1.4
东南景天	褐色	椭圆形	（0.668±0.048）×（0.274±0.028）	0.183	表面疏生乳头状凸起，凸起部分近球形	图 1.4
对叶景天	褐色	长圆球形	（0.519±0.011）×（0.210±0.007）	0.109	表面疏生乳头状凸起，凸起部分呈圆球形	金孝锋等，2008
凹叶景天	褐色	椭圆球形	（0.664±0.010）×（0.283±0.005）	0.188	表面疏生乳头状凸起，凸起部分呈球形或圆球形	金孝锋等，2008
杭州景天	褐色	椭圆球形	（0.473±0.005）×（0.188±0.005）	0.089	表面疏生乳头状凸起，凸起部分呈球形或圆球形	金孝锋等，2008

四、伴矿景天及其相似种 ITS 序列分析

景天属 5 个种，16 个居群的 160 个个体（表 1.6）采用改良的 CTAB 法提取植物总 DNA。根据 GenBank 上已发表景天属序列（表 1.9），选取其保守区域作为扩增引物。总 DNA 提取后直接用于 PCR 反应，由于 PCR 原液直接测序容易出现双峰干扰，因此本书采用克隆后测序，测序工作在北京六合华大基因科技股份有限公司完成。序列经用互补链校对后，参照 GenBank 上景天属已有序列，确定了非编码的 ITS1 和 ITS2 边界。用 DNAMAN6.0.40、Lasergene 7.0 进行序列排列和比对，后经人工校对。校对好的序列用 MEGA5.0 软件构件系统进化树。

69 个景天属样品和 3 个外类群共 56 个种（表 1.9）用于构建系统进化树，包含中国的 8 个种、日本的 12 个种、尼泊尔的 4 个种、墨西哥的 30 个种、俄罗斯的 1 个种和德国的 1 个种。73 个样品的 ITS 序列长度为 623～636bp，比对结果显示有 682 个特征位点，443 个可变位点，包含 352 个信息位点。最大似然树采用近邻交换法，搜索 3 级，随机添加序列 10 次重复得到聚类的初始树。共有 20 棵最大似然树，树长 1852，其中一棵最大似然树显示如图 1.5 所示。重复树相关分类群聚集在一起的概率采用自举检验方法，自展数据值为 1000 次，数值显示在树枝旁，一致性指数为 0.454 599，保持性指数为 0.785 331，复合指数为 0.362 648。

图 1.5 所示的最大似然树中，红景天、仙女之舞和轮叶八宝作为外类群，其他所有的景天属均聚为一大支。景天属分为两个大分支：其中一支包含来自中国的 37 条序列以及来自日本和尼泊尔序列；另外一支包含来自墨西哥的 33 条序列和来自德国、俄罗斯的样品。这些结果显示东亚的景天属序列和美国、欧洲的景天属序列是不一样的。前者分支中，伴矿景天 8 个序列和东南景天 7 个序列分别聚集为一个小分支，且聚集在一起，然后与凹叶景天聚为一个大分支。对叶景天的三条序列先聚集在一起，然后与圆叶景天、珠芽景天和杭州景天聚为另一个大分支。ITS 序列数据支持伴矿景天为一新种。

表 1.9　源自 NCBI 上的 56 条植物 ITS 序列信息

种名	来源	凭证标本号	分类号	编号	片段大小
S. alfredii Hance	中国	*Gj.Li 198212006*（IBK）	taxon：439688	FJ919949	642
S. alfredii Hance	中国	*P.C.Tsoong 19363935*（WUK）	taxon：439688	FJ919948	642
S. alfredii Hance	中国	*Gj.Li 198010620*（IBK）	taxon：439688	FJ919951	647
S. alfredii Hance	中国	*Gj.Li 198211777*（IBK）	taxon：439688	FJ919950	646
S. baileyi Praeger	中国	*Q.h.Li 19591357*（LBG）	taxon：650621	FJ919935	644
S. emarginatum Migo	中国	*M.x.Nie 1957661*（LBG）	taxon：516554	EU592006	671
S. lineare Thunberg	中国	*P.y.Li 19592215*（WUK）	taxon：114260	FJ980313	691
S. lineare Thunberg	日本	*Mayuzumi* C00030（TI）	taxon：114260	AB088623	678
S. sarmentosum Bunge	中国	*L.d.Nan 19585214*（IBSC）	taxon：91146	EU592003	678
S. sarmentosum Bunge	日本	*Mayuzumi* C00008（TI）	taxon：91146	AB088624	677
S. makinoi Maximowicz	日本	*Mayuzumi* C00086（TI）	taxon：203022	AB088627	672
S. yabeanum Makino	日本	*Mayuzumi* C00029（TI）	taxon：203030	AB088626	671
S. bulbiferum Makino	日本	*Niu* 1999（TI）	taxon：91125	AB088628	677
S. subtile Miquel	日本	*Shimizu* 1999（TI）	taxon：203026	AB088622	676
S. oryzifolium Makino	日本	*Mayuzumi* C00016（TI）	taxon：91144	AB088618	669
S. japonicum Siebold ex Miquel	日本	*Mayuzumi* C00030（TI）	taxon：203021	AB088617	664
S. mexicanum Britt.	日本	*Mayuzumi* C00001（TI）	taxon：203023	AB088621	674
S. tosaense Makino	日本	*Iwamoto* 2000（TI）	taxon：203027	AB088620	676
S. zentaro-tashiroi Makino	日本	*Ohba* 1998（TI）	taxon：203031	AB088619	666
S. triactina A. Berger	尼泊尔	*Miyamoto* 9596091（TI）	taxon：203028	AB088629	675
S. multicaule subsp. *multicaule* Wall. ex Lindl.	尼泊尔	*Miyamoto* 9596136（TI）	taxon：203024	AB088631	673
S. oreades（Decaisne）Raym.-Hamet	尼泊尔	*Miyamoto* 9420140（TI）	taxon：203025	AB088632	671
S. trullipetalum J.D. Hooker & Thomson	尼泊尔	*Miyamoto* 9420132（TI）	taxon：203029	AB088630	665
S. guatemalense Hemsl.	墨西哥	*Ruiz-Sanchez* 145（XAL）	taxon：665369	FJ753945	697
S. oaxacanum Rose 1	墨西哥	*Carrillo-Reyes & Cabrera-Toledo* 5092（XAL）	taxon：91142	EF632176	687
S. oaxacanum Rose 2	墨西哥	*Kimnach* 5365（HBG）	taxon：91142	AY545716	641
S. bourgaei Hemsl.	墨西哥	*Perez & Platas* 3224（IEB）	taxon：665357	FJ753932	699
S. alexanderi Eggli	墨西哥	*Carrillo-Reyes & Vaz-de-Mello* 4257（IEB，XAL）	taxon：467245	EF632174	692
S. obcordatum R.T. Clausen	墨西哥	*Carrillo-Reyes & Nicolalde* 4440（XAL）	taxon：91143	FJ753957	688
S. compactum Rose	墨西哥	*Lau s.n.*（HBG，NY）	taxon：264182	EF632175	690
S. treleasei Rose	墨西哥	*Cabrera-Toledo & Nicolalde* 4（XAL）	taxon：665387	FJ753966	695
S. retusum Hemsl.	墨西哥	*Zamudio & Perez* 9908（IEB）	taxon：665386	FJ753964	697

续表

种名	来源	凭证标本号	分类号	编号	片段大小
S. pachyphyllum Rose	墨西哥	*Carrillo-Reyes & Vaz-de-Mello* 4912（IEB，XAL）	taxon：665382	FJ753960	693
S. pacense J. Meyran	墨西哥	*Perez* 2750（IEB）	taxon：665381	FJ753959	694
S. allantoides Rose	墨西哥	*Rose s.n.*（HBG）	taxon：264180	AY545712	643
S. grandisepalum R.T. Clausen	墨西哥	*Carrillo-Reyes & Vaz-de-Mello* 4964（XAL，IEB）	taxon：665365	FJ753942	687
S. quevae Raym.-Hamet	墨西哥	*Carrillo-Reyes & Cabrera-Toledo* 4496（XAL）	taxon：665384	FJ753962	687
S. Jurgensenii （Hemsl.）Moran	墨西哥	*Carrillo-Reyes & Nicolalde* 4488（XAL，MEXU）	taxon：264186	FJ753949	688
S. oxypetalum Kunth	墨西哥	*Perez* 3509（IEB）	taxon：665380	FJ753958	697
S. greggii subsp. *angustifolium* R.T. Clausen	墨西哥	*Rodriguez s.n.*（IBUG）	taxon：665368	FJ753944	698
S. catorce G.L. Nesom	墨西哥	*Perez s.n.*（IEB）	taxon：665360	FJ753935	701
S. clavatum R.T. Clausen	墨西哥	*Meyran* 1306（HBG）	taxon：264181	AY545713	643
S. reniforme（H. Jacobsen）Thiede & 't Hart	墨西哥	*Carrillo-Reyes & Chocce* 5174（IEB，USM）	taxon：665385	FJ753963	691
S. nussbaumerianum Bitter	墨西哥	*Ruiz-Sanchez* 9（XAL）	taxon：665379	FJ753956	686
S. jurgensenii subsp. *attenuatum* Moran	墨西哥	*Ruiz* 93（XAL）	taxon：665372	FJ753950	697
S. commixtum Moran & Hutchison	墨西哥	*Carrillo-Reyes & Vaz-de-Mello* 4954（IEB，XAL）	taxon：91128	FJ753938	688
S. carinatifolium （R.T. Clausen）Pérez-Calix	墨西哥	*Perez & Carranza* 3155（IEB）	taxon：665359	FJ753934	694
S. versadense C.H. Thomps.	墨西哥	*Carrillo-Reyes & Cabrera-Toledo* 4498（IEB，XAL）	taxon：665389	FJ753968	688
S. plicatum Thiede & 't Hart	墨西哥	*Carrillo-Reyes & Chocce* 5173（IEB，USM）	taxon：665383	FJ753961	691
S. andinum Ball	墨西哥	*Carrillo-Reyes & Ortega* 5178（IEB，USM）	taxon：665356	FJ753930	691
S. fuscum Hemsl.	墨西哥	*Perez & Ocampo* 4188（IEB）	taxon：665364	FJ753941	709
S. corynephyllum Fröd.	墨西哥	*Acevedo* 1713（XAL，NY）	taxon：264183	AY545715	643
S. palmeri S. Watson	墨西哥	*Acevedo & Hernandez-Galavaz* 1721（XAL，NY）	taxon：264184	AY545717	631
Rhodiola rosea L.	俄罗斯	*Midorikawa*. 1999（TI）	taxon：203015	GU384199	682
Kalanchoe beharensis Drake	德国	clone pOG5.3-6	taxon：80894	AJ231314	695
Hylotelephium verticillatum（L.）H. Ohba	日本	*Ikeda* 16-IV-2000（TI）	taxon：202978	AB088564	678

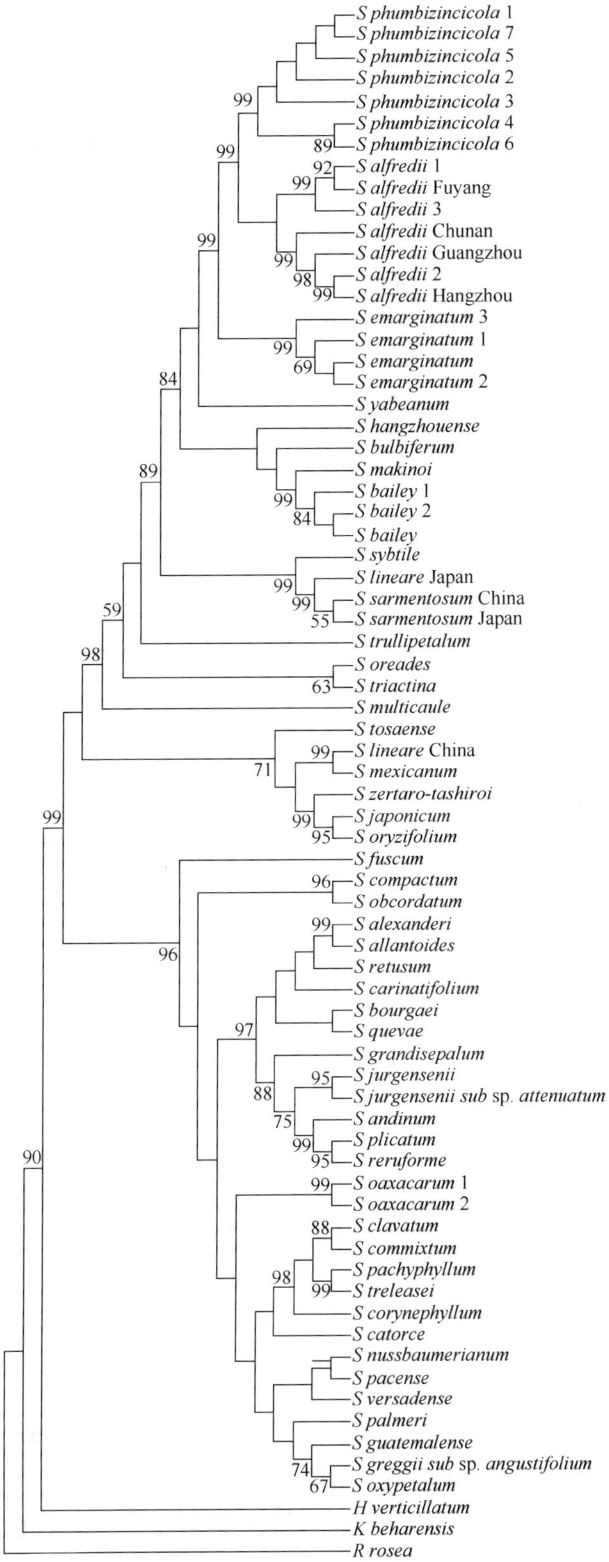

图 1.5 基于 ITS 序列的 69 个景天属与 3 个外类群的最大似然树分析

第四节　伴矿景天的繁育技术

采用物理化学修复技术（包括隔离包埋技术，固化稳定技术，化学稳定技术和电动修复技术等）治理重金属污染土壤，从根本上来说并没有达到清除污染的目的，只是将重金属转移或固定在土壤中，减少重金属进入植物生态系统的量。而且，应用这些物理化学方法往往耗资巨大，所用到的化学药剂还可能造成土壤的二次污染。而植物修复是利用重金属超积累或耐性植物治理土壤污染的一种新的环境生物技术。它是一种费用低廉、无继发污染，节约土地资源、环境友好和可持续发展的绿色途径。植物修复的关键在于寻找或培育出能够忍耐和超积累一种或多种重金属、生物量较大、适应性较广而且繁殖快速的特异种质资源。

伴矿景天（*S. plumbizincicola*），作为一种 Zn、Cd 超积累植物，因其生物量大，生长速度快等特点，适用于污染环境修复的植物。因伴矿景天的种子极小，而且种子繁殖需要特殊的气候条件、营养条件和破除种子休眠方法，所以生产上难以利用种子繁殖和生产；分株的方式，虽然简单，因用量大，生产上不太实用。目前生产上主要采用茎/叶扦插的方法，该方法在大规模生产时存在用料成本高、用工量大、劳动强度大等问题。同时，景天科植物在夏季扦插时还需要加盖遮阳网遮阴，经常喷水，既要防止插条失水，又要防止浇水过量而渍水。由于以上问题，目前伴矿景天还难以进行规模化繁殖和生产。

本节旨在探索伴矿景天组织培养的高频率植株再生技术和稻田免耕伴矿景天的切枝—撒直播栽培技术，为伴矿景天的快速繁育和田间应用提供技术指导，对促进污染环境植物修复技术推广应用具有重要意义。

一、伴矿景天的组培育苗技术

（一）茎尖组织培养

将取自铅锌矿区的修复植物伴矿景天带腋芽的茎段或茎尖用自来水冲洗干净，用 70%乙醇浸泡 50s，再用 0.1%（*w/v*）升汞浸泡 10min，倒掉升汞后用无菌水清洗 5 次，得到无菌苗后在超净工作台上取带有腋芽的 0.3～0.5cm 茎段或茎尖，接种到已高压灭菌并冷却后的 200ml 玻璃培养瓶装的 50ml pH 为 5.8 诱导培养基。100 瓶的诱导培养基成分 MS 培养基+0.1mg/L 6-BA+1.5mg/L NAA，每瓶接种 3 个茎段或茎尖。将培养瓶放至温度为±25℃，每天保持光强为 3000 勒克司（Lux）的光照 16h 的培养箱中培养 25d。取出长有簇生芽的茎尖，选取大芽，转接到已灭菌的玻璃培养瓶装的 50ml 的壮苗培养基上。壮苗培养基是 pH 为 5.8 的 1/2MS 培养基+0.1mg/L 6-BA+1.5mg/L NAA+5μmol/L $Cd(NO_3)_2$+1.5mg/L IBA，再将培养瓶放入温度为±25℃，每天保持光强为 3000lx（勒克斯）的光照 16h 的培养箱中培养 5～8 周，得到含有许多 2～3cm 长幼根的种苗，然后将培养瓶移到室外，打开瓶口，加入少许蒸馏水放置 2～3d 后，用水洗净根部培养基，分别移栽至全营养素的有机质基质（pH 7.0 左右），2～4 周后得到粗壮的地上部约 5cm 种苗。

（二）叶片愈伤组织诱导

将取自铅锌矿区的修复植物伴矿景天茎段用自来水冲洗干净，用70%乙醇浸泡50s，再用0.1%（*w/v*）升汞浸泡10min，倒掉升汞后用无菌水清洗5次，得到无菌苗后在超净工作台上将茎段切去叶片和侧芽，切成0.4cm的小段，接种到已高压灭菌并冷却后的200ml玻璃培养瓶装的50ml pH为5.5～5.8诱导培养基上，诱导培养基成分为MS培养基+0.5mg/L 6-BA+1.5mg/L 2，4-D，将培养瓶放入温度为±25℃，无光照的培养箱中3～6周后得到愈伤组织，将愈伤组织转移至已灭菌的玻璃培养瓶装的50ml pH为5.8分化培养基中，其中50瓶分化培养基的成分是MS培养基+0.5mg/L 6-BA+0.1mg/L 2，4-D，再将培养瓶放入温度为±25℃，每天保持光强为3000lx的光照16h的培养箱中培养40d，得到3cm高带有1cm以上幼根的幼苗，然后将培养瓶移到室外，打开瓶口，加入少许蒸馏水放置2d后，用水洗去培养基后分别移栽至全营养素的有机质基质（pH=7.0左右），4周后得到粗壮的地上部约5cm种苗。

（三）茎段愈伤组织诱导

将取自铅锌矿区的修复植物伴矿景天叶片用自来水冲洗干净，用70%乙醇浸泡50s，再用0.1%（*w/v*）升汞浸泡10min，倒掉升汞后用无菌水清洗5次，得到无菌苗后在超净工作台上将叶片，切去叶缘后，切成0.3cm^{2}的小片，接种到已高压灭菌并冷却后的200ml玻璃培养瓶装的50ml pH为5.5～5.8诱导培养基上，诱导培养基成分为MS培养基+3.0mg/L NAA+0.7mg/L TDZ，将培养瓶放入温度为±25℃，无光照的培养箱中4～8周后得到愈伤组织，将愈伤组织转移至已灭菌的玻璃培养瓶装的50ml pH为5.8分化培养基中，其中50瓶分化培养基的成分是MS培养基+0.5mg/L 6-BA+0.1mg/L 2，4-D，再将培养瓶放入温度为±25℃，每天保持光强为3000lx的光照16h的培养箱中培养50～70d，得到3cm高带有1cm以上幼根的幼苗，然后将培养瓶移到室外，打开瓶口，加入少许蒸馏水放置2d后，用水洗去培养基后分别移栽至全营养素的有机质基质（pH=7.0左右），4周后得到粗壮的地上部约5cm种苗。

本书分别取修复植物伴矿景天的茎段、茎尖、叶片进行组织培养扩繁，同时分别建立了茎段、茎尖、叶片高频再生体系。由于繁殖时直接选取伴矿景天的茎段、茎尖、叶片，取材容易，拓宽了伴矿景天繁殖的取材范围，繁殖方法快速、高效。

二、伴矿景天的田间栽培技术

（一）技术背景

稻田免耕：免耕（保存耕耘）一词的原意是保护性耕作制度，主要目的是防止土壤侵蚀。1977年以前，用最小耕作（最小的耕耘）来表述目的在于减少对田地耕作踏压次数的耕作措施。1977年美国农业部土壤保护局将最小耕作更名为免耕，并将其定义为：一种不翻动表土，并全年在土壤表面留下足以保护土壤的作物残茬的耕作方式。

免耕措施包括3种类型：①覆盖耕作：播种前翻动土壤；使用的耕作机具包括深松机、

中耕机、圆盘耙、平耙、切茬机；药物或中耕除草。②垄耕：除施肥外，从收获到播种不翻动土壤；种子播在垄台的种床上，用平耙、圆盘开沟机、小犁或清垄机开床；残茬留于垄间表面，药物或中耕除草，中耕时重新成垄。③不耕：除施肥外，从收获到播种不翻动土壤；种子播在窄种床上，以小犁、清垄机、圆盘开沟机、内向铲或施耕机开床；主要以药物控制杂草，非紧迫时不中耕除草。

双圆盘式旋转开沟机：开挖沟渠一次成形的施工机械，是一种高效实用的新型链条式开沟装置。其主要由动力系统、减速系统、链条传动系统和分土系统组成。柴油机经过皮带将转动传递到离合器后，驱动行走变速箱、传动轴、后桥等来实现链条式开沟机的向前或向后的直线运动。工作应用中旋转开沟机所需牵引功率很小，因此可用较小功率的拖拉机开筑较深和较大断面的沟渠，且沟形整齐，抛出的土能均匀地撒在沟的两侧，无需修整。

（二）技术实施

2011 年在中国水稻研究所试验农场（浙江富阳·皇天畈）进行了稻田免耕伴矿景天的切枝—撒直播示范。稻田前作为籼型三系超级杂交稻“国稻 6 号”，国稻 6 号收获时间为 10 月 11 日，10 月 24 日进行了伴矿景天的切枝—撒直播种植，主要结果如表 1.10 和图 1.6 所示。

表 1.10　伴矿景天切枝—撒直播栽培种植的发根和长势

客土基质处理	丛高/cm	根长/cm	每丛分枝数	每丛地上干物种/g
分株扦插	28.85	5.63	17.35	15.60
带叶茎扦插	28.24	3.15	16.81	14.89
切枝撒直播	29.83	5.96	16.65	17.74

注：调查日期为 2012 年 4 月 8 日。

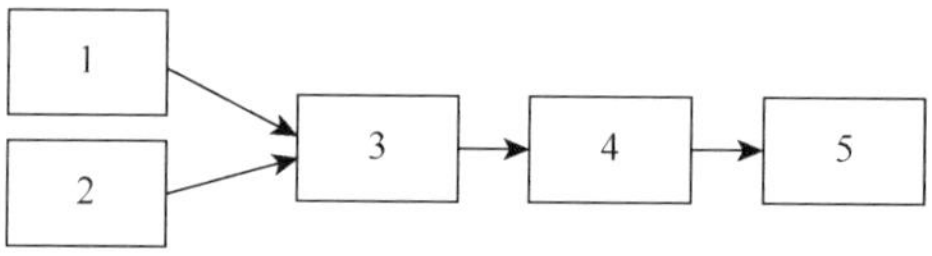

图 1.6　伴矿景天的稻田免耕切枝—撒直播栽培技术流程图

1. 清理稻田；2. 伴矿景天切枝；3. 撒直播切枝景天；4. 开沟机开沟压土；5. 喷施除草剂

在图 1.6 中，①首先将稻田中的稻秸秆、稻草和杂草等杂物清理干净；②成熟的伴矿景天植株用菜刀剁切成 1.5～2cm 的切枝，每亩田用量为 400kg；③将切枝均匀的撒直播到前述清理干净的田间；④采用双圆盘式选装开沟机开沟压土，沟的方向为南北方向，相邻两条沟距离为 1.5m，沟宽 3cm，沟深 15cm；⑤采用背负式喷雾器喷施除草剂，除草剂为“禾耐施”，按照产品说明书用量喷施。

上述伴矿景天的稻田免耕切枝—撒直播栽培法，利用水稻田秋收后的免耕稻田，干爽的秋季气候、双圆盘式旋转开沟机等进行景天科植物的切枝进行撒直播种植，不但节省繁殖/生产景天的发根基质成本、节省用工量和降低劳动强度等，而且培育景天期间病虫害少，植株健壮。

小 结

“超积累植物”一词译自“Hyperaccumulator”，也称“超富集植物”等，我国在超积累植物的筛选、鉴定及植物吸取修复应用方面的工作始于20世纪90年代末。迄今，我国报道的重金属超积累植物有50余种，研究较多的是镉、砷等的超积累植物。

典型铅锌矿区土壤重金属污染严重，土壤中重金属全量平均递增顺序为Cd＜Cu＜Pb＜Zn，植物中重金属全量平均值的顺序为Cu＜Cd＜Pb＜Zn；本章总结了矿区植物的常见种类，并分别从生态学、遗传学、植物分类学特性等方面，分析了矿区植物对重金属的耐性与吸收性以及矿区植物在矿山环境恢复过程中的功能与作用，以及富阳种群东南景天对Zn有较高的耐性和吸收性。

伴矿景天（*Sedum plumbizincicola* X.H. Guo et S.B. Zhou ex L.H. Wu（Crassulaceae））是景天科景天属多年生草本植物，具有生长速率快、生物量较大的特点，是一种锌镉超积累植物。伴矿景天喜生于富铅锌矿矿区，位于北纬29°36′50″~29°37′00″和东经118°39′49″～118°39′53″，海拔为239~282m。伴矿景天的叶片比东南景天的厚，茎比东南景天的粗，茎中有更多的维管束和更高的木质部与韧皮部之比。伴矿景天的种子呈纺锤形、褐色，东南景天的种子呈椭圆形、红褐色；两种种子的表面均疏生乳头状凸起，伴矿景天的凸起不规则，而东南景天的凸起均为近圆球形且排列规则。获得了伴矿景天及其4个相似种的17个居群的ITS序列，并与GenBank中的56条景天属ITS序列和3条景天科外类群ITS序列进行比对，构建了景天属系统发育树，ITS序列证据支持伴矿景天为独立的种，它与东南景天关系最密切。

参考文献

陈同斌，阎秀兰，廖晓华，等. 2005. 关于hyperaccumulator中文译名的探讨. 环境科学学报，25（9）：1148～1150

范稚莲，莫良玉，陈同斌，等. 2007. 广西典型矿区中植物对Cu、Mn和Zn的富集特征与潜在的Mn超富集植物. 地理研究，26（1）：125～131

胡鹏杰，周小勇，仇荣亮，等. 2007. Zn超富集植物长柔毛委陵菜对Cd的耐性与富集特征. 农业环境科学学报，26（6）：2221～2224

金孝锋，钱力，陆燕华，等. 2008. 浙江广义景天属的种子微形态及其分类学意义. 浙江大学学报，34：409～417

李凝玉，卢焕萍，李志安，等. 2010. 籽粒苋对土壤中镉的耐性和积累特征.应用与环境生物学报，16（1）：028～032

李硕，刘云国，李永丽. 2007. 水葱对镉的超富集作用及其用于植物修复的潜力. 广西植物，27（2）：180～185

刘威，束文圣，蓝崇钰. 2003. 宝山堇菜（*Viola baoshanensis*）——种新的镉超积累植物. 科学通报，48（19）：2046～2049

龙新宪，杨肖娥，倪吾钟. 2002. 重金属污染土壤修复技术研究的现状与展望. 应用生态学报，13（6）：757～762

骆永明. 2000. 强化植物修复的螯合诱导技术及其环境风险. 土壤，32（2）：57～61，74

聂发辉. 2005. 关于超积累植物的新理解. 生态环境，14（1）：136～138

聂发辉，吴彩斌，吴双桃. 2006. 商陆对镉的富集特征. 浙江林学院学报，23（4）：400～405

齐展. 1994. 1993年英国科技新进展. 全球科技经济瞭望，（4）：22～30，36

束文圣，杨开颜，张志权，等. 2001. 湖北铜绿山古铜矿冶炼渣植被与优势植物的重金属含量研究. 应用与环境生物学报，7（1）：7～12

苏德纯，黄焕忠. 2002. 油菜作为超累积植物修复镉污染土壤的潜力. 中国环境科学，22：48～51

王华，唐树梅，廖香俊，等. 2007. 锰超积累植物——水蓼. 生态环境，16（3）：830～834

王钧. 2011. 杠板归的锰超富集机制研究. 长沙：中南大学硕士学位论文
魏树和，周启星，任丽萍. 2008. 球果蔊菜对重金属的超富集特征. 自然科学进展，18（4）：406～412
魏树和，周启星，王新，等. 2004. 一种新发现的镉超积累植物龙葵（*Solanum nigrum* L）. 科学通报，49（24）：2568～2573
吴龙华，周守标，毕德，等. 2006. 中国景天科植物一新种——伴矿景天. 土壤，38（5）：632～633
吴龙华，周守标，毕德，等. 2007. 锌镉复合污染土壤的植物修复方法. 发明专利号：ZL 200710020380.5
吴双桃，吴晓芙，胡曰利，等. 2004. 铅锌冶炼厂土壤污染及重金属富集植物的研究. 生态环境，13（2）：156～157
薛生国，陈英旭，林琦，等. 2003. 中国首次发现的锰超积累植物——商陆. 生态学报，23（5）：935-937
杨肖娥，龙新宪，倪吾钟，等. 2002. 东南景天（*Sedum alfredii* H）——种新的锌超积累植物. 科学通报，47（13）：1003～1006
张学洪，罗亚平，黄海涛，等. 2006. 一种新发现的湿生铬超积累植物——李氏禾（*Leersia hexandra* Swartz）. 生态学报，26（3）：950～953
赵磊. 2009. 白音诺尔铅锌矿铅超富集植物筛选及其耐性研究. 呼和浩特：内蒙古农业大学硕士学位论文
祖艳群，魏兰芳，杨济龙，等. 2005. 紫外辐射增加对 40 个割手密无性系土壤微生物种群数量动态和多样性的影响. 农业环境科学学报，24（1）：6～11
Baker A J M. 1981. Accumulators and excluders-strategies in the response of plants to heavy metals. Journal of Plant Nutrition，3：643～654
Baker A J M. 2000. Metal hyperaccumulator plants：a review of the biological resource for possible exploitation in the phytoremediation of metal-polluted soils//Terry N，Bañeulos GS Editors，Phytoremediation of Contaminated Soil and Water. Boca Raton（FL）：Lewis Publisher，85～107
Baker A J M，Brooks R R. 1989. Terrestrial higher plants which hyperaccumulate metallic elements：A review of their distribution，ecology and phytochemistry. Biorecovery，1：81～126
Baker A J M，McGrath S P，Sidoli C M D，et al. 1994. The possibility of *in situ* heavy metal decontamination of polluted soils using crops of metal-accumulating plants. Resources Conserv. Recycling，11：41～49
Baker A J M，McGrath S P，Sidoli C M D，et al. 1995. The potential for heavy metal decontamination. Mining Environment Management，3（3）：12～14
Brooks B W，Stanley J K，White J C，et al. 2004. Laboratory and field responses to cadmium：An experimental study in effluent-dominated stream mesocosms. Environmental Toxicology and Chemistry，23（4）：1057～1064
Brooks R R. 1998. Plants that hyperaccumulate heavy metals. Wallingford：CAB International，55～94
Brooks R R，Lee J，Jaffré T. 1974. Some New Zealand and New Caledonian plant accumulators of nickel. Journal of Ecology，62（2）：493～499
Brooks R R，Morrison R S，Reeves R D，et al. 1979. Hyperaccumulation of nickel by *Alyssum linnaeus*（Cruciferae）. Proc. R. Soc. Lond，203：387～403
Calvet R，Bourgeois S，Msaky J J. 1990. Some experiments on extraction of heavy metals present in soil. International Journal of Environment Analytical Chemistry，39：31～45
Deng H，Li M S，Chen Y X，et al. 2010. A new discovered manganese hyperaccumulator-*Polygonum pubescens* Blume. Fresenius Environmental Bulletin，19（1）：94～99
Ernst W H O. Mine vegetation in Europe // Shaw A J. 1989. Heavy Metal Tolerance in Plants：Evolutionary Aspects. Boca Raton Florida：CRC Press，21～38
Fan H L，Zhou W. 2009. Screening of Amaranth cultivars（*Amaranthus mangostanus* L）for cadmium hyperaccumulation. Agricultural Sciences in China，8（3）：342～351
Fu K J，Ohba H. 2001. Crassulaceae//Wu Z Y，Raven P H eds. Flora of China，*Brassicaceae* through *Saxifragaceae*. Science Press，Beijing and Missouri Botanical Garden Press，St Louis，（8）：202～268
Hart H. 't，Bleij B. 2003. Sedum//Illustrated Handbook of Succulent Plants：Crassulaceae. Eggli U，ed. Springer-Verlag，Berlin，235～332
Jaffré T，Brooks R R，Lee J，et al. 1976. *Sebertia acuminata* – hyperaccumulator of nickel from New Caledonia. Science，193（4253）：579～580
Jaffré T，Schmid M. 1974. Accumulation du nickel par une rubiacée de Nouvelle Calédonie：*Psychotria douarrei*（G. Beauvisage）

Drniker. Comptes rendus de l'Académie des Sciences，278：1727～1730

Landberg T，Greger M. 1996. Differences in uptake and tolerance to heavy metals in *Salix* from unpolluted and polluted areas. Applied Geochemistry，11（1-2）：175～180

Li J T，Liao B，Dai Z Y，et al. 2009. Phytoextraction of Cd-contaminated soil by carambola（*Averrhoa carambola*）in field trials. Chemosphere，76：1233～1239

Liu Y G，Zhang H Z，Zeng G M，et al. 2006. Heavy metal accumulation in plants on Mn mine tailings. Pedosphere，16（1）：131～136

Liu Z L，He X Y，Chen W，et al. 2009. Accumulation and tolerance characteristics of cadmium in a potential hyperaccumulator-*Lonicera japonica* Thunb. Journal of Hazardous Materials，169（1～3）：170～175

Ma L Q，Komar K M，Tu C，et al. 2001. A fern that hyperaccumulates arsenic：a hardy，versatile，fast-growing plant helps to remove arsenic from contaminated soils. Nature，409：579

McGrath S P. 1998. Phytoextraction for soil remediation//Plants that Hyperaccumulate Heavy Metals. R R Brooks，ed. CAB International，Wallingford，Oxon，UK，261～287

McGrath S P，Sidoli C M D，Baker A J M，et al. 1993. The potential for the use of metal-accumulating plants for the *in situ* decontamination of metal-polluted soils//Integrated Soil and Sediment Research：A Basis for Proper Protection. Hamers. HJP Eijsackers，eds. Dordrecht：Kluwer Academic Publishers

Pence N S，Larsen P B，Ebbs S D，et al. 2000. The molecular physiology of heavy metal transport in the Zn/Cd hyperaccumulate of *Thlaspi caerulescens*. Proceedings of the National Academy of Sciences，USA，97：4956～4960

Peng K J，Luo C L，Chen Y H，et al. 2009. Cadmium and other metal uptake by *Lobelia chinensis* and *Solanum nigrum* from contaminated soils. Bulletin of Environmental Contamination and Toxicology，83（2）：260～264

Peng K J，Luo C L，You W X，et al. 2008. Manganese uptake and interactions with cadmium in the hyperaccumulator-*Phytolacca americana* L. Journal of Hazardous Materials，154（1～3）：674～681

Qiu R L，Fang X H，Tang Y T，et al. 2006. Zinc hyperaccumulation and uptake by *Potentilla griffithii* Hook. International Journal of Phytoremediation，8：299～310

Ramos L，Hernandez L，Gonzalez M J. 1994. Sequential fractionation of copper，lead，cadmium and zinc in soils from or near Donana National Park. Journal of Environmental Quality，23：50～57

Reeves R D. 2003. Tropical hyperaccumulators of metals and their potential for phytoextraction. Plant and Soil，249（1）：57～65

Shen Z G，Liu Y L. 1998. Progress in the study on the plants that hyperaccumulate heavy metal. Plant Physiology Communication.，34：133～139

Shi G R，Liu C F，Cai Q S，et al. 2010. Cadmium accumulation and tolerance of two safflower cultivars in relation to photosynthesis and antioxidantive enzymes. Bulletin of Environmental Contamination and Toxicology，85（3）：256～263

Sun Y B，Zhou Q X，Wang L，et al. 2009. Cadmium tolerance and accumulation characteristics of *Bidens pilosa* L. as a potential Cd-hyperaccumulator. Journal of Hazardous Materials，161（2～3）：808～814

Tang S R，Wilke B M，Huang C Y. 1999. The uptake of copper by plants dominantly growing on copper mining spoils along the Yangtze River，the People's Republic of China. Plant and Soil，209：225～232

Tang Y T，Qiu R L，Zeng X W，et al. 2009. Zn and Cd hyperaccumulating characteristics of *Picris divaricata* Vant. International Journal of Environment and Pollution，38（1～2）：26～38

Thiede J，Eggli U. 2007. Crassulaceae//The Families and Genera of Vascular Plants，Volume IX. Kubitzki K，ed. Springer-Verlag，Berlin，83～118

Wang H B，Wong M H，Lan C Y，et al. 2007. Uptake and accumulation of arsenic by 11 *Pteris* taxa from southern China. Environmental Pollution，145（1）：225～233

Wang S L，Liao W B，Yu F Q，et al. 2009. Hyperaccumulation of lead，zinc，and cadmium in plants growing on a lead/zinc outcrop in Yunnan province，China. Environmental Geology，58（3）：71～476

Wei C Y，Chen T B，Huang Z C，et al. 2002. Cretan Brake（*Pteris cretica* L.）：an Arsenic accumulating plant. Acta Ecologica Sinica，22（5）：777～778

Wei S H，Zhou Q X. 2004. Identification of weed species with hyperaccumulative characteristics of heavy metals. Progress in Natural Science，14（6）：495～503

Wu C，Liao B，Wang S L，et al. 2010. Pb and Zn accumulation in a Cd-hyperaccumulator（*Viola baoshanensis*）. International Journal of Phytoremediation，12（6）：574～585

Wu L. Colonization and establishment of plants in contaminated environments // Shaw AJ.1990. Heavy Metal Tolerance in plants：Evolutionary Aspects. Boca Raton，Florida：CRC Press，269～284

Wu L H，Liu Y J，Zhou S B，et al. 2013. *Sedum plumbizincicola* X.H. Guo et S.B. Zhou ex L.H. Wu（Crassulaceae）：a new species from Zhejiang Province，China. Plant Systematics and Evolution，299（3）：487～498

Xu L S，Zhou S B，Wu L H，et al. 2009. Cd and Zn tolerance and accumulation by *Sedum jinianum* in east China. International Journal of Phytoremediation，11（3）：283～295

Yang M J，Yang X E，Römheld V. 2002. Growth and nutrient composition of *Elsholtzia splendens* Nakai under copper toxicity. Journal of Plant Nutrition，25：1359～1375

Yang S X，Deng H，Li M S. 2008. Manganese uptake and accumulation in a woody hyperaccumulator：*Schima superba*. Plant Soil and Environment，54（10）：441～446

Yang X E，Long X X，Ye H B，et al. 2004. Cadmium tolerance and hyperaccumulation in a new Zn-hyperaccumulating plant species（*Sedum alfredii* Hance）. Plant and Soil，259：181～189

Zhang X C，Zhang S R，Xu X X，et al. 2010. Tolerance and accumulation characteristics of cadmium in *Amaranthus hybridus* L. Journal of Hazardous Materials，180（1～3）：303～308

Zu Y Q，Li Y，Christian S，et al. 2004. Accumulation of Pb，Cd，Cu and Zn in plants and hyperaccumulator choice in Lanping lead-zinc mine area，China. Environment International，30：567～576

第二章 景天科植物的重金属耐性与积累性

东南景天（景天科）是生长于铅锌矿区的 Zn、Cd 超积累植物（杨肖娥等，2002；Yang et al.，2004），同科的伴矿景天表现出相似的 Zn、Cd 超积累能力（吴龙华等，2007），皖景天对 Zn、Cd 也表现出一定的耐性。本章对景天科的伴矿景天、东南景天和皖景天的重金属耐性与积累性进行研究，以期为重金属污染土壤的高效植物修复技术提供支持。

第一节 伴矿景天的重金属耐性与积累性

伴矿景天（*S. plumbizincicola*）为多年生草本植物，喜生于铅锌矿区（吴龙华等，2006；Wu et al.，2013），其地上部 Zn 浓度可达正常植物的数十至数百倍，同时地上部 Cd 浓度也超过正常植物几十至几百倍，具有超积累锌和镉的潜力，为重金属污染土壤的植物修复提供了良好的种质资源。由于 Zn 和 Cd 在环境中通常是同时存在且两者化学性质相近，所以在植物吸收转运时这两种元素存在交互作用。而不同元素在植物不同部位的积累、分配并不是均匀的，造成这样的差异可能与各元素的功能、元素的迁移转化能力、该元素在土壤中的浓度、相关元素在土壤中的浓度以及该植物的生物学特性等因素有关。

本节旨在进一步介绍伴矿景天在不同的环境和不同污染程度土壤上的生长状况和金属吸收潜力，为其实际应用提供参考；探明重金属交互作用对伴矿景天生长和重金属吸收特性的影响，以及伴矿景天植物体内锌镉的分布特征，以期为锌镉污染土壤的高效植物修复技术提供支持，并为伴矿景天超积累锌镉机制提供理论依据；初步探讨多氯联苯与铜镉复合污染土壤上植物联合修复，以探索复合污染土壤的高效植物种植、修复模式，为复合污染土壤植物修复提供依据。

一、不同生境下伴矿景天的重金属积累性

目前发现的超积累植物大多数为野外矿山开采或冶炼区发现的物种，超积累植物的确认大多是根据野外样本分析以及水培试验的验证，但通过这样的方式筛选、鉴定的超积累植物在实际应用时会遇到一些问题，如超积累植物受气候和土壤条件的限制，无法在待修复污染土壤上正常生长（王庆仁等，2001）；此外，营养液培养中能大量吸收金属元素并达到超积累浓度标准的植物而在污染场地上吸收量大大减少（Yang et al.，1998；Song et al.，2004；彭红云和杨肖娥，2005）、低于超积累标准，实际应用受限。因此，超积累植物应用于实际修复前有必要了解其在不同的生长条件下的金属耐性和吸收性。

（一）矿区环境条件下伴矿景天对锌镉的耐性和吸收性

在原居地尾矿堆 0～15cm 表层土壤全量 Zn、Cd 为 6592mg/kg 和 243mg/kg 时，伴矿景天仍能正常生长，完成其完整的生长周期，未表现出任何的受害症状，表现出对 Zn、

Cd 的高耐受性。在植物开花前取样、测定其地上部 Zn、Cd 浓度，分别达 8233mg/kg 和 241mg/kg，接近或达到 Zn、Cd 超积累植物的地上部重金属浓度指标，对 Zn 的富集系数为 1.25，对 Cd 的富集系数也达到了 0.99，可见伴矿景天在具有高度 Zn、Cd 耐性的同时也具有极高的吸收性，是具有潜力的 Zn、Cd 污染土壤修复植物。

（二）盆栽条件下伴矿景天对锌镉的吸收性

由表 2.1 可见，污染土壤中 Zn、Cd 总量达 6499mg/kg 和 15.3mg/kg，远高于国家《土壤环境质量三级标准》（GB 15618—1995）。生长的 5 个月期间未出现任何毒害症状，伴矿景天根、茎和叶中 Zn 浓度分别为 12 169、18 240、12 352mg/kg，Cd 浓度分别为 60.8、374、213mg/kg，超过 Zn、Cd 超积累植物的地上部重金属浓度指标；不同组织 Zn、Cd 均为茎＞叶＞根，对土壤中 Zn、Cd 的富集系数达 2.25 和 17.3，根部对 Zn、Cd 的转运系数达 1.20 和 4.35，表明伴矿景天是一种能同时超量吸收锌镉的景天科植物。

表 2.1　温室盆栽条件下伴矿景天重金属浓度、富集系数及转运系数

重金属	土壤中浓度/（mg/kg）	植物中浓度/（mg/kg）			富集系数	转运系数
		叶	茎	根		
Zn	6499±324	12 352±3791	18 240±2615	12 169±521	2.25	1.20
Cd	15.3±0.6	213±67	374±91	60.8±7.8	17.3	4.35

（三）水培条件下伴矿景天的镉吸收性

前述结果是温室盆栽且土壤 Cd 浓度为 15.3mg/kg 的情况下开展的，水培试验旨在探明极高浓度条件下伴矿景天对 Cd 的耐受性与吸收性。在试验 Cd 处理浓度范围内，伴矿景天生长正常，随着营养液中 Cd 浓度的上升，生物量无显著下降（图 2.1），其叶、茎和

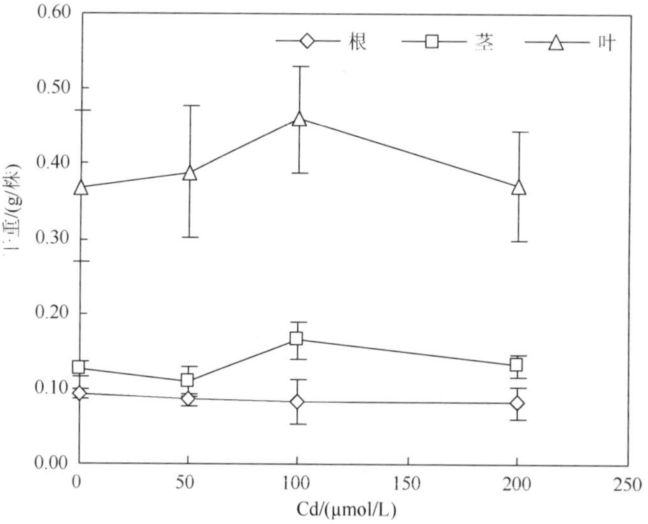

图 2.1　镉处理对伴矿景天生物量的影响

根中 Cd 浓度均随营养液中 Cd 浓度的上升而显著升高（表 2.2），叶、茎中 Cd 最高达 5764mg/kg、5373mg/kg，不同组织 Cd 浓度为叶＞茎＞根。各处理伴矿景天对 Cd 的转运系数均＞1。随着营养液中镉浓度的提高，伴矿景天对 Cd 的转运系数增大，最高达 3.84。水培试验结果再次证实伴矿景天可忍受生长环境中极高浓度的 Cd，且生长正常，对 Cd 吸收量极大，是一种镉超积累植物。

表 2.2　不同浓度镉处理下伴矿景天 Cd 浓度及转运系数

Cd/（μmol/L）	叶/（mg/kg）	茎/（mg/kg）	根/（mg/kg）	转运系数
0	66.0±5.0	38.9±0.4	20.0±0.5	2.76
50	3488±1895	2656±210	1082±64	3.84
100	5764±570	3845±175	1331±25	3.82
200	5377±361	5373±558	3365±681	1.60

（四）田间条件下伴矿景天锌镉的吸收性

田间小区试验地为农田土壤，因周围金属冶炼厂长期废水排放和烟尘沉降，导致土壤多种重金属积累，其土壤 pH 为 7.98，全量 Zn、Cd 分别为 1374mg/kg 和 3.60mg/kg，分别为国家土壤环境质量三级标准（Zn 500mg/kg；Cd 1.00mg/kg）的 2.75 倍和 3.60 倍，为重污染土壤。在这种土壤条件下，伴矿景天仍可成活并正常生长，种植生长 3 个月后其地上部 Zn、Cd 浓度为 5306mg/kg 和 78.7mg/kg，对土壤 Zn 的富集系数为 3.86，对 Cd 的富集系数更是高达 21.9，表现出对 Zn、Cd 良好的吸收性和积累性。同时，单位面积上伴矿景天生物量可达 1874kg/hm^2，Zn、Cd 吸收量达 9.94、0.147kg/hm^2，这表明伴矿景天可以应用于长期污染的农田土壤的植物修复，并具有一定的修复能力和应用前景。

（五）讨论

镉是一种毒性很强的污染元素，它对植物、动物、微生物和人体产生强烈的毒害作用（刘发欣等，2006）。锌和镉在元素周期表中同属于 IIB 族元素，在元素地球化学分类中同列为亲硫元素，化学性质相似，因此在自然界中总是伴生、伴存而造成伴随危害，经土壤到植物，继而由陆生食物链进入人体，危害人类健康。伴矿景天在矿区条件下能忍受土壤高浓度 Cd 和 Zn，且地上部 Cd 浓度超过超积累植物标准 2.41 倍；水培条件下其叶片中积累的 Cd 浓度高达 5764mg/kg，在土培盆栽条件下茎、叶 Cd 浓度也分别达到 374、213mg/kg，Cd 富集系数更高达 17.3。同时，矿区土壤上伴矿景天地上部 Zn 浓度也接近超积累植物标准，盆栽试验条件下茎中 Zn 达 18 240mg/kg，达到超积累标准。魏树和等（2004）认为超积累植物除了具有临界浓度特征和转运特征，还应具有耐性特征和富集特征。从水培试验结果来看，营养液 Cd 为 100μmol/L 时，伴矿景天叶中 Cd 达到最高值，此时其生物量与对照相比没有显著下降，达到了耐性特征的标准。由此可见，伴矿景天是一种能够同时超积累 Cd、Zn 的景天科植物，具有良好的 Cd、Zn 吸收性。有研究认为 Zn 的超积累植物对 Cd 也有很强的富集作用（Salt et al.，2000），本书研究结果也验证了这一规律。遏蓝菜属植物具有优越的超积累能力，但大多数植物呈莲座状生长，植株矮小，生长缓慢，不适于大面积污染土壤的修复（Salt et al.，1996）。伴矿景天成熟植株高可达 35cm 以上，营养枝直立生长，生长速度较快，以无性繁殖为主，具有生物量较大、适于刈割的特点，为污染土壤的植物修复提供了新的良好资源。

目前研究报道的超积累植物绝大多数为野外矿山开采或冶炼区发现的品种，通过水培试验验证和确定其超积累特征。一般情况下，矿区和冶炼区土壤重金属浓度高（杨胜香等，2006），当土壤中重金属浓度高到超过超积累植物应达到的临界浓度标准时，甚至高出几倍的情况下，植物对重金属的积累有随土壤中重金属浓度升高而升高的特点（郭水良等，2002），因此，矿区植物的重金属耐性和吸收性均大大高于普通植物，容易达到超积累临界浓度而表现超积累特征。而水培试验中重金属多以离子形式存在，植物有效性高，促使植物地上部重金属浓度大大增加。植物修复多应用于轻度到中度污染土壤的修复（McGrath and Zhao，2003），这类污染土壤大多是由于长期的污水灌溉、污泥利用、大气沉降或工业活动导致的重金属浓度超标的农田土壤（崔德杰和张玉龙，2004），重金属浓度低于矿区或冶炼区土壤，且随时间推移，土壤重金属因老化效应而有效性下降（Reid et al.，2000）。因此，通过野外调查和水培试验鉴定的超积累植物是否具有实际应用价值，需通过田间小区试验进一步确认。本书研究表明，重金属严重超标的农田土壤上，伴矿景天生长良好，地上部 Zn、Cd 浓度超过普通植物 50 倍以上，富集系数均超过 1，种植三个月后收获的伴矿景天生物量接近 $2t/hm^2$，可见，伴矿景天用于修复广大重金属污染（尤其是 Cd）程度不高（超过国家土壤环境质量标准 1～数倍）的农田土壤是可行的。

二、重金属交互作用对伴矿景天锌镉富集特性的影响

（一）锌镉交互作用对伴矿景天锌镉富集特性的影响

微量元素间存在相互制约的现象，影响着生物对它们的吸收利用，几十年前人们已知锌是镉的竞争离子（Chaney，1973）。在众多微量元素中，由于 Zn 与 Cd 具有相同的核外电子构型，化学性质极为相似，且往往相伴生，存在着复杂的交互作用（Mengel and Kirkby，2001）。关于锌镉交互作用的植物效应已有了诸多深入研究，锌镉交互作用既有协同性，也有拮抗的一面，因土壤性质、锌的背景值、植物品种以及环境条件不同而异。Li 等（2009）研究发现在水培条件下东南景天存在强烈的锌镉协同作用，添加锌利于超积累型东南景天对镉的吸收。

不同叶龄叶片的重金属富集能力可能不同，但绝大多数关于植物不同叶龄叶片重金属富集性的研究通常只考虑一种或两种元素中的一种，没有考虑两元素间的交互作用（Xu et al.，2009；李思亮等，2010）。镉污染土壤上通常都存在锌等元素的复合污染（钟道旭等，2011），但有关锌和镉的交互作用对这两种元素在超积累植物不同叶龄叶中的浓度和分布的影响的研究很少。伴矿景天是一种新发现的锌镉超积累植物，前期研究表明新叶中锌镉浓度常高于成熟叶（李思亮等，2010），但是锌镉交互作用对植物生长及锌镉吸取修复效率的影响则未见报道。因此，本小节拟以锌镉超积累植物——伴矿景天为供试植物，通过水培及土培

盆栽试验研究锌镉交互作用对伴矿景天不同组织部位的Zn、Cd分布及修复效率的影响，以期为锌镉污染土壤的高效修复技术提供支持，并为伴矿景天超积累锌镉机制的探明提供理论依据。

1. 水培条件下锌镉交互作用对伴矿景天不同叶龄叶中锌镉浓度的影响

试验处理为Cd 0、25、50μmol/L，Zn 10、300、600μmol/L，共9个处理，其中Zn 10μmol/L、Cd 0μmol/L为对照。

1）不同处理下锌和镉在伴矿景天不同部位的分布

Zn在伴矿景天体内呈不均匀分布，当溶液中Zn浓度大于Cd时，伴矿景天各部分Zn浓度为新叶＞成熟叶＞其他部位＞＞根；当溶液中Zn浓度小于Cd（Zn 10μmol/L、Cd 25μmol/L和Zn 10μmol/L、Cd 50μmol/L）时，伴矿景天各部分Zn浓度为成熟叶＞其他部位＞新叶＞＞根。当溶液中Cd的浓度不变而Zn浓度由10μmol/L增加到600μmol/L时，伴矿景天新叶中Zn浓度显著高于对照（Zn 10μmol/L、Cd 0μmol/L）。随着溶液中Zn、Cd浓度的变化，Zn在伴矿景天各部位的分布也随之发生变化（表2.3）。

Cd在伴矿景天不同部位浓度没有一致的规律，但新叶中Cd浓度均高于其他部位（表2.3）。当溶液中没有添加Cd时，在Zn 10、600μmol/L处理下，伴矿景天各部位Cd浓度为新叶＞成熟叶＞其他部位＞根，而Zn 300μmol/L处理下，伴矿景天各部位Cd浓度从大到小的顺序为新叶＞其他部位＞成熟叶＞根；在Cd为25μmol/L时，任何Zn浓度处理下，伴矿景天各部位Cd浓度从大到小的顺序均为新叶＞其他部位＞成熟叶＞根；在Cd为50μmol/L时，任何Zn浓度处理下伴矿景天各部位Cd浓度均为新叶＞其他部位＞根＞成熟叶。

表2.3　各处理下伴矿景天不同部位锌镉浓度

处理浓度/（μmol/L）		Cd/（mg/kg）				Zn/（mg/kg）				Zn/Cd	
Zn	Cd	新叶	成熟叶	根	其他部位	新叶	成熟叶	根	其他部位	新叶	成熟叶
10	0	50.6±5.31	41.1±18.6	3.23±0.73	26.5±8.28	4146±396	3905±85	1332±184	4975±670	82	140
300	0	70.4±13.3	27.8±11.4	1.70±0.55	39.1±3.66	17 121±741	6913±1202	2628±189	10 110±752	243	249
600	0	81.3±7.52	43.6±18.6	3.93±0.32	53.7±10.3	17 962±2290	7404±3512	3204±799	11 662±894	221	170
10	25	1880±488	407±135	331±16	989±258	3922±426	8193±3149	1284±163	5243±443	2.09	20.2
300	25	3619±676	610±56	308±39	1186±523	14 514±1296	9923±2505	2493±167	9056±309	4.01	16.3
600	25	2180±237	418±220	358±72	1092±252	14801±450	8649±3343	3577±252	9658±764	6.79	20.7
10	50	2675±395	395±172	628±90	1268±230	3651±480	8221±1088	1736±356	5914±799	1.36	22.9
300	50	3619±676	385±218	721±31	1245±384	13 639±3774	8228±276	4237±444	9819±429	3.22	21.4
600	50	2947±629	419±107	690±151	1367±327	12 717±1488	7577±912	3790±736	9997±1020	4.28	18.1

2）伴矿景天新叶和成熟叶中锌和镉浓度

在任何Cd浓度下，Zn 300μmol/L和600μmol/L处理伴矿景天新叶中Zn浓度均显著高于对照，甚至在 Cd 为 0μmol/L 和 25μmol/L 时达到极显著水平；但相同 Cd 浓度下，Zn 300μmol/L 和 600μmol/L 处理伴矿景天新叶中 Zn 浓度没有显著性差异。在 Zn 600μmol/L、Cd 0μmol/L 处理时，伴矿景天新叶中锌浓度出现了最高值 17 962mg/kg。各处理间成熟叶中 Zn 浓度没有显著性差异。

在任何处理下新叶中 Cd 浓度始终高于成熟叶。当溶液中没有添加 Cd 时，任何 Zn 浓度处理下，新叶中 Cd 浓度略高于成熟叶；但当溶液中 Cd 浓度为 25μmol/L 和 50μmol/L 时，任何 Zn 浓度处理下，新叶中 Cd 浓度显著高于成熟叶。新叶中 Cd 浓度最高可达 4232mg/kg（Zn 300μmol/L、Cd 50μmol/L 处理下），为对照新叶中 Cd 浓度的 83 倍。

3）锌镉交互作用对伴矿景天不同叶龄叶锌镉富集的影响

溶液中 Zn 浓度和 Cd 浓度都是影响新叶中 Zn 浓度的显著性因子，但对成熟叶来说情况并非如此。溶液中 Cd 浓度对新叶和成熟叶中 Cd 浓度影响显著，而 Zn 浓度对新叶和成熟叶中 Cd 浓度影响较小。

（1）不同镉处理对伴矿景天不同叶龄叶中锌浓度的影响

由图 2.2 可以看出，在相同浓度 Zn 处理下，随着溶液中 Cd 浓度的升高，伴矿景天新叶中 Zn 浓度逐渐降低，即 Cd 处理对新叶中 Zn 浓度具有拮抗效应。以溶液中 Cd 浓度为 *X* 轴，伴矿景天新叶中 Zn 浓度为 *Y* 轴，当溶液中 Zn 浓度为 10μmol/L 时，$Y=-247.45x+4400.9$（$R^2=0.997$）；当溶液中 Zn 浓度为 300μmol/L 时，$Y=-3622.6x+21\,082$（$R^2=0.975$）；当溶液中 Zn 浓度为 600μmol/L 时，$Y=-2617.4x+20\,398$（$R^2=0.986$），两者相关性较好。而在相同浓度 Zn、不同浓度 Cd 处理下，伴矿景天成熟叶中 Zn 浓度没有显著性差异（图 2.3）。

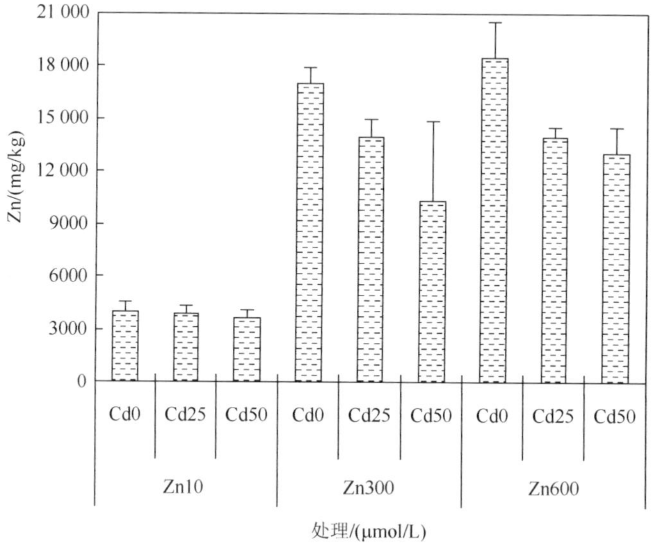

图 2.2　Cd 对伴矿景天新叶中 Zn 浓度的影响

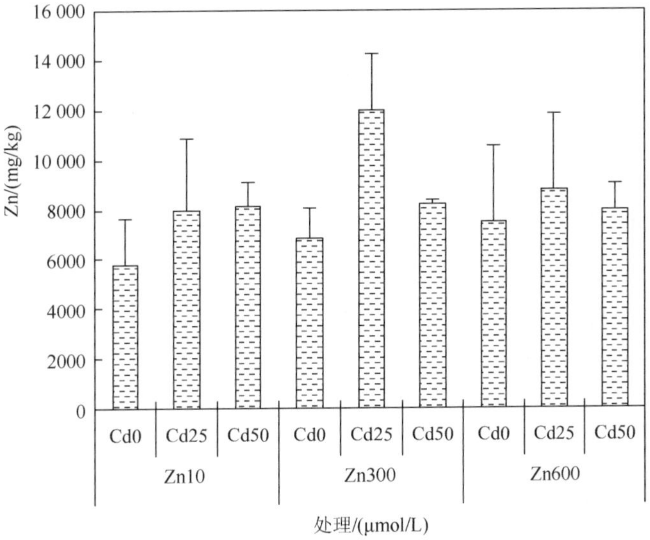

图 2.3　Cd 对伴矿景天成熟叶中 Zn 浓度的影响

在相同 Zn 浓度下，随着溶液中 Cd 的增加，伴矿景天新叶中 Zn 浓度逐渐降低，但在各种处理下成熟叶中不存在这种现象，即 Cd 处理对伴矿景天新叶中 Zn 浓度有显著性拮抗作用，而对成熟叶则没有这种效应，这种拮抗作用同时说明在溶液中或者伴矿景天体内 Zn^{2+}与 Cd^{2+}竞争作用强烈。这与 Wu 等（2003）研究结果一致，他们的研究发现，溶液中 Cd 会降低大麦各部位的 Zn 浓度，并能抑制 Zn 由根向地上部运输。但 Mckenna 等（1993）研究的结果表明 Cd 处理能显著增加莴苣新叶中 Zn 浓度，而菠菜新叶中 Zn 浓度与溶液中 Cd 浓度无关；Combs（1987）的研究表明番茄叶中 Zn 浓度也与溶液中 Cd 浓度无关。产生上述差异的原因可以用 Turner（1973）研究结果解释，即 Cd 处理对植物叶片中 Zn 浓度的影响与植物种类有关，Cd 处理对一些植物叶片中 Zn 浓度有协同作用，对另一些植物有拮抗作用。

（2）不同锌处理对伴矿景天不同叶龄叶中镉浓度的影响

由图 2.4 可以看出，当溶液中没有添加 Cd（0μmol/L）时，随着 Zn 浓度升高，伴矿景天新叶中 Cd 浓度逐渐增加，但增加缓慢，原因可能是添加的 Zn 试剂中含有 Cd。当溶液中 Cd 浓度为 25μmol/L 和 50μmol/L 时，Zn 浓度对伴矿景天新叶中 Cd 浓度具有“低促高抑”效应，即低浓度 Zn（300μmol/L）促进新叶中 Cd 浓度的增加，而高浓度 Zn（600μmol/L）降低了新叶中 Cd 浓度，尤其在 Cd 为 25μmol/L、Zn 为 300μmol/L 时新叶中 Cd 浓度显著高于 Zn 为 10μmol/L 时，而当 Zn 浓度为 600μmol/L 时新叶中 Cd 浓度显著低于 Zn 为 300μmol/L 时。但对成熟叶来说不存在这种现象（图 2.5）。

伴矿景天新叶和成熟叶中 Cd 浓度与溶液中 Zn 处理浓度相关，当溶液中没有添加 Cd 时，随着 Zn 添加量的增大，伴矿景天新叶中 Cd 浓度缓慢增加，原因可能是添加的 Zn 试剂中含有 Cd，即使试验所用的锌为优级纯化学试剂（Wu et al.，2012）。当溶液中 Cd 浓度为 25 和 50μmol/L 时，Zn 浓度对伴矿景天新叶中 Cd 浓度具有“低促高抑”效应，对成熟叶没有这种效应。这和 Cakmak 等（2000）研究结果相似，他们采用同位素示踪技术研究了

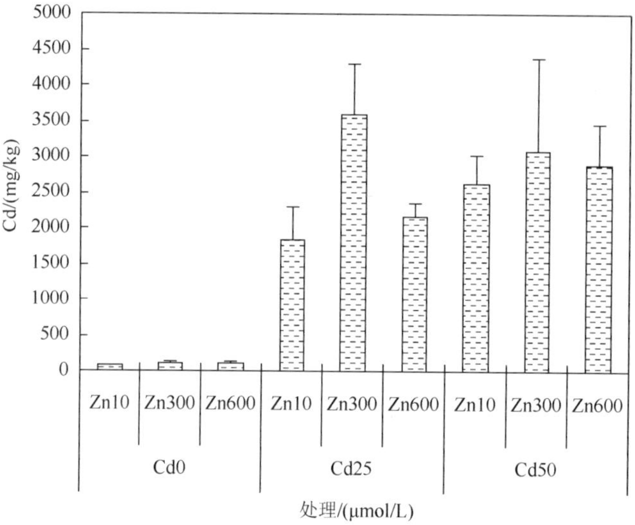

图 2.4　Zn 对伴矿景天新叶中 Cd 浓度的影响

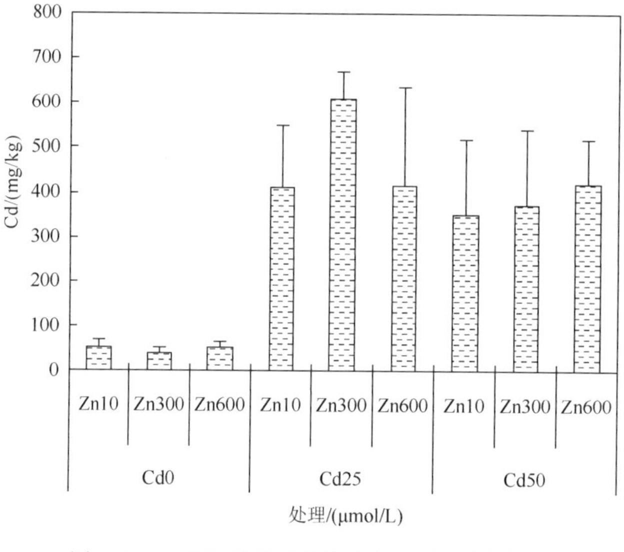

图 2.5　Zn 对伴矿景天成熟叶中 Cd 浓度的影响

不同锌水平对硬质小麦 ^{109}Cd 转运的影响，发现在不加锌的对照中有 2.8%的 ^{109}Cd 从叶片运输到包括根在内的植株的其他部位，但当锌浓度为 0.1μmol/L 时，^{109}Cd 的运输率达到最大值（6.5%）；而当锌的浓度增加到 1 和 5μmol/L 时，^{109}Cd 的运输率又分别下降到 4.3%和 1.3%。这说明较高浓度锌处理可显著抑制镉从植物叶片、韧皮部运输至根、茎等部位。Welch 等（1999）采用溶液培养法研究锌对硬质小麦吸收和累积镉的生理机制时发现，当溶液中锌浓度大于 1μmol/L 时可明显抑制镉从根的韧皮部运输，并认为这是导致小麦籽粒镉浓度降低的主要原因。Mckenna 等（1993）研究表明，施锌可明显降低莴苣和菠菜根部对镉的吸收，且减少镉从根系的木质部运输到茎叶部。Cd、Zn 具有相同的价态和近似的离子半径，在植物细胞表面发生 Zn、Cd 位点竞争作用，导致 Cd 的溶解性增强，促使 Cd

从根部向地上部转移（艾伦弘等，2005）。

2. 土培条件下锌镉交互作用对伴矿景天生长和重金属吸取性影响

实验采集不同污染程度的土壤 4 个，设其中相对污染程度最低的土壤为“CK”，另外 3 个土壤依污染程度由低到高依次为“S1”、“S2”、“S3”。取“S2”土壤，分别外加锌 1000mg/kg 和 2000mg/kg；取“S3”土壤，分别外加镉 16、32、92mg/kg。处理代号等详见表 2.4。

表 2.4　供试土壤全量锌镉及外加锌镉处理情况

土壤田间号	处理代号	添加前全量锌镉/(mg/kg)		外加锌镉/(mg/kg)		添加后锌镉总浓度/(mg/kg)		Zn/Cd
		Zn	Cd	Zn	Cd	Zn	Cd	
X16	CK	101	0.52	0	0	101	0.52	194
X11	S1	1067	8.73	0	0	1067	8.73	122
	S1-Zn1	1067	8.73	1000	0	2067	8.73	236
	S1-Zn2	1067	8.73	2000	0	3067	8.73	351
15	S2	3906	10.6	0	0	3906	10.6	368
	S2-Cd1	3906	10.6	0	16	3906	26.6	149
	S2-Cd2	3906	10.6	0	32	3906	42.6	91.6
16	S3	4444	59.6	0	0	4444	59.6	65.5

1）不同锌镉浓度及其交互作用对伴矿景天生长的影响

在 S1 污染土壤（Zn 1067mg/kg、Cd 8.73mg/kg）中添加 Zn 1000mg/kg 没有影响伴矿景天生物量，但添加量为 Zn 2000mg/kg 时显著抑制了植物生长；同样，在锌高镉低（Zn 3906mg/kg、Cd 10.6mg/kg）的 S2 污染土壤中添加 Cd，也表现出随 Cd 添加量的增加，伴矿景天生物量呈现下降趋势；在所有处理中锌镉高污染（Zn 4444mg/kg、Cd 65.5mg/kg，未添加重金属）的 S3 处理伴矿景天生物量最大（图 2.6）。

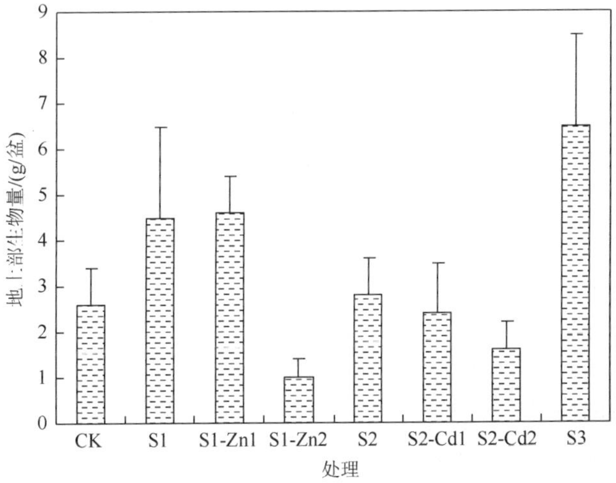

图 2.6　不同锌镉处理对伴矿景天生物量的影响

2）不同锌镉浓度及其交互作用对伴矿景天地上部锌镉浓度的影响

在 S1 污染土壤上添加 Zn 显著增大了伴矿景天地上部 Zn 的浓度，同时也促进了伴矿景天对 Cd 的吸收，但比较 Zn 1000mg/kg 与 Zn 2000mg/kg 的添加量对上述效应没有显著差异；对锌高镉低的 S2 土壤添加 Cd 则表现为随 Cd 添加量的增加伴矿景天体内 Cd 浓度显著升高，但 Cd 添加量对伴矿景天体内 Zn 浓度没有显著影响；锌镉高污染的 S3 土壤处理中伴矿景天体内 Zn 和 Cd 浓度显著低于相近污染程度的土壤外加重金属处理，表明外加锌镉的有效性高于自然老化过的土壤（表 2.5）。

表 2.5　不同锌镉处理对伴矿景天地上部锌镉浓度和吸收量的影响

处理	地上部锌镉浓度/(mg/kg)		地上部锌镉吸收量/(mg/盆)	
	Cd	Zn	Cd	Zn
CK	4.67±2.00	126±84	0.012±0.000	0.33±0.08
S1	34.6±4.0	1138±204	0.156±0.001	5.13±0.40
S1-Zn1	84.8±20.8	5040±635	0.383±0.008	22.8±0.6
S1-Zn2	82.7±6.5	4581±793	0.088±0.001	4.88±0.45
S2	63.4±17.6	3467±586	0.171±0.003	9.34±0.55
S2-Cd1	177±40	3810±866	0.406±0.016	8.74±1.10
S2-Cd2	211±90	3088±1098	0.327±0.029	4.80±0.92
S3	77.4±5.2	2155±276	0.499±0.003	13.9±0.5

3）不同锌镉浓度及其交互作用对伴矿景天锌镉吸收量的影响

比较所有处理伴矿景天的锌镉吸收量结果均表现为锌高则镉高，锌低则镉低的规律（表 2.5）；添加 Zn 显著促进伴矿景天对 Cd 的吸收，但添加量过大时，由于显著抑制了伴矿景天的生长，伴矿景天的 Cd 吸收量显著降低；外加 Cd 对伴矿景天 Zn 的吸收有拮抗效应，随土壤外加 Cd 量而增大，Zn 吸收量呈降低趋势（表 2.5）。

4）讨论

镉是环境中毒性和移动性最强的重金属元素之一，进入植物可引起细胞 DNA 损伤和代谢紊乱（葛才林等，2002）；锌是植物所必需的营养元素，参与植物体内代谢活动，但其浓度超过一定范围时也表现出对植物的毒害作用（徐勤松等，2003）。由于锌和镉有相似的物理结构和化学性质，因此当植物生长介质中两种元素共存时，在植物吸收及在植物体内迁移转运过程中产生交互作用。Li 等（2009）及 Papoyan 等（2007）等的研究认为，Zn 可促进 *S. alfredii* 及 *T. caerulescens* 对 Cd 的吸收和转运。但因各研究的条件和对象不同，锌镉在植物吸收和积累上所表现的交互作用也不尽相同。

Cd 对植物吸收积累 Zn 的影响，有研究表明在镉处理浓度为 500μmol/L 时，苗期龙葵对锌的积累量达到最高，镉的浓度继续增加，地上部锌的积累量降低（裴昕等，2008）。Wu 等（2003）研究发现，溶液中 Cd 会降低大麦各部位的 Zn 浓度，并能抑制 Zn 由根向地上部运输。但 Mckenna 等（1993）研究表明 Cd 处理能显著增加莴苣新叶中 Zn 浓度，而菠菜新叶中 Zn 浓度与溶液中 Cd 浓度无关；Combs（1987）研究表明番茄叶中 Zn 浓度也与溶液中 Cd 浓度无关。在土培盆栽试验条件下，Cd 对伴矿景天 Zn 的吸收表现出拮抗效应，并随土壤外加 Cd 量的增大，Zn 的吸收量显著下降（表 2.5），这主要是由于外加高量 Cd 活性或毒性较大，从而抑制伴矿景天的生长。

在土培试验中低量 Zn 的添加显著促进了伴矿景天地上部 Cd 的浓度，但高量 Zn 同时也抑制了伴矿景天生长，降低了地上部 Cd 的浓度（表 2.5）。

（二）铜对伴矿景天锌镉富集特性的影响

铜是植物生长必需的微量矿质养分，可被植物根系吸收并转运至地上部，参与多种生命过程，在维持植物正常的新陈代谢及生长发育方面具有重要作用（Marschner，1995）。如 Cu 是细胞中多种酶和蛋白质的重要辅助因子，参与呼吸代谢及光合作用的电子传递等过程。然而，适于植物生长的土壤 Cu 浓度范围较小，一旦植物生长介质中 Cu 超过一定水平，植物生长及生命活动就会受影响甚至死亡。即低浓度 Cu 可刺激植物生长，但高浓度 Cu 则将使植物受到毒害。

近年来，由于含 Cu 工业“三废”排放、金属矿的开采、高 Cu 杀菌剂、杀虫剂、化肥以及高 Cu 有机粪肥的施用，进入土壤环境中的 Cu 与其他重金属如 Zn、Cd 等形成复合污染，因而用植物技术修复土壤中目标污染元素时需同时考虑 Cu 元素的复合效应。伴矿景天是一种 Zn、Cd 超积累植物，但在应用伴矿景天修复含高 Cu 的 Cd 污染土壤时，修复植物明显因 Cu 毒害而生长不良。因此，本书研究采用水培及土培盆栽试验相结合，探明不同 Cu 浓度与伴矿景天生长及其 Zn、Cd 吸收性的相互关系，及 Cu 毒害浓度阈值、植物生理变化机制，以期为重金属复合污染土壤的植物吸取修复提供理论依据与实践指导。

1. 水培条件下铜对伴矿景天生长及锌镉吸收的影响

试验设置 Cu 处理浓度为 0、5、10、50、100、200μmol/L，以分析纯硫酸铜加入；各铜处理浓度下 Zn、Cd 的处理浓度相同，均为 Zn 500μmol/L、Cd 50μmol/L，以分析纯硝酸锌、硝酸镉的形式加入。试验每处理 3 次重复，每盆营养液 1.6L，伴矿景天苗 6 株。

1）伴矿景天生长及生物量

Cu 处理浓度不高于 50μmol/L 时伴矿景天均生长正常，但 Cu 100、200μmol/L 处理 3d 后植物根系分泌白色物质，叶片暗淡失绿，处理 6d 后侧根逐渐腐烂脱落，但此时 Cu 100μmol/L 处理的茎在没有直接接触营养液的部位可见新的气生根长出。

由于 Cu 处理时间较短，各处理间根与茎生物量没有显著差异（表 2.6），处理效应主要体现在叶片生物量的变化上，高 Cu（100、200μmol/L）处理显著地降低了伴矿景天叶片生物量（$P<0.05$），而低 Cu 处理（5～50μmol/L）叶生物量较对照增加，表明低浓度 Cu 对伴矿景天生长有一定的促进作用，但这种促进作用与对照的差异未达到显著水平（$P>0.05$）。

表 2.6　不同铜处理下伴矿景天的生物量

Cu 处理/(μmol/L)	叶/(g/株)	茎/(g/株)	根/(g/株)
0.31	0.61±0.11ab	0.34±0.09ab	0.22±0.04
5	0.72±0.14a	0.44±0.08a	0.30±0.07
10	0.69±0.11a	0.39±0.08ab	0.20±0.12

续表

Cu 处理/(μmol/L)	叶/(g/株)	茎/(g/株)	根/(g/株)
50	0.70±0.26a	0.41±0.11ab	0.30±0.11
100	0.43±0.03c	0.27±0.06b	0.23±0.03
200	0.36±0.03c	0.31±0.08ab	0.18±0.03

注：同列不同小写字母表示差异显著（$P<0.05$）。

2）伴矿景天体内铜锌镉浓度变化

随 Cu 处理浓度的增大，伴矿景天根茎叶中 Cu 浓度也不断升高，从对照（Cu 0.31μmol/L）处理到 Cu 200μmol/L 处理，伴矿景天根、茎及叶中 Cu 浓度分别从 26.7、12.7、14.0mg/kg 增加到 2165、191、89.9mg/kg（图 2.7）。伴矿景天根茎叶中 Cu 浓度由 Cu 低浓度处理时（0.31～50μmol/L）的根＞叶＞茎，转变为 Cu 高浓度处理时（100μmol/L 和 200μmol/L）的根＞茎＞叶，但根中 Cu 浓度远高于叶和茎，不同 Cu 处理下根中 Cu 浓度为叶和茎中 Cu 浓度的 2～20 倍。

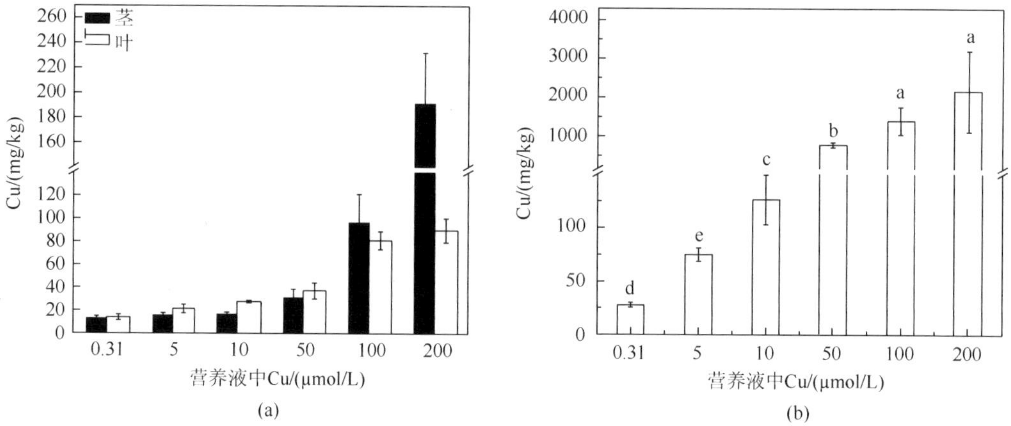

图 2.7 不同 Cu 浓度处理下伴矿景天茎叶（a）和根（b）中 Cu 浓度

伴矿景天根、茎和叶中 Zn 和 Cd 浓度表现为叶＞茎＞根。本试验中，Cu 处理浓度在 0.31～50μmol/L 范围时，伴矿景天根、茎及叶中 Zn 和 Cd 的积累性均没有产生显著变化，但当 Cu 处理浓度达 100、200μmol/L 时，Cu 显著降低了根、茎及叶中 Cd 浓度，Cu 处理也显著地抑制了伴矿景天叶和茎的 Zn 富集能力，但并没有影响伴矿景天根中 Zn 浓度（图 2.8）。

2. 土培条件下铜对伴矿景天生长及毒害作用

将采回的试验用土等分为 4 份，分别按照：①不加任何重金属（CK）；②外加 Cu 50mg/kg（Cu1）；③外加 Cu 250mg/kg（Cu2）；④外加 Cd 10mg/kg 和 Zn 500mg/kg（ZnCd），设计施用量向土壤加入重金属，并调节土壤含水量至田间最大持水量的 70%，放置老化 2 个月后再风干、过筛、混匀，并取样测定土壤实际重金属总量，结果列于表 2.7，上述 4 处理又分为不加乙二胺二琥珀酸（EDDS）和外加 EDDS 两组处理，即试验设以下 8 个处理：①CK；②Cu1；③Cu2；④ZnCd；⑤CK-E；⑥Cu1-E；⑦Cu2-E；⑧ZnCd-E。试验每盆装土 210g（烘干基），每盆种植一株伴矿景天，每处理 4 次重复。

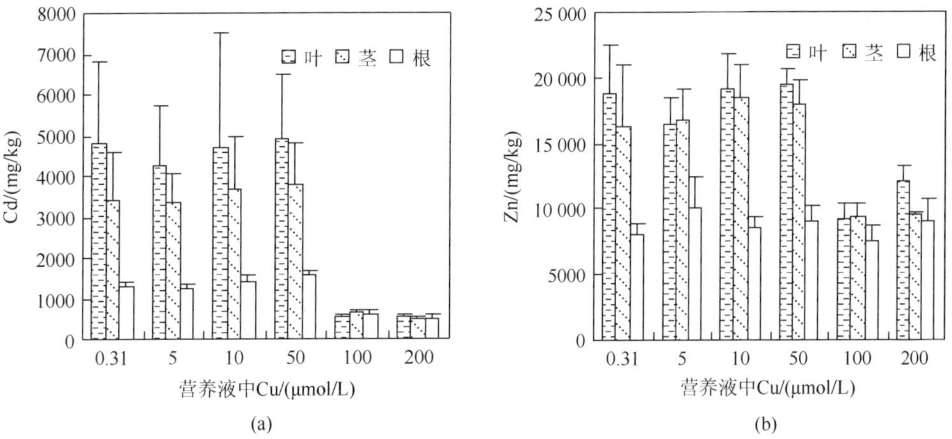

图 2.8 不同 Cu 浓度处理下伴矿景天根茎叶 Cd（a）和 Zn（b）浓度

表 2.7 试验前土壤重金属浓度 （单位：mg/kg）

处理	Cu	Cd	Zn
CK	3.61	0.133	42.8
Cu1	50.8	0.098	38.8
Cu2	301	0.12	40.6
ZnCd	6.84	10.6	563

1）伴矿景天生物量

施用 EDDS 并没有对植物生物量产生显著影响（表 2.8），这与收获前一周施加 EDDS，处理时间较短有关。无论 EDDS 施用与否，各处理间均表现为土壤 Cu 浓度为 250mg/kg 处理时伴矿景天生物量最大，并显著高于土壤 Cu 浓度为 50mg/kg 处理；外加 Cu 50mg/kg 也促进或显著促进伴矿景天的生长（表 2.8）。

施用 EDDS 后伴矿景天并未出现明显的中毒症状，所以对处理 Cu1-E、Cu2-E 和 ZnCd-E 分别施加 Cu 250mg/kg，发现处理 Cu1-E 和 Cu2-E 伴矿景天叶片出现了从叶柄处脱落或叶片缩水腐烂的现象，但处理 ZnCd-E 却没有类似现象，这可能是土壤 Zn 和 Cd 的存在缓解了 Cu 的植物毒性，因为 Zn 能缓解 Cu 对植物过氧化损伤（Upadhyay and Panda，2010）。

2）伴矿景天体内重金属浓度

随土壤 Cu 浓度的增加，伴矿景天体内 Cu 浓度也相应上升（表 2.8）；除 CK 处理外，施加 EDDS 及收获前一天施加 Cu 250mg/kg 处理显著增大了伴矿景天体内 Cu 浓度，伴矿景天体内 Cu 最高达 1068mg/kg。但未表现出明显毒害症状的 ZnCd-E 处理伴矿景天体内 Cu 浓度仅 83.1mg/kg，未施加 ZnCd 的处理，随 Cu 处理浓度的增加伴矿景天中 Zn 和 Cd 浓度略有降低或显著降低（表 2.8），但分析伴矿景天对 Zn 和 Cd 的吸收性发现，除 Cu2-E 处理 Zn 的吸收量显著高于 CK-E 处理外，其余未添加 ZnCd 的处理伴矿景天对 Zn 和 Cd 的吸收量无显著差异（表 2.9），据此推测伴矿景天体内 Zn 和 Cd 浓度随土壤 Cu 浓度的增加而降低，可能是由土壤 Cu 增大促进伴矿景天生长产生的稀释效应所致。

表 2.8　伴矿景天生物量的增量及体内重金属浓度

处理	Δ 生物量/g	Cu/(mg/kg)	Cd/(mg/kg)	Zn/(mg/kg)
CK	0.15±0.08b	14.0±6.0c	127±20b	4309±207b
Cu1	0.29±0.19b	28.6±6.2b	62.0±7.0c	3346±1304b
Cu2	0.92±0.39a	140±74a	44.9±14.4c	1740±625c
ZnCd	0.40±0.16bc	16.9±11.2bc	773±261a	13531±1313a
CK-E	0.15±0.17c	21.8±2.1c	172±66b	4228±967b
Cu1-E（Cu）	0.39±0.05b	1068±704a	79.0±26.0c	2740±611b
Cu2-E（Cu）	1.14±0.40a	605±202a	42.3±13.9c	1634±413c
ZnCd-E（Cu）	0.25±0.07bc	83.1±57.5b	915±70a	13132±512a

注：（Cu）表示试验结束前一天向土壤中加入 Cu 250mg/kg；同列中不同小写字母表示差异显著，虚线隔开的上下列间未经显著性检验；Δ 生物收获时植物生物量减去试验前生物量。

表 2.9　伴矿景天吸取重金属量　（单位：μg/盆）

处理	Cu	Cd	Zn
CK	2.73±0.51c	18.6±9.1b	639±460b
Cu1	9.93±3.68b	19.1±10.9b	876±145b
Cu2	128±48a	19.7±9.5b	1132±222b
ZnCd	3.88±1.25c	405±153a	6346±2376a
CK-E	4.04±3.27c	20.8±5.7b	591±362c
Cu1-E（Cu）	556±362a	19.4±13.7b	865±419bc
Cu2-E（Cu）	588±240a	26.7±13.3b	1428±318b
ZnCd-E（Cu）	29.8±16.5b	265±11a	3737±413a

注：（Cu）表示试验结束前一天向土壤中加入 Cu 250mg/kg；同列中不同小写字母表示差异显著，虚线隔开的上下列间未经显著性检验。

3）土壤盐酸提取态重金属浓度变化

向土壤中添加 Zn 和 Cd 显著增加土壤盐酸提取态 Zn（HCl-Zn）和土壤盐酸提取态 Cd（HCl-Cd）浓度（表 2.10）。比较处理 ZnCd 和 ZnCd+EDDS，EDDS 施用显著增加了土壤 HCl-Zn（$P<0.05$），HCl-Cd 略增，但差异不显著。随土壤处理 Cu 浓度的增加，土壤 HCl-Cu 显著升高；施加 EDDS 和收获前一天加入 Cu 250mg/kg 显著地增大了土壤 HCl-Cu（表 2.10）。

表 2.10　不同处理土壤重金属盐酸提取态　（单位：mg/kg）

处理	Cu	Cd	Zn
CK	0.35±0.08c	0.20±0.02b	4.26±1.86b
Cu1	24.9±1.9b	0.15±0.04b	3.48±1.48b
Cu2	163±12a	0.18±0.04b	2.46±0.66b
ZnCd	0.23±0.05c	6.46±2.28a	263±56a

续表

处理	Cu	Cd	Zn
CK-E	0.48±0.08b	0.29±0.09b	5.35±2.84b
Cu1-E（Cu）	273±72a	0.24±0.07b	4.42±1.86b
Cu2-E（Cu）	408±107a	0.14±0.10b	3.10±1.28b
ZnCd-E（Cu）	292±106a	8.10±0.94a	393±40a

注：（Cu）表示试验结束前一天向土壤中加入 Cu 250mg/kg；同列中不同小写字母表示差异显著，虚线隔开的上下列间未经显著性检验。

在土培盆栽试验中，土壤 Cu 浓度达 300mg/kg 时，施用 3mmol/kg EDDS，伴矿景天地上部没有表现出显著的毒害症状，表明 EDDS 单独作用或土壤 Cu 浓度较低时 EDDS 和 Cu 的共同作用不会使伴矿景天受到明显的毒害。而 Cu 250mg/kg 施入土壤后第二天伴矿景天叶片即出现脱落及脱水腐烂现象，表明 Cu 可能是伴矿景天受到毒害的主要原因。此外，比较 CK 处理和 CK-E 处理间伴矿景天的 Cu 吸收量，可计算得到 EDDS 施用引起的伴矿景天 Cu 吸收增率为 48%。如不考虑 Zn 和 Cd 对植物 Cu 吸收的影响，比较 CK-E 和 ZnCd-E（Cu）两处理伴矿景天的 Cu 吸收量差异发现，外加 Cu 250mg/kg 使伴矿景天对 Cu 的吸收量增加了 6.37 倍，进一步证明伴矿景天植物体内 Cu 过量积累是其受毒害的主要原因，而 EDDS 的施用可能对 Cu 毒害具有一定的协同作用。

3. 讨论

Cu 是植物所必需的微量元素，在低浓度时能促进植物生长，但在植物生长介质中 Cu 浓度过高会对植物产生毒害。甄泉等（2006）研究 Cu 对野艾蒿影响，发现水培条件下 Cu 浓度低于 2.5mg/L 对植物的生长有促进作用，而在 Cu 5～40mg/L 处理 14d 则植物生长受到显著抑制。本试验中，营养液 Zn 500μmol/L 和 Cd 50μmol/L 时，在 Cu 5～50μmol/L 范围内能刺激伴矿景天生长（表 2.6）；土培盆栽试验表明，向土壤中添加 Cu 显著地促进了伴矿景天的生长（表 2.8）。但 Cu 浓度过高则伴矿景天生长会受到明显抑制，甚至受到毒害。在水培条件下，当 Cu 处理浓度达 100μmol/L 以上时伴矿景天叶片生物量显著降低，生长受抑（表 2.6）；在土培试验中，后期向土壤中添加 Cu 250mg/kg 的硝酸铜，伴矿景天表现出叶片脱水或从叶柄处脱落的中毒症状。根系是重金属进入植物的门户，Cu 对根的影响比地上部更强烈（Lequeux et al.，2010）。在本书试验中伴矿景天体内 Cu 浓度随土壤处理 Cu 浓度的增加而增大，但根中的 Cu 浓度远大于其他部位，为茎和叶中 Cu 的 2～20 倍（图 2.8），即伴矿景天可能是 Cu 耐性或排斥植物。环境 Cu 浓度过高时，伴矿景天通过根系固定作用缓解 Cu 胁迫，但当根中 Cu 积累到一定极限时则表现为明显的毒害。在水培试验 Cu 处理为 50μmol/L 时，伴矿景天根中 Cu 达 771mg/kg，仍然没有毒害现象；而 Cu 处理为 100μmol/L 时，根中 Cu 达 1396mg/kg，植物生长明显受到抑制。即本试验条件下伴矿景天根系的 Cu 耐性限值为 771～1396mg/kg。

重金属交互作用对植物生长与金属吸收、富集的影响因供试植物、重金属种类及浓度不同而异。高浓度 Cu 抑制油菜对 Zn 的吸收、但不影响 Zn 在植物体内的迁移，而高浓度 Zn 促进了植物根系吸收 Cu 但降低其向地上部的运移（Ivanova et al.，2010）；在 Cu 浓度低于 20μmol/L 时促进大豆对 Zn 的吸收（Bernala et al.，2007）。Cd 和 Zn 交互作用下金针菇对重金属表现为拮抗作用（贾彦等，2009）。本试验中，Cu 对伴矿景天的 Zn、Cd 吸收表现为低 Cu 时对伴矿景天 Zn 和 Cd 吸收和富集无显著影响，但高 Cu（≥100μmol/L）则抑制了植物对 Cd 的吸收富集，同时也抑制了 Zn 向地上部的运输，但对根中 Zn 浓度没有显著影响（图 2.8）。元素进入植物细胞的途径包括主动运输和被动扩散两种方式，伴矿景天是一种锌镉超积累植物，在介质中 Cd 和 Zn 浓度很低时仍可富集，因此 Cd 和 Zn 进入伴矿景天应属主动运输型。蒸腾抑制剂对与伴矿景天较为相似的东南景天地上部 Cd 积累没有影响，而低温和代谢抑制剂显著降低了其植物地上部 Cd 浓度（Lu et al.，2009），这表明是 Cd 以主动运输的形式进入植物体内。Cui 等（2008）研究 Cu 对不同基因型水稻 Cd 吸收的影响，发现 Cu 处理显著降低了植物对 Cd 和 Ca 的吸收，Cd 对植物吸收 Ca 没有显著影响。Irina 和 Antwerp（2009）的研究表明 Cd 吸收受到了 Cu 抑制，认为 Cu 与 Cd 没有共同的吸收路径、Cu 对植物 Cd 吸收的抑制作用与可能存在的 Cd 转运蛋白有关，而 Cu 与该蛋白的亲和力较 Cd 强。Redjala 等（2009）证明在植物根共质体中存在对 Cd 有低亲和力的转运体系。杨红霞等（2010）根据植物不同部位 Cd、Cu、Zn 分布规律及其植物体内的结合形态，推断 Cd、Cu 和 Zn 在印度芥菜体内与谷胱甘肽和半胱氨酸结合上存在竞争。Lasat 等（1996）的研究表明，*T. caerulescens* 之所以表现出 Zn 超积累性是因为该植物根系细胞膜上分布着比非积累型更多的 Zn^{2+}转运蛋白。因此，Cu 对伴矿景天的影响可能表现为与 Cd 竞争通道和转运蛋白，或过量 Cu 使伴矿景天供能不足。但本试验中在低 Cu（0.31～50μmol/L）时，Cu 对伴矿景天吸收 Zn 和 Cd 没有显著影响，所以这时 Cu 与 Zn 和 Cd 在伴矿景天体内不存在竞争或竞争作用很小；而在高 Cu 处理时伴矿景天生长及对 Zn 和 Cd 富集均显著受到抑制，推测这时 Cu 对伴矿景天 Cd、Zn 吸收的影响主要可能是对伴矿景天 Cd 吸收转运蛋白或是植物根系供能系统的影响。

三、伴矿景天植物体内锌镉分布特征研究

伴矿景天是已被证实的在我国境内生长的 Zn、Cd 超积累植物（李娜，2008）。杨肖娥等（2002）报道东南景天（*Sedum alfredii*）水培时叶中可积累 Zn 17 360mg/kg 而不呈现任何中毒症状；Sun 等（2009）发现，*Bidens pilosa* 中 Cd 的浓度由大到小的顺序为叶＞茎＞根＞花；Hammer 等（2003）的田间试验发现，*Salix viminalis* 叶的生物量只占整株的 15%～19%，而其 Cd 提取量占整株的 34%～37%。所有这些都证实叶是 Zn 和 Cd 的重要储存器官，而且这些元素在植物不同组织部位分布不均匀。

两种生态型东南景天 Zn 亚细胞分布均为细胞壁＞可溶性部分＞细胞器（Li et al.，2006），而 *Brassica napus* 叶中 Cd 主要分布于液泡和细胞壁（Carrier et al.，2003）。扫描电子显微镜及自显影技术研究遏蓝菜（*T. caerulescens*）叶片中 Zn 的分布，发现成熟叶中 Zn 主要分布于表皮和叶肉细胞中，而新叶中 Zn 信号较成熟叶中弱（Hendrik et al.，1999）；通过对叶片的自显影发现低 Cd 处理下 Cd 在遏蓝菜叶片中主要分布于叶缘部分，且新叶中 Cd 浓度高于成熟叶，但高 Cd 处理下成熟叶中 Cd 浓度高于新叶（Claudia et al.，2005）。

本书试验旨在探明不同生境下伴矿景天不同叶龄叶锌镉积累特征及水培条件下伴矿

景天不同叶龄叶锌镉微区分布，以期为伴矿景天对 Zn、Cd 的超积累及耐性机制提供依据。

（一）不同生境下伴矿景天不同叶龄叶锌镉积累特征

目前对不同植物不同叶龄叶片的重金属富集性研究较多，但结果很不统一，对造成叶中重金属的富集及分布差异原因的研究很少。以 Zn 和 Cd 的超积累植物伴矿景天为供试植物，通过田间、盆栽、水培试验，旨在研究伴矿景天在不同生境下及不同 Zn 或 Cd 处理水平下不同叶龄叶中 Zn 或 Cd 的富集和分布特征，为重金属污染土壤植物修复调控，以及重金属在植物不同器官和组织中的富集分布特征及解毒或耐性机制的探明提供依据。

田间试验为 2006 年 4 月至 7 月在浙江杭州郊区某污染农田土壤（已连续修复数年）上种植伴矿景天。当地有小型金属冶炼厂，长期大气沉降和污水灌溉导致土壤重金属浓度超标。土壤类型为湿润黏化富铁土。分低污染（S1）和高污染（S4）两种，土壤 pH 分别为 6.47、7.24，土壤中 Zn 的浓度分别为 311mg/kg 和 6499mg/kg，Cd 的浓度分别为 1.11mg/kg 和 15.3mg/kg。

盆栽试验于 2006 年 4 月 15 日开始，污染土壤用伴矿景天连续修复，共种植六季，其中盆栽第四季和第六季取样新老叶。第四季培养时间为 2007 年 4 月 14 日到 2007 年 7 月 5 日；第六季培养时间为 2007 年 11 月 15 日到 2008 年 4 月 15 日。

水培试验处理为 Zn［$Zn(NO_4)_2 6H_2O$］10、600，Cd［$Cd(NO_4)_2 4H_2O$］1、100μmol/L。

1. 田间条件下伴矿景天不同叶龄叶片锌镉积累特征

Zn、Cd 污染土壤上伴矿景天不同叶龄叶中 Zn、Cd 分布规律并不相同（表 2.11）。新叶中 Cd 的浓度是成熟叶中 3.1 倍，而新叶中 Zn 的浓度是成熟叶中的 2/3。

表 2.11　田间污染土壤上伴矿景天不同叶龄叶中锌镉浓度　（单位：mg/kg）

叶龄	Cd	Zn
新叶	69.9±10.5	2310±327
成熟叶	22.3±2.5	3499±572

2. 盆栽条件下伴矿景天不同叶龄叶锌镉积累特征

收获第四季时，生长在 S1 上的伴矿景天成熟叶和新叶中 Zn 浓度分别为 3242mg/kg 和 2048mg/kg［图 2.9（a）］，差异不显著，而生长在 S4 上伴矿景天新叶和成熟叶中浓度分别为 16 310mg/kg 和 12 734mg/kg，即新叶中 Zn 浓度显著高于成熟叶。收获第六季伴矿景天时发现，S1 和 S4 新叶和成熟叶中 Zn 的分布发生了变化：S1 上生长的伴矿景天成熟叶和新叶中浓度分别为 8290mg/kg 和 1360mg/kg，成熟叶 Zn 浓度显著高于新叶；S4 上成熟叶和新叶中浓度分别为 16 585mg/kg 和 14 876mg/kg，成熟叶中 Zn 浓度略高于新叶，但差异不显著。无论第四季还是第六季，生长在 S4 的伴矿景天新叶和成熟叶中 Zn 的浓度都显著高于 S1 上生长的同龄叶，表明随着土壤中 Zn 浓度的增加，伴矿景天叶中重金属的富集量也在增加。土壤中重金属全量的变化可能是引起第四和第六季新叶和成熟叶 Zn 分布差异的原因。

除 S1 第六季伴矿景天新叶和成熟叶中 Cd 浓度差别不大外，第四季和第六季伴矿景天新叶中 Cd 浓度均显著高于成熟叶［图 2.9（b）］；Cd 最高浓度出现在 S4 土壤上第四季植物为 254mg/kg。

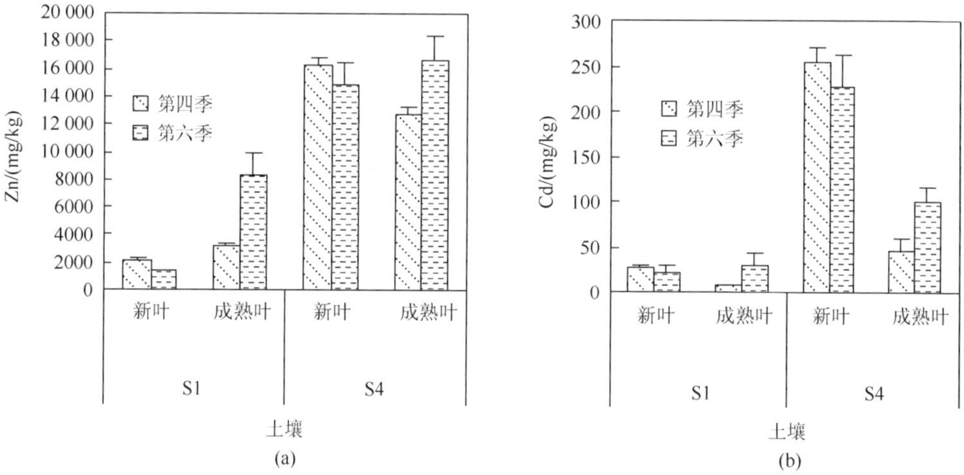

图 2.9　不同污染土壤上伴矿景天不同叶龄叶中 Zn（a）和 Cd（b）浓度

3. 水培不同锌镉处理对伴矿景天不同叶龄叶中锌和镉浓度的影响

1）水培不同锌处理对伴矿景天不同叶龄叶中锌的浓度的影响

随溶液中 Zn 的浓度增加，伴矿景天新叶和成熟叶中 Zn 的浓度也相应增加［图 2.10（a）］。不论何种处理，新叶中 Zn 浓度均高于成熟叶。在 Zn 10μmol/L 下，处理 7d 后新叶 Zn 浓度显著高于成熟叶，但处理 28d 和 56d 后，新叶中 Zn 浓度均高于成熟叶，但都没达到显著水平。而在 Zn 600μmol/L 处理下，处理 7d、28d 新叶中 Zn 浓度均显著高于成熟叶，处理 7d 后甚至达到极显著水平，而处理 56d 后新叶中 Zn 浓度略大于成熟叶，表明伴矿景天新叶和成熟叶中 Zn 浓度的差异与营养液中 Zn 处理浓度及处理时间的长短有关。

伴矿景天新叶与成熟叶的这种 Zn 浓度变化特征，其原因可能是随着生长时间的延长，处理后期生物量增大的稀释效应所致，或者是新叶与成熟叶对 Zn 的吸收模式不同，新叶在处理前期吸收速率高并很快达到一个浓度平衡，而成熟叶对 Zn 的吸收速率低、达到浓度平衡需要的时间较长。随着处理时间的延长，Zn 600μmol/L 处理下，新叶和成熟叶中 Zn 的浓度均不断增加，但在 7～28d 增长的速度较快（新叶和成熟叶处理 7d 后为 27 525、6118mg/kg，处理 28d 后分别增加到 41 280、18 833mg/kg），28～56d 的新叶 Zn 浓度增长速度较慢而成熟叶增加较快（新叶和成熟叶处理 28d 后为 41 280、18 833mg/kg，处理 56d 后分别增加到 43 107、33 774mg/kg），原因可能是 Zn 处理 28d 后新叶中 Zn 浓度接近饱和，所以成熟叶中 Zn 浓度增加相对较快，处理 56d 后新叶和成熟叶中 Zn 浓度最大可达 43 107、33 774mg/kg；在 Zn 10μmol/L 处理下，由于溶液中 Zn 的浓度较低（普通植物正常生长需要 Zn 的浓度为 Zn 5μmol/L），伴矿景天新叶中 Zn 浓度先增加（7～28d）后降低（28～56d）。

2）水培不同镉处理对伴矿景天不同叶龄叶中镉浓度的影响

与 Zn 处理相似，随溶液中 Cd 的浓度增加，伴矿景天新叶和成熟叶中 Cd 浓度也相应增加［图 2.10（b）］。无论何种处理，新叶中 Cd 浓度始终高于成熟叶。在 Cd 1μmol/L 下，处理 7d 后新叶中 Cd 浓度显著高于成熟叶，而处理 28d 和 56d 后，新叶中 Cd 浓度均高于成熟叶，但都没达到显著水平，原因可能是溶液中 Cd 浓度较低，后期生物量增长的速度大于 Cd 浓度增长速度，即稀释效应。在 Cd 100μmol/L 下，处理 7d 和 28d 后新叶中 Cd 浓度均显著高于成熟叶，处理 7d 后甚至达到极显著的水平，处理 56d 后新叶中 Cd 浓度高于成熟叶，但没达到显著水平，原因可能是随着处理时间的延长新叶中 Cd 浓度即将达到饱和。新叶和成熟叶中 Cd 的浓度最大值均出现在 Cd 100μmol/L 处理 56d 时，新叶和成熟叶中 Cd 的浓度分别为 15 057、9060mg/kg。

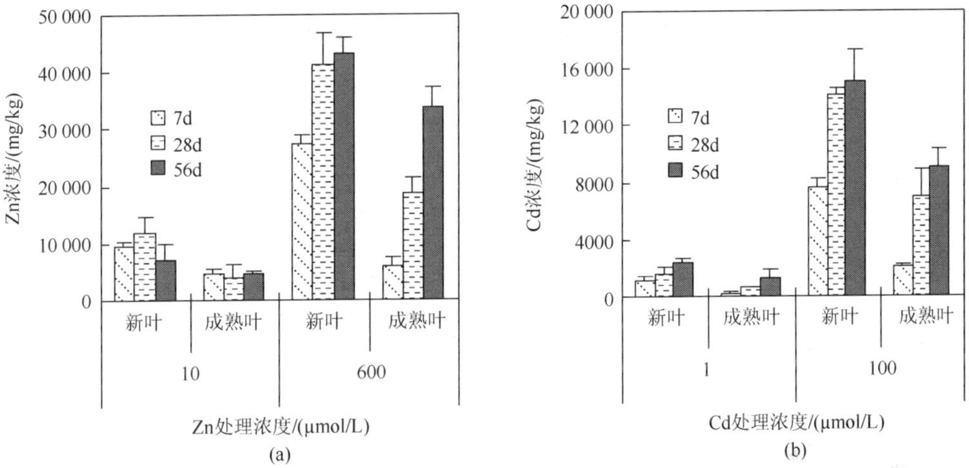

图 2.10　水培条件下伴矿景天不同叶龄叶中 Zn（a）和 Cd（b）浓度动态

随着处理时间的延长，无论是在 Cd 1μmol/L 还是 100μmol/L 处理下，伴矿景天新叶和成熟叶中 Cd 的浓度均不断增加，在 Cd 100μmol/L 处理下，新叶和成熟叶均是前期（7～28d）增长的速度较快，后期（28～56d）的增长速度较慢；在 Cd1μmol/L 处理下，新叶和成熟叶中 Cd 浓度增长缓慢且均低于 Cd100μmol/L 处理的。这种现象与 Zn 的积累特征相似。

4. 不同生境下伴矿景天不同叶龄叶中锌镉浓度的差异原因分析

田间试验条件下伴矿景天新叶中 Cd 浓度高于成熟叶，而 Zn 则是成熟叶中浓度更高；温室盆栽条件下，修复到第四季时，低污染程度土壤（S1）上 Zn 以成熟叶＞新叶，高污染程度土壤（S4）上为成熟叶＜新叶，修复到第六季时，S1、S4 上均为成熟叶＞新叶。Cd 浓度则是除 S1 上成熟叶中 Cd 浓度略高于新叶外，其余处理均为新叶＞成熟叶。

水培试验下，在处理 56d 内，所有处理下 Zn、Cd 浓度均是新叶＞成熟叶；新叶和成熟叶中重金属的浓度随处理浓度的升高而升高；随着处理时间的延长，新叶和成熟叶中 Zn、Cd 浓度均增加。

1）不同生境下伴矿景天不同叶龄叶中镉浓度的差异

田间、盆栽和水培试验均发现，伴矿景天新叶中 Cd 的浓度高于成熟叶。Salt 等（1995）也发现了类似的结果，当遏蓝菜（*Thlaspi caerulescens*）和印度芥菜（*Brassica juncea*）在 Cd 0.1μg/mL 处理 24h 后新叶比老叶中富集了更多的 Cd。Perronnet 等（2003）的研究也表明生长在 Zn、Cd 复合污染土壤（Cd 为 16.3mg/kg，Zn 为 1280mg/kg）上的遏蓝菜（*T. caerulescens*）新叶中 Cd 浓度高于老叶。但有一些研究与上述结果矛盾，印度芥菜在 Cd 0.05、0.5、2.5、10mmol/L 处理 16d 后所有处理老叶中 Cd 浓度均高于新叶，且低浓度（0.05mmol/L）处理下老叶高于新叶达到显著水平（Sridhar et al.，2005）。土壤 Cd 浓度为 20、40mg/kg 上生长的油菜和印度芥菜从地上部第一片叶到顶部叶中 Cd 浓度逐渐递减，老叶中 Cd 的浓度显著高于新叶，甚至油菜的第 2～5 片叶中含有的 Cd 超过整个地上部浓度的 60%，所以油菜和芥菜在用于修复污染土壤时应该尽可能使其生长发育，但在老叶即将落下时应该及时收获，以防再次污染（Wang and Su，2005）。本书研究结果发现，连续种植伴矿景天后，根际土壤醋酸铵提取态 Zn、Cd 浓度明显降低。产生上述差异的原因可能是植物生长介质中 Cd 浓度（尤其是有效态 Cd）不同，也有可能是供试植物不同或者是试验时植物的生长阶段不同或是处理时间长短不同所致，有待深入研究。

2）不同生境下伴矿景天不同叶龄叶中锌浓度的差异

伴矿景天新叶和成熟叶中 Zn 浓度在田间、盆栽和水培试验没有一致规律性。大田试验中伴矿景天成熟叶 Zn 浓度高于新叶；在盆栽试验的低污染 S1 上，第四和第六季结果和大田试验相同，而在高污染 S4 上，第四季新叶中 Zn 浓度显著高于成熟叶，第六季新叶和成熟叶中 Zn 浓度没有差别。产生差异的原因可能是由于在大田试验和盆栽试验 S1 时，随着种植超积累植物季数的增加，土壤中重金属浓度降低，能被植物所吸收的有效态 Zn 更低，导致新叶中重金属浓度较成熟叶中低；而在 S4 上生长的伴矿景天，其土壤中重金属浓度高，连续种植景天后重金属全量变化相对较小，但有效态变化可能较大，从而导致在第四季时新叶和成熟叶中差异显著，而在第六季时两者差异不明显。这和龙新宪等（2006）的结果较一致，通过对超积累生态型东南景天水培试验研究表明，在 Zn 1μmol/L 处理 13d 后，上部叶（新叶）Zn 低于下部叶（成熟叶）；但当溶液中 Zn 浓度增加到 500μmol/L 时，上部叶 Zn 浓度显著升高，而下部叶 Zn 浓度增加不明显，上部叶显著高于下部叶。

在水培条件下，无论高 Zn 或低 Zn 处理，新叶中 Zn 浓度均高于成熟叶，这与对印度芥菜的研究结果一致。印度芥菜（*B. juncea*）在 Zn 2、10、50、100mmol/L 处理 15d 后收获（100mmol/L 处理 11d），所有处理新叶中 Zn 浓度均高于老叶，但没达到显著水平（Sridhar et al.，2005）。原因可能是在上述水培条件下，溶液中重金属有效性极高，可全部被植物吸收，且满足植物的需求，而 Zn 在供应充足的条件下超积累植物可能优先供应 Zn 给幼嫩部位。

3）水培条件下伴矿景天新叶和成熟叶中锌和镉的时间动态

随着伴矿景天在 Zn 600μmol/L 和 Cd 100μmol/L 溶液中处理时间的延长，新叶和成熟叶中 Zn 和 Cd 浓度均增加，处理 7～28d 增加较快，处理 28～56d 增加较慢（Zn 处理成熟叶却增加较快）。原因可能是 Zn 处理 28d 后新叶中 Zn 浓度接近饱和，所以成熟叶中 Zn 浓度增加较快，以至于最后两者间没有差别（56d 后），这与龙新宪等（2006）的研究结果类似。在 Zn 10μmol/L 处理下，由于溶液中 Zn 的浓度较低（普通植物正常生长需要 Zn 的浓度为 Zn 5μmol/L），伴矿景天新叶中 Zn 浓度先增加（7～28d）后降低（28～56d），原因可能是前期生物量增长速度较慢而后期较快所致；成熟叶中 Zn 浓度随着处理时间的延长几乎没有变化，原因可能是新叶中 Zn 浓度很低，远没有达到临界值，Zn 优先供应新叶所致。在 Cd 1μmol/L 处理下，新叶和成熟叶中 Cd 的增速缓慢，原因可能是新叶和成熟叶中 Cd 浓度远低于临界值，溶液中 Cd 浓度又相对较低所致。

（二）水培条件下伴矿景天不同叶龄叶锌镉微区分布

植物对重金属胁迫的抗性可通过避性和耐性两种途径来实现。避性指植物通过某种外部机制保护使其不过量吸收环境中高浓度的重金属，从而避免毒害（杨居荣和黄翌，1994），而耐性通过两条基本途径——金属排斥和金属富集实现。前者指重金属被植物吸收后又被排出体外或重金属在植物体内的运输受阻，后者主要指重金属在植物体内以不具生物活性的形态存在，如结合到细胞壁、进入液泡或与有机酸和蛋白质络合等（Baker，1987）。

前期试验发现伴矿景天新叶和成熟叶中 Zn、Cd 分布存在显著差异，而本试验通过亚细胞差速离心技术和微米尺度质子诱导 X 射线发射光谱（micro-PIXE）法，研究不同叶龄叶中 Zn 和 Cd 的组织分布及亚细胞分布，旨在探明 Zn、Cd 在伴矿景天新叶和成熟叶中亚细胞分布差异，为伴矿景天的 Zn、Cd 超积累及耐性生理机制的探明提供依据。

伴矿景天新叶和成熟叶中锌镉亚细胞分布试验处理为 Zn［$Zn(NO_4)_2 6H_2O$］10、600μmol/L，Cd［$Cd(NO_4)_2 4H_2O$］1、100μmol/L，处理 28d 后取样。所有植物样品收获后取最下边靠近根的 2 片叶为成熟叶，顶端的 5～8 片未充分伸展的叶为新叶。

伴矿景天新叶和成熟叶中锌的微区分布处理为 Zn［以 $Zn(NO_4)_2 6H_2O$］600μmol/L，取伴矿景天新叶和成熟叶洗净后擦干，液氮预冷，然后真空干燥，干燥 72h 后，徒手切片，选取厚度约为 50μm 的切片，放置于碳片（PST-AI023）上观察，在澳洲 CSIRO 和 ANSTO 的 micro-PIXE 仪上开展相关测定。

1. 不同锌处理下伴矿景天不同叶龄叶中锌的亚细胞分布

由图 2.11（a）可以看出，Zn 600μmol/L 处理伴矿景天新叶和成熟叶各组分中 Zn 的绝对浓度均高于 Zn 10μmol/L 处理。在 Zn 为 10μmol/L 时新叶中 Zn 主要分布于细胞壁和可溶性部分，占 81.2%～86.1%，成熟叶中主要分布于可溶性部分，占 74.8%～77.6%；而在 Zn 为 600μmol/L 时新叶中 Zn 在细胞壁、细胞器和可溶性部分差别不大，成熟叶中主要分布于可溶性部分和细胞器，占 91.9%～95.6%。

细胞壁是重金属进入细胞内部的第一道屏障（Allen and Jarrell，1989；Raudrw，1999）。细胞壁属于细胞内的非原生质部分，细胞壁上的多糖分子（包括纤维素、半纤维素、木质素和粘胶等）和蛋白质分子具有大量的羟基、羧基、醛基、氨基等亲金属离子的配位基团，这些金属配位体能与进入细胞的金属离子结合，从而减少金属离子的跨膜运输，降低细胞原生质体内金属离子的浓度，维持植物细胞的正常生理代谢（Rauser，1999；Hayens，1980）。当细胞壁结合的金属离子达到饱和点时，进入细胞内的金属离子被转运到液泡中储藏起来，液泡中含有多种蛋白质、有机酸、有机碱等物质，它们都能与重金属结合，而使金属离子在细胞内区隔化（Verkled and Schat，1990）。在超积累植物体内，有 85%～90%的重金属离子与这些金属配位体结合形成螯合物，从而限制了金属在植物体内的移动性，达到解毒的目的（Salt et al.，1999）。

Salt 等（1999）研究发现，Zn 超积累植物天蓝遏蓝菜（*T. caerulescens*）根部细胞中有 30%的 Zn 分布在细胞壁上。熊愈辉等（2003）也发现 Zn 超积累植物东南景天茎叶中绝大部分 Zn 分布在细胞壁部分（50%～62%），其次为可溶部分（30%～44%），这可能是东南景天对 Zn 的耐性机制之一。本书研究结果与此类似［图 2.11（a）］，在 Zn 为 10μmol/L 时新叶中 Zn 主要分布于细胞壁（38.1%～51.9%）和可溶性部分（29.3%～44.1%）；成熟叶中主要分布于可溶性部分（74.8%～77.6%），可能与成熟叶中 Zn 再次利用的生理功能有关。而在 Zn 为 600μmol/L 时新叶中 Zn 在细胞壁、细胞器和可溶性部分中没有显著性差异，可能是由于随着处理浓度的增大和处理时间的延长，细胞壁和液泡中积累的 Zn 趋于饱和，所以细胞器部分浓度增高；而成熟叶分布形式与新叶中不同，主要分布于可溶性部分，这可能与伴矿景天趋向于向新叶富集更多的 Zn 有关，所以成熟叶中各组分浓度相对较低。

2. 不同镉处理下伴矿景天不同叶龄叶中镉的亚细胞分布

由图 2.11（b）可以看出，Cd 100μmol/L 处理伴矿景天新叶和成熟叶各组分中 Cd 的绝对浓度均高于 Cd 1μmol/L 处理的。在 Cd 为 1μmol/L 和 100μmol/L 处理时伴矿景天新叶和成熟叶中 Cd 均主要分布于细胞壁和细胞器部分。在 Cd 为 1μmol/L 处理时，新叶中细胞壁和细胞器部分占 95.7%～97.9%，成熟叶叶中细胞壁和细胞器部分占 76.3%～90.0%；而在 Cd 为 100μmol/L 处理时，新叶中细胞壁和细胞器部分占 97.0%～98.6%，成熟叶叶中细胞壁和细胞器部分占 90.6%～97.9%。

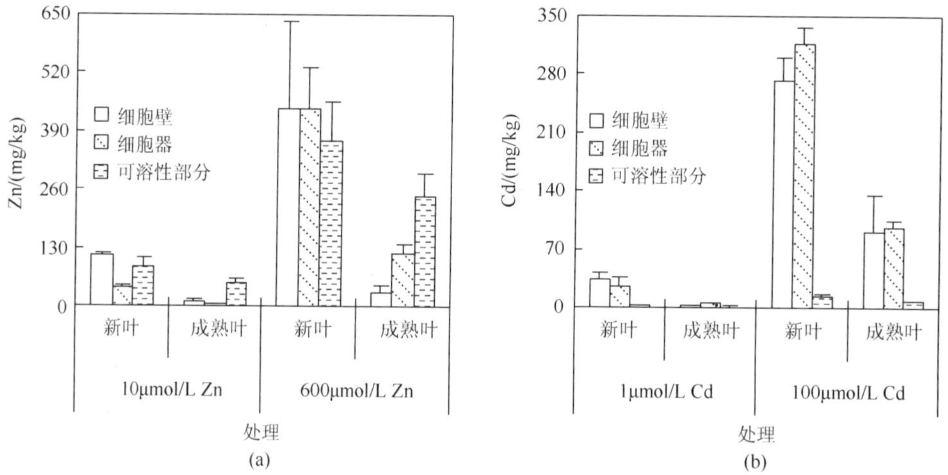

图 2.11　Zn（a）和 Cd（b）在伴矿景天亚细胞组分中的分布

Cd 1μmol/L 和 100μmol/L 处理时伴矿景天新叶和成熟叶中 Cd 主要分布于细胞壁和细胞器部分，可溶性部分浓度很低。这与前人研究结果不一致。Ni 和 Wei（2003）发现东南景天吸收的绝大部分 Cd 贮存在细胞壁中，可溶态以及细胞器中所含的 Cd 较少；Wu

等（2005）对不同植物研究的结果表明，植物地上部分的Cd主要存在于细胞壁中；周守标等（2008）对皖景天研究发现，Cd 10μmol/L处理下，Cd在皖景天细胞内的主要分布位点是其可溶部分；在Cd 100μmol/L处理下，Cd在根中主要分布在细胞壁，茎中主要分布在细胞壁和可溶部分，叶中超过90%的Cd分布在可溶部分；高Cd浓度处理时，皖景天根、茎和叶的细胞壁中Cd分布比例增加，而可溶部分Cd分布比例相对减少。造成这种差别的原因有待于进一步研究。

3. 不同锌处理下伴矿景天不同叶龄叶中锌的微区分布

1）伴矿景天新叶中锌的分布

由图2.12（a）可以看出，新叶中部横切面上Zn主要分布在上表皮、下表皮及叶肉细胞中，而且在靠近上表皮的叶肉细胞；靠近下表皮的叶肉细胞K浓度较上表皮高，所以下表皮细胞在光合作用中可能起重要作用，这可能也是新叶Zn浓度较高时仍能维持功能良好的原因。

由图2.12（b）可以看出，新叶靠近叶缘横切面上Zn的分布趋势与新叶中部相似，但各部分更趋于平均，但不管是新叶中部还是靠近叶缘，上表皮中Zn浓度都较下表皮高。

2）伴矿景天成熟叶中锌的分布

由图2.13可以看出，成熟叶中部和靠近叶缘处Zn的分布趋势相似，均主要分布于表皮组织中，叶肉细胞中浓度较低，这种分布趋势和新叶不同；而且下表皮Zn浓度高于上表皮，这和新叶中正好相反，造成这种差别的原因可能是由于新叶和成熟叶与太阳光的角度不同所致。新叶和成熟叶中维管束中Zn浓度都较上表皮低。

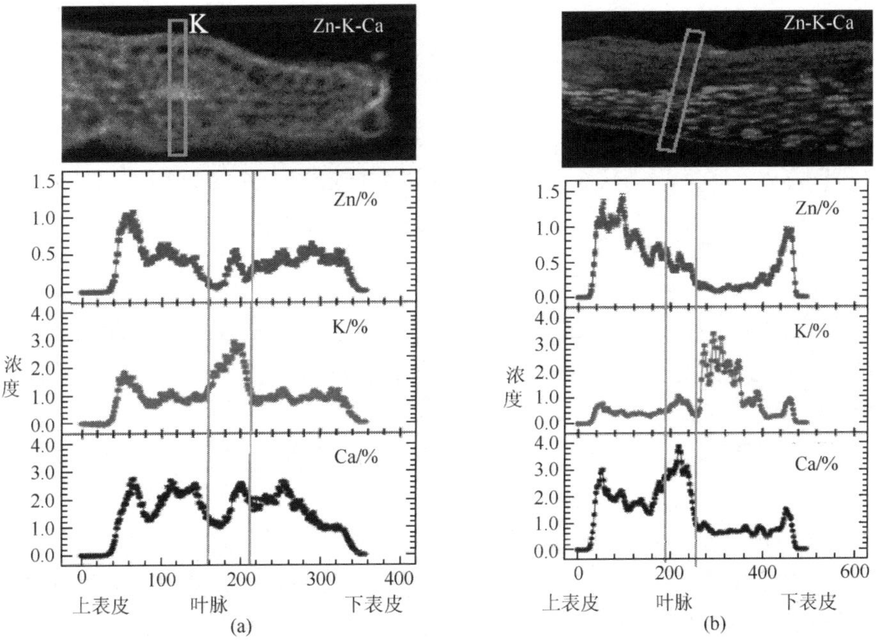

图2.12 Zn处理下伴矿景天新叶中部（a）及靠近叶缘横切面（b）Zn的分布（见彩图）

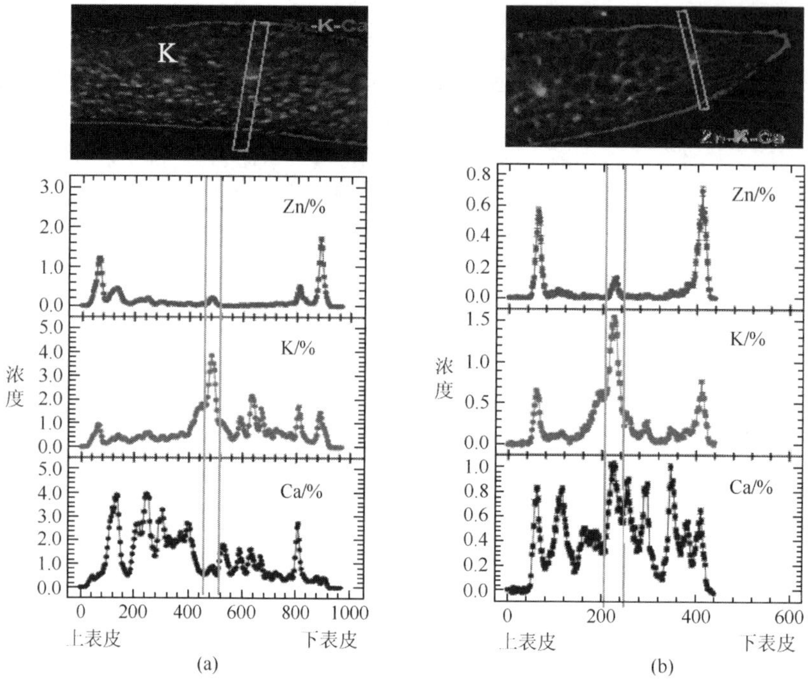

图 2.13　Zn 处理下伴矿景天成熟叶中部（a）及靠近叶缘横切面（b）Zn 的分布（见彩图）

由伴矿景天不同叶龄叶 Zn 的微米尺度质子诱导 X 射线发射光谱（micro-PIXE）结果可以看出（图 2.12、图 2.13），Zn 在新叶和成熟叶各组织中并不是均匀分布的，而且新叶中各组织中 Zn 浓度高于成熟叶，这与以往的研究结果一致，也直观地证明了新叶和成熟叶中 Zn 浓度化学分析结果的可靠性。新叶和成熟叶的组织分布趋势并不一致，新叶中 Zn 主要分布于上下表皮和靠近上表皮的叶肉细胞中，而且上表皮 Zn 高于下表皮；成熟叶中 Zn 主要分布于上表皮和下表皮，而且下表皮 Zn 浓度高于上表皮，表明新叶和成熟叶中富集 Zn 的机制不同，这种机制可能和新叶和成熟叶中 Zn 的亚细胞分布差异有关，有待于进一步研究。

四、矿区原居地土壤-伴矿景天中的元素分布特征

超积累植物能够耐受并富集高浓度的重金属，与其特有的生理机制有关，而了解这些内在的生理机制则是植物技术得以成功应用的基础（Verbruggen et al.，2009）。超积累植物中重金属在组织和细胞、亚细胞水平的分布特征，即可以看做是植物超量富集的重金属的储存位点，也可以反映重金属在植物组织和细胞、亚细胞水平的吸收和转运过程，同时植物主动将重金属储存于生理活性较低的部位被认为是对重金属的耐性和解毒机制（Zhao et al.，2000；Cosio et al.，2005；Hu et al.，2009）。因此了解超积累植物中重金属在组织水平、细胞水平及亚细胞水平的分布特征对于揭示重金属的超积累机理具有重要的指导作用。本书对自然生长于矿区的伴矿景天生长及重金属富集情况进行了调查，并利用冷冻制样技术结合冷冻质子诱导 X 射线发射技术（cryo-micro-PIXE），研究了伴矿景天根、茎、叶中 Zn、Cd 及其他元素的分布特征，为揭示伴矿景天超积累 Zn 和 Cd 的生理机制提供参考。

伴矿景天采自浙江省淳安县某铅锌矿区（N 29°11′～30°02′，E 118°20′～119°20′），该地区属中亚热带季风气候，年平均气温 17℃，年平均降雨量 1430mm。伴矿景天为该矿区部分区域的优势植物。分别采集了矿区某山坡上、矿堆上、矿堆下、小溪边四个位置的伴矿景天活体及根际的土壤样品，并分别标记为采样点 1～4 号。PIXE 分析在南非 iThemba LABS 研究所进行。

（一）矿区伴矿景天及土壤中重金属浓度

伴矿景天是 4 个采样点的优势植物，表 2.12 和表 2.13 展示了伴矿景天根际土壤中各元素的总量和 $CaCl_2$ 提取态，可以看出，调查区受到尾矿及废水等的影响，土壤 Cd、Zn、Cu、Pb 浓度较高，Zn 和 Cd 浓度分别为 1931～7249mg/kg 及 36～157mg/kg。土壤中有效态 Zn 和 Cd 浓度的变化范围分别为 24～162mg/kg 及 1.83～14.2mg/kg，采样点 1 土壤有效态 Zn 和 Cd 浓度最高。尽管采样点 4 土壤中 Cd、Zn 浓度低于其他点位，但有效态浓度仅次于点位 1。从土壤性质看（表 2.14），采样点 1～3 土壤为酸性，采样点 4 为中性，采样点 1、2、4 为粉砂壤土，采样点 3 为粉砂黏壤土。土壤 CEC 变化范围为 8.24～28.7cmol/kg，土壤有效态磷浓度变化范围为 5.70～36.9mg/kg。

表 2.15 是矿区 4 个采样点伴矿景天地上部各元素浓度。伴矿景天地上部积累了高浓度的 Cd 和 Zn，其变化范围分别为 574～1467mg/kg、9020～14 576mg/kg，采样点 2 和 3 的浓度略高于采样点 1 和 4。除采样点 2 外，其他 3 个采样点叶片中 Ca 浓度约为茎的 2 倍。采样点 2 地上部 Pb 浓度为 145.4mg/kg，高于其他点位。大量元素 Cd 和 K 在伴矿景天叶片中的浓度高于茎，而 Mg 则相反。伴矿景天地上部微量元素 Cu、Fe、Mn、Ni 浓度在各采样点之间也存在一定差异。

表 2.12　矿区伴矿景天根际土壤中元素浓度　（单位：mg/kg）

采样点	位置	Ca	Cd	Cu	Fe	K	Mg	Mn	Ni	Pb	Zn
1	山坡上	5996±330	149±18	2180±75	78 291±2478	1996±151	35 715±229	2325±200	30±4	211±30	6192±613
2	矿堆上	2948±60	157±8	8342±340	73 881±2437	975±94	4965±190	614±38	36±1	6938±1138	7249±424
3	矿堆下	11 898±946	139±7	5600±121	44 927±991	1819±117	21 176±822	628±61	37±4	1791±323	6774±291
4	小溪边	9370±228	36±5	527±9	54 241±1311	4085±80	49 685±1052	1010±28	93±2	71±20	1931±50

注：数据为平均值±标准差，*n*=3。

表 2.13　矿区伴矿景天根际土壤中 $CaCl_2$ 提取态元素浓度　（单位：mg/kg）

采样点	位置	Cd	Cu	Fe	K	Mg	Mn	Ni	Pb	Zn
1	山坡上	14.2±1.25	1.57±0.38	1.27±0.55	155±14	457±59	11.4±1.8	0.18±0.03	0.05±0.04	162±55
2	矿堆上	3.23±0.21	8.03±2.17	2.20±0.46	98±9	98±7	40.9±3.6	0.78±0.10	5.3±2.09	106±10
3	矿堆下	1.83±0.06	1.87±0.23	3.03±0.15	129±22	98±12	24.3±1.7	0.12±0.01	0.46±0.04	24±1
4	小溪边	7.60±1.10	1.93±0.31	1.65±0.80	102±23	316±38	118.9±27.4	2.90±0.46	0.21±0.15	117±10

注：数据为平均值±标准差，*n*=3。

表 2.14　矿区伴矿景天根际土壤基本性质

采样点	位置	pH	砂粒/%	粉粒/%	黏粒/%	CEC/(cmol/kg)	有效磷/(mg/kg)
1	山坡上	6.04	32.6	54.9	12.5	28.7	36.9
2	矿堆上	5.64	14.0	72.2	13.3	19.8	5.70
3	矿堆下	5.99	21.2	59.6	19.2	14.4	27.0
4	小溪边	7.21	44.6	45.0	10.4	8.24	16.0

（二）根中元素的分布特征

图 2.14 展示了伴矿景天根横切面的组织结构及元素分布图，从图 2.14 可以分辨根的组织结构，包括表皮、皮层、中柱等。通过 PIXE 和 BS 谱可以定量计算含水冷冻样品中元素浓度。在根部、根毛及表皮细胞环行区域富集了高浓度的 Ca、Fe、Cu、Mn、Ti。Ca 除表皮外，在中柱也有一定分布。K 在表皮浓度较低，而在根毛处有富集，在横切面其他部分的分布较均匀。S 在外皮层富集较多，Cl 在表皮分布较低，在中柱有所富集，其他部分的分布比较均匀。Zn 在整个根横切面冷冻组织中的平均浓度为 2680 mg/kg，Zn 在皮层分布较多，平均浓度为 3670 mg/kg，尤其是靠近内皮层的细胞，而 Zn 在中柱的平均浓度仅为 560 mg/kg（表 2.16）。考虑到各组织在根部所占的面积（质量）比，表皮、皮层、中柱中 Zn 分别占根部总 Zn 的 1.5%、95.5%、3.0%。根部 Cd 的检出限比较高（61mg/kg），因此未得到可靠的 Cd 分布图，皮层细胞中 Cd 平均浓度为 55mg/kg，而表皮和中柱 Cd 低于相应的检出限。

（三）茎中元素的分布特征

图 2.15 展示了伴矿景天茎横切面的组织结构及元素分布图。在茎中，K 主要分布在表皮和木质部导管、韧皮部，Ca 则主要分布在皮层和髓中，K 和 Ca 形成互补的分布趋势。表 2.16 列出了伴矿景天冷冻含水茎各组织的元素浓度。在茎表皮、皮层、中柱（包括髓）、髓中，K 的平均浓度分别为 1725、1041、1147、803mg/kg，K 在表皮的浓度是皮层的 1.7 倍。Ca 在表皮、皮层、中柱（包括髓）、髓中的平均浓度分别为 2419、3746、2987、3997mg/kg。S、Cl、Fe 在表皮细胞的浓度较高，Cl 在茎中柱外圈浓度较高，Mn 在表皮的浓度略高，其他部分较均匀。Zn 在冷冻含水的茎横切面中平均浓度为 1716mg/kg，Zn 在表皮、皮层、中柱（包括髓）、髓中的平均浓度分别为 5088、988、2674、3200mg/kg，表皮 Zn 浓度是皮层的 5.2 倍。此外，Zn 在维管束中的浓度较高，但与 K 和 Ca 的分布有所不同（图 2.16），Zn 的分布范围似乎比 K 更大，除了木质部和韧皮部外，在木质部周围的髓薄壁细胞中也有高浓度分布，而且 Zn 在各维管束间的分布也有差异，只在一部分维管束有分布，而其他维管束浓度很低。Cd 在冷冻含水的茎横切面中平均浓度为 204mg/kg，在表皮、皮层、中柱（包括髓）和髓中的平均浓度分别为 550、213、132、164mg/kg，表皮 Cd 浓度是皮层的 2.6 倍。此外，茎中 Cu 的分布特征与 Zn 非常相似，尽管 Cu 的浓度比 Zn 低 100 倍。考虑各组织在茎中所占的体积（质量）比，表皮、皮层、中柱中 Zn 分别占茎中总 Zn 的 22.1%、46.2%、31.8%，Cd 分别占茎中总 Cd 的 17.1%、71.6%、11.3%。髓中 Zn 和 Cd 分别占茎中总 Zn、总 Cd 的 16.9%和 6.2%。

表 2.15 矿区伴矿景天地上部元素浓度

（单位：mg/kg 干重）

采样点	部位	Ca	Cd	Cu	Fe	K	Mg	Mn	Ni	Pb	Zn
1	地上	28 758±3701	1467±390	16.0±3.2	492±141	22516±4744	6690±1258	84.1±36.4	3.66±1.55	5.8±0.9	14 576±420
	叶片	37 199±1688	1999±200	11.2±0.4	285±25	22692±2935	5659±1187	58.6±19.4	2.66±0.37	5.0±0.8	16 432±946
	茎	21 812±1724	957±181	14.9±2.6	265±82	18628±1687	7718±224	44.3±14.8	3.01±0.47	3.7±1.1	13 862±2433
2	地上	32 845±8406	574±102	68.0±32.7	481±200	9534±2476	4351±998	113.8±77.2	4.84±1.25	145.4±53.0	10 562±2220
	叶片	29 884±1340	589±101	37.4±15.2	252±29	10 782±2366	3264±319	84.8±53.4	5.21±1.74	84.6±45.7	9209±1293
	茎	25 776±9378	449±59	58.7±11.9	376±191	7112±1842	4292±979	118.3±84.6	6.95±2.02	197.1±155.8	10 182±2618
3	地上	36 373±890	655±2	20.8±8.6	375±10	10 195±296	3692±6	58.2±9.5	6.12±3.81	19.0±2.6	9020±37
	叶片	38 666±906	768±74	11.7±2.9	284±56	10 437±1020	3887±240	37.9±8.1	2.94±0.60	11.4±1.0	7967±388
	茎	29 018±835	399±14	26.5±4.6	348±72	8013±1515	3280±294	61.0±15.9	3.96±0.37	24.1±3.2	9530±393
4	地上	18 910±4715	1440±99	34.5±24.9	1023±829	35 687±15 581	5631±1005	139.5±69.0	9.25±3.59	5.0±0.8	12 581±2049
	叶片	24 331±2547	2194±202	24.3±7.6	698±325	26 086±4546	4603±716	194.0±247.4	6.08±2.31	6.1±3.4	14 600±2939
	茎	17 500±2036	1077±299	15.4±2.1	415±79	41 250±6604	5317±201	80.9±41.2	7.16±0.30	3.1±0.2	11 070±809

表 **2.16** 矿区伴矿景天根、茎、叶各组织中元素浓度及分布比例

组织	S	Cl	K	Ca	Ti	Mn	Fe	Ni	Cu	Zn	Cd	Area	Zn	Cd
	/（mg/kg 含水冷冻组织）												/%	
根														
整个根	432±22	259±12	2451±41	941±19	37±10	32±4	1826±53	7±2	91±5	2680±55	53±17			
表皮	430±27	107±9	1090±42	3184±45	219±20	121±8	9486±149	<10	252±15	882±31	<128	5.0	1.5	
皮层	657±45	457±31	2753±17	500±7	<3.3	24±2	173±4	<2.6	65±2	3670±36	55±19	78.7	95.5	
中柱	333±27	622±17	2853±17	1026±12	<7	<4	15±2	<4.3	70±3	560±12	<148	16.3	3.0	
茎														
整个茎	81±5	154±7	1050±26	3360±23		7±0.3	5±0.5	1±1.4	35±2	1716±0.9	204±12			
表皮	627±19	437±9	1725±22	2419±17		10±1	30±2	<16	154±11	5088±7	550±47	6.9	22.1	17.1
皮层	67±4	146±7	1041±26	3746±24		9±0.2	1±0.4	<2.7	31±2	988±1	213±10	74.2	46.2	71.6
维管柱（含髓）	53±8	173±9	1147±21	2987±19		4±0.4	2±0.9	5±1.4	54±2	2674±2	132±16	18.9	31.8	11.3
髓	139±15	142±6	803±27	3997±1		7±0.4	1±0.5	<4.5	25±2	3200±2	164±13	8.4	16.9	6.2
叶														
整个叶片	255±18	364±17	542±27	2478±20		8±0.3	7.0±0.3	<2	25±1	1571±23	171±6			
上表皮	283±15	348±11	352±11	954±3		<2.8	31±1	<4.5	45±2	5193±61	188±18	7.6	23.8	8.2
栅栏组织	159±11	259±9	402±32	3184±33		12±0.3	2.5±0.3	<2	21±1	1194±19	208±11	43.3	31.4	52.2
海绵组织	193±12	359±13	787±22	2242±13		8±0.2	2.0±0.1	1.2±0.6	20±1	959±13	123±5	40.9	23.8	29.1
下表皮	349±16	647±13	730±10	1015±5		<7.9	73±1	7±0.7	54±1	5716±51	202±13	5.8	20.2	6.8
维管束	266±21	352±13	801±14	1328±11		<5.5	7±0.9	<7.5	52±2	592±10	256±49	2.4	0.9	3.6

注：数据为加权平均值±误差。

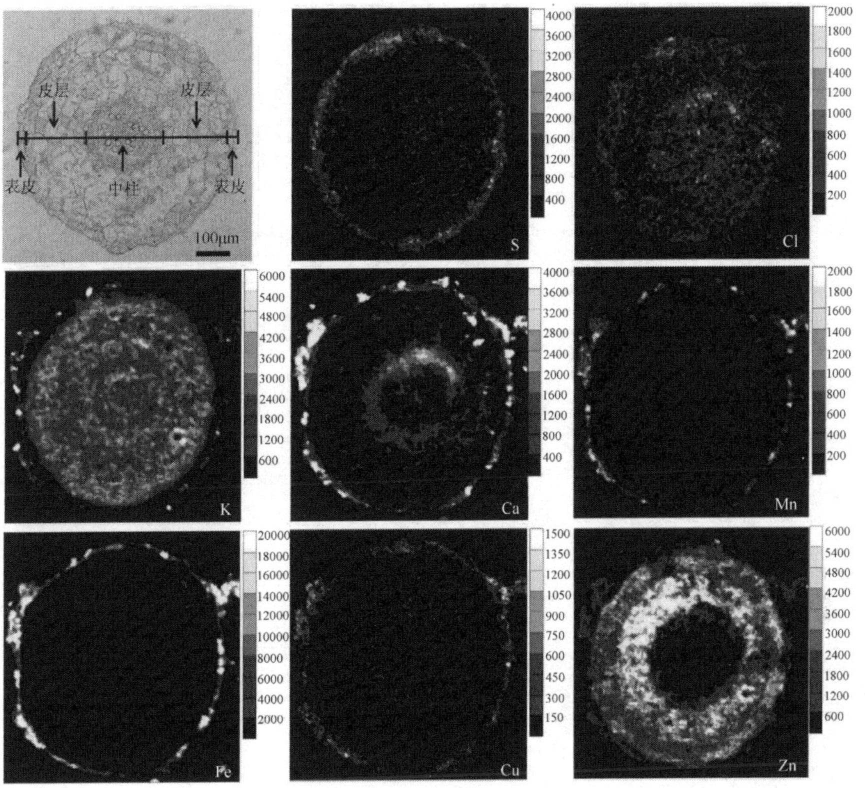

图 2.14　伴矿景天根横切面结构及元素分布（单位：mg/kg 含水冷冻组织）（见彩图）

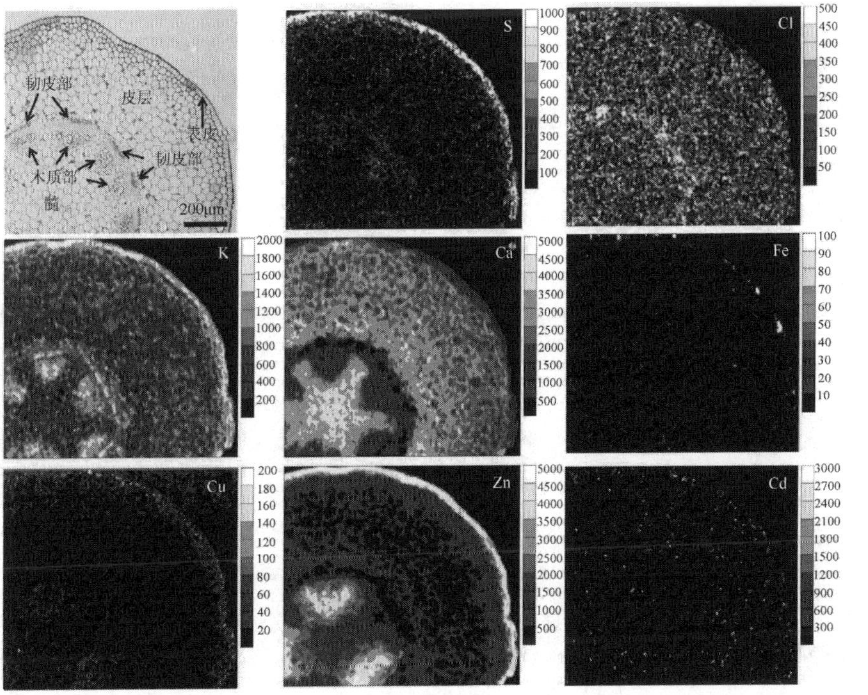

图 2.15　伴矿景天茎横切面结构及元素分布（单位：mg/kg 含水冷冻组织）（见彩图）

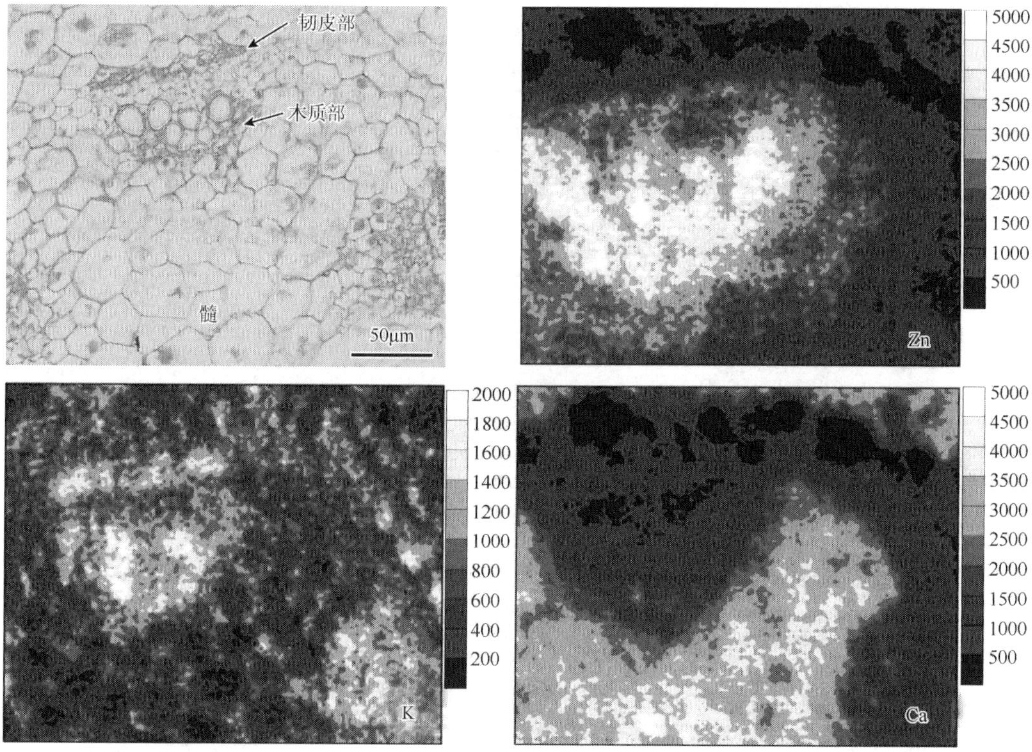

图 2.16　伴矿景天茎维管束和髓结构及元素分布图（单位：mg/kg 含水冷冻组织）（见彩图）

（四）叶片中元素的分布特征

图 2.17 和图 2.18 展示了伴矿景天叶横切面的组织结构及元素分布图。可以看出，Ca 主要分布在叶肉细胞，尤其是栅栏组织，而 K 在下表皮和海绵组织的浓度较其他细胞要高，另外 K 在维管束浓度较周围细胞要高，可以辨认维管束。表 2.16 列出了伴矿景天冷冻含水叶各组织的元素浓度。在含水冷冻叶片中，Zn 平均浓度为 1571mg/kg，上、下表皮细胞中 Zn 浓度最高，平均浓度分别为 5193 和 5716mg/kg，叶肉细胞 Zn 浓度较低，栅栏和海绵组织中 Zn 平均浓度为 1194 和 959mg/kg；与其他组织相比，叶脉维管束中 Zn 浓度较低，平均浓度为 592mg/kg。Cd 在含水冷冻叶片横切面中的平均浓度为 171mg/kg，在上下表皮及栅栏组织的浓度接近，都高于海绵组织，而 Cd 在维管束中浓度最高，为 256mg/kg。另外 Fe 在表皮细胞的浓度较叶肉细胞高，Mn 和 Cu 的分布比较均匀，Cu 在叶脉维管束的浓度较高。图 2.18 展示了局部表皮和叶肉细胞的元素分布图，通过 K、Ca、Zn 的分布图可以很清楚地区分每一个细胞，可以看出，表皮细胞内富集高浓度的 Zn，而与其相邻的一层叶肉细胞中 Zn 浓度尽管没有表皮细胞高，但也达到了 2000mg/kg 左右，相比之下，K 在这层细胞中的浓度则明显低于其他叶肉细胞。考虑各组织在叶片所占的体积（质量）比，上表皮细胞、栅栏细胞、海绵细胞和下表皮细胞中 Zn 分别占叶片总 Zn 的 23.8%、31.4%、23.8%、20.2%，Cd 分别占叶片总 Cd 的 8.2%、52.2%、29.1%、6.8%。

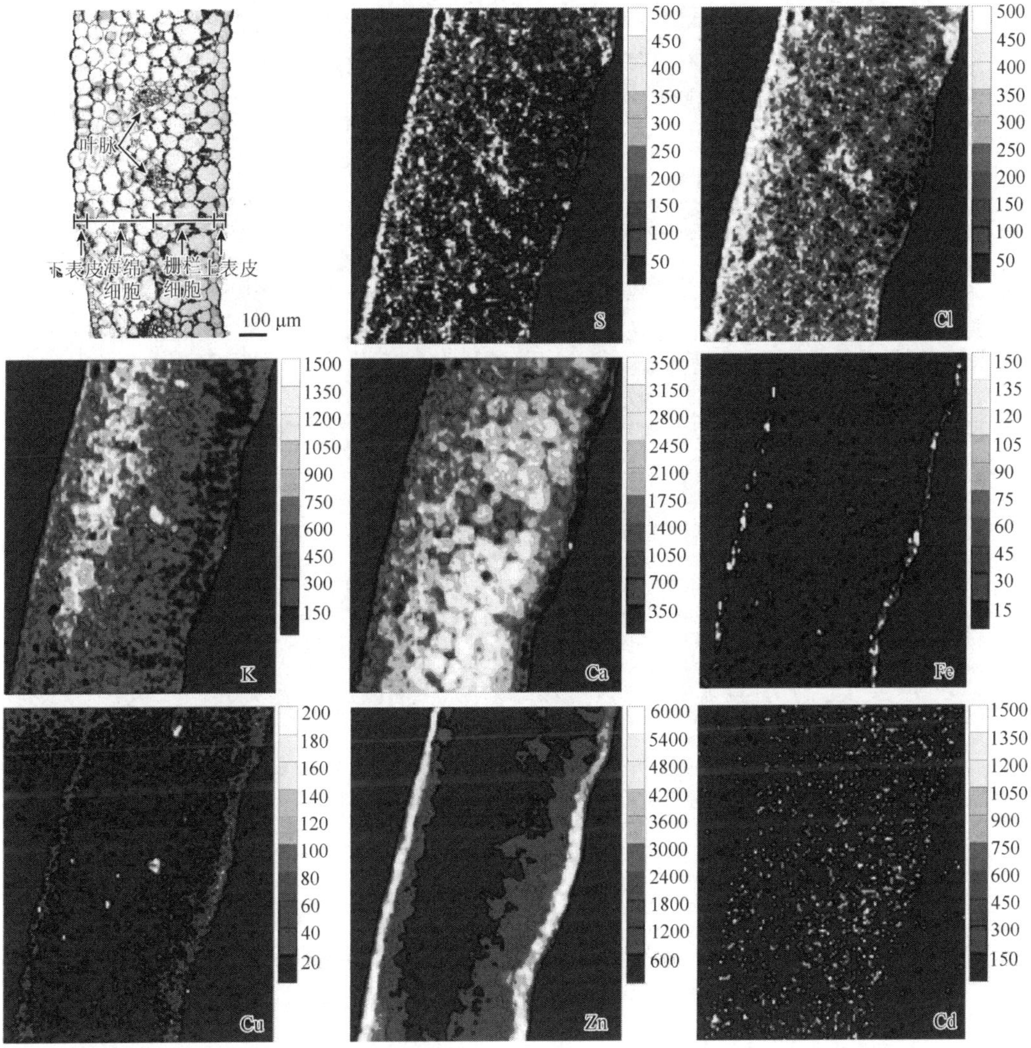

图 2.17　伴矿景天叶片横切面结构及元素分布（单位：mg/kg 含水冷冻组织）（见彩图）

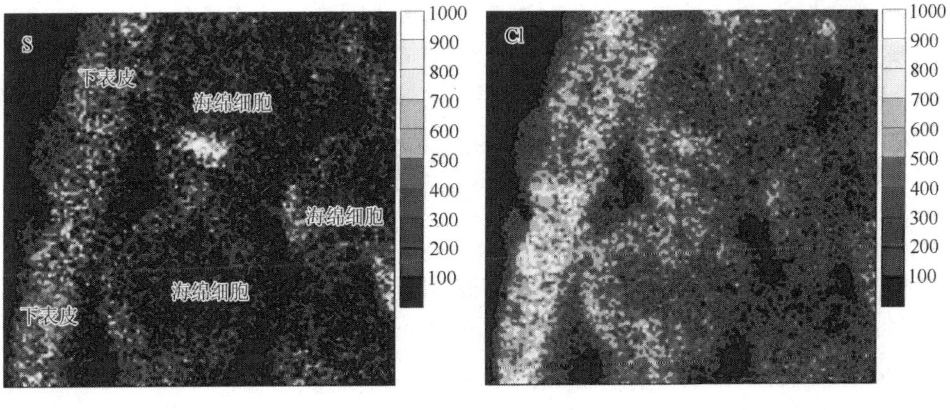

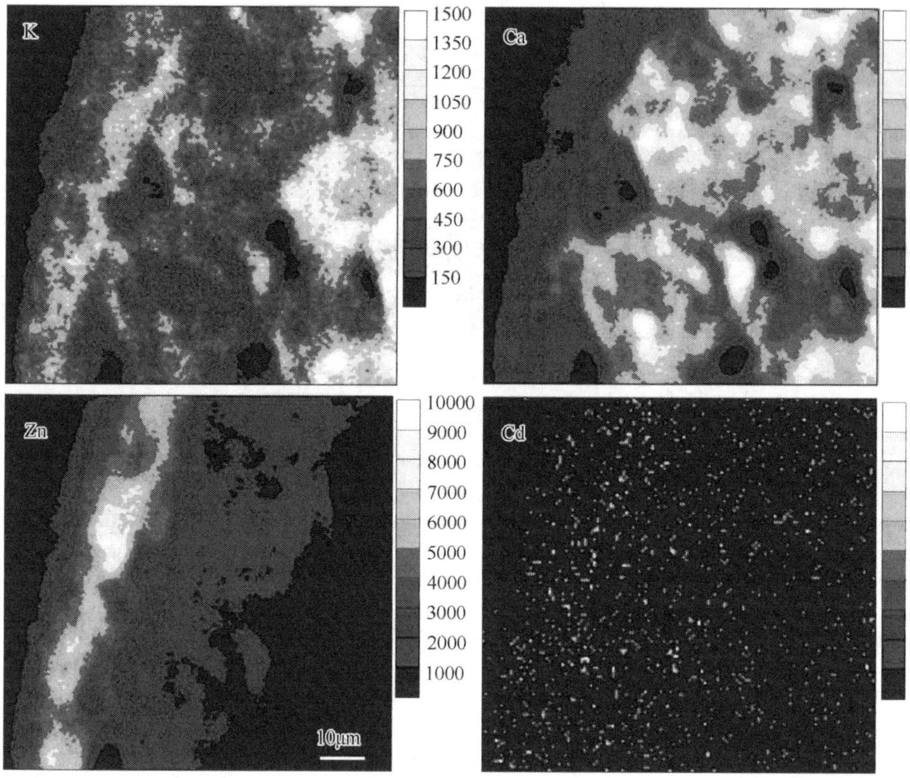

图 2.18　伴矿景天叶片表皮和叶肉细胞元素分布（单位：mg/kg 含水冷冻组织）（见彩图）

（五）讨论

1. 含水冷冻样品-冷冻-质子诱导 X 射线发射技术（cryo-micro-PIXE）

在样品制备上，多数研究采用化学固定、冷冻干燥、渗透包埋等方法（Belleghem et al.，2007；Hu et al.，2009；Wójcik et al.，2005；Carrier et al.，2003；Budka et al.，2005），而相比之下，本书采用冷冻含水样品可以最大程度的保存样品微观结构，避免元素的再分布（Frey et al.，2000）。PIXE 是研究元素分布的重要手段，以往的研究由于设备限制，测定只能在常温下进行，因此对生物样品要进行冻干或固定处理（Ager et al.，2002；Budka et al.，2005；Vogel-Mikuš et al.，2008）。本书利用了南非 iThemba 研究所配有冷冻样品槽的 PIXE，结合冷冻制样技术，最大限度地保持植物样品结构，并进行了元素分布的原位观测。得到的浓度数据基于含水冷冻基质，可以更直接地反映出植物本身的状态。检测中采用 Cd 的 K 线，可以避免 L 线受植物大量的 K 和 Ca 的干扰。

2. 矿区伴矿景天对 Cd 和 Zn 的富集

前期的室内和野外试验都证明，伴矿景天对 Zn 和 Cd 具有超积累能力（Wu et al.，2008，2012，2013），本书调查了自然生长于矿区的伴矿景天对 Zn 和 Cd 的富集能力。伴矿景天是调查区的优势种群，其生长的土壤 pH 为酸性到中性的粉粒壤土，土壤受到 Cd、Zn、Pb 等重金属的污染。伴矿景天地上部积累了高浓度 Cd 和 Zn，都达到超积累植物的标准

（van der Ent et al.，2013），尽管在 4 个采样点有所变异，但 Cd 都超过了 100mg/kg，Zn 接近或超过了 10 000mg/kg。Cd 和 Zn 的生物富集系数（BCF，地上部浓度与土壤浓度的比值）远大于 1，在采样点 4 分别达到 40.0 和 6.52，这说明伴矿景天对土壤中 Cd 和 Zn 有着极强的富集能力。而且叶片中 Cd 浓度是茎中的 2 倍，也证明了植物体内的 Cd 具有极强的转运能力。另外，伴矿景天对土壤中高浓度的 Cu 和 Pb 表现出很强的耐性，但地上部对 Cu 和 Pb 的富集能力不强。

通常植物对元素的吸收取决于土壤中元素的有效性而非总量。采样点 4 土壤中 Cd 和 Zn 总量并不高，但有效性较采样点 2 和 3 高，这也使得伴矿景天地上部 Cd 和 Zn 浓度较高。但伴矿景天地上部 Cd 和 Zn 浓度也不完全取决于土壤重金属的有效性，例如，采样点 1 土壤 Cd 有效性高于采样点 4，但两者地上部 Cd 浓度接近，这说明有效性的增加并不一定导致植物吸收的增加，植物可能存在饱和吸收的情况。Li 等（2003）的研究发现，在伴矿景天连续吸取修复过程，尽管土壤 Cd 有效性存在差异，但地上部富集浓度却很接近。水培条件下伴矿景天也存在类似的饱和吸收现象（刘芸君等，2013），这种现象在其他超积累植物中也存在（Broadhurst et al.，2013）。这说明伴矿景天对重金属的富集浓度受到土壤中重金属有效性和植物吸收转运能力的共同影响。

3. 伴矿景天对元素的吸收转运及分布

在过去的十多年里，已有不少关于超积累植物中元素的分布报道，但多数是在水培或外加高浓度重金属的情况下进行的研究（Küpper et al.，2000；Tian et al.，2009），很难反映自然状况下，植物对重金属的吸收、转运、赋存及解毒过程（Vogel-Mikuš et al.，2008）。本书首次探讨了自然生长于矿区的伴矿景天根、茎、叶中元素的微区分布特征。

在根中，根表面和表皮细胞富集高浓度的 Fe、Ca、Cu 等元素，反映了附着在根表面的土壤矿物。Zn 在皮层、尤其是靠近内皮层的一些皮层细胞富集浓度最高，而在表皮和中柱相对较低，这说明从土壤吸收的 Zn 经过表皮细胞可以很顺利的横向运输，而在内皮层的凯氏带可能是 Zn 转运的控速过程，进入中柱的 Zn 则可以快速地随水分向地上转运。另一方面，水培条件下元素的供应量往往非常充足，远大于植物的吸收量，例如 Zn 的供应可以达到几 mmol/L 水平，Cd 则达到几十到几百 μmol/L 水平（Küpper et al.，2000；Tian et al.，2009；Tian et al.，2011），而在自然状况下，即便是在 Zn 浓度很高的矿区土壤中，Zn 的有效态并不很高，对伴矿景天根表的 Zn 转运载体来说，土壤中有效态 Zn 可能处于匮乏状态。对于 Cd 来说，这种匮乏状态可能更明显。本研究中，根冷冻切片中 Cd 浓度低于 PIXE 的检出限（61mg/kg），而在茎和叶中 Cd 浓度要大于根，分别达到 184 和 173mg/kg，说明伴矿景天根部的 Cd 可以有效地转运并富集到地上部分。

在地上部，植物将过量有害重金属储存在生理活性较低的组织，如表皮细胞、表皮附属物毛状体等，是常见的解毒方式（Cosio et al.，2005；Verbruggen et al.，2009）。例如，在超积累植物 *T. caerulescens* 和 *T. praecox* 表皮细胞中 Zn 和 Cd 浓度最高（Zhao et al.，2000；Cosio et al.，2005），而 *A. halleri* 则存储在表皮毛状体中（Küpper et al.，2000）。同属的超积累植物东南景天水培外加 500μmol/L Zn 培养 30d 后，茎中 Zn 在表皮维管束浓度较高（Tian et al.，2009）。自然生长于矿区的伴矿景天，茎表皮 Zn 浓度是皮层的 5.2 倍，叶表皮细胞的 Zn 浓度是叶肉细胞的 5 倍，茎表皮细胞 Cd 浓度是皮层的 2.6 倍，这说明伴矿景天倾向于将 Zn 和 Cd 储存在生理活性较低的表皮组织中。值得注意的是，茎和叶样品含水冷冻表皮细胞中，Zn 浓度达到 5000mg/g 以上，约 78mmol/L，接近大量元素 K（150mmol/L）和 Ca（130mmol/L），而该浓度值是选定区域中 Zn 浓度的平均值，如考虑样品的不均匀性，局部细胞 Zn 浓度应该更高。表皮细胞绝大多数空间是液泡，因此这些高浓度的 Zn 应该主要存在于液泡中。如此高浓度的 Zn 在细胞膨压和离子平衡方面的作用不容忽视。通过单细胞汁液提取技术，Küpper 等（1999）研究发现，在水培条件下 *T. caerulescens* 地上部 Zn 浓度为 20 000mg/kg 干重情况下，叶片表皮液泡汁液中 Zn 浓度是叶肉液泡汁液的 5～6.5 倍，浓度达到 385mmol/L。因此，伴矿景天存在特殊的生理机制来抵制如此高浓度的重金属。

另一方面，在叶片中，Cd 在表皮和叶肉栅栏细胞的分布比较均匀，表皮细胞并没有高浓度 Cd 的富集，这与 Zn 在叶片表皮细胞高度富集的分布特征不同。如果考虑各组织的体积（表 2.16），伴矿景天叶片中 81.3%的 Cd 储存的叶肉薄壁细胞中，茎中 71.6%的 Cd 存储在皮层细胞，而 Zn 则分别仅有 55.2%和 46.2%，这说明，伴矿景天对 Cd 的储存和解毒机制可能与 Zn 有所不同，茎和叶的薄壁细胞对 Cd 的存储作用大于 Zn。有研究表明，同属的东南景天在水培外加 Cd 培养情况下，叶片 Cd 也主要分布在叶肉细胞，而非表皮细胞（Tian et al.，2011）。在 *T. caerulescens* 叶片中，65%～70%的 Cd 储存在叶肉细胞中（Ma et al.，2005）。因此，伴矿景天叶肉细胞以及皮层、髓等薄壁细胞在 Cd 和 Zn 的储存和解毒方面起着重要作用，这种作用对 Cd 更重要。另外，本书研究发现，在靠近表皮的一层叶肉细胞中，Zn 浓度较其他叶肉细胞高（图 2.18），这也说明不同叶肉细胞之间对 Zn 和 Cd 的储存也存在一定差异。

在茎中，K 和 Ca 的浓度分布呈互补趋势，木质部和韧皮部富含较高浓度 K，可以解释水分和养分的纵向运输。除表皮外，茎木质部、韧皮部、尤其是木质部周围的薄壁细胞中存在高浓度的 Zn（图 2.16），这说明，Zn 从木质部向地上部运输的过程，有一部分 Zn 横向转移，并储存到了周围的薄壁细胞。另外，韧皮部的 Zn 说明伴矿景天对 Zn 有再分配的机制，这在其他植物也有发现，如 *T. praecox*（Vogel-Mikuš et al.，2008），*Arabidopsis thaliana*（Belleghem et al.，2007），*S. alfredii*（Tian et al.，2009；Tian et al.，2011）等。有趣的是，茎的维管束间在对 Zn 的转运存在差异，只有部分维管束负责 Zn 的转运，这在文献中很少见报道。K 在这些维管束间的分布一致，说明维管束在水分养分的运输上并无大差异，但对 Zn 的转运却存在差异，个别维管束内甚至未发现 Zn。另外叶片中维管束存在较高浓度 Cd，这与东南景天叶片中分布相似（Tian et al.，2011）。

五、重金属-有机复合污染土壤上伴矿景天锌镉富集特性

随着经济的发展，土壤污染作为环境最主要的问题之一受到越来越多的关注。如何修复污染土壤已成为众多环境科学家关注的焦点。植物修复是众多土壤污染修复中最具有潜力的方法之一，与其他修复方式相比，植物修复因具有安全、高效、经济和环境友好等优点已成为世界土壤污染修复的热点（Jadia and Fulekar，2009）。目前研究较多的是利用超

积累植物将污染物从土壤中移除，以达到修复目的。但是超积累植物往往对重金属具有选择性，一般只对一两种重金属具有富集能力（Cunningham et al.，1996），然而实际污染土壤由于污染源成分复杂性，导致大多数土壤重金属污染为多种重金属复合污染，甚至伴有有机污染（Tang et al.，2010）。因此，用一种植物难以达到全面修复之目的。浙江某地区由于长期进行电子产品拆卸，导致该地区农田受到重金属和有机物严重污染，其中重金属Cu、Cd 以及有机物多氯联苯（PCBs）污染最为突出（徐莉等，2008；2009）。本书拟针对多氯联苯与铜镉复合污染土壤，在田间微宇宙和温室盆栽两种条件下，采用 Zn 和 Cd 超积累植物伴矿景天、对 Cu 有耐性和富集能力的海州香薷以及能促进土壤 PCBs 降解的紫花苜蓿（姜理英等，2003；吴龙华等，2007；徐莉等，2008）进行联合修复，以探索复合污染土壤的高效种植修复模式，为该地复合污染修复提供依据。

本书研究包括一个两年的温室盆栽试验和一个一年的田间微宇宙试验。温室盆栽试验土壤采自浙江省台州市某地农田，采集表层 0～15cm 的土壤经风干、过 2mm 尼龙筛备用。土壤 pH 为 4.56，有机质、全 N、全 P 和全 K 分别为 36.5、2.10、0.60 和 19.7g/kg；全 Zn、Cd、Cu 浓度分别为 369、7.67、179mg/kg；PCBs 浓度为 323μg/kg。盆栽试验于 2008 年 5 月～2009 年 9 月在南京土壤研究所温室进行。2008 年，盆栽试验共设 6 个处理，分别是：①不种植物对照（CK）；②紫花苜蓿单种；③伴矿景天与鱼腥草间作；④鱼腥草单种；⑤鱼腥草与紫花苜蓿间作；⑥伴矿景天单种。试验每个处理 4 次重复，每盆装土 1.2kg（烘干基），共 24 盆，随机排列。定期浇去离子水，控制土壤含水量在田间持水量的 70%左右。单作处理每盆种植物 6 棵，两种植物间作则每种植物各 3 棵。由于 2008 年植物种植偏晚，因而除伴矿景天外，其余植物均生长不良，地上部无生物量。因此，2009 年将盆栽试验调整为如下 6 个处理，①不种植物对照（CK）；②施石灰、种植紫花苜蓿；③伴矿景天和海州香薷间作；④施石灰、海州香薷单种；⑤施石灰、不种植物；⑥伴矿景天单种。2008 年与 2009 年试验设计对应关系见表 2.17。添加石灰量为土重（烘干基）的 0.5%。

表 2.17　2008 年与 2009 年盆栽试验处理对应关系及相应的代号

2008 年		2009 年	
处理	代号	处理	代号
不种植物对照	CK	不种植物对照	CK
鱼腥草+紫花苜蓿	Hou+Med	施石灰	（Ca）
伴矿景天	Sed	伴矿景天	Sed
紫花苜蓿	Med	紫花苜蓿+石灰	Med（Ca）
伴矿景天+鱼腥草	Sed+Hou	伴矿景天+海州香薷	Sed+Els
鱼腥草	Hou	海州香薷	Els

注：“Hou”表示鱼腥草，“Med”表示紫花苜蓿，“Sed”表示伴矿景天，“Els”表示海州香薷，“（Ca）”表示该处理添加石灰，“+”表示植物间作。紫花苜蓿：*Medicago sativa* Linn.；鱼腥草：*Houttuynia cordata* Thunb.；伴矿景天：*Sedum plumbizincicola*；海州香薷：*Elsholtzia splendens*。

田间微宇宙试验于 2009 年 3 月至 10 月在浙江省某地复合污染农田进行。试验设：①施石灰、不种植物，②不种植物对照（CK），③施用石灰、种植紫花苜蓿，④紫花苜蓿+海州香薷间作，⑤紫花苜蓿+海州香薷+伴矿景天间作，⑥紫花苜蓿+伴矿景天间作，

⑦海州香薷+伴矿景天间作。将试验所用土壤取出，混合均匀并对部分处理添加石灰。所有处理均用聚乙烯盆（直径 31cm，高 30cm）并高出土面 10cm 将试验土壤与周围土壤隔开，以避免地表径流的影响。

（一）不同种植方式下植物生物量和植物体重金属与多氯联苯（PCBs）浓度

1. 盆栽试验条件下植物生物量及植物体重金属与多氯联苯浓度

2008 年盆栽试验由于植物种植时间较晚，植物除伴矿景天外，其余未有收获。2008 年对伴矿景天收获了两次，第一次收获伴矿景天生物量小于第二次，但第一次收获的伴矿景天体内重金属浓度比第二次高，差异极显著（$P<0.01$）。其中，Zn 和 Cd 的浓度差异极为突出，两次收获的 Cd 和 Zn 的平均浓度分别从 661、709mg/kg 和 4766、4888mg/kg 降至 180、164mg/kg 和 1275、1163mg/kg（表 2.18），这与之前研究结果一致，可能和土壤中重金属生物有效性降低有关（Jiang et al.，2010）。

表 2.18　2008 年温室盆栽试验伴矿景天地上部生物量和污染物浓度

处理		生物量/（g/盆）	Cu/（mg/kg）	Cd/（mg/kg）	Zn/（mg/kg）	PCBs/（μg/kg）
第一次收获	Sed	4.97±1.72B	45.7±3.0aA	661±22A	4766±583A	—
	Hou+Sed	3.47±0.89B	36.7±2.1bA	709±76A	4888±751A	—
第二次收获	Sed	12.5±1.5A	32.2±2.5bB	180±36B	1275±206B	128±24
	Hou+Sed	14.9±1.0A	30.1±2.0bB	164±4B	1163±36B	183±30

注：同列不同小写字母表示差异显著，不同大写字母表示差异极显著；“±”后面的数据为平均标准偏差。“—”表示未测定；“Hou”表示鱼腥草，“Med”表示紫花苜蓿，“Sed”表示伴矿景天，“Els”表示海州香薷。

2009 年，所有处理植物均有收获，结果列于表 2.19。试验所用植物对重金属和 PCBs 的吸收能力有很大差异（图 2.19 和表 2.19），伴矿景天体内 Zn、Cd、Cu 以及 PCBs 浓度显著高于其他试验植物。对于 Cu，则是紫花苜蓿＞海州香薷，海州香薷是 Cu 的耐性植物，但在本试验中海州香薷体内 Cu 浓度低于紫花苜蓿，可能是由于在收获前海州香薷部分叶片脱落；对于 Cd，紫花苜蓿与伴矿景天和海州香薷间作处理的海州香薷中 Cu 无显著差异，但显著高于海州香薷单作，表明伴矿景天可促进海州香薷对 Cd 的吸收；对 Zn 和 PCBs，除伴矿景天外，其他植物体内没有显著性差异。伴矿景天与海州香薷套作有使伴矿景天体内 Cd 浓度增加和 Zn 浓度减小的趋势，但差异不显著（图 2.19）。其中该季单作伴矿景天处理植物体内 Cu 平均浓度是伴矿景天与海州香薷间作时的伴矿景天体内 Cu 浓度的 13 倍，可能对伴矿景天产生铜毒害作用，这可能是导致此次伴矿景天单作处理植物生长不良的原因。

表 2.19　2009 年温室盆栽试验各处理植物地上部生物量和 PCBs 浓度

处理	生物量/(g/盆)	PCBs/(μg/kg)
Sed+Els	3.77±0.57（Sed）；15.8±2.18（Els）	236±76A（Sed）；77.8±38.0B（Els）
Sed	1.01±0.60	411±90A
Med	14.0±1.25	88.9±29.3B
Els	32.6±3.27	45.9±14.9B

注：同列不同小写字母表示差异显著，不同大写字母表示差异极显著；“±”后面的数据为平均标准偏差。“Med”表示紫花苜蓿，“Sed”表示伴矿景天，“Els”表示海州香薷。

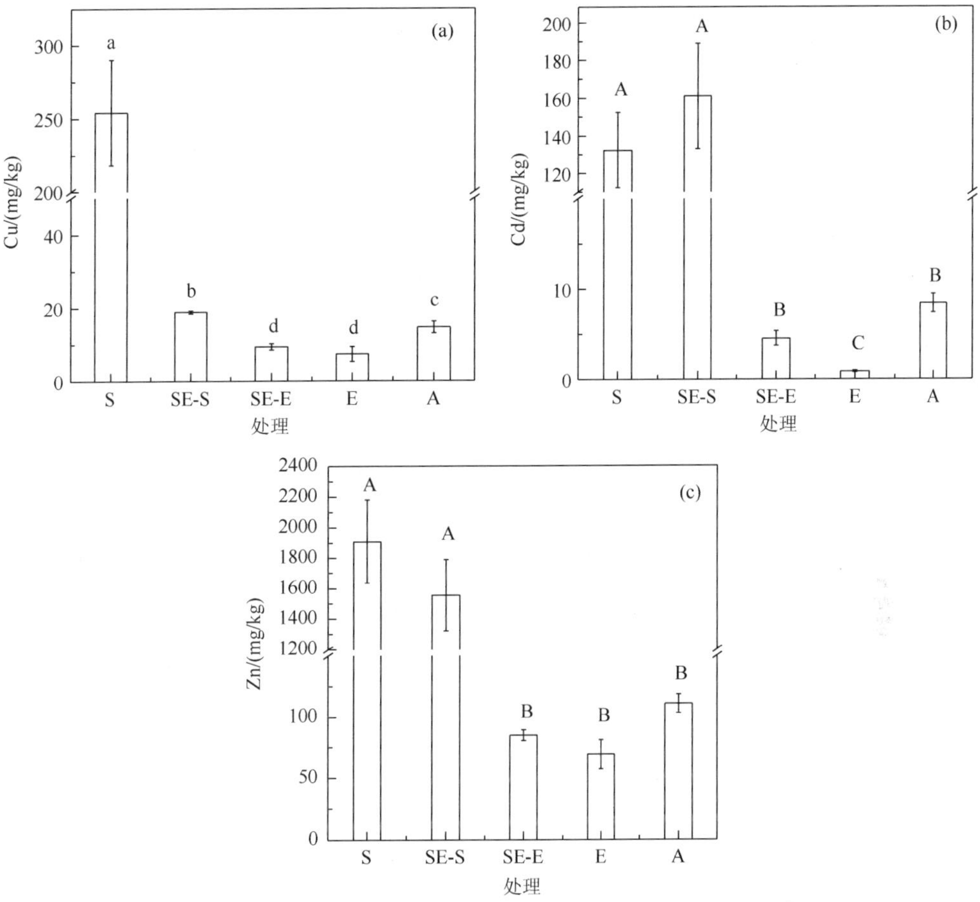

图 2.19　不同种植方式下植物地上部 Cu（a）、Cd（b）和 Zn（c）浓度

图中“S”表示伴矿景天、“SE-E”表示伴矿景天和海州香薷间作处理的海州香薷、“SE-S”表示伴矿景天和海州香薷间作处理的伴矿景天、“E”表示海州香薷、“A”表示紫花苜蓿

2. 田间微宇宙试验条件下植物生物量及植物体重金属与多氯联苯（PCBs）

在田间微宇宙试验条件下植物长势良好，其生物量结果见表 2.20。对不同种植方式下的同种植物体内重金属和 PCBs 浓度进行多重比较，表现为无显著性差异，表明在田间条件下，不同种植方式对植物吸收重金属和 PCBs 无显著性影响。与盆栽试验结果一致，不同植物体内重金属浓度差异很大。伴矿景天体内 Cu、Zn、Cd 的浓度均显著高于其他植物，紫花苜蓿地上部分 Cd 浓度显著高于海州香薷，此外，对于 Cu，紫花苜蓿和海州香薷均表现出相似的积累性。在田间微宇宙试验条件下，三种试验植物体内 PCBs 浓度无显著差异（表 2.21）。紫花苜蓿和海州香薷根系有较大的生物量（表 2.20）并且根中 Cu、Cd 的浓度都要比地上部分高出 2 到 3 倍（表 2.21 和表 2.22），表明在用紫花苜蓿和海州香薷修复 Cu 和 Cd 污染土壤时，将根一起收获可以一定程度上提高修复效率。

表 2.20　田间微宇宙试验植物生物量干重　　（单位：g/盆）

处理		地上部	根
Med（Ca）	Med	35.2±0.7	27.1±1.3
Med+Els（Ca）	Med	18.0±0.1	12.8±1.0
	Els	52.4±1.5	14.6±2.6
Med+Sed（Ca）	Med	21.0±2.0	17.6±4.3
	Sed	12.7±2.4	—
Med+Els+Sed（Ca）	Med	21.3±1.3	11.3±4.3
	Els	40.7±10.5	16.9±5.9
	Sed	10.5±1.5	—
Sed+Els	Els	31.8±5.6	6.56±1.26
	Sed	16.2±3.6	—

注：“Med”表示紫花苜蓿，“Sed”表示伴矿景天，“Els”表示海州香薷，“（Ca）”表示该处理添加石灰，“+”表示植物间作，“—”表示未测定，“±”后面的数据为平均标准偏差。

表 2.21　田间微宇宙试验植物地上部重金属与 PCBs 浓度

处理	紫花苜蓿				海州香薷				伴矿景天			
	PCBs/（μg/kg）	Cu/（mg/kg）	Cd/（mg/kg）	Zn/（mg/kg）	PCBs/（μg/kg）	Cu/（mg/kg）	Cd/（mg/kg）	Zn/（mg/kg）	PCBs/（μg/kg）	Cu/（mg/kg）	Cd/（mg/kg）	Zn/（mg/kg）
Med（Ca）	123±11	68.7±17.0	17.3±3.0	130±21	—	—	—	—	—	—	—	—
Med+Els（Ca）	139±5	46.3±5.2	13.1±0.5	114±10	140±4	52.9±6.1	5.70±1.20	199±12	—	—	—	—
Med+Sed（Ca）	122±5	43.3±4.2	23.5±8.2	165±38	—	—	—	—	136±6	112±20	1241±278	7235±509
Med+Els+Sed（Ca）	123±8	51.5±3.2	12.7±1.0	103±6	150±2	50.4±5.5	5.52±1.31	212±15	137±9	88.9±15	1011±132	6261±310
Els+Sed	—	—	—	—	161±7	54.7±5.5	7.80±0.10	211±13	122±1	105±18	1163±146	7661±23

注：“Med”表示紫花苜蓿，“Sed”表示伴矿景天，“Els”表示海州香薷，“（Ca）”表示该处理添加石灰，“+”表示植物间作，“—”表示未测定，“±”后面的数据为平均标准偏差。

表 2.22　田间微宇宙试验植物根中重金属与 PCBs 浓度

植物	处理	PCBs/(μg/kg)	Cu/(mg/kg)	Cd/(mg/kg)	Zn/(mg/kg)
Med	Med+Sed（Ca）	154±9a	295±30	42.6±3.2	173±18
Med	Med（Ca）	70.5±6.6c	328±118	37.6±9.8	162±42
Med	Med+Els（Ca）	154±9a	244±23	45.2±10.3	186±39
Med	Med+Sed+Els（Ca）	168±9a	193±4	20.0±3.7	105±9
Els	Els+Sed	54.7±3.5c	252±3	28.0±10.0	193±71
Els	Med+Els（Ca）	101±5b	182±38	8.32±1.29	88.8±8.1
Els	Med+Els+Sed（Ca）	142±6a	222±21	13.7±3.3	104±5

注：“Med”表示紫花苜蓿，“Sed”表示伴矿景天，“Els”表示海州香薷，“（Ca）”表示该处理添加石灰，“+”表示植物间作，“±”后面的数据为平均标准偏差，同列不同小写字母表示差异显著。

（二）修复后土壤重金属和多氯联苯（PCBs）浓度

1. 盆栽试验修复后土壤重金属和多氯联苯浓度

在不同种植方式下，经修复后土壤中 PCBs 和重金属均有不同程度的下降（表 2.23）。对于 Cu，与 CK 和石灰相比，单种伴矿景天处理没有显著差异，种植海州香薷、紫花苜蓿添加石灰及海州香薷与伴矿景天间作 3 个处理土壤中 Cu 有极显著的降低，其中海州香薷与伴矿景天间作处理土壤 Cu 浓度下降最大；种植伴矿景天后土壤 Zn 和 Cd 都有很大程度的降低，且 Cd 的降低程度要大于 Zn；除单种伴矿景天处理土壤 PCBs 显著高于其他处理外，其他处理间土壤中 PCBs 浓度无显著性差异，但所有处理与原土中 PCBs 浓度［(323±12) μg/kg］比较，均有很大程度的降低。以上结果表明，海州香薷和紫花苜蓿均有助于土壤 Cu 的修复，种植伴矿景天能极显著地降低土壤中 Cd 和 Zn，盆栽试验土壤 PCBs 的降解可能主要与试验过程对土壤的扰动而有利于微生物降解有关，有待进一步研究。

表 2.23 温室盆栽试验植物修复后土壤全量 PCBs、Zn、Cd 和 Cu

处理	PCBs/(μg/kg)	Cu/(mg/kg)	Cd/(mg/kg)	Zn/(mg/kg)
CK	53.1±14.0ab	369±1aA	7.79±0.53A	162±7A
（Ca）	34.8±3.7b	369±3aA	6.71±0.80A	178±7A
Med（Ca）	34.7±3.0b	350±6cBC	7.60±0.20A	189±7A
Els	49.2±12.9ab	352±2bcBC	6.58±0.18A	158±4A
Sed	62.6±4.7a	361±3abAB	3.42±0.50B	134±3C
Els+Sed	51.5±13.4ab	345±1cC	3.72±0.27B	138±4C

注：“Med”表示紫花苜蓿，“Sed”表示伴矿景天，“Els”表示海州香薷，“（Ca）”表示该处理添加石灰，“+”表示植物间作，“±”后面的数据为平均标准偏差，同列不同小写字母表示差异显著，不同大写字母表示差异极显著。

2. 田间微宇宙试验修复后土壤重金属和多氯联苯浓度

田间微宇宙试验条件下，较 CK 和（Ca）处理，海州香薷和伴矿景天间作处理土壤 Cu 显著降低，其他种植植物处理有降低的趋势但无显著差异（表 2.24）；种植伴矿景天处理土壤 Cd 都有很大程度的降低，且差异极显著（$P<0.01$），土壤 Zn 浓度表现为显著降低，其中海州香薷和伴矿景天套作处理下降量最大，其他种植处理植物对 Cd 和 Zn 的吸收并没有造成土壤全量的显著下降。由于扰动程度较盆栽试验小，微宇宙试验条件下各处理间土壤 PCBs 浓度显著降低，但下降量较盆栽试验小得多：添加石灰处理比 CK 显著降低（$P<0.05$），表明添加石灰有助于 PCBs 的降解；在所有添加石灰处理中，三种植物间作以及紫花苜蓿和伴矿景天间作处理土壤 PCBs 的降幅大于其他处理，差异达到极显著水平（$P<0.01$），这可能与伴矿景天吸收土壤 Cd，改善土壤微生物生存环境有关。

表 2.24　田间微宇宙试验修复后土壤全量 PCBs、Zn、Cd 和 Cu 浓度

处理	PCBs/(μg/kg)	Cu/(mg/kg)	Cd/(mg/kg)	Zn/(mg/kg)
CK	159±9aA	467±9a	8.39±0.29aA	160±7a
(Ca)	119±8bAB	469±8a	8.54±0.26aA	158±8ab
Med+Els (Ca)	95.4±9.6bB	450±11ab	8.16±0.16aA	153±3ab
Med (Ca)	110±9bAB	452±23ab	8.35±0.67aA	158±6ab
Med+Els+Sed (Ca)	62.2±4.3cC	454±11ab	6.25±0.28bB	147±7abc
Med+Sed (Ca)	68.0±6.8cC	446±18ab	4.71±1.44cBC	144±15bc
Els+Sed	82.3±3.5bcBC	425±12b	4.51±0.42cC	140±1c

注："Med"表示紫花苜蓿，"Sed"表示伴矿景天，"Els"表示海州香薷，"(Ca)"表示该处理添加石灰，"+"表示植物间作，"±"后面的数据为平均标准偏差，同列不同小写字母表示差异显著，不同大写字母表示差异极显著。

(三)植物的重金属吸取修复效率

表 2.25 和表 2.26 分别为盆栽试验和田间微宇宙试验不同种植方式下植物带走的总重金属量。在盆栽试验条件下，单种伴矿景天、海州香薷和伴矿景天间作处理对 Cu、Cd 和 Zn 的吸收量均极显著高于海州香薷、紫花苜蓿单作处理，且种植伴矿景天处理 Cd 和 Zn 的吸收远大于其他处理。在田间微宇宙试验条件下，由于变异比较大、所有处理间 Cu 的吸取量没有显著差异，但所有种植伴矿景天的处理土壤 Cd 和 Zn 的吸收带走量都极显著高于其他处理。其中，海州香薷和伴矿景天套作处理平均 Zn 和 Cd 吸收量最大，分别可达到 131、18.5mg/盆。

表 2.25　盆栽试验不同种植修复方式下植物地上部吸取移除重金属量（单位：mg/盆）

处理	Cu	Cd	Zn
Sed	0.96±0.18A	5.47±1.12A	38.0±6.4aA
Els+Sed	0.77±0.06A	5.61±0.85A	41.8±6.0aA
Els	0.22±0.05B	0.03±0.00C	2.15±0.15bB
Med (Ca)	0.20±0.10B	0.11±0.01B	1.54±0.14cB

注："Med"表示紫花苜蓿，"Sed"表示伴矿景天，"Els"表示海州香薷，"(Ca)"表示该处理添加石灰，"+"表示植物间作，"±"后面的数据为平均标准偏差，同列不同小写字母表示差异显著，不同大写字母表示差异极显著。

表 2.26　田间微宇宙试验不同种植方式植物的重金属吸取移除量　（单位：mg/盆）

处理	Cu	Cd	Zn
Med	11.1±3.4	1.62±0.33B	8.90±1.81B
Med+Els	9.47±2.23	1.29±0.30B	16.0±2.5B
Med+Els+Sed	10.4±2.9	13.4±1.6A	92.9±11.3A
Med+Sed	7.38±0.34	15.9±1.9A	95.5±12.0A
Els+Sed	5.19±0.55	18.5±1.8A	131±27A

注："Med"表示紫花苜蓿，"Sed"表示伴矿景天，"Els"表示海州香薷，"(Ca)"表示该处理添加石灰，"+"表示植物间作，"±"后面的数据为平均标准偏差，同列不同小写字母表示差异显著，不同大写字母表示差异极显著。

（四）土壤中多氯联苯各单体的降解情况

由表 2.27 可见，与供试土壤相比，土壤中 PCBs 的降低，表现为低氯代 PCB 28、PCB 52、PCB 44、PCB 66 和 PCB 101，其中 PCB 28、PCB 52 降解程度最大。处理间比较发现，CK、添加石灰以及紫花苜蓿单作 3 个处理间 PCB 单体浓度没有显著差异，其余处理在 PCB 44、66、77、101、105、118、138 以及 PCB 153 单体均低于或显著低于前三种处理（CK、添加石灰以及紫花苜蓿单作），表明植物间作处理有利于 PCBs 较高单体的降解或被吸收。低氯代 PCBs 蒸汽压较高，易挥发。本次研究供试土壤为大田土壤的混合样，经过了人为扰动。一般地，土壤中 PCBs 的大量降低主要是由于人为扰动后导致的土壤中低氯代 PCBs 组分的大量挥发。而处理后土壤中 PCB 8 和 PCB 18 的出现，可能是经扰动或处理后高氯代 PCBs 向低氯代 PCBs 组分的转变。与田间微宇宙试验类似，盆栽试验中土壤 PCB 28 和 PCB 52 降解最大，PCB 44、66、77、101、105、118、138 以及 PCB 153 的浓度也有较大幅度的下降（表 2.28）。不同的是，盆栽试验各处理间 PCB 单体降解没有显著差异，但各单体都极显著低于供试土壤。

表 2.27　田间微宇宙试验处理后土壤 PCBs 及单体浓度　（单位：μg/kg）

单体	原浓度	CK	（Ca）	Med（Ca）	Med+Els（Ca）	Med+Els+Sed（Ca）	Med+Sed（Ca）	Els+Sed
8	—	28.5±6.69a	13.9±7.38a	14.02±1.83a	17.67±0.69a	7.62±3.02b	6.68±0.32b	21.56±1.48a
18	—	21.9±2.31b	17.5±6.34b	14.26±1.15b	38.9±1.8a	15.61±3.79b	22.55±5.04b	20.55±3.93b
28	139.2±6.0a	19.4±2.40b	14.2±2.24bc	9.41±2.43c	11.9±4.79bc	7.41±2.47c	8.07±2.88c	7.54±0.49c
52	92.1±30.0a	9.73±0.81b	6.91±1.43b	6.69±2.38b	3.38±1.56bc	2.52±0.29c	2.55±0.15c	3.58±0.25bc
44	15.0±0.81	4.91±1.49	3.14±0.86	3.16±0.43	2.06±1.57	2.91±1.02	3.46±1.08	2.81±0.20
66	14.9±0.75a	7.44±1.60b	7.23±0.42b	6.99±3.34bc	1.18±0.61c	0.40±0.06c	0.48±0.03c	1.77±0.05c
101	14.4±0.82a	8.66±0.79b	6.63±1.16b	7.51±0.72b	3.12±1.18c	2.78±0.59c	3.02±1.02c	3.80±0.08c
77	8.8±0.65a	12.8±3.01a	15.1±8.3a	10.24±2.41a	1.68±0.66b	1.36±0.29b	1.40±0.02b	2.16±0.01b
105	10.7±0.56a	12.1±0.94a	9.57±0.64a	10.6±4.3ab	3.91±2.04b	2.56±0.42b	2.73±0.58b	5.46±0.01b
118	8.41±0.45	8.13±1.62	5.80±0.53	6.16±0.87	4.17±0.62	4.21±0.82	3.90±0.11	4.35±0.03
153	5.58±0.43a	5.48±0.55a	4.18±0.42a	3.88±1.65ab	0.47±0.10bc	0.28±0.11bc	0.21±0.02c	0.65±0.03b
138	7.13±0.31a	8.22±2.33a	7.24±0.09a	8.46±0.56a	2.39±1.84b	0.96±0.50c	0.94±0.14c	3.62±0.19b
126	—	—	—	—	—	1.52±0.33	1.36±0.21	—
128	2.07±0.27	2.99±0.87	2.01±0.58	2.53±0.74	1.69±0.60	1.98±0.06	1.34±0.35	1.42±0.38
180	0.88±0.03	0.93±0.41	0.71±0.04	1.20±0.08	0.34±0.21	0.47±0.01	0.48±0.15	0.44±0.02
200	0.91±0.04	0.75±0.52	0.66±0.06	0.87±0.11	0.42±0.08	0.25±0.08	0.43±0.20	0.32±0.03
187	2.07±0.07	2.86±0.24	2.20±0.18	2.97±0.84	1.84±0.65	2.35±0.86	2.32±0.23	1.88±0.03
170	1.08±0.03	1.85±0.25	—	1.40±0.21	—	2.89±0.33	1.92±0.31	0.44±0.07
195	—	1.36±1.09	0.99±0.05	0.15	—	4.03±2.30	4.04±0.98	—
总计	323.3±11.7	158.6±9.2	119.1±7.9	110.3±8.6	95.4±9.6	62.2±4.3	68.0±6.8	82.3±3.5

注：“Med”表示紫花苜蓿，“Sed”表示伴矿景天，“Els”表示海州香薷，“（Ca）”表示该处理添加石灰，“+”表示植物间作，“±”后面的数据为平均标准偏差，“—”表示未测定，同行不同小写字母表示差异显著。

表 2.28　盆栽试验处理后土壤 PCBs 及各单体浓度　　（单位：μg/kg）

单体	原浓度	CK	（Ca）	Sed	Els+Sed	Med（Ca）	Els
8	—	8.20±2.12	8.39±1.41	16.8±1.87	12.8±1.76	10.39±1.12	12.20±3.06
18	—	10.6±2.97	7.92±2.58	16.0±1.68	8.82±2.00	6.18±1.42	10.21±3.07
28	139.2±6.0A	0.93±0.38C	4.13±1.66B	5.52±0.30B	4.71±1.25B	3.72±0.86B	6.78±1.59B
52	92.1±30.0A	1.34±0.24B	0.58±0.08C	1.59±0.34B	1.36±0.14B	0.94±0.04B	1.38±0.05B
44	15.0±0.81A	0.18±0.10C	0.13±0.08C	0.57±0.24BC	0.39±0.06C	0.11±0.07C	0.53±0.07B
66	14.9±0.75A	1.00±0.05B	0.64±0.12BC	0.79±0.13B	0.72±0.12B	0.49±0.08C	0.81±0.11B
101	14.4±0.82A	3.77±0.43B	1.80±0.51C	2.30±0.20C	1.72±0.23C	1.67±0.03C	2.46±0.20C
77	8.8±0.65A	1.86±0.24B	1.62±0.69B	2.17±0.58B	4.01±1.44B	1.54±0.40B	2.29±0.31B
105	10.7±0.56A	2.93±0.39B	1.30±0.14C	2.55±0.41B	2.61±0.45B	2.02±0.09B	2.66±0.15B
118	8.41±0.45A	4.40±0.07B	2.05±0.06C	2.64±0.09C	2.82±0.48C	2.65±0.08C	2.68±0.04C
153	5.58±0.43A	1.67±0.71B	0.58±0.38B	0.72±0.25B	0.49±0.27B	0.33±0.01B	0.72±0.20B
138	7.13±0.31A	1.92±0.26B	0.60±0.22C	1.49±0.22B	1.50±0.33BC	1.05±0.05BC	1.60±0.13B
126	—	1.58±0.22	1.02±0.24	0.78±0.07	0.800±.15	1.15±0.39	1.59±0.29
128	2.07±0.27	2.86±0.70	1.08±0.29	0.80±0.09	0.95±0.23	1.17±0.17	1.25±0.24
180	0.88±0.03	1.66±0.78	0.27±0.20	0.71±0.25	0.42±0.42	0.12±0.07	1.15±0.37
200	0.91±0.04	0.88±0.41	0.35±0.30	0.40±0.11	0.47±0.35	0.15±0.15	0.86±0.57
187	2.07±0.07	3.20±0.64	1.14±0.18	1.52±0.18	1.56±0.49	1.22±0.05	2.60±0.59
170	1.08±0.03	—	1.44±1.44	1.69±1.05	—	0.05±0.05	2.57±1.12
195	—	—	1.83±1.83	3.82±2.25	—	—	5.98±2.62
总计	323.3±11.7	47.46±7.09	34.76±3.69	62.60±4.72	46.12±8.27	34.66±2.93	59.80±9.02

注：“Med”表示紫花苜蓿，“Sed”表示伴矿景天，“Els”表示海州香薷，“（Ca）”表示该处理添加石灰，“+”表示植物间作，“±”后面的数据为平均标准偏差，“—”表示未测定，同行不同大写字母表示差异极显著。

植物生物量及体内重金属浓度直接关系到修复效率，但土壤重金属总量、土壤性质、农艺调控措施以及影响植物生长的外界因素（如温度、光照等）都将通过影响植物生长及重金属吸取性而影响修复效率（刘玲等，2009；Li et al.，2003；崔立强等，2009）。针对多氯联苯与铜镉复合污染土壤，本书试验采用 Zn 和 Cd 超积累植物伴矿景天、对 Cu 具有积累能力的海州香薷以及对 PCBs 有降解作用的紫花苜蓿作为联合修复植物。除 2009 年盆栽伴矿景天生长不良外（2008 年生长良好），三种植物均能适应复合污染土壤；伴矿景天表现出对 Cd 有超强的富集能力，盆栽试验条件下伴矿景天地上部平均最高浓度可达 Cd 709mg/kg（表 2.18），而田间微宇宙试验条件下伴矿景天体内 Cd 浓度平均最高达 1241mg/kg（表 2.21）；种植修复后，单种伴矿景天处理土壤 Cd 的吸取修复效率为 58.7%，伴矿景天与海州香薷套作处理 Cd 的吸取修复效率达 60.0%（表 2.29）。伴矿景天的锌镉超强吸收能力可能与供试土壤性质有关，有研究表明植物吸收重金属与土壤中金属总量呈正相关，且土壤 pH 值直接影响土壤 Cd 的有效性，低 pH 能促进土壤重金属解吸和增加移动性，有利于超积累植物吸收富集（Wang et al.，2006）。本试验供试土壤全量 Cd 较高（盆栽：7.67mg/kg、微宇宙：8.46mg/kg)，且为酸性土壤，Cd 的生物有效性极高。与盆栽试验相比，田间微宇宙试验伴矿景天体内Cd浓度更高(平均最高可达1241mg/kg，见表2.21)，这可能与植物生长的外界条件有关，伴矿景天的侧根和须根发达，在田间微宇宙试验条件下土体体积较大景天根系生长不受阻碍，此外野外条件下光照、温度等因素比较适宜植物生长。紫花苜蓿和海州香薷种植处理对Cd的吸收表现为紫花苜蓿大于海州香薷，但都远小于伴矿景天（表2.23、表2.24）。

表 2.29　盆栽试验不同种植方式下土壤 Cu、Zn 和 Cd 的修复效率　（单位：%）

处理	Cu	Cd	Zn	PCBs
CK	—	—	—	84.8±2.0ab
（Ca）	—	—	—	89.6±1.8a
Med（Ca）	5.25±0.24A	1.22±0.07B	0.79±0.07B	89.2±0.9a
Els	4.75±0.56A	0.29±0.03B	1.12±0.08B	84.6±3.8ab
Sed	2.15±0.88B	58.6±12.0A	19.6±8.3A	82.2±1.4b
Sed+Els	6.57±0.39A	60.0±9.1A	21.5±3.1A	85.7±2.5ab

注：Cu 和 PCBs 的修复效率以土壤计算，修复效率（%）=（修复土壤前浓度-修复后土壤浓度）/修复前浓度×100；Cd 和 Zn 移植物吸收量计算，修复效率（%）=植物地上部吸收量/（每盆土重×修复前浓度）×100，“Med”表示紫花苜蓿，“Sed”表示伴矿景天，“Els”表示海州香薷，“（Ca）”表示该处理添加石灰，“+”表示植物间作，“±”后面的数据为平均标准偏差，“—”表示未测定，同列不同小写字母表示差异显著，不同大写字母表示差异极显著。

无论温室盆栽试验或田间微宇宙试验，各处理（包括 CK）土壤 PCBs 的下降量均很大。温室盆栽条件下，PCBs 的降解率为 82.2%～89.6%，各处理间没有显著差异；田间微宇宙试验结果也表明 PCBs 的降解可能是由于试验过程中对土壤的扰动造成的。

第二节　皖景天的锌镉耐性与积累性

植物修复技术是基于超积累植物的研究基础上而兴起的，一般情况下超积累植物对污染元素有较高的耐性。超积累植物很少以单独个体栖息分布于野外，大都以群落方式聚集，主要在矿山区、成矿作用带、富含金属元素岩石风化而成土壤上（Brooks，1998）。因此，对矿区露头区、矿渣堆及废弃的尾矿库等金属异常区上自然生长的植物进行调查研究是超积累植物筛选的有效途径之一。本节对浙江省诸暨姚王铅锌矿区皖景天吸收重金属镉和锌进行了调查，采样分析皖景天对镉和锌的吸收特点，以期发现新的重金属超积累植物或耐性植物，并对皖景天在土壤净化中的应用潜力作初步探讨。

一、铅锌矿区皖景天的锌镉积累特征

调查矿区位于浙江省诸暨市，属于亚热带温润气候，年平均气温在 16.2～16.5℃，年降雨量为 1500mm 左右。矿区矿种以闪锌矿为主，伴生少量方铅矿、黄铜矿及硫镉矿等，探明 C+D 级储量锌金属 10.22 万吨，伴生镉储量 500 余吨，平均品位锌 5.2%、镉 0.026%。

矿区皖景天为两年生草本，茎倾立，连花茎长 10～35cm，光滑无毛，叶互生，茎下部叶短小，匙状长圆形，长不足 1cm；上部叶渐长，线状匙形或线状倒披针形，长约 1.5～3.5cm，宽 0.3～0.6cm，先端钝尖，基部有短距。叶腋常生珠芽。聚伞花序顶生，常 3 分枝，各分枝再成多回二歧蝎尾状聚伞花序，伞辐伸展，径 10～20cm，花几无梗；苞片叶状，萼片 5，绿色，大小不等，匙状倒披针形，长 1～5mm，花瓣 5，黄色，狭披针形，长约 5mm，宽约 1mm，先端尖，雄蕊 10，短于花瓣；鳞片 5，倒梯状长方形，先端微凹；心皮 5，基部微连合，长约 3mm，有长约 1mm 的花柱。花果期 4～6 月。而超积累植物东南景天是多年生草本，萼片 4，花瓣 4，心皮 8（Yang et al.，2002）。

（一）矿区土壤镉锌浓度和皖景天的重金属浓度与富集系数

土壤重金属 Cd 平均浓度为 64mg/kg，土壤重金属 Zn 平均浓度为 9894mg/kg；皖景天植物地上部的 Cd 平均浓度为 203mg/kg，根部的 Cd 平均浓度为 272mg/kg；皖景天植物地上部的 Zn 平均浓度为 6506mg/kg，根部的 Zn 平均浓度为 7951mg/kg。皖景天对 Cd 的富集系数达到 3.17，对 Zn 的富集系数达到 0.65（表 2.30）。

表 2.30　矿区皖景天及土壤重金属浓度及皖景天富集系数

元素	植物/（mg/kg）		土壤/（mg/kg）	富集系数
	地上部	根部		
Cd	203±29	272±97	64	3.17
Zn	6506±1357	7951±1306	9894	0.65

注：表中数值为 6 个重复的平均值±标准差。

（二）矿区皖景天的镉和锌浓度动态

通过采集矿区不同生长时期的皖景天植物样品，测定其体内的重金属 Cd 和 Zn 浓度。可以看出，皖景天在 3 月到 6 月期间，地上部 Cd 浓度均大于 100mg/kg，地上部 Cd 浓度为 117～478mg/kg，根部 Cd 浓度为 132～399mg/kg（表 2.31）；地上部 Zn 浓度为 4165～8349mg/kg，根部 Zn 浓度为 6148～10 009mg/kg（表 2.31）。其中在 6 月份皖景天体内地上部的 Cd 浓度与前面 3 个月皖景天体内的 Cd 浓度相比较有显著提高（$P<0.05$）（表 2.31）。

表 2.31　铅锌矿区不同生长时期皖景天体内 Cd、Zn 浓度　　（单位：mg/kg）

日期	Cd		Zn	
	地上部	根	地上部	根
3 月	117±29b	276±122ab	5868±3436ab	8050±4269a
4 月	103±9b	399±52a	4165±356b	6148±1069a
5 月	113±34b	283±127ab	7640±5378ab	10009±4670a
6 月	478±44a	132±87b	8349±255a	7596±3215a

注：表中数值为 6 个重复的平均值±标准差。同列标有不同字母的表示差异具有显著性（LSD 检验，$P<0.05$）。

超积累植物常见栖息地：①矿山区；②成矿作用带；③富含金属元素岩石风化而成土壤、蛇纹石（富含 Ni、Cr、Co）、富硒岩石风化的土壤、菱锌矿（富含 Pb、Zn）及富含 Cu 和 Co 的土壤。一般情况下，超积累植物的分布表现出地理分布的不均匀性，且很少以单独个体栖息分布于野外，大都以群落方式聚集于野外（Brooks，1998）。Cd 和 Zn 超积累植物的临界标准分别为 100mg/kg 和 10 000mg/kg（Baker，1989），对于超积累植物的临界标准，有一些学者对此提出异议（Reeves and Baker，2000），认为这标准太严格，一般正常植物 Zn 和 Cd 的浓度分别为 100mg/kg 和 1mg/kg，即使生长在富含锌的土壤上大部分植物的地上部锌浓度为 50～500mg/kg。但现在普遍认为重金属浓度超过一般植物 100 倍的植物属于超积累植物，即 Cd 和 Zn 浓度分别为 100mg/kg 和 10 000mg/kg。通过铅锌矿区皖景天植物体内重金属浓度调查，发现皖景天地上部 Cd 浓度为 117～478mg/kg、根 Cd 浓度为 132～399mg/kg，对 Cd 的富集系数达到 3.17，其体内 Cd 浓度达到超积累植物浓度标准；皖景天地上部 Zn 浓度为 4165～8349mg/kg，根 Zn 浓度为 6148～10 009mg/kg，对 Zn 的富集系数达到 0.65，其体内 Zn 浓度没有达到超积累植物浓度标准。以上结果表明皖景天是重金属 Cd 超积累植物，同时对 Zn 有一定的富集能力。

二、皖景天体内锌镉的分布特征

（一）水培和土培盆栽条件下皖景天镉和锌积累特征

水培试验用 Hoagland 营养液培养，设置 5 个 Cd 处理水平，即 0、50、100、200 和 400μmol/L，以 $Cd(NO_3)_2$ 形态加入溶液中，用 NH_4NO_3 平衡各个处理间的 N 元素。设置 7 个 Zn 处理水平，即 1.0、400、800、1600、3200、6400 和 9600μmol/L，以 $ZnSO_4$ 形态加入溶液，处理 32d 后取样分析。同期设置皖景天对 Zn 和 Cd 吸收性动态试验，设置 Cd 和 Zn 浓度分别为 100μmol/L 和 800μmol/L，分别在第 1、3、5、7、15、21 和 32 天取样，以上试验营养液 pH 为 5.6。试验条件和植物培养条件相同。

土培试验采用浙江富阳的泥沙土，当地有小型金属冶炼厂，由于长期大气沉降和污水灌溉导致周围农田土壤重金属浓度超标。

1. 水培条件下皖景天镉和锌积累特征

1）皖景天对镉和锌耐性及生长反应

皖景天在 Cd 处理浓度为 0～200μmol/L 范围内生长正常，未出现毒害症状；在 Cd 400μmol/L 处理条件下，处理 7d 后出现根尖部发黑症状，并且处理到 11d 时，植株叶出现脱落现象。皖景天叶、茎和根干重随营养液 Cd 浓度升高呈现先增加后降低的趋势，在 100μmol/L 处理条件下，皖景天叶、茎和根干重达到最大（表 2.32）。因为试验开始所用幼苗的干重仅仅为 0.0154g，皖景天体内 Zn 和 Cd 浓度分别为 117mg/kg 和 5868mg/kg，所以对试验后的皖景天干重和重金属浓度影响不明显。皖景天根长随营养液 Cd 浓度升高呈现先增加后降低的趋势，在 Cd 100μmol/L 处理条件下，皖景天根长达到最大（表 2.32）。株高随 Cd 浓度升高呈现降低趋势，并且植株的分枝随 Cd 浓度升高呈增多趋势。以上表明在水培条件下皖景天对 Cd 有很好的耐性。

皖景天在 Zn 处理浓度为 0～1600μmol/L 范围内生长正常，未出现毒害症状；在大于 Zn 6400μmol/L 处理条件下，皖景天根部出现发黑现象，但地上部没有出现死亡情况。皖景天叶、茎和根干重随营养液 Zn 浓度升高呈现先增加后降低的趋势，在 Zn 1600μmol/L 处理条件下，皖景天叶、茎和根干重达到最大（表 2.33）。皖景天株高和根长随营养液 Zn 浓度升高呈现先增加后降低的趋势，在 Zn 1600μmol/L 处理条件下，皖景天株高和根长达到最大（表 2.33），表明皖景天在水培条件下对 Zn 有一定的耐性。

表 2.32　水培条件下皖景天对 Cd 的生长反应

Cd 处理/（μmol/L）	干重/(g/株)			株高/cm	根长/cm
	根	茎	叶		
0	0.029±0.005a	0.082±0.023ab	0.162±0.015b	14.5±1.0a	6.90±0.28a
50	0.017±0.005a	0.098±0.009a	0.233±0.017a	12.0±1.3ab	7.08±0.18a
100	0.021±0.003a	0.104±0.018ab	0.239±0.021a	9.77±0.61b	7.84±0.51b
200	0.012±0.000ab	0.057±0.014b	0.165±0.011b	7.00±0.47c	7.04±0.31a
400	0.010±0.002b	0.018±0.003c	0.041±0.013c	6.50±0.39c	6.56±0.12a

注：同列数据标有不同字母的表示差异具有显著性（LSD 检验，$P<0.05$）。

表 2.33　水培条件下皖景天对 Zn 的生长反应

Zn 处理/（μmol/L）	干重/(g/株)			株高/cm	根长/cm
	根	茎	叶		
1	0.035±0.012e	0.251±0.099c	0.390±0.109d	16.4±2.1cd	7.89±0.57d
400	0.167±0.014bc	0.565±0.075b	0.816±0.060bc	22.6±1.7ab	14.3±0.81ab
800	0.193±0.029b	0.650±0.107b	0.764±0.133bcd	23.9±1.2a	14.7±0.70a
1600	0.265±0.033a	0.940±0.085a	1.34±0.189a	24.2±1.2a	15.1±0.84a
3200	0.172±0.019bc	0.599±0.076b	0.938±0.146b	19.7±1.3bc	13.0±0.39bc
4800	0.157±0.024bcd	0.478±0.085bc	0.778±0.154bc	17.6±1.63cd	11.9±0.44c
6400	0.094±0.006de	0.280±0.036c	0.490±0.016cd	14.2±1.2d	11.8±0.32c
9600	0.107±0.023cd	0.308±0.049c	0.542±0.102cd	14.7±0.4d	11.4±0.47c

注：同列数据标有不同字母的表示差异具有显著性（LSD 检验，$P<0.05$）。

2）皖景天对镉和锌的吸收性

皖景天地上部 Cd 浓度随营养液 Cd 浓度的增加而增加，在 Cd 100μmol/L 处理条件下，其地上部 Cd 浓度达到最大值 5083mg/kg（表 2.34），在 Cd 200～400μmol/L 处理条件下，皖景天地上部 Cd 浓度随营养液 Cd 浓度的增加呈现下降趋势（表 2.34）。皖景天根 Cd 浓度随营养液 Cd 浓度的增加而增加，在 Cd 50～200μmol/L 处理条件下，皖景天地上部 Cd 浓度大于根部 Cd 浓度，其对 Cd 转移系数为 1.39～3.14（表 2.34），在 Cd 100～200μmol/L 处理条件下，皖景天叶和茎 Cd 浓度与对照相比较有显著性差异（$P<0.05$）。皖景天地上部 Cd 积累量随营养液 Cd 浓度的增加而增加，在 Cd 100μmol/L 处理条件下，其地上部 Cd 积累量达到最大值 1765μg/株，在 Cd 200～400μmol/L 处理条件下，其地上部 Cd 积累量随营养液 Cd 浓度的增加呈现下降趋势（表 2.34）。在 Cd 0～400μmol/L 处理条件下，皖景天根部积累量为 0.76～44.7μg/株（表 2.34）。以上结果表明在水培条件下皖景天对 Cd 有超积累能力，对土壤中 Cd 污染的植物修复具有良好的潜力。

在 Zn1.0～9600μmol/L 处理条件下，皖景天叶、茎和根 Zn 浓度随营养液 Zn 浓度的增加而增加，皖景天各个部位 Zn 浓度依次为：根＞茎＞叶；在 Zn 9600μmol/L 处理条件下，皖景天叶、茎和根 Zn 浓度分别为 19.3、33.8、46.1g/kg（干重）（表 2.35）。在 Zn1.0～9600μmol/L 处理条件下，其 Zn 转移系数为 0.501～0.999（表 2.35）。皖景天地上部和根部 Zn 积累量随营养液 Zn 浓度的增加而增加；在 Zn1600μmol/L 处理条件下，皖景天地上部和根部 Zn 积累量分别达到最大值 42.1mg/株和 9.07mg/株，在 Zn 3200～9600μmol/L 处理条件下，其地上部和根部 Zn 积累量随营养液 Zn 浓度的增加呈现下降趋势（表 2.35）。

表 2.34 水培条件下皖景天体内 Cd 浓度、积累量和转移系数

Cd 处理/（μmol/L）	Cd 浓度/(mg/kg)				Cd 积累量/(μg/株)		转移系数
	叶	茎	根	地上部	地上部	根	
0	3.97±0.44b	17.7±8.05c	41.7±4.90c	9.23±2.70c	2.38±0.95d	0.76±0.08c	0.222
50	474±54.0b	3235±768b	937±175c	1711±369b	580±163bc	17.4±8.12bc	1.83
100	2169±408a	8240±528a	1617±133bc	5085±179a	1756±208a	34.6±6.40ab	3.14
200	2884±503a	8957±1837a	3608±1041b	5004±1091a	1126±301b	44.7±12.9a	1.39
400	482±135b	2747±491bc	6117±1333a	1172±101bc	22.8±3.38cd	19.3±2.37bc	0.192

注：同列数据标有不同字母的表示差异具有显著性（LSD 检验，$P<0.05$）。

表 2.35 水培条件下皖景天体内 Zn 浓度、积累量和转移系数

Zn 处理/（μmol/L）	Zn 浓度/(g/kg)				Zn 积累量/(mg/株)		转移系数
	叶	茎	根	地上部	地上部	根	
0	0.49±0.09d	1.23±0.38e	0.72±0.13e	0.72±0.20f	0.45±0.07d	0.03±0.01d	0.999
400	12.9±2.2b	13.3±0.2d	24.1±5.6cd	13.1±1.6e	17.7±0.7c	3.95±0.76c	0.543
800	14.3±0.3bc	17.2±2.0cd	22.4±5.8d	15.8±0.9ce	22.2±3.6c	3.97±0.59c	0.705
1600	15.8±1.7ab	21.3±2.7c	33.9±2.5bc	18.5±0.5c	42.1±4.4a	9.07±1.54a	0.548
3200	17.6±1.9ac	27.1±1.8b	35.5±3.0ab	22.4±1.5bd	33.7±2.5ab	6.15±1.00bc	0.631
4800	15.0±0.8bc	28.4±2.5ab	43.3±2.1ab	21.7±1.7bc	26.8±4.7bc	6.69±0.74ab	0.501
6400	15.8±0.2abc	28.4±0.4ab	43.5±3.6ab	22.1±0.3b	17.0±0.8c	4.04±0.07c	0.507
9600	19.3±1.6a	33.8±0.2a	46.1±2.4a	26.5±1.5a	23.0±4.9c	4.83±0.88bc	0.576

注：同列数据标有不同字母的表示差异具有显著性（LSD 检验，$P<0.05$）。

3）皖景天对镉和锌吸收的动态变化

在 Cd 100μmol/L 处理水平下，皖景天茎 Cd 浓度前 21d 随处理时间的增加而迅速增加，处理 21d 后基本达到稳定；叶 Cd 浓度在第 7 天达到最大，第 7 天到第 15 天达到基本稳定状态，第 15 天到第 32 天出现下降趋势；根 Cd 浓度在第 21 天达到最大，第 21 天到 32 天出现下降趋势（图 2.20）。皖景天在 Zn 800μmol/L 的处理下，根系在前 7 天 Zn 浓度无显著变化，第 7 天到第 21 天显著增加，第 21 天到第 32 天达到基本稳定状态；茎和叶片 Zn 浓度在前 21d 增加缓慢，第 21 天到第 32 天呈现上升趋势（图 2.21）。

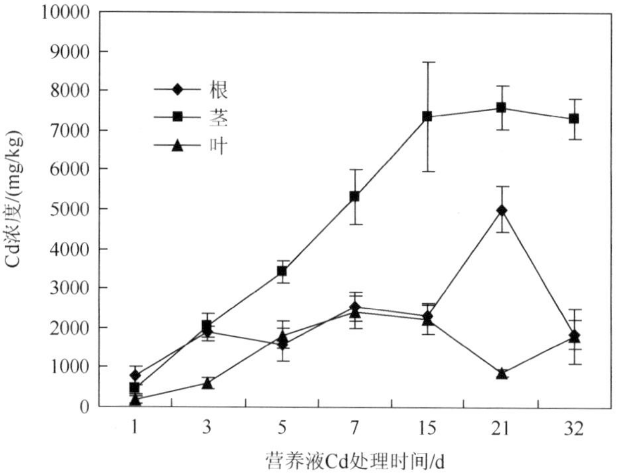

图 2.20　Cd 100μmol/L 处理皖景天叶、茎和根 Cd 浓度动态变化

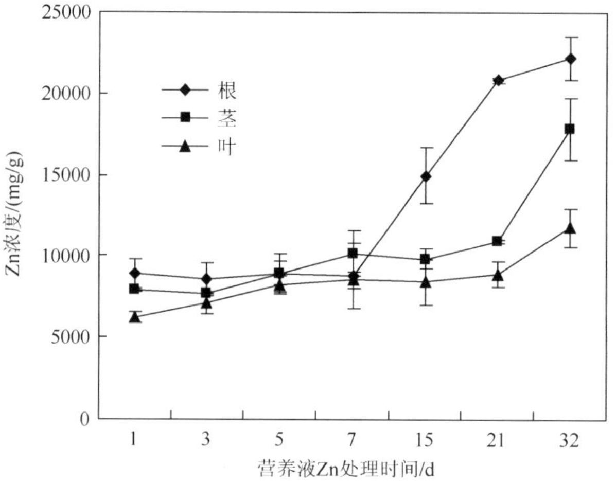

图 2.21　Zn 800μmol/L 处理皖景天叶、茎和根 Zn 浓度动态变化

2. 土培盆栽条件下皖景天镉和锌的吸收性

土培盆栽试验中，在土壤 Cd 浓度分别为 2.49mg/kg 和 9.28mg/kg 条件下，皖景天地上部 Cd 浓度分别为 16.4mg/kg 和 79.8mg/kg，皖景天对 Cd 富集系数分别为 6.8 和 8.7。在土壤 Zn 浓度分别为 619mg/kg 和 4082mg/kg 条件下，皖景天地上部 Zn 浓度分别为 1560mg/kg 和 15 558mg/kg，皖景天对 Zn 富集系数分别为 2.5 和 3.8（图 2.22）。

（二）讨论

Cd 超积累植物地上部 Cd 浓度的临界值为 100mg/kg（干重）（Baker et al.，2000），Zn 的超积累植物地上部 Zn 浓度的临界值为 10 000mg/kg（干重）（Baker，1989）。迄今为止，发现 Cd 和 Zn 的超积累植物为数不多，其中包括 *T. caerulescens*、*Arabidopsis halleri* 和 *S. alfredii*（Brown et al.，1995b；Lombi et al.，2000；Küpper et al.，2000；Yang et al.，2004）等。本书试验以浙江诸暨铅锌矿区皖景天为材料展开试验，研究结果表明皖景天叶、

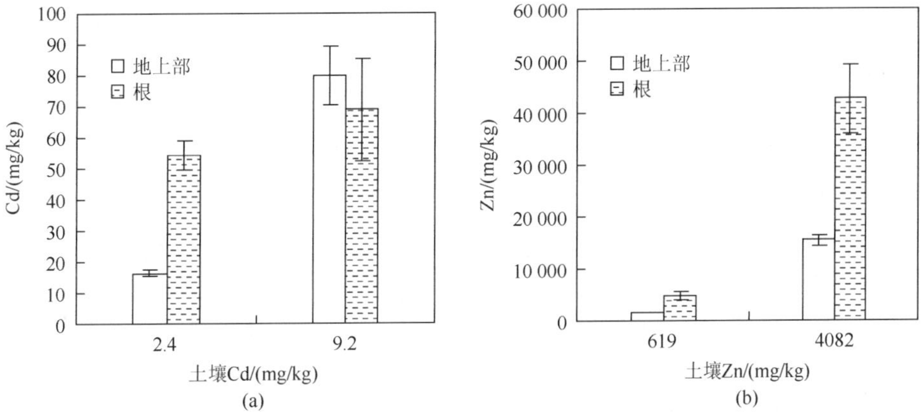

图 2.22　土培条件下不同处理皖景天地上部和根 Cd（a）和 Zn（b）浓度

茎和根干重随营养液 Cd 浓度升高呈现先增加后降低的趋势。在 Cd 100μmol/L 处理条件下，皖景天叶、茎和根干重达到最大（表 2.32）；但皖景天生物量比较小，生长比较缓慢，类似其他一些超积累植物生长特性，如 *T. caerulescens*（Robinson et al.，1998；Ebbs and Kochian，1997，1998）。皖景天地上部 Cd 浓度随营养液 Cd 浓度的增加而增加，在 Cd 100μmol/L 处理条件下，皖景天地上部 Cd 浓度达到最大值 5083mg/kg（表 2.34），在 Cd 50～200μmol/L 处理条件下，皖景天地上部 Cd 浓度大于根部 Cd 浓度，皖景天对 Cd 转移系数为 1.39～3.14（表 2.34）。皖景天茎中 Cd 浓度大于叶中 Cd 浓度（表 2.34），而景天属 Zn/Cd 超积累植物东南景天茎中 Cd 浓度小于叶中 Cd 浓度（Yang et al.，2004），这表明在同属植物体内也存在不同的 Cd 分配情况。皖景天根、茎和叶对 Cd 的吸收动态有明显的不同（图 2.20），有研究表明 *T. caerulescens* 的根对 Cd 的动态吸收过程中，根细胞壁存在高效的转运机制（Lombi et al.，2001），而皖景天根、茎和叶对 Cd 的吸收动态有明显的不同，其原因有待进一步研究。

到 2000 年为止，全球共发现大约 18 种 Zn 超积累植物（Reeves and Baker，2000），最近几年 Zn 超积累植物报道又有所增加，如东南景天（Yang et al.，2002）等。超积累植物一般生长在富含 Zn、Cd 和 Pb 的古老矿区和富含重金属矿区耕作层污染土壤上，尤其是在欧洲和大洋洲（Reeves and Baker，2000；Baker et al.，2000）。以上试验表明，皖景天叶、茎和根干重随营养液 Zn 浓度升高呈现先增加后降低的趋势，在 Zn 1600μmol/L 处理条件下皖景天叶、茎和根干重达到最大（表 2.33），研究结果与 *T. caerulencens*（Brown et al.，1995b），*A. halleri*（Bert et al.，2000；Zhao et al.，2000）和 *S. alfredii*（Yang et al.，2006）结果相似。在 Zn 1.0～9600μmol/L 处理条件下，皖景天叶、茎和根 Zn 浓度随营养液 Zn 浓度的增加而增加，皖景天各个部位 Zn 浓度次序依次为根＞茎＞叶；在 Zn 9600μmol/L 处理条件下，皖景天叶、茎和根 Zn 浓度分别为 19 316、33 811 和 46 071mg/kg（干重）（表 2.35）。而 *T. caerulencens* 和 *A. halleri* 植物体内的 Zn 浓度在 1000μmol/L 达到最大（Brown et al.，1995a；Zhao et al.，2000），*S. alfredii* 植物体内 Zn 浓度在 500μmol/L 达到最大（Yang et al.，2006），表明在水培条件下皖景天对 Zn 有很强的耐性。在 Zn 1600μmol/L 处理条件下，皖景天地上部和根部 Zn 积累量分别达到最大值 42.1mg/株，而

Zn 800mg/L 处理条件下东南景天地上部 Zn 积累量分别达到最大值 20mg/株（Yang et al.，2002）。在 Zn 800μmol/L 处理下，皖景天茎和叶片 Zn 浓度在前 21d 增加缓慢，第 21 天到第 32 天呈现上升趋势（图 2.21），而在 500μmol/L 处理条件下第 1～24 天东南景天体内锌浓度增加，24d 后达到平衡状态（Yang et al.，2006）。在土培条件下，在土壤 Cd 浓度分别为 2.49mg/kg 和 9.28mg/kg 条件下，皖景天地上部 Cd 浓度分别为 16.4mg/kg 和 79.8mg/kg，皖景天对 Cd 富集系数大于 1。在土壤 Zn 浓度分别为 619mg/kg 和 4082mg/kg 条件下，皖景天地上部 Zn 浓度分别为 1560mg/kg 和 15 558mg/kg，皖景天对 Zn 富集系数也大于 1（图 2.22）。以上结果表明皖景天是一种新的 Cd 超积累植物，同时对 Zn 有很好的富集能力，为今后 Cd 超积累植物吸收 Cd 过程的机制提供了有价值的材料，也为 Cd 和 Zn 的污染土壤的植物修复提供一种有潜力的植物材料。

三、镉锌在皖景天细胞内的分布和化学形态

通过亚细胞差速离心技术和化学试剂逐步提取法研究重金属元素在亚细胞分布特征和结合形态，有助于认识细胞中的元素的生理活动和解释重金属富集和解毒机制，国内外研究者曾先后采用这些方法对植物体内的重金属分布特征和结合形态进行了研究（周卫等，1999；Ramos，2002；万敏等，2003；廖斌等，2004；Li et al.，2006；吴箐等，2006）。如廖斌等（2004）采用该方法研究了铜在鸭跖草细胞内的分布和化学形态，Ramos 等（2002）采用该方法对莴苣中 Cd 的亚细胞分布及 Cd-Mn 交互作用进行了研究，吴箐等（2006）采用了该方法揭示了锌在长柔毛委陵菜亚细胞内的分布和化学形态，Li 等（2006）采用该方法研究了 Zn 在东南景天亚细胞中的分布。皖景天是一种新的 Cd 超积累植物，同时对 Zn 也有富集能力。本书运用差速离心技术和化学试剂逐步提取法研究 Cd 和 Zn 在皖景天细胞内的亚细胞分布特征和结合形态，为该植物对 Cd 和 Zn 的耐性和富集机理提供依据。

试验用 Hoagland 营养液开展培养试验，镉处理设置 10μmol/L 和 100μmol/L 两个水平，锌处理设置 1.0μmol/L 和 800μmol/L 两个水平。镉和锌分别以 $Cd(NO_3)_2$ 和 $ZnSO_4$ 加入，分别用 $(NH_4)_2SO_4$ 和 NH_4NO_3 平衡溶液中的 N 和 S 元素。

皖景天亚细胞组分的分离采用差速离心法分离不同的细胞组分（杨居荣等，1993），皖景天体内镉和锌的化学形态分析采用化学试剂逐步提取法（杨居荣等，1995）。

（一）皖景天中镉和锌的亚细胞分布

1. 皖景天中镉的亚细胞分布

在 Cd 10μmol/L 和 100μmol/L 处理条件下，Cd 在皖景天亚细胞内的分布情况见表 2.36。Cd 100μmol/L 处理条件下植株各组分中的 Cd 绝对浓度均高于 Cd 10μmol/L 处理。在 Cd 10μmol/L 处理条件下，Cd 在植物叶、茎和根中主要分布在可溶部分（即液泡内含物质和细胞质的混合物），占 58.1%～96.0%；Cd 在叶、茎和根的可溶部分与细胞壁和细胞器部分差异均达到显著水平（$P<0.05$）。在 Cd 100μmol/L 处理下，Cd 在根中主要分布在细胞壁部分，占 63.2%；Cd 在茎中主要分布在细胞壁和可溶部分，分别占 45.5%和 43.1%；

叶中超过90%的Cd分布在可溶部分。Cd在根、茎和叶细胞器中分布较少。计算皖景天中Cd的亚细胞内分配比例（某部位一组分的浓度占该部位三组分浓度之和的比例）发现，随着Cd浓度的提高，根、茎和叶的细胞壁中Cd分布比例增加，而可溶部分Cd分布比例相对减少。

表2.36　镉在皖景天亚细胞组分中的分布

营养液Cd/（μmol/L）	部位	细胞壁		细胞器		可溶部分	
		Cd/［（mg/kg）FW］	%	Cd/［（mg/kg）FW］	%	Cd/［（mg/kg）FW］	%
10	根	31.8±2.8b	28.7	14.7±1.3c	13.2	64.5±6.4a	58.1
	茎	10.4±2.5b	8.9	5.07±1.27b	4.35	101±12a	86.7
	叶	0.80±0.18b	1.79	0.97±0.13b	2.17	42.9±6.3a	96
100	根	130±9a	63.2	22.1±9b	10.8	53.6±22.9b	26
	茎	173±16a	45.5	43.4±17.1b	11.4	164±3a	43.1
	叶	14.9±4.1b	2.87	21.4±7.2b	4.13	482±60a	93

注：表中数值为3个重复的平均值±标准差。标有不同字母的表示同一器官不同组分差异具有显著性（LSD检验，$P<0.05$）。

2. 皖景天中锌的亚细胞分布

在Zn 1.0μmol/L和800μmol/L处理条件下，Zn在皖景天亚细胞内的分布情况见表2.37。Zn 800μmol/L处理条件下植株各组分中的Zn绝对浓度均高于Zn 1.0μmol/L处理。在Zn1.0μmol/L处理条件下，Zn在植物叶、茎和根中主要分布在可溶部分，占79.7%～82.0%。在Zn 800μmol/L处理条件下，Zn在植物叶、茎和根中也主要分布在可溶部分，占83.8%～90.7%。Zn在根、茎和叶细胞器中分布较少。随着Zn浓度的提高，叶、茎和根的亚细胞中Zn主要还是分布在可溶部分，细胞壁和细胞器中Zn分配比例变化不大。

表2.37　锌在皖景天亚细胞组分中的分布

营养液Zn/（μmol/L）	部位	细胞壁		细胞器		可溶部分	
		Zn/［（mg/kg）FW］	%	Zn/［（mg/kg）FW］	%	Zn/［（mg/kg）FW］	%
1	根	48.5±19.0b	11.9	26.6±5.8b	6.5	334±46a	81.6
	茎	19.7±4.2ab	15.3	6.41±0.19b	4.97	103±47a	79.7
	叶	7.73±1.21b	9.95	6.27±1.73b	8.06	63.7±6.0a	82
800	根	654±692b	12.1	163±13b	3.02	4568±375a	84.8
	茎	231±75b	10.9	112±9b	5.3	1771±232a	83.8
	叶	58.9±20.4b	3.99	77.9±7.8b	5.28	1339±56a	90.7

注：表中数值为3个重复的平均值±标准差。标有不同字母的表示同一器官不同组分差异具有显著性（LSD检验，$P<0.05$）。

（二）镉和锌在皖景天体内存在的化学形态

1. 镉在皖景天体内存在的化学形态

皖景天根、茎和叶中 Cd 的化学形态分析结果见图 2.23。在不同 Cd 处理条件下，植物各部位盐酸提取态和残留态 Cd 的绝对浓度均很低。在 Cd 处理浓度为 10μmol/L 时，根中 Cd 以氯化钠提取态最高，随后依次为水提取态、乙醇提取态和醋酸提取态，氯化钠提取态与其他提取态之间差异显著（$P<0.05$）；茎中 Cd 以氯化钠提取态为主，随后依次为水提取态、醋酸提取态和乙醇提取态，氯化钠提取态与其他提取态之间差异显著（$P<0.05$）；叶中 Cd 以水提取态最高，其后依次为氯化钠提取态、乙醇提取态和醋酸提取态，水提取态与其他提取态之间差异显著（$P<0.05$）。在 Cd 处理浓度为 100μmol/L 时，根中 Cd 以氯化钠提取态最高，其后依次为醋酸提取态、乙醇提取态和水提取态，氯化钠提取态与其他提取态之间差异显著（$P<0.05$）；茎和叶中 Cd 以氯化钠提取态和水提取态为主，其次为醋酸提取态和乙醇提取态。随着 Cd 浓度的提高，根中 Cd 存在的形态主要是氯化钠提取态；茎中 Cd 水提取态增加，氯化钠提取态减少；叶中 Cd 氯化钠提取态增加，水提取态减少。

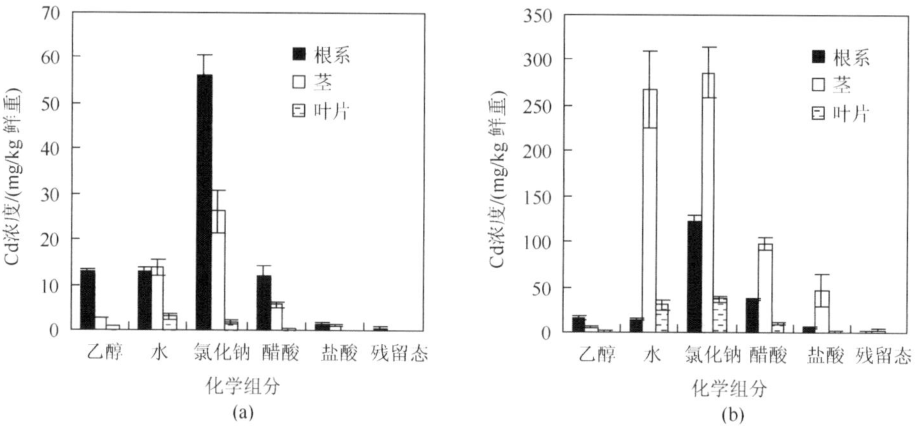

图 2.23　Cd 10μmol/L（a）和 100μmol/L（b）处理对皖景天中 Cd 的化学形态的影响

2. 锌在皖景天体内存在的化学形态

皖景天根、茎和叶中 Zn 的化学形态的分析结果见图 2.24。在不同 Zn 处理条件下，植物各部位盐酸提取态和残留态 Zn 的绝对浓度均很低。在 Zn 处理浓度为 1.0μmol/L 时，根中 Zn 以乙醇提取态最高，随后依次为氯化钠提取态、醋酸提取态和水提取态，乙醇提取态与其他提取态之间差异显著（$P<0.05$）；茎中 Zn 氯化钠提取态、水提取态、乙醇提取态和醋酸提取态均有分布；叶中 Zn 以水提取态为主，其后依次为乙醇提取态、氯化钠提取态和醋酸提取态，水提取态与其他提取态之间差异显著（$P<0.05$）。在 Zn 处理浓度为 800μmol/L 时，根中 Zn 以氯化钠提取态和醋酸提取态为主，随后依次为水提取态和乙醇提取态；茎中 Zn 以水提取态为主，其后依次为乙醇提取态、氯化钠提取态和醋酸提

取态，水提取态与其他提取态之间差异显著（$P<0.05$）。叶中 Zn 以水提取态为主，随后依次为乙醇提取态、氯化钠提取态和醋酸提取态，水提取态与其他提取态之间差异显著（$P<0.05$）。随着 Zn 浓度增加，根中醋酸提取态和氯化钠提取态比例增加，乙醇提取态比例减少；茎中水提取态比例增加，氯化钠提取态比例减少；叶中水提取态比例增加，氯化钠提取态比例减少。

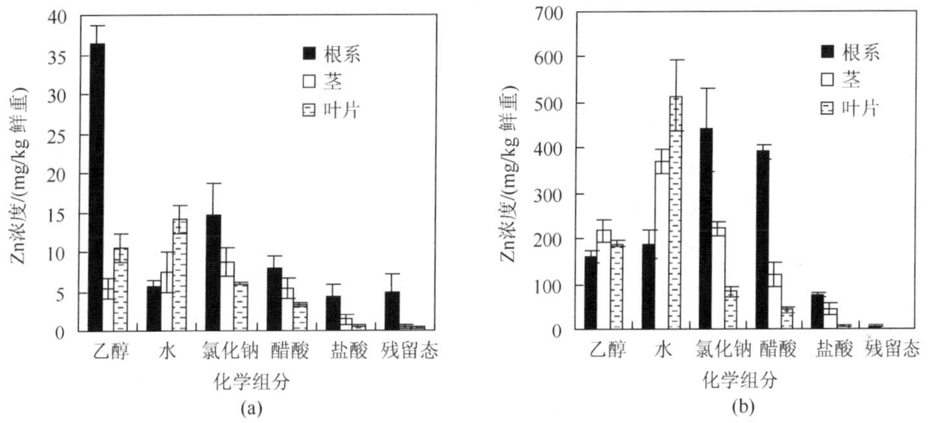

图 2.24 Zn 1.0μmol/L（a）和 800μmol/L（b）处理对皖景天中 Zn 的化学形态的影响

（三）讨论

重金属在细胞壁的沉淀以及细胞内的区隔化分布是植物内部解毒的两个重要途径（Brune et al.，1994）。植物的可溶部分由液泡和细胞质两部分组成，液泡是植物细胞代谢副产品及废物囤积的场所（汪良驹和刘友良，1998）。液泡中含有多种蛋白质、有机酸、有机碱等物质，它们都能与重金属结合而使金属离子在细胞内被区隔化（Verkled and Schat，1990）。锌在超积累植物 *T. caerulescens* 中主要分布于表皮细胞的液泡中（Frey et al.，2000），超积累植物 *A. serpyllifolium* 细胞中 72%的镍分布在液泡中（Brooks et al.，1981），大豆幼苗的叶片和根系中大约 70%以上的镉分布于可溶部分，仅 8%～14%分布于细胞壁和细胞器中（Hans and Hans，1980）。陈同斌等（2004）发现蜈蚣草胞液是砷的主要储存部位，蜈蚣草胞液中砷可能是大量被隔离在液泡中，这种区隔化作用可能是蜈蚣草能够解除砷毒害的重要原因。蜈蚣草液泡可起到隔离毒性离子的作用，使细胞质避免受到伤害（廖晓勇等，2007），细胞质是细胞新陈代谢的主要场所（郑国锠，2000）。本书试验结果表明，在 Zn 1.0μmol/L 和 800μmol/L 处理条件下，可溶部分是皖景天根、茎和叶中 Zn 的主要分布位点；在 Cd 10μmol/L 处理下，可溶部分是皖景天根、茎和叶中的 Cd 主要分布位点；在 Cd 100 处理条件下，茎和叶的可溶部分的 Cd 分布比例分别占 43.1%和 93.0%；皖景天的可溶部分中液泡可能对 Cd 和 Zn 有明显的区隔化解毒作用，可降低重金属对植物生长的影响。但同时也发现随着营养液中 Zn、Cd 浓度的提高，皖景天对 Zn、Cd 的解毒机制发生着不同的变化。随着 Zn 浓度的提高，根、茎和叶大部分的 Zn 仍然存在可溶部分中；但随着 Cd 浓度的提高，皖景天根、茎和叶的细胞壁中 Cd 分布比例增加，可溶部分中比例减少。皖景天对 Cd 具超积累能力，而对 Zn 有富集能力，可能与皖景天对 Zn、Cd 的解毒机制存在不同有关。植物细胞壁含有蛋白质和多糖，如纤维素、半纤维素、木质素等，还含有大量羟基、羧基、醛基、氨基或磷酸基等亲金属离子的配位基团（Allen and Jarrell，1989），它们与进入植物体的金属离子配位结合，在细胞壁部位形成沉淀，从而降低了原生质体（主要是细胞质）中的金属离子浓度，避免损伤功能相对重要的组织、细胞和细胞器（Rauser，1999）。对金属耐性植物 *Athyriumyo koscense* 和 Zn 超积累植物 *T. caerulescens* 的研究表明植物体内大约 60%～90%的 Cu 和 Zn 分布在细胞壁上（Nishizono et al.，1987）；对 Cd 的超积累植物 *T. caerulescens* 和非超积累植物 *Nicotiana tabacum* 的根毛细胞研究表明，大部分的 Cd 分布在细胞壁中（Boominathan and Doran，2003）。Ni 和 Wei（2003）发现 Cd 在东南景天亚细胞中分布规律为细胞壁部分＞可溶部分＞细胞器部分，东南景天对 Zn 吸收也与解毒存在相似的规律（Li et al.，2006）。皖景天与东南景天同属于景天属，但对 Zn 和 Cd 的吸收规律存在不同，说明即使是同属植物对重金属在亚细胞分布也有可能存在不同。另外，细胞光合作用和呼吸作用最重要的场所细胞器部分 Zn、Cd 浓度相对比较低，可减少 Zn、Cd 对细胞器的毒害，从而维持植物细胞正常的生理代谢。

在超积累植物体内，85%～90%的重金属离子是与极性化合物相结合的，金属离子和这些极性化合物结合所形成的螯合物可限制金属在植物体内的移动性，这些极性化合物一般是水溶性的、醇溶性的和酸溶性的低分子量的金属螯合物，它们含有大量的金属离子配位基团，这些金属配位体在维持细胞金属离子的微量稳态方面起着重要的作用（Baker，1989；Rauser，1999）。植物体内重金属以多种复杂形态存在，而不同形态的重金属其迁移能力及其活性有显著差异，如以水溶性的有机酸盐或以硝酸盐、氯化物等无机盐形态存在的重金属，其迁移能力比难溶性磷酸盐或牢固吸附于细胞壁上的重金属要强得多，其毒性效应也更为显著（许嘉琳等，1995）。不同的提取剂可以提取不同形态的化合物，因此采用不同提取剂顺序提取植物中不同成分可以判断金属离子在植物组织中存在的化学形态（廖斌等，2004）。有研究表明 Zn 在长柔毛委陵菜体内可能主要与水溶性和脂溶性的有机配位体结合（吴箐等，2006）。鸭跖草体内的 Cu 在根中主要与水溶性的有机螯合物结合，而茎和叶中的 Cu 以多种形态存在，表明 Cu 可能与金属硫蛋白、植物螯合肽（PCs）、有机酸、多糖等多种金属螯合物结合（廖斌等，2004）。熊愈辉等（2003）研究表明，东南景天根、茎和叶中 Cd 水提取态和氯化钠提取态较高，说明东南景天植物组织中的 Cd 主要以水溶性盐或果胶酸盐形态存在。本书研究中 Cd 在皖景天根、茎和叶体内主要也以氯化钠提取态和水提取态为主，说明皖景天体内的 Cd 可能主要与脂溶性和水溶性的有机螯合物结合。龙新宪等（2002）发现超积累植物东南景天在 Zn 1.0μmol/L 处理下，叶中 Zn 以醋酸提取态为主，茎中 Zn 以氯化钠提取态和醋酸提取态占优势；在 Zn 500μmol/L 处理下，叶和茎中 Zn 水溶态和乙醇提取态比例增加，认为 Zn 在东南景天体内与多种金属配位体结合。本研究表明，在 Zn 处理浓度为 1.0μmol/L 时，皖景天根中 Zn 以乙醇提取态最高，茎中 Zn 氯化钠提取态、水提取态、乙醇提取态和醋酸提取态均有分布，叶中 Zn 以水提取态为主；在 Zn 处理浓度为 800μmol/L 时，根中 Zn 以氯化钠提取态和醋酸提取态为主，茎和叶中 Zn 以水提取态为主，这表明皖景天体内 Zn 可能也是与多种金属配位体结合，有利于 Zn 在细胞内区隔化，使植物对 Zn 有较强的耐性。但 Zn 和 Cd 在皖景天体内主要与何种配位体结合，有待进一步研究。

第三节　东南景天的重金属耐性和积累性

土壤中的有害金属污染，不仅退化土壤肥力，降低作物产量与品质，而且可能恶化水环境，并通过食物链危及人类的生命和健康；尤为严重的是，有毒重金属在土壤系统中所产生的污染过程具有隐蔽性、长期性和不可逆性的特点（骆永明，1999）。常见的复合污染如污泥农用、废水灌溉、有害灰尘沉降等都将加重土壤重金属污染（Costley and Wallis，2000）。植物提取是一条集永久性和广域性于一体的植物修复途径，是修复重金属污染土壤的一种全新技术，在全球得到迅速发展和应用（Scott and William，1993）。东南景天（*S. alfredii*）是一种多年生草本植物，既能有性繁殖又可以无性繁殖，一个生长周期内可以扦插 3～4 次，生物量相对较大，具有较大的修复重金属污染土壤的潜力。本节采用水培试验和盆栽试验，研究东南景天的重金属耐性和吸收性，为东南景天重金属积累机理研究及植物修复开发应用奠定基础。

一、水培条件下东南景天的锌镉耐性及吸收性

东南景天（*S. alfredii*）幼苗取自浙江省富阳上台门铅锌矿区，水培 Zn 吸收性试验共 8 个处理，分别是：①Zn 5μmol/L（CK）；②Zn 50μmol/L；③Zn 100μmol/L；④Zn 200μmol/L；⑤Zn 400μmol/L；⑥Zn 800μmol/L；⑦Zn 1600μmol/L；⑧Zn 3200μmol/L。Cd 吸收性试验一共 7 个处理，分别是：①Cd 0μmol/L；②Cd 1μmol/L；③Cd 5μmol/L；④Cd 10μmol/L；⑤Cd 50μmol/L；⑥Cd 100μmol/L；⑦Cd 200μmol/L。每处理重复 3 次。Cd 吸收性试验二（进一步验证试验一的结果），共 3 个处理，分别是①Cd 0μmol/L；②Cd 25μmol/L；③Cd 50μmol/L。

（一）东南景天对锌的耐性及吸收性

1. 东南景天对锌的耐性

经过 28d 预培养，21d Zn 处理，东南景天根、茎及叶干物重如图 2.25 所示。

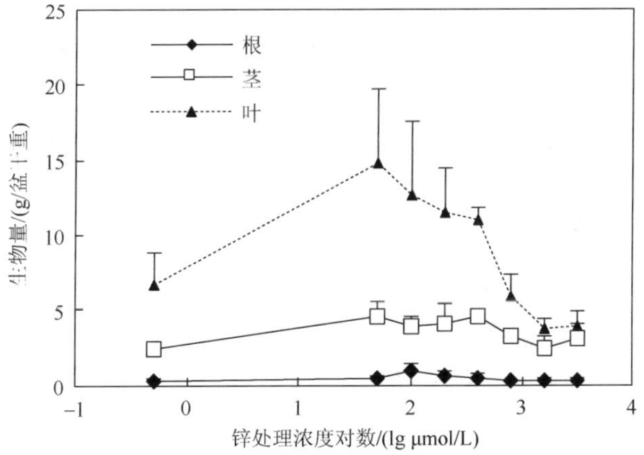

图 2.25　东南景天生物量与不同锌处理的关系

随着 Zn 浓度的逐渐升高，植物根、茎及叶干物重均呈先增加后降低趋势，Zn 处理小于 800μmol/L 时对植物生长有一定的促进作用，当 Zn 处理大于 1600μmol/L 时植物表现出受逆境胁迫现象，叶片轻微失绿、发黄及萎蔫，根尖坏死，褐化，且随着营养液中 Zn 浓度增加，其症状越严重。根生物量在 Zn 100μmol/L 处理时达到最大值 0.967g/盆，茎、叶同时在 Zn 50μmol/L 处理时达到最大值 4.67g 和 14.7g。统计结果显示，不同 Zn 处理处理之间植物生物量无显著差异，但东南景天生物量与不同处理水平之间有很好的线形回归关系。由此可以看出，东南景天对 Zn 具有很好的耐性，低浓度 Zn 处理时表现为协同作用，当处理浓度高于 Zn 800μmol/L 时才呈现被抑制状态。

2. 锌处理对东南景天根系活力的影响

根系的活力是植物生长的重要生理指标之一，不同 Zn 浓度处理下根系活力如图 2.26 所示。统计分析结果表明，根系活力在不同 Zn 处理之间没有显著变化，说明植物对 Zn 有较强的耐性。

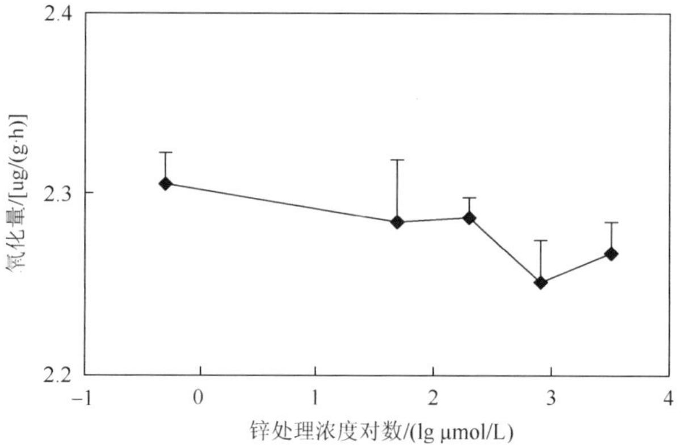

图 2.26　根系活力与不同锌处理的关系

3. 东南景天对锌的吸收性

东南景天根、茎及叶 Zn 浓度为根＞茎＞叶（图 2.27）。随着 Zn 浓度的逐渐升高，根中 Zn 浓度逐渐上升，在 Zn 3200μmol/L 处理时达到最大值 7414mg/kg；茎、叶 Zn 浓度总体呈先上升后降低趋势，茎在 Zn 400μmol/L 处理时达到最大值 1678mg/kg；在 Zn 200μmol/L 处理时叶中达到最大值 627mg/kg。茎的 Zn 浓度在 Zn 400～800μmol/L 处理、叶的 Zn 浓度在 Zn 200～800μmol/L 处理明显下降，然后在 Zn 800～3200μmol/L 又明显升高。统计分析结果表明，根、茎及叶中 Zn 浓度在 Zn 不同处理浓度之间有显著差异（$P<0.05$），可见不同处理显著影响东南景天植物体内 Zn 浓度，东南景天对 Zn 具有很强的吸收性。

4. 锌处理对东南景天体内磷钾浓度的影响

生物是吸收、同化环境中非生物的物质而演化来的，因而，环境中的物质特点和各元素的组成能深刻地发映在生物体的组成成分中，同时由于长期适应的结果，生物

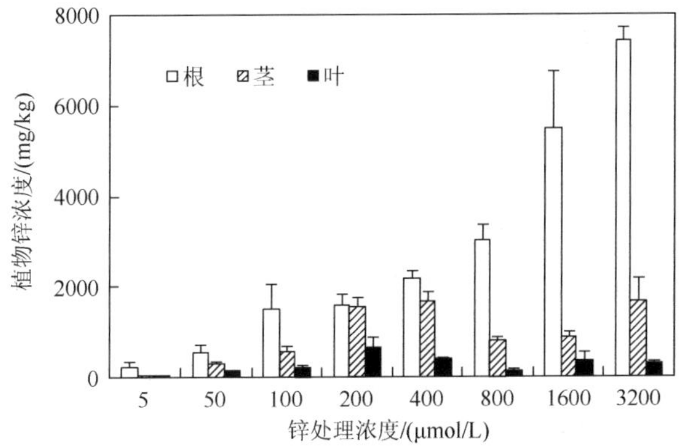

图 2.27　东南景天根、茎及叶重金属 Zn 浓度

对环境中各元素形成有依赖和产生需要。因此，环境中化学元素及其比例和生物体内的所含的元素及其比例有其相似性（王焕校，1990）。植物在大量积累重金属时，高浓度的重金属可能会影响其他元素的吸收和运输机制，进而干扰植物的正常的养分代谢（Welch，1998）。

1）*磷浓度*

东南景天根、茎及叶磷浓度如图 2.28 所示。随重金属处理的加入，茎中磷显著降低（$P<0.05$），叶中磷呈逐渐降低趋势，根部的磷浓度处理之间呈极显著差异（$P<0.01$），这可能与水培时根部大量被动吸收营养液中的磷元素和不同元素之间的拮抗有关。重金属对磷的这一现象在其他植物也有类似报道（龙新宪，2002）。这一现象是植物本身具有的功能还是金属离子协同或拮抗作用，造成矿质元素比例失衡，从而在某种程度上促进金属离子的补偿性吸收，有待进一步研究。

2）*钾浓度*

东南景天根、茎及叶钾浓度如图 2.29 所示。随着 Zn 浓度的逐渐升高，茎钾浓度呈先升高后降低趋势，而叶部的钾呈降低趋势。单因素方差分析表明，茎及叶部钾含量无显著变化，而根系钾浓度则在不同处理之间显著下降（$P<0.05$）。这种在重金属胁迫条件下根系钾的外流现象，可能与根细胞质膜在过量的重金属作用下透性改变有关（李华等，2005）。

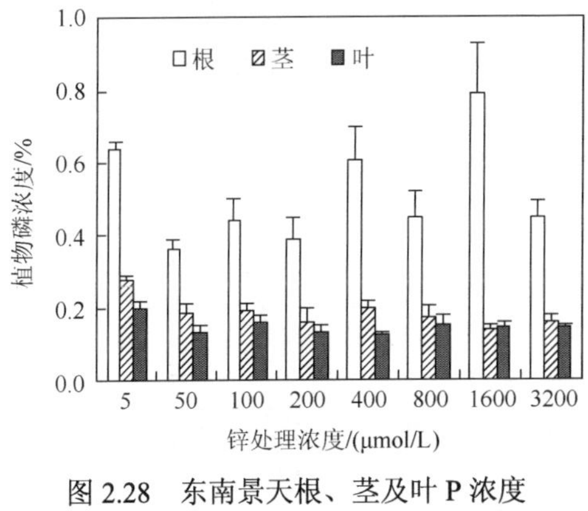

图 2.28　东南景天根、茎及叶 P 浓度

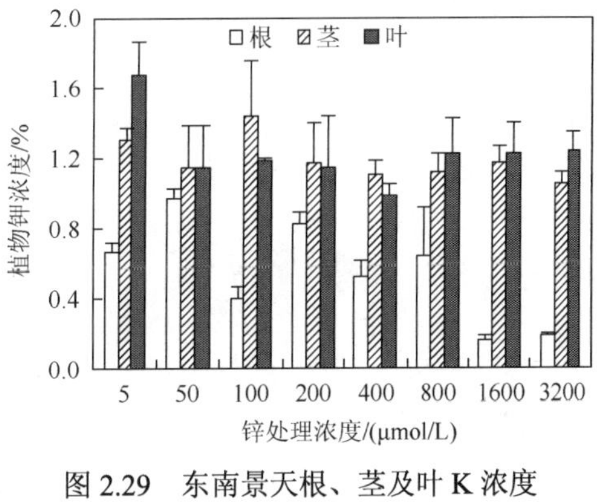

图 2.29　东南景天根、茎及叶 K 浓度

（二）东南景天对镉的耐性及吸收性

1. 东南景天对镉的耐性

经过 28d 预培养，21d Cd 重金属处理，东南景天根、茎及叶干物重如图 2.30 所示。随着 Cd 浓度的逐渐升高，植物根、茎及叶干物重均呈下降趋势，不同 Cd 处理水平之间均有显著差异（$P<0.05$）。可见 Cd 高浓度处理时对东南景天生长有显著不良影响，随着 Cd 处理浓度的增加，植物根部逐渐变黑，叶片轻微失绿、发黄及失水；处理浓度大于 Cd 200μmol/L 时植物叶片开始脱落，并伴有断根现象发生。进一步水培发现东南景天对 Cd 的耐性与前期试验结果一致（图 2.30）。表明东南景天对 Cd 处理不具有如 Zn 一样强耐性。这是由于在一定浓度范围内，Cd 显示出比其他重金属更大的植物毒性（Baszynski，1986）。

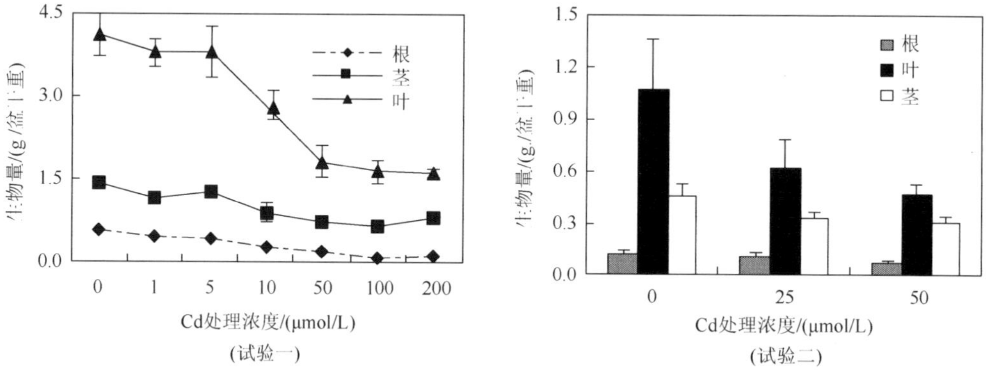

图 2.30　东南景天根、茎及叶干物重

2. 东南景天对镉的吸收性

东南景天根、茎及叶 Cd 浓度如图 2.31 所示。随着 Cd 浓度的逐渐升高，根 Cd 浓度呈逐渐增加趋势，茎、叶呈先增高后降低趋势，重金属 Cd 浓度为根＞茎＞叶。在 Cd 50μmol/L 处理时，茎部 Cd 达到最大值 2720mg/kg、叶部达到最大值 87mg/kg，此时根部

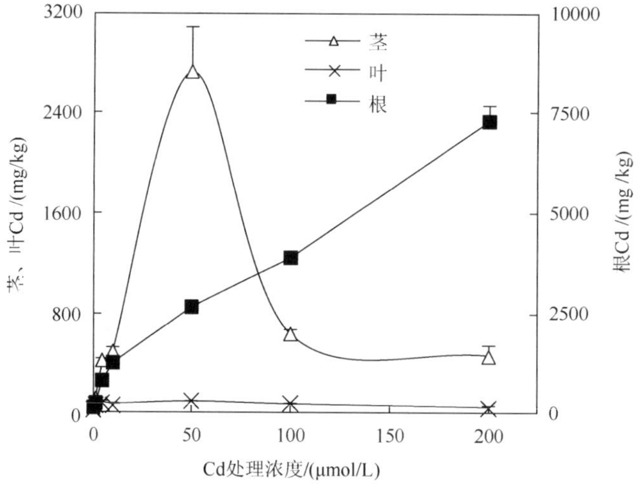

图 2.31　东南景天根、茎及叶重金属 Cd 浓度（试验一）

Cd 浓度为 2642mg/kg（CK 根浓度为 139mg/kg）。统计分析结果表明，根、茎及叶在 Cd 不同处理浓度之间有显著差异（$P<0.05$）。

进一步验证东南景天对 Cd 的吸收性试验二如表 2.38 所示，与前期试验结果一致。Cd 处理浓度对东南景天植物体内重金属浓度有显著影响，根的重金属浓度持续增加，可能是由于随着浓度的升高，被动吸收增加所致。植物对重金属的积累和耐性之间一直存在着争议，Ingrouille（1984）和 Baker 和 Proctor（1990）认为植物的超积累和耐性是两个独立的特征，没有直接的关系。

表 2.38　东南景天中 Cd 浓度（试验二）

Cd/（μmol/L）	根/（mg/kg）	茎/（mg/kg）	叶/（mg/kg）
0	13.4±1.1c	2.20±0.60b	1.40±0.20a
25	859±138b	339±63a	99.3±15.5c
50	1267±88a	502±38c	45.6±16.4b

注：同列无相同字母的表示有显著差异（$P<0.05$）。

3. 镉处理对东南景天锌浓度的影响

随着 Cd 处理浓度的升高，植物根、叶部的 Zn 浓度逐渐减少，茎部 Zn 浓度呈先增加后降低的现象，同一部位不同处理浓度之间均无显著差异（$P>0.05$），同一处理浓度不同部位之间两两比较如表 2.39 所示。

表 2.39　东南景天中 Zn 浓度和分布（试验二）

Zn/（μmol/L）	根/（mg/kg）	茎/（mg/kg）	叶/（mg/kg）
0	1238±374a	360±51b	256±26a
25	6067±61b	535±185a	254±33a
50	544±50c	353±14b	235±15a

注：同列不同字母的表示有显著差异（$P<0.05$）。

SPSS 相关性统计分析表明，东南景天同一部位 Zn、Cd 浓度具有很好的相关性（$P<0.01$）。研究发现，Zn、Cd 可能通过类似的途径被植物吸收和向地上部迁移，土壤 Zn、Cd 通过植物进入食物链是其危害人类的一条重要途径（Vercauteren and Blust，1999；Zhao et a1.，2003）。叶海波等（2003）报道，在超积累生态型东南景天的水培试验中，Zn 在植物体内浓度的分布为茎＞叶片＞根，Cd 浓度分布为叶片＞茎＞根系。在一定浓度范围内，Cd 对植物显示出比其他重金属更大的植物毒性（Baszynski，1986）。在营养液培养条件下，生长介质中金属的活度高，不存在金属的活化过程，控制植物体内金属积累的第一步在金属的跨根细胞膜运输，即决定于金属跨根细胞膜的内流和外流之间的动态平衡（龙新宪等，2006）。在同一锌处理水平下，随着镉处理浓度的增加根系和茎中的锌浓度先增加后下降，与前人文献报道不一致（叶海波等，2003），这可能是由于试验材料不同所致，或者是在一定的浓度范围内，镉与锌竞争同一载体，促使锌从根部向地上部转运。在根部，这可能是因镉竞争锌的结合位点使锌的移动性增强，促使锌向地上部转运（许桂莲等，2001），其机理可能与根部细胞壁的电负性有关（Adriano，1986），但随着镉浓

度的进一步增加，毒害作用增强，锌镉竞争出现极端状态，植物根部 Cd 持续增加，Zn 浓度持续下降。

二、土培条件下东南景天的重金属耐性及吸收性

本盆栽试验旨在探讨：①富阳种群东南景天对 Cu、Cd、Pb 及 Zn 复合污染土壤上的耐性；②东南景天提取污染土壤中 Cu、Cd、Pb 及 Zn 的潜力；③比较研究相同土壤污染特征下，不同生长环境对东南景天生长和重金属吸收性的影响，为进一步开发利用东南景天修复重金属污染土壤提供依据。

供试东南景天（*S. alfredii*）采自浙江富阳某铅锌矿幼苗。供试土壤为浙江省杭州市郊区的泥沙土，当地有小型金属冶炼厂，长期大气沉降和污水灌溉导致周围农田土壤重金属浓度超标，取 3 个污染程度的表层 0～15cm 土壤，混匀，分别标示为 L（重金属轻污染土壤，Cu、Cd、Pb、Zn 浓度分别为 134、1.08、129、286mg/kg）、M（重金属中污染土壤，Cu、Cd、Pb、Zn 浓度分别为 510、7.08、440、2879mg/kg）和 H（重金属重污染土壤，Cu、Cd、Pb、Zn 浓度分别为 736、11.8、674、4764mg/kg）。

（一）东南景天的重金属耐性与生长情况

经过 3 个月的试验处理，东南景天地上部和地下部生物量如图 2.32 所示。随着土壤污染程度的增加，温室东南景天地上部生物量呈逐渐下降趋势，地下部生物量呈先增加后降低趋势，室外东南景天地上部、地下部生物量均呈先降低后增加趋势，单因素方差分析表明，两种土培条件下东南景天地上部生物量与不同程度土壤污染之间均有显著差异（$P<0.05$），地下部生物量与不同程度土壤污染之间有极显著差异（$P<0.01$）。盆栽期间对植物生长连续观察发现，东南景天在试验设置的所有处理中均能保持生长，无明显可视差别存在，说明东南景天有较强的适应性和耐性。一般情况下植物生长在受重金属污染的土壤环境中，重金属浓度超过一定限度就会对不同植物产生不同程度的危害（王英辉等，2006）。

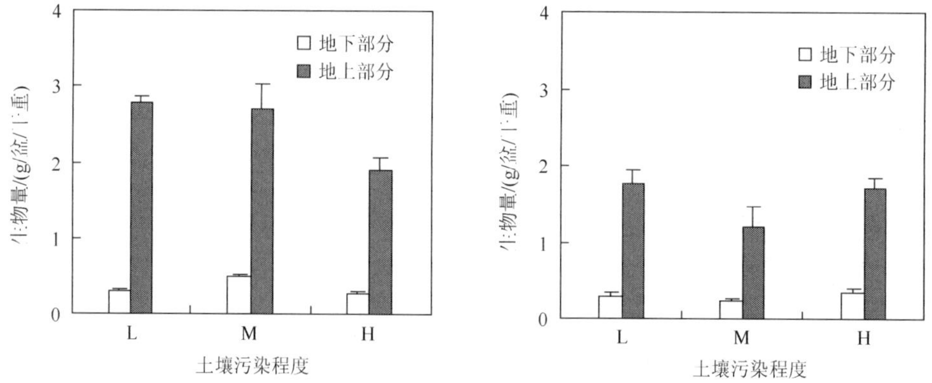

(a) 为温室土培试验　　(b) 为室外土培试验

图 2.32　东南景天野生苗生物量

L 表示重金属轻污染土壤，M 表示重金属中污染土壤，H 表示重金属重污染土壤

（二）污染土壤上生长东南景天的重金属吸收性

温室内和室外两种条件下东南景天 Cu、Cd 浓度都随着污染物程度的增加而升高，Zn、Pb 随着污染程度的增加先降低后升高、地下部分浓度均高于地上部分浓度（表 2.40）。Stoltz 和 Gregor（2002）研究认为重金属在湿地植物体内的分布趋向于根部积累，表现为有较强的滞留效应。Zurayk 等（2001）也认为将有害离子积累于根部是植物阻止其对光合作用及新陈代谢活性毒害的一种策略。4 种元素在东南景天体内的浓度为 Zn＞Cu＞Pb＞Cd。4 种元素在东南景天体内的浓度、分布及各处理间差异见表 2.40 和表 2.41。温室内东南景天与室外东南景天 Pb 浓度的差别较大可能由于大气沉降和土壤中的 Pb 活化有关。相关文献报道，铅易于铝、铁、锰氧化物、有机质和碳酸盐等形成难溶物，铅与细胞壁上的负电荷基团的结合和碳酸盐沉淀均导致植物吸收的铅主要集中在根部，向地上部迁移的铅仅占土壤的一小部分（Peterson，1983；Huang and Cunningham，1996）。

表 2.40　温室内东南景天重金属浓度　　（单位：mg/kg）

污染程度	Cu		Cd		Pb		Zn	
	根	茎	根	茎	根	茎	根	茎
L	15.5±1.9c	5.6±0.4c	4.5±0.8b	1.0±0.1b	30.9±6.6a	4.2±0.7a	533±38a	358±51a
M	36.6±3.2b	9.9±0.4b	5.0±0.9ab	1.1±0.1ab	24.8±4.3a	2.9±0.4a	201±21c	77.3±4.9bc
H	59.3±4.3a	17.5±1.6a	7.1±2.1a	1.4±0.2a	33.1±6.5a	5.1±1.9a	279±31b	111±6b

注：L 表示重金属轻污染土壤；M 表示重金属中污染土壤；H 表示重金属重污染土壤；同列不同小写字母表示差异显著（$P<0.05$）。

表 2.41　室外植物重金属浓度　　（单位：mg/kg）

污染程度	Cu		Cd		Pb		Zn	
	根	茎	根	茎	根	茎	根	茎
L	14.8±2.7c	11.7±0.3 c	3.4±1.4 a	2.1±0.2 a	28.1±10.8 b	13.2±4.5 a	700±111 a	607±22 a
M	101±4 b	27.1±2.3 b	12.0±2.0 b	2.0±0.4 a	83.4±13.9 ab	4.9±4.0 a	539±58 a	155±7 c
H	169±20 a	49.4±5.1 a	14.9±1.4 b	2.5±0.3 a	120±28 a	13.7±4.2 a	659±45 a	234±14 b

注：L 表示重金属轻污染土壤；M 表示重金属中污染土壤；H 表示重金属重污染土壤；同列不同小写字母表示差异显著（$P<0.05$）。

1. 东南景天在不同程度复合污染土壤污染下的富集系数

生长在不同土壤污染程度下东南景天对重金属的富集系数见表 2.42，富集系数=植物地上部分重金属浓度/土壤重金属浓度。

表 2.42　温室内和室外植物重金属含量富集系数

污染程度	温室内				室外			
	Cu	Cd	Pb	Zn	Cu	Cd	Pb	Zn
L	0.04	0.92	0.03	1.25	0.09	1.98	0.1	2.12
M	0.02	0.16	0.01	0.03	0.05	0.28	0.01	0.05
H	0.02	0.12	0.01	0.02	0.07	0.22	0.02	0.05

注：L 表示重金属轻污染土壤；M 表示重金属中污染土壤；H 表示重金属重污染土壤。

2. 东南景天在不同复合污染土壤污染程度下的转运系数

生长在不同土壤污染程度下东南景天对重金属的转运系数见表 2.43，转运系数=植物地上部分重金属浓度/植物地下部分重金属浓度。

表 2.43 温室内和室外植物重金属浓度转运系数

污染程度	温室内				室外			
	Cu	Cd	Pb	Zn	Cu	Cd	Pb	Zn
L	0.36	0.03	0.13	0.67	0.79	0.63	0.47	0.87
M	0.27	0.22	0.12	0.38	0.27	0.16	0.06	0.29
H	0.29	0.2	0.15	0.4	0.29	0.17	0.12	0.36

注：L 表示重金属轻污染土壤；M 表示重金属中污染土壤；H 表示重金属重污染土壤。

两种试验条件下的富集系数均与不同于污染程度土壤有很好的相关性（$P<0.05$），在轻污染程度土壤上对 Zn 的富集系数均大于 1，室外轻污染程度下对 Cd 的富集系数也大于 1；在相同污染程度下，室外培养的东南景天富集系数均大于温室培养下东南景天富集系数，具有更高的重金属富集能力。

此外，东南景天在野生状态下（富阳上台门铅锌矿），植物地上部 Cu 浓度为 15.8mg/kg、Zn 为 4423mg/kg、Pb 为 167mg/kg、Cd 为 14.9mg/kg，对应土壤重金属浓度分别为 759、16 610、17 305、172mg/kg，富集系数分别为 0.02、0.27、0.01 及 0.09。本盆栽试验结果显示，除 Cu 浓度［最大值为（20.2±2.7）mg/kg］外，Zn 最大值为（369±37）mg/kg、Pb 最大值为（5.1±1.9）mg/kg 和 Cd 最大值为（2.1±0.2）mg/kg 均低于该植物在野外生存条件下重金属浓度，但富集系数室内条件下最大值均大于该植物在野外生存条件下的富集系数，原因可能与土壤性质以及土壤中有效金属离子活性不同有关，提取土壤中不同重金属形态是找出影响植物吸收重金属因素的关键（Calvet et al.，1990；Ramos et al.，1994）。

小　　结

一、伴矿景天的重金属耐性与积累性

原居地尾矿堆上伴矿景天地上部 Zn 浓度接近超积累指标，而 Cd 浓度超过超积累指标；温室盆栽条件下，伴矿景天在重污染土壤上生长良好，且地上部 Zn、Cd 浓度同时超过超积累指标；营养液培养条件下，伴矿景天能忍受溶液中高浓度 Cd，地上部 Cd 最高达 5764mg/kg；田间小区试验条件下，伴矿景天能有效地吸收长期污染农田土壤中 Zn 和 Cd，地上部 Zn、Cd 浓度均超过植物正常值的 50 倍以上。伴矿景天对 Zn、Cd 具良好的耐性和吸收富集能力，是一种 Zn、Cd 超积累植物。

伴矿景天新叶中 Zn 和 Cd 浓度高于其他部位，也即其倾向于向地上部转运较多的 Zn 和 Cd，尤其是新叶中，这种分布可能与伴矿景天超积累 Zn 和 Cd 的机制有关。Cd 处理对新叶 Zn 吸收具有拮抗作用，而对成熟叶则无显著影响；Zn 处理对新叶中 Cd 具有“低促高抑”作用，成熟叶中则不存在这种现象。外加较低浓度 Zn 对伴矿景天生长影响不大，但高浓度表现抑制作用；Cd 的外加表现为抑制作用；Zn 对伴矿景天体内 Cd 的浓度具有一定促进效应，添加 Zn 显著促进伴矿景天对 Cd 的吸收，但添加量过大 Cd 的吸收量显著降低；Cd 的添加对伴矿景天 Zn 的吸收具拮抗效应。低浓度 Cu 可促进伴矿景天的生长，对植物锌镉浓度没有显著影响；当 Cu 浓度较高时伴矿景天生长受到明显抑制，甚至受到 Cu 毒害，导致叶片失水脱落，同时也显著降低了伴矿景天的 Zn、Cd 富集能力。采用伴矿景天修复 Cu 较高的锌镉污染土壤时，应注意 Cu 的毒害效应。

高 Zn 处理伴矿景天新叶和成熟叶中各组分中 Zn 的绝对浓度均高于低 Zn 处理。在 Zn 为 10μmol/L 处理时新叶中 Zn 主要分布于细胞壁和可溶性部分，成熟叶中主要分布于可溶性部分；而在 Zn 为 600μmol/L 处理时新叶中 Zn 在细胞壁、细胞器和可溶性部分差别不大，成熟叶中主要分布于可溶性部分和细胞器；在 Cd 为 1μmol/L 和 100μmol/L 处理时伴矿景天新叶和成熟叶中 Cd 均主要分布于细胞壁和细胞器部分；新叶和成熟叶的组织分布趋势不一致，新叶中 Zn 主要分布于上下表皮和靠近上表皮的叶肉细胞中，且上表皮 Zn 高于下表皮；成熟叶中 Zn 主要分布于上表皮和下表皮，且下表皮 Zn 浓度高于上表皮。

自然生长在矿区的伴矿景天，对土壤中 Cd 和 Zn 具有极强的耐性和富集能力。伴矿景天对 Cd 和 Zn 的储存和解毒机制可能存在一定差异，伴矿景天优先将重金属尤其是 Zn 分布到茎和叶生理活性较弱的表皮和维管束，茎和叶的薄壁细胞对 Cd 储存和解毒作用高于 Zn。

伴矿景天对重金属-有机复合污染土壤表现出超强的 Cd 富集能力，凡是种植伴矿景天的处理，土壤 Cd 都有明显的修复效果，紫花苜蓿、海州香薷及伴矿景天 3 种植物间作由于伴矿景天的每盆生物量下降，修复效果较其他种植伴矿景天处理差；多氯联苯（PCBs）的降解主要来自对土壤扰动，添加石灰、紫花苜蓿和伴矿景天间作对 PCBs 的降解均有显著的促进作用；紫花苜蓿和海州香薷都表现出对 Cu 有一定的吸收和积累性，两者对土壤 Cu 的吸收修复没有显著差异。综上，对该地 PCBs、Cu 和 Cd 复合污染农田土壤进行植物修复，添加石灰后并进行伴矿景天与紫花苜蓿或伴矿景天两种植物间作是一种较为合理的植物修复模式。污染土壤应用修复到一定程度后，添加石灰是否影响重金属 Cd 和 Cu 生物有效性并进而影响修复年限，有待进一步研究。

二、皖景天的锌镉耐性与积累性

皖景天地上部 Cd 浓度随营养液 Cd 浓度的增加而增加；其地上部 Cd 浓度大于 100mg/kg；在 Cd 50~200μmol/L 处理条件下，皖景天地上部 Cd 浓度大于根部，其对 Cd 转移系数为 1.39～3.14；皖景天茎中 Cd 浓度高于叶。在 Zn 1.0～9600μmol/L 处理条件下，皖景天叶、茎和根 Zn 浓度随营养液 Zn 浓度的增加而增加，其各个部位 Zn 浓度依次为：根>茎>叶；皖景天对 Zn 转移系数为 0.501～0.999。在土培盆栽条件下，在土壤 Cd 浓度分别为 2.49mg/kg 和 9.28mg/kg 条件下，皖景天地上部 Cd 浓度分别为 16.4mg/kg 和 79.8mg/kg，其对 Cd 富集系数分别达到 6.8 和 8.7。在土壤 Zn 浓度分别为 619mg/kg 和

4082mg/kg 条件下，皖景天地上部 Zn 浓度分别为 1560mg/kg 和 15 558mg/kg，其对 Zn 富集系数分别达到 2.5 和 3.8。表明皖景天是一种新的 Cd 超积累植物，同时对 Zn 有很好的富集能力。

在 Cd10μmol/L 水培处理条件下，可溶部分是 Cd 在皖景天细胞内的主要分布部位；在 Cd100μmol/L 处理条件下，Cd 在根中主要分布在细胞壁，Cd 在茎中主要分布在细胞壁和可溶部分，叶中超过 90%的 Cd 分布在可溶部分。随着 Cd 浓度的提高，皖景天根、茎和叶的细胞壁中 Cd 分布比例增加，而可溶部分 Cd 分布比例相对减少。在 Zn1.0μmol/L 和 800μmol/L 处理条件下，可溶部分是 Zn 在皖景天根、茎和叶的主要分布部位；随着 Zn 浓度的提高，皖景天叶、茎和根的可溶部分和细胞壁中 Zn 的分布比例无显著变化。细胞器中 Zn 和 Cd 分布都很少。Cd 在皖景天根、茎和叶体内主要以氯化钠提取态和水提取态为主。Zn 在皖景天根、茎和叶体内以多种化学形态存在。

三、东南景天的重金属耐性和积累性

东南景天对 Zn 有很好的耐性，但对 Cd 耐性、吸收性低于 Zn。随着 Zn 浓度的逐渐升高，植物根、茎及叶干物重均呈先增加后降低趋势，而随着 Cd 供应水平的提高，植物根、茎及叶干物重均呈下降趋势；Zn 处理小于 800μmol/L 时对植物生长有一定的促进作用，Cd 处理浓度大于 5μmol/L 处理时叶部生物量急剧减少；当 Zn 处理大于 1600μmol/L 时植物才表现出受逆境胁迫现象，Cd 处理浓度大于 10μmol/L 时对东南景天生长即有显著不良影响，浓度大于 200μmol/L 时植物叶片开始脱落，并伴有断根现象发生。东南景天对 Zn、Cd 有很好的吸收性，但尚未达到超积累植物标准。在 Zn 200μmol/L 处理时东南景天叶中 Zn 浓度达到最大值 627mg/kg，茎部 Zn 浓度在 400μmol/L 处理时达到最大值 1547mg/kg；而在 Cd 不同处理水平下，在 Cd 50μmol/L 处理时茎、叶中 Cd 浓度同时达到最大值 2720、87mg/kg。同样可以看出，Zn、Cd 在东南景天吸收转运机制存在着差异。值得一提的是本试验中，东南景天根系 Zn、Cd 的浓度随着各自供应水平的增加而增加，但这种增加是主动吸收还是被动吸收增加的缘故，有待于今后进一步研究。

富阳种群东南景天对 Zn 具有高的耐性，在 Zn 800μmol/L 以下浓度处理水平时植物保持生长，无明显可视受害现象；该东南景天对 Cd 不具有像 Zn 一样强的耐性，且地上部积累较大，但未达到超积累浓度标准。富阳种群东南景天具有较好的重金属耐性，在重金属高污染土壤上能良好生长，未发生中毒现象；富阳种群东南景天对 Zn、Pb 和 Cd 具有较强的吸收性、富集系数较高，其 Cu 吸收性不强。

参 考 文 献

艾伦弘，汪模辉，李鉴伦，等. 2005. 镉及镉锌交互作用的植物效应. 广东微量元素科学，12（12）：6～11
陈同斌，黄泽春，黄宇营，等. 2004. 蜈蚣草羽叶中砷及植物必需营养元素的分布特点. 中国科学（C 辑），34（4）：304～309
崔德杰，张玉龙. 2004. 土壤重金属污染现状与修复技术研究进展. 土壤通报，35（3）：366～370
崔立强，吴龙华，李娜，等. 2009. 水分特征对伴矿景天生长和重金属的吸收性的影响. 土壤，41（4）：572～576
葛才林，杨小勇，孙锦荷，等. 2002. 重金属胁迫引起的水稻和小麦幼苗 DNA 损伤. 植物生理与分子生物学报，28（6）：419～

424

郭水良，黄朝表，边媛，等. 2002. 金华市郊杂草对土壤重金属元素的吸收与富集作用（I）——6种重金属元素在杂草和土壤中的含量分析. 上海交通大学学报（农业科学版），20（1）：22～29

贾彦，杨勇，江荣风，等. 2009. Cd、Zn交互作用对金针菇富集重金属的影响. 农业环境科学学报，28（7）：1368～1373

姜理英，杨晓娥，叶正钱，等. 2003. 海州香薷和紫花香薷对Cu、Zn的吸收和积累. 农业环境科学学报，22（5）：524～528

李华，程芳琴，王爱英，等. 2005. 三种水生植物对Cd污染水体的修复研究. 山西大学学报（自然科学版），28（3）：325～327

李娜. 2008. 重金属污染土壤的伴矿景天吸取修复及其农艺调控研究. 南京：中国科学院南京土壤研究所硕士学位论文

李思亮，李娜，徐礼生，等. 2010. 不同生境下锌镉在伴矿景天不同叶龄叶中的富集与分布特征. 土壤，42（3）：446～452

廖斌，邓冬梅，杨兵，等. 2004. 铜在鸭跖草细胞内的分布和化学形态研究. 中山大学学报（自然科学版），43（2）：72～80

廖晓勇，谢华，陈同斌，等. 2007. 蜈蚣草的超微结构和砷、钙的亚细胞分布. 植物营养与肥料学报，13（2）：305～312

刘发欣，高怀友，伍钧. 2006. 镉的食物链迁移及其污染防治对策研究. 农业环境科学学报，25（增刊）：805～809

刘玲，吴龙华，李娜，等. 2009. 种植密度对镉锌污染土壤伴矿景天植物修复效率的影响. 环境科学，30（11）：308～312

刘芸君，钟道旭，李柱，等. 2013. 锌镉交互作用对伴矿景天锌镉吸收性的影响. 土壤，45：700～706

龙新宪. 2002. 东南景天（*Sedum alfredii* Hance）对锌的耐性和超积累机制研究. 杭州：浙江大学博士学位论文

龙新宪，倪吾钟，叶正钱，等. 2006. 超积累生态型东南景天吸收锌的特性. 生态学报，26（2）：334～340

龙新宪，杨肖娥，倪吾钟. 2002. 重金属污染土壤修复技术研究的现状与展望. 应用生态学报，13（6）：757～762

骆永明. 1999. 金属污染土壤的植物修复. 土壤，5：261～265

裴昕，郭智，奥岩松. 2008. 镉锌复合污染对龙葵苗期生长和镉锌累积特性的影响. 西北植物学报，28（7）：1377～1383

彭红云，杨肖娥. 2005. 香薷植物修复铜污染土壤的研究进展. 水土保持学报，19（5）：195～199

万敏，周卫，林葆. 2003. 镉积累不同类型的小麦细胞的亚细胞和分子分布. 中国农业科学，36（6）：671～675

汪良驹，刘友良. 1998. 植物细胞中的液泡及其生理功能. 植物生理学通讯，34（5）：394～400

王焕校. 1990. 污染生态学基础. 昆明：云南大学出版社

王庆仁，崔岩山，董艺婷. 2001. 植物修复-重金属污染土壤整治有效途径. 生态学报，21（2）：326～331

王英辉，祁士华，陈学军. 2006. 金属矿山废弃地重金属污染的植物修复治理技术. 中国矿业，15（10）：67～71

魏树和，周启星，王新，等. 2004. 农田杂草的重金属超积累特性研究. 中国环境科学，24（1）：105～109

吴龙华，周守标，毕德，等. 2006. 中国景天科植物一新种——伴矿景天. 土壤，38（5）：632～633

吴龙华，周守标，毕德，等. 2007. 锌镉复合污染土壤的植物修复方法. 发明专利号：ZL 200710020380.5

吴箐，杜锁军，曾晓雯，等. 2006. 锌在长柔毛委陵菜细胞内的分布和化学形态研究. 生态环境，5（1）：40～44

熊愈辉，杨肖娥，叶正钱，等. 2003. 两种生态型东南景天锌吸收与分布特性的研究. 浙江大学学报（农业与生命科学版），29（6）：614～620

徐莉，骆永明，滕应，等. 2009. 长江三角洲地区土壤环境质量与修复研究 Ⅳ. 废旧电子产品拆解场地周边农田土壤酸化和重金属污染特征. 土壤学报，46（5）：833～839

徐莉，滕应，张雪莲，等. 2008. 多氯联苯污染土壤的植物-微生物联合田间原位修复. 中国环境科学，28（7）：646～650

徐勤松，施国新，周红卫，等. 2003. Cd、Zn复合污染对水车前叶绿素含量和活性氧清除系统的影响. 生态学杂志，22（1）：5～8

许桂莲，王焕校，吴玉树，等. 2001. Zn、Cd及其复合对小麦幼苗吸收Ca、Fe、Mn的影响. 应用生态学报，12（2）：275～278

许嘉琳，鲍子平，杨居荣，等. 1995. 农作物体内铅、镉、铜的化学形态研究. 应用生态学报，3（2）：244～248

杨红霞，刘崴，李冰，等. 2010. 体积排阻高效液相色谱-电感耦合等离子体质谱法同时测定印度芥菜（*Brassica juncea*）中镉铜锌形态. 岩矿测试，29（1）：9～13

杨居荣，鲍子平，张素芹. 1993. 镉、铅在植物细胞内的分布及其可溶性结合形态.中国环境科学，13（4）：263～268

杨居荣，贺建群，张国祥，等. 1995. 农作物对Cd毒害的耐性机理探讨. 应用生态学报，6（1）：87～91

杨居荣，黄翌. 1994. 植物对重金属的耐性机理. 生态学杂志，13（6）：20～26

杨胜香，李明顺，李艺，等. 2006. 广西平乐锰矿区土壤、植物重金属污染状况与生态恢复研究. 矿业安全与环保，33（1）：21～23

杨肖娥，龙新宪，倪吾钟. 2002. 超积累植物吸收重金属的生理及分子机制. 植物营养与肥料学报，8（1）：8～15
叶海波，杨肖娥，何冰，等. 2003. 东南景天对锌镉复合污染的反应及其对锌镉吸收和积累特性的研究. 农业环境科学学报，22（5）：513～518
甄泉，严密，杨红飞，等. 2006. 铜污染对野艾蒿生长发育的胁迫及伤害. 应用生态学报，17（8）：1505～1510
郑国锠. 2000. 细胞生物学（第二版）. 北京：高等教育出版社，127
钟道旭，韩存亮，蒋金平，等. 2011. 镀锌厂周围农田土壤-水稻中重金属污染及其风险. 土壤，43（1）：143～147
周守标，徐礼生，吴龙华，等. 2008. 镉和锌在皖景天细胞内的分布及化学形态.应用生态学报，19（11）：2515～2520
周卫，汪洪，林葆. 1999. 镉胁迫下钙对镉在玉米细胞中分布及对叶绿素结构与酶活性的影响. 植物营养与肥料学报，5（4）：335～340
Adriano D C. 1986. Trace Elements in the Terrestrial Environment. New York：Springer-verlag Inc，517
Ager F J，Ynsa M D，Dominguez-Solis J R，et al. 2002. Cadmium localization and quantification in the plant *Arabidopsis thaliana* using micro-PIXE. Nuclear Instruments and Methods in Physics Research B，189：494～498
Allen D L，Jarrell W M. 1989. Proton and copper adsorption to maize and soybean root cell walls. Plant Physiology，89：823～832
Baker A J M. 1987. Metal tolerance. New Phytologist，106：93～111
Baker A J M. 1989. Terrestrial higher plants which hyper accumulate metallic elements-a review of their distribution，Ecology and Phytochemistry. Bioreccovery，1：81～126
Baker A J M，McGrath S P，Reeves R D，et al. 2000. Metal hyperaccumulator plants：A review of the ecology and physiology of a biochemical resource for phytoremediation of metal-polluted soil.//Phytoremediation of Contaminated Soil and Water. N Terry and G Bañuelos. eds. Lewis，Boca Raton，Florida，85～107
Baker A J M，Proctor J. 1990. The influence of cadmium，copper，lead，and zinc on the distribution and evolution of metallophytes in the British Isles. Plant Systematics and Evolution，173：91～108
Baszynski T. 1986. Interference of Cd in functioning of the photosynthetic apparatus of higher plants. Acta Societatis Botanicorum Poloniae，55（2）：291～304
Belleghem F V，Cuypers A，Semane B，et al. 2007. Subcellular localization of cadmium in roots and leaves of *Arabidopsis thaliana*. New Phytologist，173（3）：495～508
Bernala M，Casesb R，Picorela R，et al. 2007. Foliar and root Cu supply affect differently Fe-and Zn-uptake and photosynthetic activity in soybean plants. Environmental and Experimental Botany，60（2）：145～150
Bert V，MacNair M R，DeLaguerie P，et al. 2000. Zinc tolerance and accumulation in metallicolous and non-metallicolous populations of *Arabidopsis halleri*（Brassicaceae）. New Phytologist，146：225～233
Boominathan R，Doran P M. 2003. Organic acid complexation，heavy metal distribution and the effect of ATPase inhibition in hairy roots of hyperaccumulator plant species. Journal of Biotechnology，101：131～146
Broadhurst C L，Bauchan G R，Murphy C A，et al. 2013. Accumulation of zinc and cadmium and localization of zinc in *Picris divaricata* Vant. Environmental and Experimental Botany，87：1～9
Brooks R R.1998. Geobotany and hyperaccumulators. In：Brooks R R. ed. Plants that Hyperaccumulate Heavy Metals. Wallingford：CAB International，55～94
Brooks R R，Shaw S，Asensi M A. 1981. The chemical form and physiological function of nickel in some Iberian *Alyssum* species. Plant Physiology，51：167～170
Brown S L，Chaney R L，Angle J S，et al. 1995a. Zinc and cadmium uptake by hyperaccumualtor *Thlaspi caerulescens* and metal tolerant *Silene vulgaris* grown on sludge amended soils. Environmental Science and Technology，29：1581～1585
Brown S L，Chaney R L，Angle J S，et al. 1995b. Zinc and cadmium uptake by hyperaccumulator *Thlaspi caerulescens* grown in nutrient solution. Soil Science Society of America Journal，59：125～133
Brune A，LTimac H W，Dietz K J. 1994. Compartment and transport of zinc in barley leaves as basic mechanism involved in zinc tolerance. Plant Cell Environment，17：153～162
Budka D，Mesjasz-Przybyłowicz J，Tylko G，et al. 2005. Freeze-substitution methods for Ni localization and quantitative analysis in *Berkheya coddii* leaves by means of PIXE. Nuclear Instruments and Methods in Physics Research Section B，231（1-4）：338～344

Cakmak I, Welch R M, Erenoglu B, et al. 2000. Influence of varied zinc supply on re-translocation of cadmium (^{109}Cd) and rubidium (^{86}Rb) applied on mature leaf of durum wheat seedlings. Plant and Soil, 219 (1/2): 279～284

Calvet R, Bourgeois S, Msaky J J. 1990. Some experiments on extraction of heavy metals present in soil. International Journal of Environmental Analytical Chemistry, 39: 31～45

Carrier P, Baryla A, Havaux M, 2003. Cadmium distribution and microlocalization in oilseed rape (*Brassica napus*) after long-term growth on cadmium-contaminated soil. Planta, 216 (6): 939～950

Chaney R L. 1973. Crop and food chain effects of toxic elements in sludges and effluents.//Proceedings of the Joint Conference on Recycling Municipal Sludges and Effluents on Land. National Association of State Universities and Land-Grant Colleges, Washington D.C, 129～141

Claudia C, Laura D, Beat F, et al. 2005. Distribution of cadmium in leaves of *Thlaspi caerulescens*. Journal of Experimental Botany, 56: 756～775

Combs S M. 1987. Use of a resin-buffered hydroponic culture to establish effects of Zn/Cd solution ratios on the Zn, Cd, and Cu content of tomato. Ph.D Thesis. University of Wisconsin-Madison

Cosio C, DeSantis L, Frey B, et al. 2005. Distribution of cadmium in leaves of *Thlaspi caerulescens*. Journal of Experimental Botany, 56 (412): 765～775

Costley S C, Wallis F M. 2000. Effect of flow rate on heavy metal accumulation by rotating biological contactor (RBC) biofilms. Journal of Industrial Microbiology and Biotechnology, 24: 244～250

Cui Y J, Zhang X H, Zhu Y G. 2008. Does copper reduce cadmium uptake by different rice genotypes. Journal of Environmental Sciences-China, 20 (3): 332～338

Cunningham S D, Ow D W. 1996. Promises and prospects of phytoremediation. Plant Physiology, 110 (3): 715～719

Doolittle L R, 1986. A semiautomatic algorithm for rutherford backscattering analysis. Nuclear Instruments and Methods in Physics Research Section B, 15 (1-6): 227～231

Ebbs S D, Kochian L V. 1997. Toxicity of zinc to Brassica species: Implications for phytoremediation. Journal of Environmental Quality, 26: 776～781

Ebbs S D, Kochian L V. 1998. Phytoextraction of zinc by oat (*Avena sativa*), barley (*Hordeum vulgare*) and Indian mustard (*Brassica juncea*). Environmental Science and Technology, 32: 802～806

Frey B, Keller C, Zierold K. 2000. Distribution of Zn in functionally different leaf epidermal cells of the hyperaccumulator *Thlaspi caerulescens*. Plant Cell Environment, 23: 675～687

Hammer D, Kayser A, Keller C. 2003. Phytoextraction of Cd and Zn with *Salix viminalis* in field trials. Soil Use Management, 19: 187～192

Han F, Shan X Q, Zhang S Z, et al. 2006. Enhanced cadmium accumulation in maize roots-the impact of organic acids. Plant and Soil, 289: 355～368

Hans J W, Hans J J. 1980. Subcelllular distribution and chemical form of cadmium in bean plant. Plant Physiology, 65: 480～482

Hayens R J. 1980. Ion exchange properties of roots and ionic interactions within the root apoplasm: Their role in ion accumulation by plants. The Botanical Review, 46: 75～99

Hendrik K, Fang J Z, Steve P M. 1999. Cellular compartmentation of zinc in leaves of the hyperaccumulator *Thlaspi caerulescens*. Plant Physiology, 119: 305～311

Hu P J, Qiu R L, Senthilkumar P, et al. 2009. Tolerance, accumulation and distribution of zinc and cadmium in hyperaccumulator *Potentilla griffithii*. Environmental and Experimental Botany, 66 (2): 317～325

Huang J W, Cunningham S D. 1996. Plant species variation in Pb accumulation. New Phytologist, 34: 75～84

Ingrouillc M J. 1984. A taxometric analysis of *Liraonium* (*Plumbaginaceae*) in western Europe. Plant Systematics and Evolution, 147: 103～118

Irina K, Antwerp B. 2009. Multimetal interactions between Cd, Cu, Ni, Pb, and Zn uptake from water in the zebrafish Danio rerio. Environmental Science and Technology, 43 (19): 7225～7229

Ivanova E M, Kholodova V P, Kuznetsov V V. 2010. Biological effects of high copper and zinc concentrations and their interaction in rapeseed plants. Russian Journal of Plant Physiology, 57 (6): 806～814

Jadia C D，Fulekar M H. 2009. Phytoremediation of heavy metals：Recent techniques. Africa Journal Biotechnolology，8（6）：921～928

Jiang J P，Wu L H，Li N，et al. 2010. Effects of multiple heavy metal contamination and repeation and repeated phytoextraction by *Sedum plumbizincicola* on soil microbial properties. Eurpean Journal of Soil Biology，46（1）：18～26

Küpper H，Lombi E，Zhao F J，et al. 2000. Cellular compartmentation of cadmium and zinc in relation to other elements in the hyperaccumulator *Arabidopsis halleri*. Planta，212：75～84

Küpper H，Zhao F J，McGrath S P，1999. Cellular compartmentation of zinc in leaves of the hyperaccumulator *Thlaspi caerulescens*. Plant Physiology，119（1）：305～311

Lasat M M，Baker A J M，Kochian L V. 1996. Physiological characterization of root Zn^{2+}absorption and translocation to shoots in Zn hyperaccumulator and nonaccumulator species of *Thlaspi*. Plant Physiology，112（4）：1715～1722

Lequeux H，Hermans C，Lutts S，et al. 2010. Response to copper excess in *Arabidopsis thaliana*：Impact on the root system architecture，hormone distribution，lignin accumulation and mineral profile. Plant Physiology and Biochemistry，48（8）：673～682

Li F，Okazaki M，Zhou Q. 2003. Evaluation of Cd uptake by plants estimated from total soil Cd，pH，and organic matter. Bulletin of Environmental Contamination and Toxicology，71（4）：714～721

Li T Q，Yang X E，Lu L L，et al. 2009. Effects of zinc and cadmium interactions on root morphology and metal translocation in a hyperaccumulating species under hydroponic conditions. Journal of Hazardous and Materials，169（1/3）：734～741

Li T Q，Yang X E，Yang J Y，et al. 2006. Zn accumulation and subcellular distribution in the Zn hyperaccumulator *Sedurn alfredii* Hance. Pedosphere，16（5）：616～623

Lombi E，Zhao F J，Dunham S J，et al. 2000. Cadmium accumulation in populations of *Thlaspi caerulescens* and *Thlaspi goesingense*. New Phytologist，145：11～20

Lombi E，Zhao F J，McGrath S P，et al. 2001. Physiological evidence for a high-affinity cadmium transporter highly expressed in a *Thlaspi caerulescens* ecotype. New Phytologist，149：53～60

Lu L L，Tian S K，Yang X E，et al. 2009. Cadmium uptake and xylem loading are active processes in the hyperaccumulator. Journal of Plant Physiology，166（6）：579～587

Ma J F，Ueno D，Zhao F J，et al. 2005. Subcellular localisation of Cd and Zn in the leaves of a Cd-hyperaccumulating ecotype of *Thlaspi caerulescens*. Planta，220（5）：731～736

Marschner H. 1995. Mineral nutrition in higher plants. London：Academic Press

McGrath S P，Zhao F J，2003. Phytoextraction of metals and metalloids from contaminated soils. Current Opinion in Biotechnology，14（3）：277～282

Mckenna I M，Chaney R I，Williams F M. 1993. The effects of cadmium and zinc interactions on the accumulation and tissue distribution of zinc and cadmium in lettuce and spinach. Environmental Pollution，79（2）：113～120

Mengel K，Kirkby E A. 2001. Principles of plant nutrition，Fifth edition. Dordrecht，The Netherlands：Kluwer Academic Publishers

Ni T H，Wei Y Z. 2003. Subcellular distribution of cadmium in mining ecotype *Sedum alfredii*. Journal of Integrative Plant Biology，45（3）：925～928

Nishizono H，Ichikawa H，Suziki S. 1987. The role of the root cell wall in the heavy metal tolerance of *Athyriumyo koscense*. Plant and Soil，101：15～20

Papoyan A，Pineros M，Kochian L V. 2007. Plant $Cd^{2+}$and Zn^{2+}status effects on root and shoot heavy metal accumulation in *Thlaspi caerulescens*. New Phytologist，175（1）：51～58

Perronnet K，Schwartz C，Morel J L. 2003. Distribution of cadmium and zinc in the hyperaccumulator *Thlaspi caerulescens* grown on multicontaminated soil. Plant and Soil，249：19～25

Peterson P J. 1983. Adaptation to toxic metals//Robb D，Pierpoint WS. eds. Metals and Micronutrient：Uptake and Utization by Plants. London：Academic Press

Ramos I，Esteban E，Lucena J J. 2002. Cadmium uptake and subcellular distribution in plants of *Lactuca* sp. Cd-Mn interaction. Plant Science，162：761～767

Ramos L，Hernandez L，Gonzalez M J. 1994. Sequential fractionation of copper，lead，cadmium and zinc in soils from or near Donana

National Park. Journal of Environmental Quality，23：50～57

Rauser W E. 1999. Structure and function of metal chelators produced by plants. Cell Biochemistry and Biophysics，31：19～48

Redjala T，Sterckeman T，Morel J L. 2009. Cadmium uptake by roots：Contribution of apoplast and of high-and low-affinity membrane transport systems. Environmental and Experimental Botany，67（1）：235～242

Reeves R D，Baker A J M. 2000. Metal-accumulating plants//Raskin I，Ensley B D. eds. Phytoremediation of Toxic Metals：Using Plants to Clean Up the Environment. London：John Wiley & Sons，Inc：193～230

Reid B J，Jones K C，Semple K T. 2000. Bioavailability of persistent organic pollutants in soils and sediments-A perspective on mechanisms，consequences and assessment. Environmental Pollution，108（1）：103～112

Robinson B H，Leblanc M，Petit D，et al. 1998. The potential of *Thlaspi caerulescens* for phytoremediation of contaminated soils. Plant and Soil，203：47～56

Salt D E，Blayock M，Kumar P B A N，et al. 1996. Phytoremediation：A novel strategy for the removal of toxic metals from the environment using plants. Biotechnology，13：468～474

Salt D E，Kramaer U. 2000. Mechanisms of metal hyperaccumulation in plants//Raskin I，Ensley B D. eds，Phytoremediation of Toxic Metals：Using Plants to Clear Up the Environment. London：John Wiley & Sons，Inc，231～246

Salt D E，Prince R C，Baker A J M. 1999. Zinc legends in the metal hyperaccumulator *Thlaspi caerulescens* as determined using X-ray absorption spcctroseopy. Environmental Science and Technology，33：713～717

Salt D E，Prince R C，Pickering I J，et al. 1995. Mechanisms of cadimium mobility and accumulation in Indian mustard. Plant Physiology，109：1427～1433

Scott D C，William R. 1993. Remediation of contaminated soils with green plants：an overview. In Vitro Cellular & Developmental Biology，29：207～212

Song J，Zhao F J，Luo Y M，et al. 2004. Copper uptake by *Elsholtzia splendens* and *Silene vulgaris* and assessment of copper phytoavailability in contaminated soils. Environmental Pollution，128：307～315

Sridhar B B M，Diehl S V，Han F X，et al. 2005. Anatomical changes due to uptake and accumulation of Zn and Cd in Indian mustard（*Brassica juncea*）. Environmental and Experimental Botany，54：131～141

Stoltz E，Gregor M. 2002. Accumulation properties of As，Cd，Cu，Pb and Zn by four wetland species growing in submerged mine tailings. Environmental and Experimental Botany，47：271～280

Sun Y B，Zhou Q X，Wang L，et al. 2009. Cadmium tolerance and accumulation characteristics of *Bidens pilosa* L. as a potential Cd-hyperaccumulator. Journal of Hazardous Materials，161：808～814

Tang X J，Shen C F，Shi D Z，et al. 2010. Heavy metal and persistent organic compound contamination in soil from Wenling：An emerging e-waste recycling city in Taizhou area，China. Journal Hazardous of Materials，173（1～3）：653～660

Tian S，Lu L，Labavitch J，et al. 2011. Cellular sequestration of cadmium in the hyperaccumulator plant species *Sedum alfredii*. Plant Physiology，157（4）：1914～1925

Tian S K，Lu L L，Yang Y E，et al. 2009. Stem and leaf sequestration of zinc at the cellular level in the hyperaccumulator *Sedum alfredii*. New Phytologist，182（1）：116～126

Turner MA. 1973. Effects of cadmium treatment on cadmium and zinc uptake by selected vagetables. Journal of Environmental Quality，2：118～119

Upadhyay R，Panda S K. 2010. Zinc reduces copper toxicity induced oxidative stress by promoting antioxidant defense in freshly grown aquatic duckweed *Spirodela polyrhiza* L. Journal of Hazardous Materials，75（1～3）：1081～1084

van der Ent A，Baker A J M，Reeves R D，et al. 2013. Hyperaccumulators of metal and metalloid trace elements：Facts and fiction. Plant and Soil，362（1-2）：319～334

Verbruggen N，Hermans C，Schat H，2009. Molecular mechanisms of metal hyperaccumulation in plants. New Phytologist，181（4）：759～776

Vercauteren K，Blust R. 1999. Uptake of cadmium and zinc by the mussel Mytilus edulisand inhibition by calcium channel and metabolic blockers. Marine Biology，135：615～626

Verkled J A C，Schat H. 1990. Mechanisms of metal tolerance in higher plants. Heavy metal tolerance in plants. Evolutionary Aspects．Boca Raton，Florida：CRC Press，Inc.，179～194

Vogel-Mikuš K, Regvar M, Mesjasz-Przybyłowicz J, et al. 2008. Spatial distribution of cadmium in leaves of metal hyperaccumulating *Thlaspi praecox* using micro-PIXE. New Phytologist, 179（3）: 712～721

Wang A S, Angle J S, Chaney R L, et al. 2006. Soil pH effects on uptake of Cd and Zn by *Thlaspi caerulescens*. Plant and Soil, 281（1/2）: 325～337

Wang J Q, Su D C. 2005. Distribution of cadmium in oilseed rape and Indian mustard grown on cadmium contaminated soil. Journal of Environmental Sciencs, 17（4）: 572～575

Welch D. 1998. Air issues and ecosystem protection, a cananian national parks perspective. Environmental Monitoring and Assessment, 49: 251～262

Welch R M, Hart J J, Norvell W A, et al. 1999. Effects of nutrient solution zinc activity on net uptake, translocation, and root export of cadmium and zinc by separated sections of intact durum wheat（*Triticum turgidum* L. var *durum*）seedling roots. Plant and Soil, 208（2）: 243～250

Wójcik M, Vangronsveld J, D'Haen J, et al. 2005. Cadmium tolerance in *Thlaspi caerulescens*: II. Localization of cadmium in *Thlaspi caerulescens*. Environmental and Experimental Botany, 53（2）: 163～171

Wu F B, Zhang G P, Yu J S. 2003. Interaction of cadmium and four microelements for uptake and translocation in different barley genotypes. Communication of Soil Science and Plant Analysis, 34（13/14）: 2003～2020

Wu F B, Dong J, Qian Q Q, et al. 2005. Subcellular distribution and chemical form of Cd and Cd-Zn interaction in different barley genotypes. Chemosphere, 60: 1437～1446

Wu L H, Li N, Luo Y M. 2008. Phytoextraction of heavy metal contaminated soil by *Sedum plumbizincicola* under different agronomic strategies. Proc 5th Int Phytotech Conf, Nanjing, China: 49～50

Wu L H, Li Z, Akahane I, et al. 2012. Effects of organic amendments on Cd, Zn and Cu bioavailability in soil with repeated phytoremediation by *Sedum plumbizincicola*. International Journal of Phytoremediation, 14（10）: 1024～1038.

Wu L H, Liu Y J, Zhou S B, et al. 2013. *Sedum plumbizincicola* X.H. Guo et S.B. Zhou ex L.H. Wu（Crassulaceae）: a new species from Zhejiang Province, China. Plant Systematics and Evolution, 299（3）: 487～498

Wu L H, Tan C Y, Liu L, et al. 2012. Cadmium bioavailability in surface soils receiving long-term applications of inorganic fertilizers and pig manure. Geoderma, 173～174: 224～230

Xu X H, Shi J Y, Chen X C, et al. 2009. Chemical forms of manganese in the leaves of manganese hyperaccumulator *Phytolacca acinosa* Roxb.（Phytolaccaceae）. Plant and Soil, 318（1/2）: 197～204

Yang X E, Li T Q, Long X X, et al. 2006. Dynamics of zinc uptake and accumulation in the hyperaccumulating and non-hyperaccumulating ecotypes of *Sedum alfredii* Hance. Plant and Soil, 284: 109～119

Yang X E, Long X X, Ni W Z, et al. 2002. *Sedum alfredii* Hance: A new Zn hyperaccumulating plant first found in China. Chinese Science Bulletin, 47: 1634～1637

Yang X E, Long X X, Ye H B, et al. 2004. Cadmium tolerance and hyperaccumulation in a new Zn-hyperaccumulating plant species（*Sedum alfredii* Hance）. Plant and Soil, 259: 181～189

Yang X E, Shi W Y, Fu C X, et al. 1998. Copper hyperaccumulators of Chinese Native ports: characteristics and possible use for phytoremediation. Sustainable Agriculture for Food, Energy and Industry. London: James Publishers Ltd, 484～489

Zhao F J, Lombi E, Breedon T, et al. 2000. Zinc hyperaccumulation and cellular distribution in *Arabidopsis halleri*. Plant, Cell & Environment, 23（5）: 507～514

Zhao F J, Lombi E, McGrath S P. 2003. Assessing the potential for zinc and cadmium phytoremediation with the hyperaccumulator *Thlaspi caerulescens*. Plant and Soil, 249: 37～43

Zurayk R, Sukkariyah B, Baalbaki R. 2001. Common hydrophytes as bioindicaters of nickel, chromium and cadmium pollution. Water Air and Soil Pollution, 127: 373～388

第三章　农艺措施对修复植物生长和金属吸收的调控作用及原理

随着经济的快速发展和工业化进程的逐步推进，我国农田土壤中重金属的污染日益严重，土壤中的有害重金属不仅导致农作物产量和品质的降低，而且通过食物链等途径危及人类健康(崔玉静等，2006)。植物修复技术是利用超积累植物从被污染的环境介质中去除重金属污染物或降低重金属污染风险的一类新技术(廖晓勇等，2006)。伴矿景天(*Sedum plumbizincicola*)是近年发现的一种具有超积累锌和镉能力的景天科植物新种(吴龙华等，2006，2007)，并建立了多种修复模式(沈丽波等，2010)。为开发出经济高效的重金属污染农田土壤的联合植物修复技术，最终实现农产品质量的安全生产，国内外学者和研究人员正在探索利用不同的作物结构、耕作制度、添加不同改良剂和施肥方式等措施来修复重金属污染土壤。

连作、轮作、间作、套种是我国传统的农业措施，李凝玉等(2008)采用盆栽技术研究了7种间作作物对玉米吸收积累Cd的影响结果表明，间作的豆科作物大幅提高了玉米中Cd积累总量；籽粒苋在积累大量Cd的同时，也在一定程度上抑制了和其间作的玉米的Cd累积量；油菜地上部分吸收了较多的Cd，但降低了玉米地上部分Cd浓度。黄益宗等(2006)采用土壤盆栽试验研究玉米、羽扇豆和鹰嘴豆在不同间作/分隔方式下对Pb、Cd吸收积累的影响结果表明，不同的间作/分隔方式对玉米、羽扇豆和鹰嘴豆生物量的变化有不同影响，而且间作方式可以减少玉米地下部对Pb的吸收。卫泽斌等(2005)将Zn/Cd超积累植物东南景天与低累积玉米品种套种，同时施加一定量混合添加剂，发现东南景天对重金属的提取效率明显高于其他的处理。黑亮等(2007)通过将超积累植物东南景天与低累积植物玉米套种在重金属Zn超标的污泥上，与超积累东南景天单种相比，套种显著提高了超积累植物东南景天提取Zn和Cd的效率，是单种的1.5倍，而且生产出来的玉米籽粒重金属Zn浓度符合国家食品和饲料卫生标准，经处理后的污泥生物稳定性也明显提高。

第一节　重金属污染土壤的伴矿景天与水稻轮作修复

一、污染土壤的伴矿景天-水稻轮作及磷素调控修复

供试重金属轻、重污染土壤采自浙江杭州郊区一冶炼厂粉尘污染农田，表层0～15cm土壤样品经风干、过2mm筛，备用，其基本性质见表3.1。供试伴矿景天采用种子育苗，种子采自浙江杭州郊区一铜锌矿矿区，于中国科学院南京土壤研究所植物生长室培养，待苗长出四片真叶后选择大小一致、长势良好的幼苗移栽入盆。盆栽及田间试验水稻A16为重金属低积累品种，由中国水稻研究所提供。

表 3.1 供试土壤基本性质

土壤污染程度	pH（H_2O）	CEC/［cmol(+)/kg］	有机碳/(g/kg)	全氮/(g/kg)	全磷/(g/kg)	全钾/(g/kg)	全锌/(mg/kg)	全镉/(mg/kg)
轻污染	7.28	11.5	22.9	2.05	0.46	11.6	248	0.85
重污染	7.20	6.66	17.9	1.81	0.76	15.1	930	2.27

本试验选择钙镁磷肥和磷矿粉作为重金属稳定剂。盆栽试验设计见表 3.2，四次重复，采用随机区组排列。

田间试验在浙江杭州郊区某重金属冶炼厂附近农田进行，施用的钙镁磷肥调控剂共设三个水平，分别为：①不施钙镁磷肥（CK）；②施钙镁磷肥 750kg/hm^2（L）；③施钙镁磷肥 1500kg/hm^2（H）。

表 3.2 盆栽试验处理方案

序号	处理代号	土壤污染程度	第一季是否种植伴矿景天	调控剂	
				种类	用量/(g/盆)
1	CK1	轻	—	对照 1	0
2	Ca-P	轻	—	钙镁磷肥	6
3	P-R	轻	—	磷矿粉	75
4	CK2	轻	+	对照 2	0
5	Ca-P	轻	+	钙镁磷肥	6
6	P-R	轻	+	磷矿粉	75
7	CK3	重	—	对照 3	0
8	Ca-P	重	—	钙镁磷肥	6
9	CK4	重	+	对照 4	0
10	Ca-P	重	+	钙镁磷肥	6

注：“—”表示第一季未种植伴矿景天，“+”表示第一季种植伴矿景天。

（一）伴矿景天生物量及锌镉吸收量

超积累植物的重金属提取效率与其地上部干重及重金属浓度相关。一般认为大量施用磷肥能够通过吸附、沉淀作用，降低重金属毒性，因而可用于强化植物稳定修复（张磊等，2006）。另一方面，由于磷与砷、锌的交互作用，磷肥也可用于强化两者的植物提取修复（孙琴等，2003）。轻污染土壤上施用含磷调控剂能显著增加伴矿景天地上部生物量（表 3.3），施磷矿粉的处理地上部干重达 20.5g，是对照的 1.37 倍，效果好于钙镁磷肥。增施钙镁磷肥和磷矿粉使伴矿景天地上部 Zn、Cd 浓度略增，但差异不显著。而添加含磷调控剂后伴矿景天地上部 Zn、Cd 的吸收量显著增加（$P<0.05$），添磷矿粉的处理伴矿景天对 Zn、Cd 的吸收量分别为 11.5mg/盆和 0.79mg/盆，比对照增加了 38.6%和 58.0%，添加钙镁磷肥的处理分别比对照增加了 30.1%和 36.0%。在重污染土壤上，施用钙镁磷肥后伴矿景天生物量和 Zn、Cd 吸收量也有增加趋势，但差异并不显著。说明在低污染土壤上施用磷矿粉作

为磷肥可显著增大伴矿景天地上部生物量，其对伴矿景天的生长及提高污染土壤的修复效率好于钙镁磷肥。重污染土壤上施用钙镁磷肥能在一定程度上提高伴矿景天对重金属污染土壤的修复效率，但效果不如低污染土壤上明显。

表 3.3　伴矿景天地上部生物量和锌镉浓度及吸收量

土壤污染程度	磷肥种类	干重 /(g/盆)	Zn 浓度 /(mg/kg)	Cd 浓度 /(mg/kg)	Zn 吸收量 /(mg/盆)	Cd 吸收量 /(mg/盆)
轻污染	CK	15.0 c	553 a	33.4 a	8.30 b	0.50 b
	Ca-P	18.6 b	581 a	36.5 a	10.8 a	0.68 a
	P-R	20.5 a	562 a	38.6 a	11.5 a	0.79 a
重污染	CK	20.4 a	1454 a	46.6 a	31.8 a	0.95 a
	Ca-P	24.8 a	1465 a	41.0 a	36.3a	1.01 a

注：同一土壤同列的平均值无相同字母者表示差异达 5%显著水平。

（二）施加稳定剂后土壤中醋酸铵提取态锌镉浓度

轻污染土壤上，施用钙镁磷肥后土壤 NH_4OAc 提取态 Zn 浓度显著降低，施磷矿粉的处理土壤 Zn、Cd 浓度与 CK 处理没有显著差异。已有研究结果表明，施用钙镁磷肥对稳定土壤中的 Zn、Cd 等重金属有良好的效果(李瑞美等，2002；宗良纲等，2006；李佳华等，2009)。重污染土壤上施用钙镁磷肥处理使土壤 NH_4OAc 提取态 Zn、Cd 均显著降低(图 3.1)，说明钙镁磷肥在低污染土壤上作为磷肥施用对伴矿景天的生长效果虽然不如磷矿粉，但其作为稳定调控剂对土壤中水溶态及 NH_4OAc 提取态 Zn、Cd 的稳定效果明显优于磷矿粉，且在重污染土壤上施用钙镁磷肥对 NH_4OAc 提取态 Zn、Cd 的稳定效果更佳。

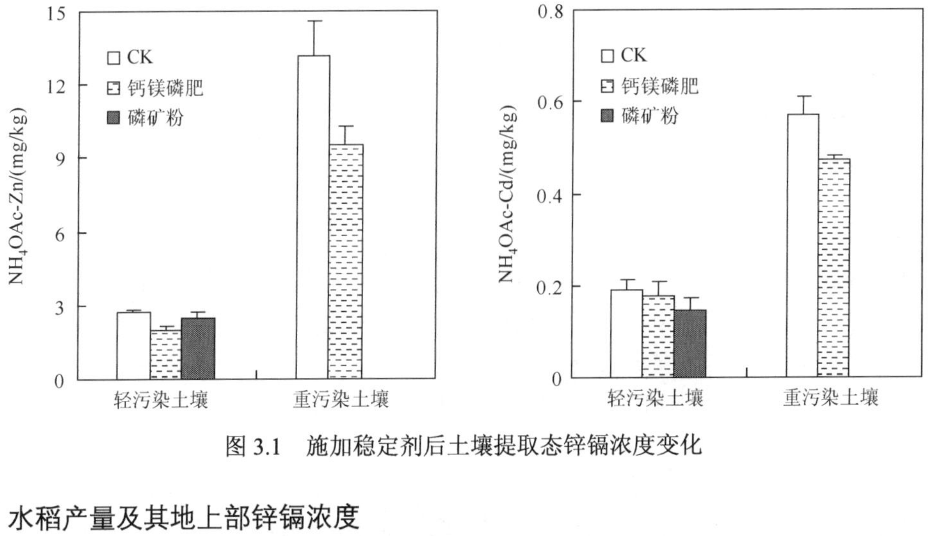

图 3.1　施加稳定剂后土壤提取态锌镉浓度变化

（三）水稻产量及其地上部锌镉浓度

冬闲季节种植的伴矿景天收获后，所有处理均种植重金属低积累品种水稻，重污染土壤上不种伴矿景天的两处理水稻全部在苗期死亡，重新移栽后仍未存活，可能与重金属污染程度过高有关，有待进一步研究。施用磷肥调控剂后，低污染土壤上水稻产量都有增加趋势(表 3.4)。种植景天后施用磷肥调控剂的处理比 CK1 产量增加了 79.6%～92.0%，差异显著($P<0.05$)，比 CK2 产量增加 9.1%～16.7%。说明钙镁磷肥和磷矿粉作为磷肥在轻污染土壤上施用能在一定程度上促进水稻增产。添加磷肥调控剂对糙米中 Zn 和秸秆中 Cd 浓度产生显著影响，而种植景天和添加磷肥的交互作用对糙米中 Zn 的影响显著($P<0.05$)，对 Cd 影响达到极显著水平($P<0.01$)。重污染土壤上施用钙镁磷肥后水稻生长旺盛，叶色浓绿，与不施钙镁磷肥处理相比产量增加了 75.2%，表明施用钙镁磷肥对水稻生长有明显促进作用。

表 3.4　盆栽试验水稻产量及地上部锌镉浓度

土壤污染程度	种植伴矿景天	磷素调控剂	水稻产量/(g/盆)	糙米/(mg/kg)		秸秆/(mg/kg)	
				Zn	Cd	Zn	Cd
轻污染	不种植	CK1	11.3 b	37.7 a	0.07 d	64.8 c	0.83 b
		Ca-P	18.7 ab	28.8 b	0.13 c	71.4 bc	0.93 b
		P-R	15.2 ab	37.3 a	0.05 d	74.2 bc	0.53 b
	种植	CK2	18.6 ab	42.9 a	0.28 a	84.6 ab	1.55 a
		Ca-P	21.7 a	40.5 a	0.21 b	80.8 abc	1.80 a
		P-R	20.3 a	37.2 a	0.24 ab	92.0 a	0.52 b
F 值	伴矿景天		5.83*	11.7**	150.95**	12.93**	9.47**
	磷素调控剂		2.04	3.83*	2.55	1.43	9.03**
	景天×调控剂		0.36	4.3*	7.96**	0.53	2.52
重污染	不种植	CK3	—	—	—	—	—
		Ca P	—	—	—	—	—
	种植	CK4	11.7 b	44.5 a	1.28 a	157 a	3.84 a
		Ca P	20.5 a	44.1 a	0.63 b	114 b	2.12 a
F 值	磷素调控剂		23.72**	0.03	9.39*	30.03**	3

注：同一土壤同列的平均值无相同字母者表示差异达 5%显著水平；
*表示差异达 5%显著水平；
**表示差异达 1%极显著水平。

轻污染土壤上种植伴矿景天后水稻糙米和秸秆中 Zn 浓度分别比不种植伴矿景天处理升高了 16.3%和 22.4%($P<0.01$)，糙米和茎秆中 Cd 浓度是不种植伴矿景天处理的 3 倍和 1.7 倍。王激清等(2004)通过温室土培试验将 Cd 超积累植物印度芥菜和普通油菜品种互作种植在石灰性土壤上以研究两种植物各自吸收土壤中难溶态 Cd 的情况，发现互作对印度芥菜吸收 Cd 的能力与单作相比无显著影响，但互作后却使油菜植株体内 Cd 浓度显著增加。本书试验研究结果与之相似，其原因可能是由于超积累植物伴矿景天的根系对土壤中难溶态重金属有较强的活化能力(苏德纯等，2002)，或根系分泌的有机酸活化了土壤中的重金属(Krishnamurti et al.，1997；Onyatta and Huang，2003；Han et al.，2006)，从而增加了水稻对重金属的吸收。而与 Whiting 等(2001)的研究结果相似，黑亮等(2007)却研究发现超积累东南景天和玉米半透膜隔开的套种处理中，东南景天一侧的污泥水溶态

Cd、Zn 较低，而玉米一侧的污泥中水溶态 Zn、Cd 浓度保持较高，玉米对污泥具有明显的酸化作用，而两种东南景天单独种植对污泥均无显著的酸化作用，表明超积累植物不是靠根际酸化作用来实现对重金属的超积累功能的，而是靠玉米根系降低了土壤溶液的 pH、提高了 DOC 从而增加了土壤溶液中的 Zn、Cd 浓度，并使水溶态 Zn、Cd 向超积累东南景天一侧移动，促使超积累景天吸收更多的重金属(黑亮等，2007)。

种植伴矿景天后，施用钙镁磷肥使水稻糙米中 Cd 较 CK2 显著下降，Zn 也有下降趋势，说明钙镁磷肥作为调控剂能在一定程度上降低土壤中 Zn、Cd 的有效性，从而降低重金属向作物地上部的转运(钱海燕等，2007)。重污染土壤上添加调控剂使糙米中 Cd 浓度显著下降($P<0.05$)。种植伴矿景天、施用钙镁磷肥的处理，水稻产量比不施钙镁磷肥的处理增加了 75.2%，糙米中 Cd 浓度也比不施肥对照降低了 50.8%，秸秆中 Zn 下降了 27.4%。虽然种植伴矿景天后水稻糙米中 Cd 仍超过国家粮食卫生标准(0.2mg/kg)，但钙镁磷肥的施用明显提高了水稻产量，降低了糙米中 Cd 污染的风险，如经过 2～3 季伴矿景天的种植，水稻糙米中 Cd 将有可能降到 0.2mg/kg 以下。

(四) 种植水稻后土壤醋酸铵提取态锌镉浓度变化

轻污染土壤上，在施用调控剂后，只有种植伴矿景天的处理土壤醋酸铵提取态 Cd 较对照显著下降，其余处理则下降不显著(图 3.2)。重污染土壤上醋酸铵提取态 Cd 在种植伴矿景天后均比不种植伴矿景天的处理显著升高($P<0.01$)，这与水稻地上部 Cd 浓度变化趋势一致，其原因可能是超积累植物伴矿景天根系分泌的有机酸活化了土壤中难溶的 Cd(卢豪良和严重玲，2007；王艳红等，2008)。虽然种植伴矿景天后土壤醋酸铵提取态 Zn、Cd 浓度显著高于不种植景天的处理，但钙镁磷肥和磷矿粉的施用降低了土壤中醋酸铵提取态重金属浓度，一定程度上降低了重金属的植物毒性。

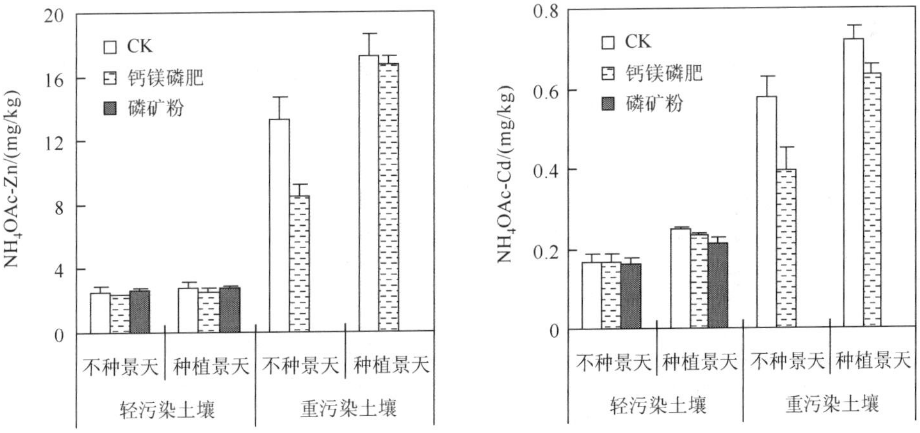

图 3.2　种植水稻后土壤醋酸铵提取态锌镉浓度变化

"景天"表示伴矿景天

重污染土壤上，不种植伴矿景天的处理，水稻死亡后与其他处理进行相同的日常管理，施用钙镁磷肥的土壤醋酸铵提取态 Zn、Cd 比对照降低了 36.1%和 32.8%($P<0.01$)，说明

在重污染土壤上即使不种植伴矿景天，将钙镁磷肥作为磷肥和调控剂施用对土壤中 Zn、Cd 有效性的降低也有良好的效果。种植伴矿景天的处理只有土壤醋酸铵提取态 Cd 显著下降，对 Zn 没有显著影响，这也可能是导致该处理水稻糙米中 Cd 显著下降而 Zn 无显著变化的原因。

（五）田间条件下施用钙镁磷肥对水稻产量及地上部锌镉浓度的影响

随着钙镁磷肥施用量的增加，相应处理的水稻产量也逐渐增高，分别为 5706、6504、7265kg/hm^2，但三处理间差异不显著($P>0.05$)。水稻秸秆中 Zn、Cd 浓度随钙镁磷肥施用量的增加呈下降趋势(图 3.3)，且高量处理时水稻糙米及秸秆中 Cd 下降最明显，说明在重污染土壤上直接施用钙镁磷肥对水稻产量及水稻地上部重金属浓度的降低都具有良好作用。

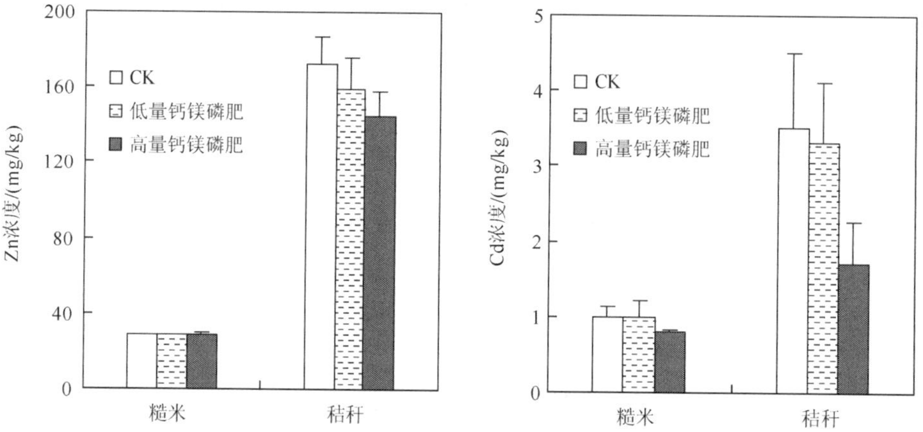

图 3.3　田间试验水稻地上部锌镉浓度变化

二、锌镉污染土壤的伴矿景天-水稻轮作修复

通过超积累植物伴矿景天与水稻轮作，辅以调控剂钙镁磷肥以探究联合修复措施对土壤以及水稻糙米中 Cd 的影响，进而建立一种 Cd 污染土壤植物修复技术，摸索植物修复与粮食安全生产兼顾技术，既可修复土壤 Cd 污染，又能使粮食作物安全、高效生产。

本次试验选择钙镁磷肥作为修复剂，水稻品种第一季采用中香 1 号、第二季采用巴西陆稻。土壤采自浙江杭州郊区一冶炼厂粉尘污染农田表层 0～15cm 土壤，盆栽试验设计见表 3.5。

表 3.5　盆栽试验处理方案

处理	种植景天		种植水稻		调控剂	
	第一季	第二季	第一季	第二季	第一季	第二季
Sed1-P	—	+	+	+	—	—
Sed1+P	—	+	+	+	—	CaMgP
Sed2-P	+	+	+	+	—	—
Sed2+P	+	+	+	+	—	CaMgP

注：“+”表示种植伴矿景天，“—”表示未种植伴矿景天或未施用钙镁磷肥。

（一）水稻产量与伴矿景天地上部生物量

第一轮作季中，与水稻单作相比，伴矿景天与水稻的轮作显著增加了水稻产量，增幅达 66%，说明前茬种植伴矿景天可显著提高水稻产量(表 3.6)。而第二轮作季中 Sed1+P 处理水稻产量与 Sed1-P 相比增加了 95%，但经过伴矿景天两次修复的 Sed2-P 与 Sed2+P 处理水稻产量无明显差异，其原因还有待研究。第二轮作季中，处理间伴矿景天生物量没有显著差异。

表 3.6　水稻产量与伴矿景天地上部生物量　(单位：g/盆)

处理	水稻		伴矿景天	
	第一季	第二季	第一季	第二季
Sed1-P	10.4±0.8 b	6.02±1.39 b	—	3.30±0.73 a
Sed1+P	+	11.7±2.3 a	+	2.85±0.65 a
Sed2-P	17.3±3.3 a	7.04±1.76 b	16.5±2.4	3.69±1.55 a
Sed2+P	+	6.89±0.41 b	+	3.39±0.60 a

注：同列中不同字母表示不同处理间差异显著(P<0.05)；“—”表示第一季未种植伴矿景天；“+”表示该季“Sed1-P”与“Sed1+P”处理内容相同，“Sed2-P”与“Sed2+P”处理内容相同。

（二）水稻与伴矿景天地上部重金属浓度

在第一轮作季中(表 3.7)，种植伴矿景天后再种植水稻的处理，水稻糙米中 Zn、Cd 浓度显著高于前茬未种植伴矿景天的处理(P<0.05)，即种植伴矿景天显著提高了后茬水稻秸秆中 Cd 浓度(P<0.05)。种植一季伴矿景天后，水稻糙米中重金属浓度高于 0.2mg/kg 的国家粮食卫生标准，说明种植修复植物伴矿景天会增大食物链的 Cd 污染风险。有研究表明，施用磷肥能够吸附或通过沉淀作用降低重金属有效性，并被应用于植物重金属修复领域(张磊等，2006)，钙镁磷肥作为常用磷肥的一种，广泛应用于农业生产。通过施用钙镁磷肥可以达到稳定土壤中的 Zn、Cd 等重金属的效果(宗良纲等，2006；李瑞美等，2002；李佳华等，2009)。在第二轮作季施用钙镁磷肥的处理，水稻糙米和秸秆中 Cd 浓度显著低于未施用钙镁磷肥的 Sed1-P 处理，且秸秆中 Zn 浓度变化趋势与该结果一致。在本次试验研究中也发现，在未施用钙镁磷肥的情况下，利用伴矿景天修复两次(Sed2-P)的土壤上种植水稻，其糙米和秸秆中 Cd 浓度显著低于伴矿景天仅修复一次的 Sed1-P 处理。

表 3.7　水稻地上部 Zn 与 Cd 浓度　(单位：mg/kg)

处理	糙米				秸秆			
	Zn		Cd		Zn		Cd	
	第一季	第二季	第一季	第二季	第一季	第二季	第一季	第二季
Sed1-P	36.2±3.6 b	28.4±4.6 a	0.06±0.02 b	0.03±0.00 a	69.2±8.9 a	83.1±6.7 a	0.79±0.12 b	0.41±0.08 a
Sed1+P	+	27.3±1.3 a	+	0.02±0.01 b	+	69.0±6.3 b	+	0.27±0.06 b
Sed2-P	44.3±5.3 a	27.3±2.6 a	0.28±0.04a	0.02±0.01 b	78.0±14.3 a	72.1±6.0 ab	1.84±0.27 a	0.31±0.05 b
Sed2+P	+	25.8±1.7 a	+	0.02±0.00 b	+	69.3±9.5 b	+	0.30±0.06 b

注：同列中不同字母表示不同处理间差异显著(P<0.05)；“+”表示该季“Sed1-P”与“Sed1+P”处理内容相同，“Sed2-P”与“Sed2+P”处理内容相同。

第二季修复时伴矿景天地上部重金属 Cd 浓度显著高于第一次修复的伴矿景天(表 3.8)。这可能由于第一季景天活化的土壤重金属并没有被作物完全吸收，所以种植伴矿景天的处理土壤中 Cd 有效态浓度显著高于未种植伴矿景天的处理，在土壤中 Cd 总量变化不大的情况下，通过活化作用的累加，进而使第二次修复时伴矿景天地上部重金属浓度显著高于第一次修复时伴矿景天地上部重金属浓度。

表 3.8 伴矿景天地上部 Zn 与 Cd 浓度 （单位：mg/kg）

处理	Cd		Zn	
	第一季	第二季	第一季	第二季
Sed1-P/Sed1+P	—	13.5±2.5 b	—	745±139 a
Sed2-P/Sed2+P	39.6±2.3	26.4±5.9 a	523±41	867±225 a

注：同列中不同字母表示不同处理间差异显著($P<0.05$)；“—”表示第一季未种植伴矿景天。

（三）土壤醋酸铵提取态锌镉浓度变化

第一轮作季伴矿景天收获后，种植伴矿景天处理的土壤醋酸铵提取态 Cd、Zn 显著高于未种植伴矿景天的处理(图 3.4)，说明种植伴矿景天对土壤重金属有很强的活化作用，增大了土壤中重金属 Cd、Zn 有效性。有研究发现，种植重金属超积累植物可显著增加土壤中重金属有效性(苏德纯等，2002；王艳红等，2008；李新博等，2009)。比较第一轮作季水稻收获后土壤醋酸铵提取态 Cd、Zn 浓度，发现种植伴矿景天的处理其土壤醋酸铵提取态 Cd 显著高于未种植伴矿景天的处理($P<0.05$)，这也验证了伴矿景天对土壤中重金属的活化作用。在第二轮作季伴矿景天收获后，各处理间土壤醋酸铵提取态 Cd 无明显差异(图 3.5)。种植伴矿景天吸取修复两次的 Sed2-P 和 Sed2+P 处理中土壤醋酸铵提取态 Zn 浓度显著高于修复一次的 Sed1-P 和 Sed1+P 的两个处理($P<0.05$)，这说明种植伴矿景天提高了土壤中有效态 Zn 浓度。即两个轮作季处理间醋酸铵提取态 Cd、Zn 变化趋势不同，其原因可能是由于土壤中全量 Zn 较高，第二次种植伴矿景天时可活化的 Zn 量仍然较高；而土壤 Cd 则由于总量相对较低，经过伴矿景天修复一次以及种植水稻吸收了土壤中大部分 Cd，使第二季再次种植伴矿景天后土壤 Cd 有效态不再显著增加。

第二季水稻收获后，与 Sed1-P 相比，施用钙镁磷肥 Sed1+P 处理使土壤醋酸铵提取态 Cd 下降了 22%，差异显著($P<0.05$)；施用钙镁磷肥的 Sed2+P 处理土壤醋酸铵提取态 Cd 也较未施用钙镁磷肥的 Sed2-P 处理低 18.0%($P<0.05$)，这与文献报道的结果相一致(Panwar et al.，1999；Hettiarachchi and Pierzynski，2002)。第一轮作季水稻收获后各处理土壤醋酸铵提取态 Cd 为 0.17～0.25mg/kg，而第二轮作季水稻收获后土壤醋酸铵提取态 Cd 仅为 0.07～0.11mg/kg，表明伴矿景天种植修复两次后土壤中 Cd 有效性已显著下降，通过伴矿景天活化、吸收，降低了土壤的重金属污染程度(图 3.4、图 3.5)，同时也降低了水稻的重金属吸收性(表 3.7)。

（四）土壤全量锌镉变化

与种植伴矿景天修复一次相比，轮作修复两次后土壤全量 Cd 显著下降($P<0.05$)

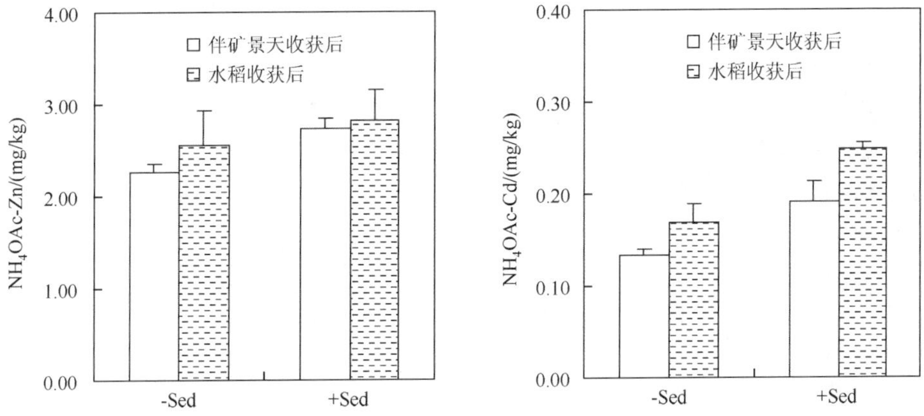

图 3.4　第一季土壤中醋酸铵提取态锌镉浓度变化

-Sed 表示第一季未种植伴矿景天；+Sed 表示该季“Sed-P”与“Sed1+P”处理内容相同

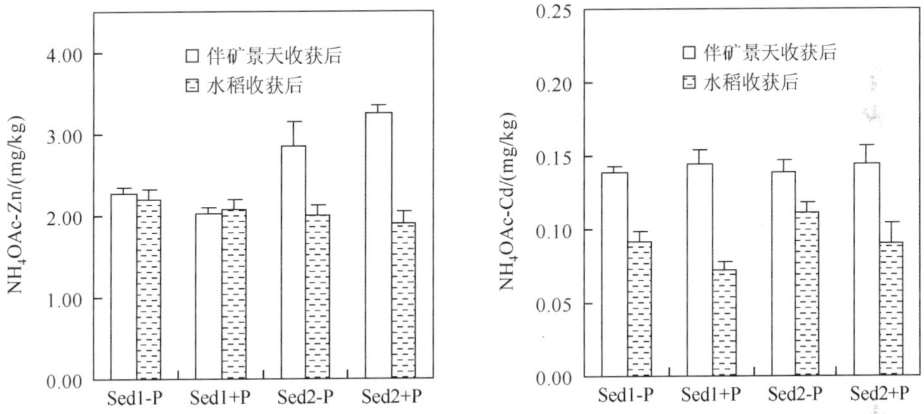

图 3.5　第二季土壤中醋酸铵提取态锌镉浓度变化

(表 3.9)。计算伴矿景天及水稻对 Cd 的吸收量，并与供试土壤全量 Cd 比较，发现植物吸收的 Cd 总量与种植两季后土壤中所降低的 Cd 量基本吻合，但吸收修复两次对土壤全量 Zn 无显著影响，这与伴矿景天对 Cd 的富集系数高于 Zn 相一致(刘玲等，2009)。

表 3.9　第二季水稻收获后土壤中全量锌镉　　(单位：mg/kg)

处理	Cd	Zn
Sed1-P	0.75±0.03 a	244±8 a
Sed1+P	0.75±0.03 a	245±11 a
Sed2-P	0.47±0.05 b	240±12 a
Sed2+P	0.48±0.04 b	239±16 a

注：同列中不同字母表示不同处理间差异显著($P<0.05$)。

第二节　重金属污染土壤的伴矿景天与粮食作物间作修复

以黑龙江海伦黑土、河南封丘潮土和浙江嘉兴水稻土等我国粮食主产区典型土壤作为试验用土，供试小麦品种为镇麦 5 号，购自江苏省农业科学院；供试水稻品种为中香 1 号(A16)，由中国水稻研究所提供；供试伴矿景天种子采自浙江杭州郊区。于 2008 年 6 月采集农田表层 0～20cm 土壤，供试土壤全量镉及其他基本性质见表 3.10。

盆栽试验在温室进行，共设 6 个处理，即三种土壤类型，每种类型土壤分为“小麦/水稻单作(W-R)”和“小麦—伴矿景天间作/水稻单作(W/S-R)”两种轮作方式。试验每盆装土 1.5kg(烘干基)，四次重复，共 24 盆，随机区组排列。

表 3.10　供试土壤基本性质

土壤	pH	有机碳/(g/kg)	全氮/(g/kg)	全磷/(g/kg)	全钾/(g/kg)	全锌/(mg/kg)	全镉/(mg/kg)	CEC/[cmol(+)/kg]
黑土	6.22	40.6	2.87	1.08	16.9	79.8	1.47	40.1
潮土	8.32	9.90	1.02	0.92	15.2	56.7	1.28	7.80
水稻土	6.76	16.2	1.72	0.82	15.6	89.9	1.16	18.6

一、间作修复对植物生长的影响

（一）小麦与伴矿景天生物量

相同类型土壤上(表 3.11)，与伴矿景天间作处理的小麦单株秸秆与籽粒重量与单作相比有显著变化(P<0.05)，说明通过间作伴矿景天显著提高了单株小麦秸秆和籽粒生物量。但三种土壤类型之间的小麦单株秸秆与籽粒重量没有显著变化，其中黑土上小麦生长好于水稻土和潮土，试验结果表明，潮土上与小麦间作的伴矿景天相对其他两种土壤生长较缓慢、长势略差，地上部生物量明显小于黑土和水稻土上的伴矿景天(P<0.05)，这可能与黑土、水稻土的有机质含量高、土壤肥力较高有关。

表 3.11　小麦与伴矿景天地上部分生物量

处理		小麦秸秆单株重/g	小麦籽粒单株重/g	伴矿景天/(g/盆)
水稻土	W-R	2.52±0.41 d	2.63±0.52 de	—
	W/S-R	4.18±0.08 b	4.39±0.29 b	4.19±2.44 a
潮土	W-R	1.67±0.46 e	1.82±0.35 e	—
	W/S-R	3.53±0.17 c	3.55±0.42 c	0.89±0.50 b
黑土	W-R	2.70±0.25 d	2.71±0.24 d	—
	W/S-R	5.89±0.52 a	5.42±1.04 a	3.60±0.90 a
F 值	土壤类型	0.53	0.43	5.29*

注：同列中不同字母表示不同处理间具有显著差异(P<0.05)。

（二）不同类型土壤上水稻生物量的差异

同一类型土壤的两个处理中，种植过伴矿景天的处理其后茬水稻的秸秆和籽粒产量与未种植伴矿景天的处理相比呈略下降趋势(表 3.12)，但只有黑土上两个处理的水稻秸秆间作处理比单作处理下降了 25%，差异达到了显著水平(P<0.05)。说明前季种植伴矿景天对后季水稻产量存在一定的负面影响，以肥力高的土壤尤为明显。三种类型土壤上水稻地

上部产量和小麦季趋势基本一致，仍以黑土最高，其次为水稻土和潮土($P<0.01$)，说明除重金属对作物的影响外，三种土壤中有机质浓度的高低可能仍是影响作物地上部产量的重要因素(张璐等，1998；刘天学和纪秀娥，2003)。

表 3.12　水稻地上部分生物量　(单位：g/盆)

处理		糙米	秸秆
水稻土	W-R	20.1±4.2 ab	18.2±1.2 bc
	W/S-R	15.7±2.1 bc	17.3±4.1 c
潮土	W-R	15.1±2.8 bc	13.9±2.6 c
	W/S-R	13.6±3.8 c	14.2±1.6 c
黑土	W-R	23.9±4.6 a	23.6±2.3 a
	W/S-R	22.1±3.4 ab	17.9±4.2 bc
F 值	土壤类型	69.8**	2.19

注：同列中不同字母表示不同处理间具有显著差异($P<0.05$)。

二、不同类型土壤上间作修复对植物体内重金属浓度的影响

(一)不同类型土壤上小麦与伴矿景天植物体内重金属浓度变化

有研究表明，超积累植物根系分泌物能够增加或分泌某种特殊的有机物，或植物根毛能直接从土壤颗粒上交换吸附重金属，以促进土壤重金属元素的溶解和植物对重金属的吸收(Reeves and Brooks，1983；李花粉，2000；徐卫红等，2006)。王激清等(2004)将镉积累植物印度芥菜和普通油菜品种互作种植，发现与单作相比较，互作对印度芥菜吸收 Cd 的能力与单作相比无明显差异，却可使油菜地上部 Cd 浓度显著增大。沈丽波等(2010)的伴矿景天与水稻轮作种植试验也发现，种植伴矿景天后水稻地上部 Zn、Cd 浓度显著高于未种植过伴矿景天的处理。本书试验结果与上述相似，三种类型土壤上间作处理下小麦籽粒中 Zn、Cd 浓度均高于单作处理(表 3.13)，间作处理下水稻土、潮土和黑土上小麦籽粒中 Zn 浓度分别为单作处理的 1.2、1.4 和 1.4 倍，Cd 浓度分别为单作处理的 1.7、1.5 和 1.9 倍，其中只有潮土上两个处理小麦籽粒的 Cd 浓度差异未达到显著水平。小麦秸秆中 Zn、Cd 浓度也有相同的变化趋势，但水稻土上两个处理籽粒 Zn 浓度和黑土上籽粒 Cd 浓度差异显著($P<0.05$)。三种类型土壤间小麦籽粒和秸秆中重金属浓度差异不显著。黑亮等(2007)通过超积累植物东南景天与玉米间作发现，与单作相比，间作使玉米籽粒中重金属浓度降低，东南景天地上部分重金属浓度升高，与本书研究结果有所不同，原因可能是不同作物以及不同超积累植物的特性有所不同，有待深入研究。

伴矿景天地上部分 Zn、Cd 浓度均以黑土生长的为最高(表 3.13)，与水稻土、潮土上的伴矿景天植物的锌镉浓度差异达到极显著水平($P<0.01$)。土壤有机质含量高可以增加某些重金属如 Zn、Cd 等的溶解性，从而提高植物对重金属的吸收量(Giusquiani et al.，1998；Kalbitz and Wennich，1998；周江敏等，2003；李廷强和杨肖娥，2004；丁春和关伟，2009)。王艮梅和周立祥(2003)研究发现绿肥和猪粪施入 Cu 污染土壤后显著提高了土壤 DOM 浓度，进而使土壤水溶性 Cu 浓度大幅提高，也提高了 Cu 在黑麦草中的浓度

和累积量。本书试验三种土壤以黑土的有机质含量为最高(表 3.10)、潮土最低，可能是三种土壤间小麦和伴矿景天对重金属吸收存在差异的主要原因。

表 3.13　小麦与伴矿景天地上部分锌镉浓度　(单位：mg/kg)

处理		小麦中重金属				伴矿景天重金属	
		秸秆		籽粒			
		Zn	Cd	Zn	Cd	Zn	Cd
水稻土	W-R	48.5±7.1 b	0.83±0.14 b	35.7±4.2 b	0.53±0.09 c	—	—
	W/S-R	62.1±7.5 a	0.99±0.15 b	42.4±5.2 a	0.89±0.16 b	272±53 b	61.2±16.1 b
潮土	W-R	33.5±6.1 c	0.36±0.17 c	20.3±0.6 d	0.29±0.10 d	—	—
	W/S-R	35.2±6.4 c	0.52±0.18 c	27.7±1.7 c	0.44±0.12 cd	184±60 b	52.8±22.5 b
黑土	W-R	41.9±6.1 bc	0.81±0.06 b	25.6±3.6 c	0.64±0.16 c	—	—
	W/S-R	50.0±7.8 b	1.41±0.23 a	36.2±2.9 b	1.24±0.14 a	561±62 a	161±34 a
F 值	土壤类型	5.24	3.35	3.2	1.96	45.53**	22.36**

注：同列中不同字母表示不同处理间具有显著差异($P<0.05$)。

(二)不同土壤类型水稻地上部重金属浓度变化

由表 3.14 可见，土壤类型对水稻秸秆中 Zn、Cd 浓度具有显著影响($P<0.05$)，且仍以对黑土上水稻的影响显著高于水稻土和潮土，而同一土壤上的两个处理水稻秸秆中 Zn、Cd 浓度无显著差异。除潮土上砻糠中 Zn 是前茬间作处理比单作处理显著增加外，其余处理糙米和砻糠中 Zn 浓度差异均不显著。对 Cd 而言，土壤类型对水稻地上部积累量的影响均达到显著水平，且土壤类型对砻糠中 Cd 浓度的影响极显著($P<0.01$)。糙米中 Cd 浓度以黑土和水稻土上高于潮土，这可能与两种土壤的性质差异较大有关。有研究表明，有机物产生的可溶性有机质可减少土壤对重金属的吸附，增强重金属的活性和迁移能力(Pohlman and McColl，1988；Joadan et al.，1997)，导致植物对重金属吸收性的增加。水稻地上部 Cd 浓度存在明显的土壤类型间差异性，且按黑土>水稻土>潮土的顺序递减(表 3.14)，与土壤有机质含量的趋势相一致，表明土壤有机质等性质的差异对超积累植物吸取修复及粮食作物生长均有显著作用。

表 3.14　水稻地上部锌镉浓度　(单位：mg/kg)

处理		糙米		砻糠		秸秆	
		Zn	Cd	Zn	Cd	Zn	Cd
水稻土	W-R	32.2±3.5 abc	0.63±0.04 ab	25.5±2.2 ab	0.54±0.07 b	76.8±5.9 ab	1.32±0.16 a
	W/S-R	33.1±5.5 ab	0.58±0.06 b	27.6±3.6 ab	0.45±0.05 c	66.0±12.3 bc	1.26±0.07 ab
潮土	W-R	30.2±3.5 bc	0.45±0.03 c	21.8±1.4 b	0.21±0.03 d	53.7±5.8 cd	1.05±0.13 bc
	W/S-R	26.9±2.3 c	0.38±0.05 d	31.3±7.4 a	0.18±0.04 d	42.3±1.8 d	0.98±0.10 c
黑土	W-R	30.6±3.0 abc	0.66±0.01 a	27.6±2.7 ab	0.64±0.03 a	88.2±6.3 a	1.22±0.18 ab
	W/S-R	36.1±3.0 a	0.65±0.01 a	27.7±5.1 ab	0.62±0.01 a	85.5±16.9 a	1.13±0.14 abc
F 值	土壤类型	1.89	27. 9*	0.05	70.0**	18.1*	12.8*

注：同列中不同字母表示不同处理间具有显著差异($P<0.05$)。

麦季套种伴矿景天后，只有潮土上水稻糙米中 Cd 浓度较前茬小麦单作处理显著降低，但水稻土与黑土上水稻糙米中 Cd 浓度也呈下降趋势，说明在这三种土壤上麦季间作伴矿景天，对后茬水稻糙米中 Cd 积累的影响并不显著。因此，在水稻土、潮土和黑土上麦季间作种植伴矿景天、后茬种植水稻，可达到吸取修复镉污染农田土壤又不显著增大后季作物可食部分食物链风险的双重效果。

由于小麦地上部 Zn、Cd 吸收性大于水稻(李正文等，2003；魏朝富等，2003；季书勤等，2006；齐雁冰等，2010)，通过前一季小麦地上部的重金属吸收，虽然间作种植伴矿景天可使后茬水稻对重金属的吸收略降，因供试土壤镉总量较高，水稻糙米中 Cd 浓度仍高于国家食品安全标准(0.2mg/kg)。但如按本书试验种植模式修复 Cd 污染土壤，或是冬季单作伴矿景天以增大吸取修复强度，则经过数年的轮作种植伴矿景天和粮食作物，可达到既降低后茬作物的食物链风险又修复土壤重金属污染的目的。

三、间作修复对土壤提取态重金属浓度的影响

土壤重金属的存在形态被区分为交换态、碳酸盐结合态、铁锰结合态、残渣态、有机结合态 5 种形态(徐卫红等，2007)，硝酸钠提取的重金属为植物可直接吸收利用态(Houba et al.，1995)。由图 3.6 可见，种植伴矿景天使三种类型土壤提取态 Zn、Cd 较小麦单作处理高，且水稻土与黑土上间作处理比单作处理土壤硝酸钠提取态 Cd 分别上升 38.0%和 29.0%，差异显著($P<0.05$)，这是由于超积累植物伴矿景天的根系活化了土壤中的难溶性锌镉之故(徐卫红等，2006；卢豪良和严重玲，2007；沈丽波等，2010)，这也可能是间作伴矿景天使小麦地上部锌镉吸收量升高的直接原因。水稻收获后，无论麦季是否间作伴矿景天，三种土壤的硝酸钠提取态 Zn、Cd 已无显著差异，且硝酸钠提取态锌镉比小麦收获时略降，表明种植伴矿景天活化了土壤 Zn、Cd，但这种活化作用的持续时间并不长，对后茬作物水稻的食物链风险无显著影响。

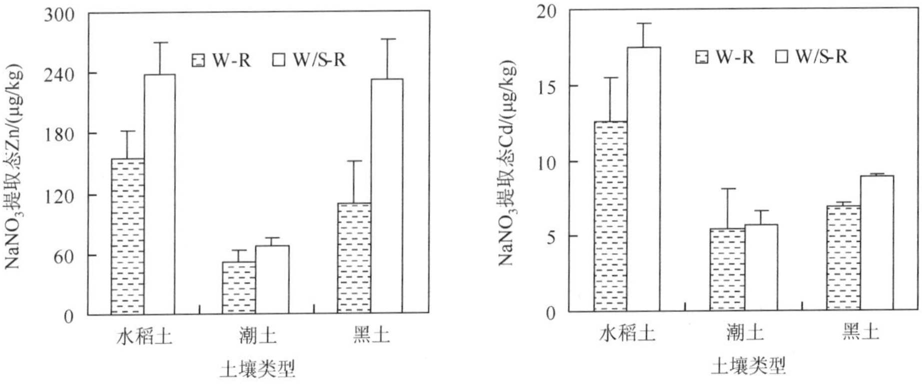

图 3.6　小麦收获后土壤硝酸钠提取态锌镉浓度变化

分析土壤硝酸钠提取态与小麦、水稻籽粒部分重金属浓度发现，小麦籽粒中 Zn 与土壤 $NaNO_3$-Zn 呈极显著正相关［麦粒 Zn(mg/kg)=0.1273*$NaNO_3$-Zn(mg/kg)+27.91，r=0.843，$P<0.01$，n=24］，而麦粒中 Cd 与土壤 $NaNO_3$-Cd 则无显著相关性；但随着土壤 $NaNO_3$-Cd

浓度的增大黑土上小麦籽粒对 Cd 的吸收效率明显高于水稻土和潮土上的小麦籽粒，表明土壤中重金属有效性与因土壤类型不同所致的理化性质差异有显著关系。水稻季土壤硝酸钠提取态 Zn、Cd 与糙米中 Zn、Cd 浓度［糙米 Zn(mg/kg)=0.39*$NaNO_3$-Zn(mg/kg)+23.46，r=0.6306；糙米 Cd(mg/kg)=0.0601*$NaNO_3$-Cd(mg/kg)+0.4141，r=0.9143］也呈极显著正相关(P<0.01，n=24)。说明硝酸钠提取土壤中锌镉浓度可表征其植物有效性，土壤中硝酸钠提取态 Zn、Cd 浓度高是导致水稻和小麦籽粒中重金属浓度升高的直接原因。

不同类型土壤因其 pH、土壤颗粒组成与质地等的不同而导致其对重金属的吸附和固定作用不同(McLaughlin et al.，1994；Eriksson et al.，1996；Mench et al.，1997；廖敏等，2007)。三种土壤在麦季与水稻季重金属有效态浓度的不同可能由于淹水与否导致的土壤氧化还原状况不同所致(牟仁祥等，2004)。土壤中水溶性有机质(DOM)浓度也是影响重金属吸附性的重要因素之一，陈同斌和陈志军(2002)研究发现 DOM 对土壤中 Cd 的吸附行为具有明显的抑制作用，从而提高 Cd 的活性和迁移能力。本书试验研究结果与其试验结果相似，水稻土和黑土中 Cd 的提取态浓度高于潮土(图 3.6、图 3.7)，而提取态重金属离子浓度越高越利于植物根系的吸收、转运与积累(Sukreeyapongse et al.，2002)，从而导致水稻土和黑土上生长的小麦和水稻体内重金属浓度高于潮土。当然，也可能与潮土的养分供应能力低于黑土和水稻土有关。因此，伴矿景天—小麦间作模式修复土壤重金属要因地制宜，应用于不同土壤还需要进一步探讨其技术条件。伴矿景天与小麦间作种植后小麦地上部重金属浓度均有不同程度提高，根据种植作物后土壤重金属有效态的测定结果分析，土壤中有效态重金属浓度的上升是导致小麦体内重金属浓度升高的直接原因，因此，在小麦—伴矿景天收获后如施用一定量的钙镁磷肥等肥料，将可明显降低修复植物对土壤重金属的活化作用并降低超积累植物对后茬粮食作物的毒害重金属积累风险。

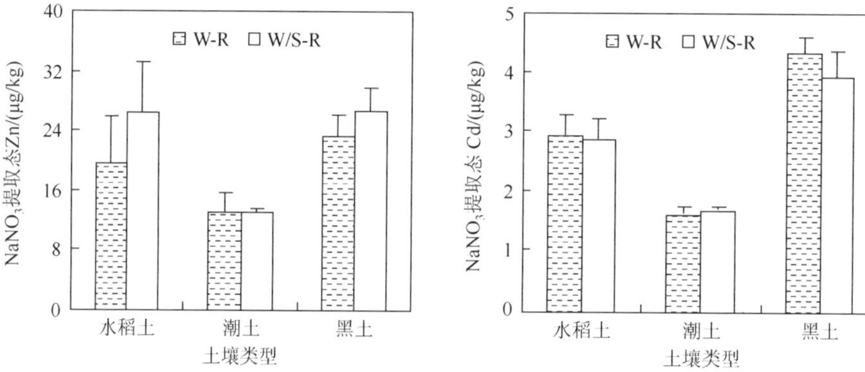

图 3.7　水稻收获后土壤硝酸钠提取态 Zn、Cd 浓度

在麦季间作种植超积累植物伴矿景天，可在不显著影响粮食作物产量的前提下实现对污染 Zn、Cd 的吸取修复，但超积累植物间作也增大小麦对土壤中重金属吸收性；伴矿景天的种植与否对后茬作物水稻地上部 Zn、Cd 浓度的影响较小，且水稻收获后土壤中的 Zn、Cd 有效态浓度显著下降。伴矿景天/小麦间作—水稻轮作的种植模式可实现利用伴矿景天修复重金属污染土壤，并达到边生产边修复的效果。

由于三种土壤类型之间有机质等理化性质的不同，对重金属的吸附和活化效果各有迥异，关于不同类型土壤上的最佳修复模式还有待于进一步研究和探讨。

第三节　重金属污染土壤的修复植物与蔬菜作物边生产边修复

伴矿景天是一种 Zn、Cd 超积累植物，具有多年生、生物量大、生长速率快等优点，是进行重金属修复的良好资源(吴龙华等，2006)。芹菜是一种根部易富集 Zn、Cd 元素且难转移到地上部的普通蔬菜作物(廖琴等，2011)。茄子(*Solanum melongena* L)，一年生草本，因其生长快，产量高，在我国栽培面积约 20 多万 hm^2，是最常见的蔬菜之一。茄子是一种典型的直根型、深根系植物，并且相对于叶菜类，果菜类对重金属的生物富集系数较低(江解增等，2006)。

一、伴矿景天与芹菜间作修复及田间微域连续修复研究

以伴矿景天与芹菜间作，研究间作后伴矿景天的生物量及 Zn、Cd 吸收量的变化，期望提高伴矿景天的修复效率、并获得符合国家食品安全标准的蔬菜，同时减少对后茬作物的污染风险，为田间试验实现边生产边修复模式提供参考。

供试土壤采自浙江宁波长期施用污泥的镉污染菜地，采集 0～15cm 表层土壤，经风干、过 2mm 尼龙筛，备用，其基本性质为 pH 6.7，有机质为 62.1g/kg，全量 N、P、K 分别为 2.86g/kg、4.36g/kg、29.4g/kg，总镉 0.57mg/kg，总锌 606mg/kg，醋酸铵提取态镉 8.02μg/kg、锌 10.6mg/kg。

供试植物伴矿景天采自浙江淳安，盆栽用芹菜品种为黄苗实芹，种子购于南京秋田种业研究所；盆栽用苋菜品种为改种港种圆叶白苋菜，种子购于梅州市吉丰种业发展有限公司。

盆栽试验共4个处理：①不种植植物对照(CK)；②种植伴矿景天(Sed)；③种植芹菜(Cel)；④伴矿景天与芹菜间作(Sed+Cel)。盆栽试验连续种植，伴矿景天收获 5 次，芹菜收获 4 次。第一次收获于 2010 年 9 月 2 日，收获伴矿景天并留茬；第二次于 10 月 27 日，收获伴矿景天和芹菜地上部；第三次于 2011 年 3 月 7 日收获芹菜地上部、伴矿景天留茬；第四次于 5 月 17 日收获芹菜地上部，伴矿景天留茬收获；第五次于 8 月 11 日收获芹菜和伴矿景天地上部。

2011 年 8 月 15 日将间作盆栽试验的处理 2(Sed)、处理 3(Cel)、处理 4(Sed+Cel)均种植苋菜，以探索污染土壤植物吸取修复后对后茬蔬菜重金属吸收的影响。

田间微域试验位于浙江宁波某菜园，伴矿景天种植面积为 0.90m×1.90m，1.0m×1.35m。该地区属于亚热带南缘，季风湿润气候，全年平均气温 16℃，年平均降水量 1260mm，集中于 9 月。连续 12 年施用污泥有机肥导致土壤重金属污染，供试土壤性质如盆栽试验供试土壤。

(一) 伴矿景天及芹菜地上部生物量

表 3.15 为 2010 年 9 月 2 日至 2011 年 8 月期间盆栽试验植物生物量，Sed 处理 5 次收获地上部总生物量为 3.17g/株，间作处理的伴矿景天地上部总生物量是 Sed 处理的 1.57 倍。Cel 处理地上部总生物量为 8.81g/株，间作处理的芹菜地上部生物量是 Cel 处理的 1.38 倍。同一次收获的两种植物地上部生物量均是间作处理较单作处理高，表明伴矿景天与芹菜间

作，对各自地上部生物量有显著($P<0.05$)促进作用。由于伴矿景天生长期分别为 42、55、123、68、58d，不同次收获的伴矿景天地上部生物量有所差异。芹菜地上部四次收获的生物量有降低的趋势，其中，单作处理降低趋势更为明显，这可能是由于连作效应的缘故，导致最后一次收获的地上部生物量显著低于前三次收获的。与本书研究结果相似，东南景天与玉米间作处理 Zn 污染污泥，东南景天促进了玉米的产量增加(黑亮等，2007)。有研究认为间作使植物产量增加的原因为，种间竞争作用提高了对水分、光照、土壤养分等资源的有效利用(廖红和严小龙，2003；Daellenbach et al.，2005；Agegnehu et al.，2006)。

表 3.15 不同处理伴矿景天及芹菜地上部生物量 (单位：g/株)

处理		第一次收获	第二次收获	第三次收获	第四次收获	第五次收获	总计
伴矿景天	Sed	0.13±0.01 b	0.40±0.04 a	1.40±0.11 a	0.79±0.06 b	0.45±0.14 a	3.17±0.27 b
	Sed+Cel	0.29±0.04 a	0.51±0.06 a	1.07±0.09 a	2.44±0.26 a	0.91±0.28 a	4.99±0.47 a
芹菜	Cel	—	2.84±0.08 b	2.34±0.05 b	2.98±0.18 a	1.64±0.09 a	8.81±0.58 b
	Sed+Cel	—	3.62±0.22 a	3.37±0.22 a	2.89±0.36 a	2.28±0.21 a	12.2±0.69 a

注：同列不同字母表示处理间差异显著($P<0.05$)，“—”表示未收获。

(二)伴矿景天及芹菜地上部锌镉浓度及吸取量

1. 伴矿景天及芹菜地上部锌镉浓度

同一处理的 5 季伴矿景天地上部 Zn 浓度中，单作处理的第三次、第五次收获比第一次收获分别增加了 26.9%、20.3%；间作处理第三次、第五次收获比第一次收获分别增加了 43.1%、17.3%(图 3.8)。不同时间收获的伴矿景天地上部 Zn 浓度有所差异，第三季最高，可达 6963mg/kg。与芹菜间作增加伴矿景天地上部对 Zn 的吸收，但并未取得显著效果。蒋成爱等(2009)研究表明，东南景天与玉米、大豆间间作有利于东南景天地上部的 Zn、Cd 浓度提高。Liu 等(2005)将 Cd 富集型植物甘蓝型油菜与菜心或玉米间作，促进了油菜地上部 Cd 浓度的增加且 Cd 吸收量也显著提高。

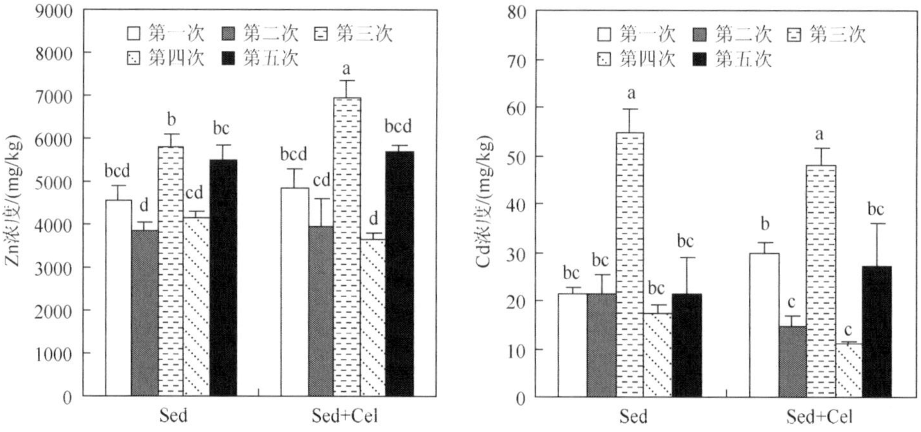

图 3.8 不同处理伴矿景天地上部 Zn 和 Cd 浓度

柱中不同字母表示处理间差异显著($P<0.05$)；Sed 为伴矿景天单作，Sed+Cel 为伴矿景天与芹菜间作

对于 Cd 而言，单作及间作处理的伴矿景天，其地上部除了第三次收获最高以外，分别可达 54.6mg/kg 和 47.8mg/kg，其余四季差异均不显著。间作处理的伴矿景天地上部对 Cd 浓度的吸收并不稳定，第一次和第五次收获的伴矿景天地上部间作处理 Cd 浓度高于单作处理，而第二、三、四次收获则低于单作处理，其原因还有待进一步研究。

芹菜地上部 Zn 浓度随着收获次数的增加而显著($P<0.05$)增加，第五次收获时，单作与间作处理分别比第一次高出 2.36 倍和 2.05 倍，其中第五次收获的芹菜单作处理的地上部 Zn 浓度高达 42.8mg/kg。单作处理芹菜地上部 Zn 浓度显著($P<0.05$)高于间作处理(图 3.9)，表明与伴矿景天间作，可以显著降低芹菜对 Zn 的吸收。

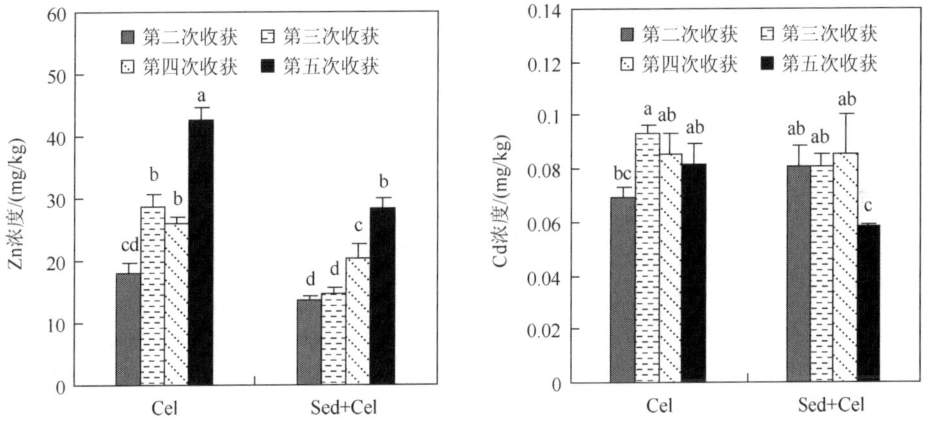

图 3.9　不同处理芹菜地上部 Zn、Cd 浓度

柱中不同字母表示处理间差异显著($P<0.05$)；Cel 为芹菜单作，Sed+Cel 为伴矿景天与芹菜间作

芹菜两处理的地上部 Cd 浓度随着收获次数的增加而呈降低趋势，间作处理降低较为显著。单作与间作处理前三次收获 Cd 浓度差异均不显著，最后一次收获的间作处理芹菜地上部 Cd 浓度显著($P<0.05$)低于单作处理。与伴矿景天间作，并未增加芹菜对 Cd 的吸收，同时明显抑制了芹菜对 Zn 的吸收，其地上部 Cd 浓度均在国家食品卫生标准范围内(Cd：0.2mg/kg)。

2. 伴矿景天及芹菜地上部锌镉吸取量和吸取效率

土壤中重金属的植物吸取量取决于超积累植物的生物量和体内重金属浓度，即地上部积累的重金属量。表 3.16 中伴矿景天随着收获次数的增加，Zn 的吸收量有着先增高再降低的规律，这可能跟土壤中有效性 Zn 的变化有关。伴矿景天单作与间作处理 Zn 总吸收量差异不显著，但单作处理每半盆锌总吸收量仅为 32.6mg/盆，这说明与芹菜间作可以显著($P<0.05$)提高它对 Zn 的吸收。这不仅是由于生物量的差异，也与伴矿景天的单作和间作处理其地上部 Zn 浓度差异有关。

随着收获次数增加，芹菜两处理的地上部 Zn 吸收量均略有增加。单作处理的地上部 Zn 吸收量显著高于间作处理，这主要是由于生物量的差异。若单作处理按半盆计算吸收量，两处理地上部 Zn 的吸收量无显著差异。

表 3.16　不同处理伴矿景天及芹菜地上部 Zn 总吸取量　　［单位：(mg/kg) 干重］

处理		第一次收获	第二次收获	第三次收获	第四次收获	第五次收获	总计
伴矿景天	Sed	3.59±0.32 a	8.94±0.63 a	22.5±1.23 a	19.8±2.17 a	13.1±4.1 a	65.2±6.9 a
	Sed+Cel	4.15±1.14 a	6.27±1.84 a	28.8±5.88 a	26.8±3.1 a	9.63±1.47 a	71.8±4.26 a
芹菜	Cel	—	2.36±0.19 a	3.10±0.16 a	3.53±0.17 a	3.51±0.08 a	10.4±0.8 a
	Sed+Cel	—	1.16±0.08 b	1.14±0.12 b	1.33±0.16 b	1.50±0.16 b	5.12±0.41 b

注：同列不同字母表示处理间差异显著(P<0.05)，“—”表示未收获。

伴矿景天地上部 Cd 的吸收量与 Zn 吸收量的规律相似，均随着收获次数的增加，呈现先升高再降低的趋势，其中第三次收获最高可达 0.2mg/盆(表 3.17)。单作处理的 5 季伴矿景天地上部 Cd 的总吸收量为 212.5μg/盆，显著低于间作处理(P<0.05)，这表明，与芹菜的间作不仅促进了伴矿景天对 Zn 的吸收，同时也促进了它对 Cd 的吸收。芹菜地上部对 Cd 的吸收量也表现为单作处理略高于间作处理，并且两处理随着收获次数的增加而降低。

表 3.17　不同处理伴矿景天及芹菜地上部 Cd 总吸取量　　［单位：(μg/盆) 干重］

处理		第一次收获	第二次收获	第三次收获	第四次收获	第五次收获	总计
伴矿景天	Sed	16.9±1.32 a	48.6±3.3 a	209±17 a	83.1±14.2 a	42.2±9.9 a	425±13 a
	Sed+Cel	26.0±3.9 a	23.0±6.6 b	166±14 a	80.8±8.3 a	44.4±10.0 a	305±28 b
芹菜	Cel	—	9.06±0.41 a	10.1±0.5 a	11.7±0.9 a	5.73±0.26 a	33.1±2.5 a
	Sed+Cel	—	6.75±0.71 b	6.35±0.67 b	5.52±0.84 b	3.03±0.25 b	21.6±1.4b

注：同列不同字母表示处理间差异显著(P<0.05)，“—”表示未收获。

植物地上部积累的重金属总量与污染土壤中重金属总量的比例直接反映了植物修复的效果。从表 3.18 可知，随着修复次数的增加，伴矿景天对 Zn、Cd 的吸收修复效率都呈现先增加再降低的趋势，这与吸取量的变化有关。两处理第三次收获的地上部 Zn 吸收效率分别达 3.71%、4.62%，间作处理的修复效率显著高于伴矿景天单作；Cd 吸收效率分别达 34.8%、26.7%，两处理差异不显著。伴矿景天两处理 Zn 的总吸收效率分别达 10.8%、11.3%，与芹菜间作的处理略高于单作处理；Cd 的总吸收效率分别达 71.3%、52.5%，说明伴矿景天单作更有利于对 Cd 的修复。

表 3.18　不同处理伴矿景天对土壤中 Zn、Cd 吸取修复效率　　(单位：%)

处理		第一次收获	第二次收获	第三次收获	第四次收获	第五次收获	总计
Zn	Sed	0.59±0.05 a	1.47±0.10 a	3.71±0.20 a	3.26±0.36 a	2.16±0.68 a	10.8±1.2 a
	Sed+Cel	0.67±0.08 a	1.15±0.30 a	4.62±0.88 a	4.08±0.59 a	1.59±0.24 a	11.3±6.1 a
Cd	Sed	2.96±0.23 a	16.4±4.91 a	34.8±3.25 a	14.6±2.48 a	7.40±1.74 a	71.3±1.2 a
	Sed+Cel	4.29±0.68 a	8.58±5.08 a	26.7±3.40 a	13.1±1.76 a	7.80±1.76 a	52.5±6.1 a

注：同列不同字母表示处理间差异显著(P<0.05)。

（三）污泥农用污染土壤重金属总量及醋酸铵有效性变化

1. 土壤锌镉总量变化

试验测定 2010 年 11 月、2011 年 8 月两次取样土壤中重金属 Zn、Cd 全量(图 3.10)。种植伴矿景天 4 个月后，各处理土壤全量 Zn、Cd 浓度变化不大。种植伴矿景天 13 个月后，除 CK 处理外，其余三处理的土壤 Zn、Cd 浓度均有显著($P<0.05$)下降，与原盆栽土相比(Zn：606mg/kg；Cd：0.57mg/kg)，Zn 浓度分别下降了 11.9%、6.03%、19.5%，Cd 浓度分别下降了 39.8%、29.7%、36.3%。其中，Sed 和 Sed+Cel 处理的土壤 Zn 浓度显著低于 Cel 处理。

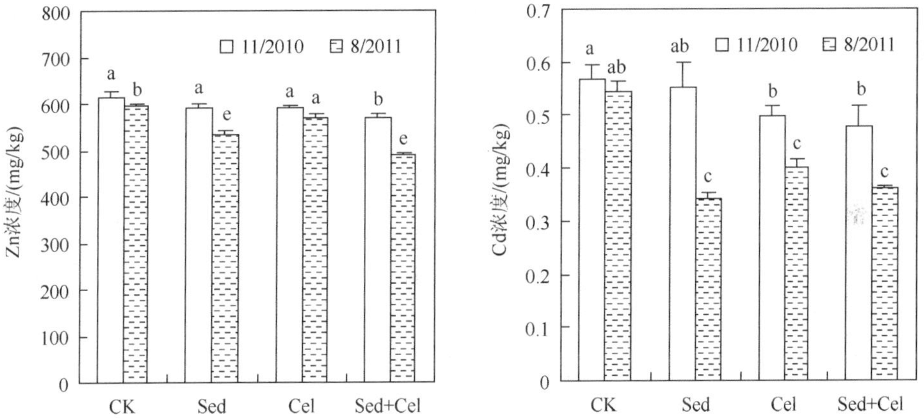

图 3.10　不同处理土壤全量 Zn、Cd 浓度

柱中不同字母表示处理间差异显著($P<0.05$)；CK 为对照，Sed 为伴矿景天单作，Cel 为芹菜单作，Sed+Cel 为伴矿景天与芹菜间作

2. 土壤醋酸铵提取态锌镉浓度变化

种植伴矿景天 4 个月后(图 3.11)，除芹菜单作处理的土壤 NH_4OAc-Zn 较 CK 处理有显著($P<0.05$)降低外，其余两个处理均有所增加，但差异均不显著。13 个月后，与原土相比，CK 处理的 NH_4OAc-Zn 浓度差异显著。Sed、Sed+Cel 处理与 CK 处理相比，NH_4OAc-Zn 浓度有降低趋势，其中 Sed+Cel 处理显著($P<0.05$)降低，这是因为随着时间变化，NH_4OAc-Zn 被伴矿景天及芹菜所吸收，而间作竞争效应使该处理的 Zn 浓度下降更显著。Cel 处理随着时间的变化，较前一次土样的 NH_4OAc-Zn 浓度有显著($P<0.05$)提高，且显著高于同一次所取土样的 CK 处理，这可能是由于芹菜根部易富集 Zn 且不易转移到地上部(廖琴等，2011)，每次收获芹菜地上部，而根部则腐化于土壤中，造成了 Cel 处理的土壤 NH_4OAc-Zn 有显著的增高，这也正是与芹菜间作的伴矿景天地上部比单作处理的 Zn 浓度高的原因，说明与芹菜间作可以显著提高伴矿景天的修复效率。

土壤醋酸铵提取态 Cd 浓度的变化趋势与锌浓度大体一致。但 Sed 处理较其他处理的土壤醋酸铵提取态 Cd 浓度高，这可能是因为伴矿景天根系分泌物对镉的活化作用所致。而间作处理之所以比 CK 处理有显著($P<0.05$)降低，这可能是由于伴矿景天活化的重金属

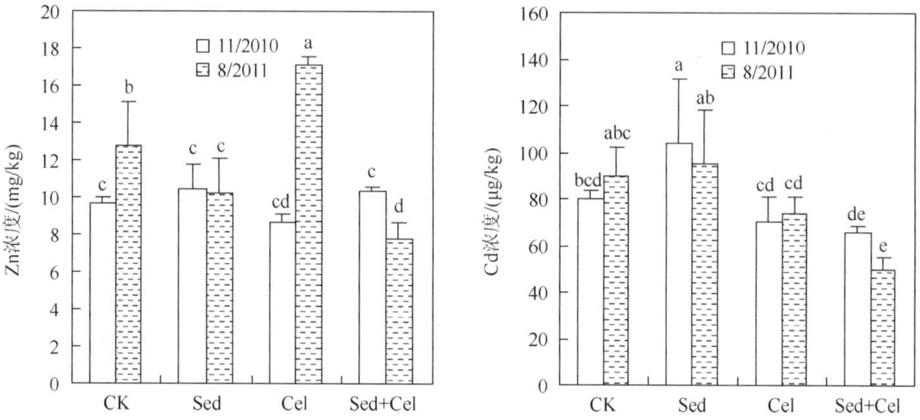

图 3.11　不同处理土壤醋酸铵提取态锌镉浓度

柱中不同字母表示处理间差异显著($P<0.05$)；CK 为对照，Sed 为伴矿景天单作，Cel 为芹菜单作，Sed+Cel 为伴矿景天与芹菜间作

因间作竞争效应而被两种植物所吸收。

分析醋酸铵提取态 Zn、Cd 浓度与伴矿景天及芹菜地上部全量 Zn、Cd 浓度和 Zn、Cd 吸收量的相关性发现，芹菜地上部不论是全量 Zn、Cd 浓度还是 Zn、Cd 吸收量都与土壤醋酸铵提取态 Zn、Cd 有着极显著($P<0.01$)的正相关关系，而伴矿景天没有这一规律。

(四) 伴矿景天修复吸取对后茬蔬菜重金属吸收的影响

经伴矿景天修复后的土壤，种植一季苋菜，CK 处理仍为不种植物对照。由表 3.19 可看出，Sed 处理未能收获苋菜地上部生物量，这可能与该处理的醋酸铵提取态 Cd 浓度较高有关，较高的有效态 Cd 对苋菜种子产生了毒害作用，使其未能萌发；再者可能是由于连续种植伴矿景天的土壤中一些生物性质发生变化，而与芹菜间作可以缓解或消除该不利变化。Cel 处理的苋菜地上部 Zn 浓度达 56.0mg/kg，显著($P<0.05$)高于 Sed+Cel 处理。两处理的生物量及苋菜地上部 Cd 浓度差异不显著，从这个角度考虑，Sed+Cel 处理对后茬作物的影响比 Cel 处理小。Sed+Cel 处理的土壤醋酸铵提取态 Zn、Cd 均显著低于其余三个处理。

表 3.19　伴矿景天吸取修复对后茬蔬菜影响的试验结果

处理	地上部生物量/[(g/株)干重]	苋菜地上部锌镉浓度/[(mg/kg)鲜重]		土壤醋酸铵有效态浓度	
		Zn	Cd	Zn/(mg/kg)	Cd/(μg/kg)
CK	—	—	—	15.7±0.8 a	74.1±4.3 a
Sed	—	—	—	10.8±0.7 b	66.5±5.5 a
Cel	0.60±0.10 a	56.0±3.7 a	0.06±0.01 a	16.7±0.4 a	67.2±1.3 a
Sed+Cel	0.49±0.09 a	37.8±1.9 b	0.08±0.01 a	8.12±0.5 c	29.3±0.7 b

注：同列不同字母表示处理间差异显著($P<0.05$)，"—"表示未收获，CK 为对照，Sed 为伴矿景天单作，Cel 为芹菜单作，Sed+Cel 为伴矿景天与芹菜间作。

除 CK 处理以外，三个处理相比较，Sed+Cel 处理不仅在土壤修复阶段能够提高重金属的吸取修复效率，而且还能不影响后茬蔬菜的生物量，保证了蔬菜食品安全，说明伴矿景天与芹菜间作是本试验条件下土壤修复的最优模式。

（五）田间微域伴矿景天修复吸取效率

1. 田间微域伴矿景天地上部生物量及锌镉浓度

在浙江慈溪某地 12 年连续高量施用污泥有机肥引起的锌镉污染土壤上种植伴矿景天 19 个月，2010 年 5 月 20 日第一次移栽，2010 年 10 月 1 日第一次收获，并进行第二次移栽；2011 年 3 月第二次收获，并留茬，2011 年 5 月 22 日第三次收获，2011 年 12 月 11 日第四次收获。四次的伴矿景天生物量、地上部锌镉浓度及吸收量列于表 3.20。

表 3.20　污泥土地处置重金属污染土壤伴矿景天吸取修复田间试验结果

收获批次	地上部生物量/(kg/hm^2)	地上部锌镉浓度/(mg/kg)		地上部锌镉吸收量	
		Zn	Cd	Zn/(kg/hm^2)	Cd/(g/hm^2)
第 1 次	5408±716 ab	7432±530 a	28.0±2.3 b	39.6±4.61 a	149±17.6 b
第 2 次	6007±661 a	6889±481 a	47.9±11.2 a	41.0±4.01 a	284±41.2 a
第 3 次	3218±288 b	7322±566 a	53.2±8.23 a	22.8±1.21 b	142±20.1 b
第 4 次	4380±618 ab	12941±759 b	27.1±3.80 b	56.1±7.11 a	113±14.3 b
合计	18 335			155	666

注：同列不同字母表示处理间差异显著($P<0.05$)。

伴矿景天在施用过污泥有机肥的土壤上单位面积生物量最高可达 6.01t/hm^2，是金属冶炼场附近的田间试验单位面积生物量的 3.2 倍(李娜，2008)。由于生长期和时间不同，生物量有所不同，第三次收获的生物量最小(生长期只有 2 个月)。四次收获的伴矿景天地上部 Zn 浓度均比金属冶炼场附近的田间试验结果高，最高可达 2.43 倍(李娜，2008)。伴矿景天地上部 Cd 浓度随季节有明显变化，其原因还有待进一步研究。经过近 19 个月吸取修复后采样实测土壤锌镉浓度分别为(536±27)mg/kg 和(0.46±0.07)mg/kg，修复去除效率为 24.6%和 28.1%。按每公顷 2250t 土计算，理论修复效率为 Zn 6.46%、Cd 40.0%，理论与实测的修复效率数值相差较大，其原因有待深入探讨。

2. 田间微域土壤重金属醋酸铵提取态锌镉浓度

随着收获次数的增加，土壤醋酸铵提取态 Cd 浓度逐渐降低(图 3.12)，表明随着修复年限的增加，土壤中 Cd 植物有效性下降。土壤醋酸铵提取态 Zn 浓度总体趋势是随着时间的延长先下降后上升但差异不显著。伴矿景天地上部 Zn、Cd 浓度与土壤醋酸铵 Zn、Cd 浓度并没有显著的相关关系，可能是有效态 Zn、Cd 被伴矿景天所吸收的缘故。由于伴矿景天间作芹菜有助于伴矿景天地上部生物量和地上部 Zn、Cd 浓度的增加，因此可以在田间实行间作修复以提高伴矿景天的 Zn、Cd 吸收量，达到高效吸取修复，缩短修复年限的目的。

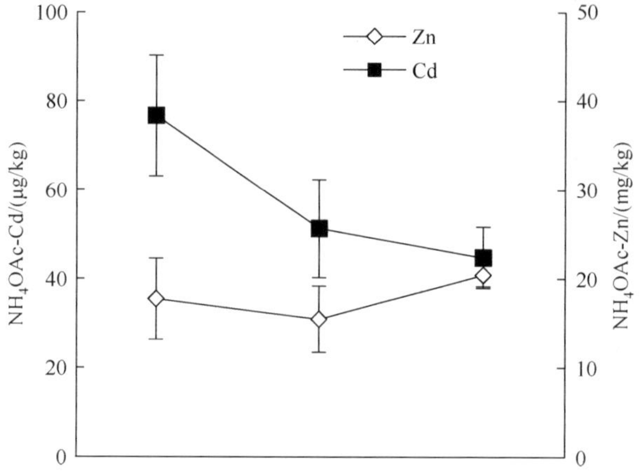

图 3.12 田间土壤醋酸铵提取态锌镉浓度

二、伴矿景天/龙葵与茄子间作修复研究

本书研究选用伴矿景天与香薷(*Elsholtzia ciliate thunb.* Hyland)、龙葵(*Solanum nigrum* L.)作为修复材料，研究香薷和龙葵对重金属耐性及吸收性；同时研究间作条件下伴矿景天 Zn、Cd 吸收性的变化，以及伴矿景天对香薷和龙葵生长的影响；采用伴矿景天与茄子作为材料开展盆栽模拟实验，探索伴矿景天与茄子间作条件下，不同根系生长特性的植物间作对伴矿景天与茄子生长特性、重金属吸收特征变化，以期探索出适宜的边修复边生产的农艺调控。同时开展伴矿景天与小麦间作、茄子轮作大田试验，以期探索该轮作模式下麦季间作伴矿景天对小麦及后茬茄子生长及污染金属吸收性的影响。

供试土壤(普通灰底黄泥土)采自江苏省太仓市郊区某蔬菜农田。供试土壤全氮 1.55g/kg、全磷 1.43g/kg、全钾 16.1g/kg、有机质 23.9g/kg、pH 4.98。土壤 Zn、Cd 全量分别为(111±5)mg/kg 和(0.53±0.09)mg/kg。

供试植物种子均采自浙江杭州郊区，伴矿景天育苗基质为蛭石与珍珠岩(1∶1 混合)，用霍格兰营养液进行培养；香薷、龙葵和茄子育苗基质为无污染土壤，用去离子水进行培养。

盆栽试验共设 7 个处理(见表 3.21)。茄子果实分批收取，每盆作为一个样品处理，6 月 26 日时全部收获，同时将所有植物地上部全部收获，同一盆相同植物作为一个样品，其中香薷和茄子茎叶分开处理。

表 3.21 盆栽试验处理

处理编号	植物	植物株数/(株/盆)
S	伴矿景天	12
E	香薷	4
S.n	龙葵	12
S.m	茄子	2
S+E	伴矿景天+香薷	6+2
S+S.n	伴矿景天+龙葵	6+6
S+S.m	伴矿景天+茄子	6+1

(一) 耐性植物与超积累植物间作的修复研究

1. 伴矿景天生物量及锌镉浓度的影响

表 3.22 为 2012 年 3 月 21 日至 2012 年 6 月期间盆栽试验伴矿景天生物量及锌镉浓度。由于单作和间作植物定植株数不同，均按照植物每株生物量进行比较。S+E 和 S 处理伴矿景天均长势良好，S+E 相比 S 处理生物量差异不大。S+S.n 处理伴矿景天生长缓慢，生物量显著低于单作处理($P<0.05$)，相比单作降低 67.4%，说明两者之间存在种间养分竞争。种间养分竞争造成不同植物之间的优胜劣汰，该处理下龙葵处于竞争优势逐渐取代伴矿景天或抑制其生长(蔡崇法等，2000)。

S、S+E、S+S.n 处理伴矿景天地上部 Zn 浓度依次升高，分别为 2056、2506、2944mg/kg，S+E、S+S.n 处理相比单作分别增加 21.9%、43.2%，但无显著差异($P>0.05$)。S、S+E 处理伴矿景天地上部 Cd 浓度分别为 124、134mg/kg，处理之间差异不显著($P>0.05$)。S+S.n 处理伴矿景天地上部 Cd 浓度显著低于单作($P<0.05$)，相比单作减少 91.9%。之前也有研究表明不同间作方式下作物对元素吸收特点较单作有所变化(蔡崇法等，2000)。

表 3.22　不同处理下伴矿景天地上部生物量及 Zn、Cd 浓度

处理	生物量/(g/株)	Zn/(mg/kg)	Cd/(mg/kg)
S	0.86±0.17 a	2056±115 a	124±8 a
S+E	0.99±0.14 a	2506±352 a	134±28 a
S+S.n	0.28±0.02 b	2944±507 a	10.1±1.6 b

注：同列不同字母表示处理间差异显著($P<0.05$)。

2. 香薷和龙葵生物量

图 3.13 为不同处理对香薷和龙葵生物量的影响。从图可以看出，E、S+E 处理生物量分别为 25.5、29.3g/株，无显著差异($P>0.05$)，说明伴矿景天间作对香薷地上部产量无明显影响；S+S.n 处理龙葵生物量(12.7g/株)显著高于单作处理(7.00g/株)，相比单作增加 81.4%，说明伴矿景天间作促进了龙葵地上部生物量的增加。S+S.n 处理龙葵生物量是 S 处理的两倍，且该处理下龙葵单株生物量较间作减少量接近 50%，说明单作处理生物量低也可能与种内养分竞争大，出现养分不足有关。

3. 香薷地上部不同部位锌镉浓度

表 3.23 为不同处理下香薷叶和茎 Zn、Cd 浓度。从表可以看出，E 处理香薷 Zn 浓度茎高于叶，S+E 处理则表现为叶高于茎，同一处理下叶和茎 Zn 浓度差异不显著($P>0.05$)；但间作处理香薷地上部 Zn 浓度相对于单作相应部位有所降低，差异显著($P<0.05$)，说明伴矿景天间作能降低香薷地上部对 Zn 的吸收。E、S+E 处理香薷 Cd 浓度在叶和茎中差异不显著($P>0.05$)，但伴矿景天间作香薷地上部 Cd 浓度单作处理则相应部位有所升高，但差异不显著。

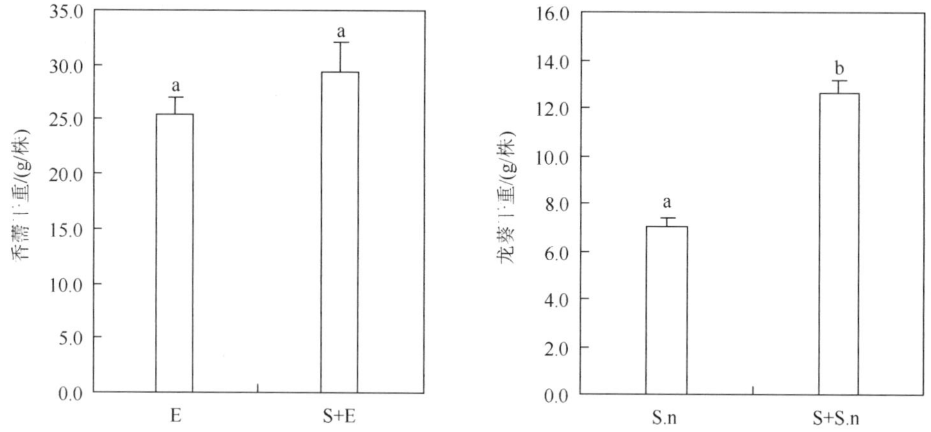

图 3.13　不同处理对香薷及龙葵地上部生物量的影响

柱中不同字母表示处理间差异显著($P<0.05$)，E 为香薷单作，S+E 伴矿景天与香薷间作，S.n 龙葵单作，S+S.n 伴矿景天与龙葵间作

表 3.23　不同处理下香薷叶和茎 Zn、Cd 浓度　　(单位：mg/kg)

处理	部位	Zn	Cd
E	叶	39.9±5.7 ab	0.04±0.00 c
	茎	43.6±8.6 a	0.06±0.00 c
S+E	叶	29.8±5.6 cd	0.13±0.01 c
	茎	22.8±5.7 d	0.15±0.01 c

注：同列不同字母表示处理间差异显著($P<0.05$)，E 为香薷单作，S+E 伴矿景天与香薷间作。

4. 龙葵地上部锌镉浓度

表 3.24 为不同处理下龙葵地上部 Zn、Cd 浓度。从表可以看出，伴矿景天间作对龙葵地上部 Zn 浓度无明显影响；然而伴矿景天间作龙葵地上部 Cd 浓度相比单作有所上升，相比单作增加 43.5%，这可能与伴矿景天活化重金属促进龙葵对 Cd 的吸收有关。该结果与魏树和等(2004)的研究相一致，魏树和将龙葵种植在 Cd 浓度 0.2mg/kg 土壤上，龙葵茎和叶 Cd 浓度较低，分别为 0.4、0.5mg/kg，并且龙葵地上部 Cd 浓度随着重金属投加量的增加而增加，只有当投加 Cd 浓度达到 25mg/kg 时，地上部 Cd 才达到超积累植物浓度标准。

表 3.24　不同处理下龙葵地上部 Zn、Cd 浓度　　(单位：mg/kg)

处理	Zn	Cd
S.n	34.2±1.3 a	0.85±0.04 b
S+S.n	36.7±2.7 a	1.22±0.21 a

注：同列不同字母表示处理间差异显著($P<0.05$)，S.n 为龙葵单作，S+S.n 伴矿景天与龙葵间作。

5. 植物地上部重金属总吸收量

植物重金属积累量(吸收量)取决于植物的生物量和体内重金属浓度，它直接决定着土壤中重金属的植物吸取修复效率。图 3.14 为不同处理下所有植物对 Zn、Cd 总吸收量。

从图 3.14 可以看出，S 处理 Zn 吸收量最高，为 17.2mg/盆；与 E、S.n 处理相比，S+E、S+S.n 处理均显著提高了植物对 Zn 的吸收量；S+E 处理 Zn 吸收量为 13.5mg/盆，与 S 处理无显著差异（$P>0.05$）；S+S.n 处理中龙葵生物量相比单作显著增加，从而增加植物对 Zn 的吸收。

从图 3.14 可知，S 处理 Cd 吸收量最高，为 1051μg/盆；S+E 处理 Cd 吸收量较大，为 674μg/盆，且与 S 处理无显著差异（$P<0.05$）；E、S.n、S+Sn 处理植物对 Cd 吸收量较低，其中 S+S.n 处理景天生长受抑制降低了对 Cd 的吸收。

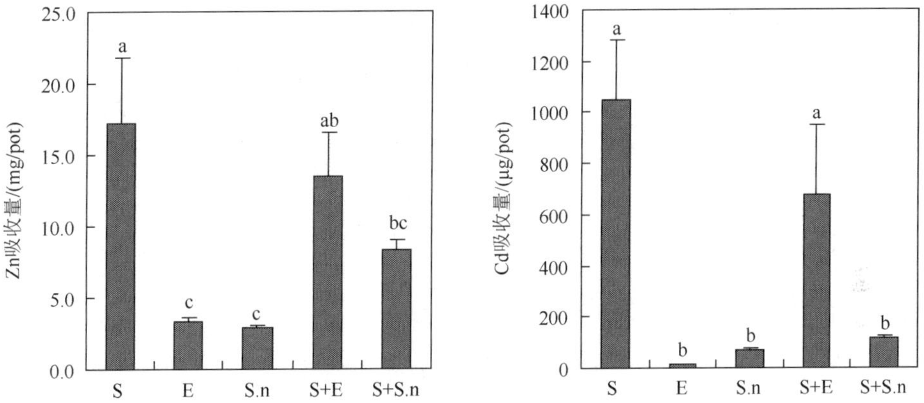

图 3.14　不同处理植物的锌镉吸收量

柱中不同字母表示处理间差异显著（$P<0.05$），S 为伴矿景天单作，E 为香薷单作，S.n 为龙葵单作，S+E 伴矿景天与香薷间作，S+S.n 伴矿景天与龙葵间作

6. 吸取修复后盆栽土壤中重金属浓度

表 3.25 为修复后不同处理盆栽土 Zn、Cd 全量。从表 3.25 可以看出，E、S+S.n 处理 Zn 浓度均有所下降，但下降幅度不大，反而 S、S.n 和 S+E 处理 Zn 浓度高于修复前，其主要原因是修复时间较短，植物对 Zn 的吸收量相对基数较小，修复后与修复前差异并不明显。

五种处理修复后盆栽土壤 Cd 浓度相比修复前均有所下降，不同处理下降幅度不同。S 处理修复后 Cd 浓度为 0.32mg/kg，相比修复前降低 39.6%，下降幅度最大；S+E、S+S.n 处理修复后分别为 0.33、0.39mg/kg，相比修复前下降 37.7%和 26.4%，显著高于单作处理，说明间作处理能显著提高植物修复效率。

表 3.25　修复后盆栽土 Zn、Cd 全量　（单位：mg/kg）

处理	Zn	Cd
S	133±39 a	0.32±0.03 c
E	105±2 a	0.42±0.02 b
S.n	123±22 a	0.50±0.12 a
S+E	129±25 a	0.33±0.05 bc
S+S.n	97.2±11.9 a	0.39±0.01 bc

注：同列不同字母表示处理间差异显著（$P<0.05$），S 为伴矿景天单作，E 为香薷单作，S.n 为龙葵单作，S.m 为茄子单作，S+E 伴矿景天与香薷间作，S+S.n 伴矿景天与龙葵间作。

（二）超积累植物与蔬菜间作的可行性分析

1. 间作对伴矿景天和茄子果实生物量的影响

单作处理伴矿景天生物量是0.86g/株，与茄子间作处理伴矿景天生物量与单作无显著差异($P>0.05$)，说明间作对伴矿景天生长无影响(表 3.26)。对茄子进行分批收取，每株收取5个茄子，均于茄子萼片与果实相接处白色即将消失时采收，并将每株收取茄子的生物量求和。从表3.26可知，单作处理下茄子生物量为21.8g/株，间作处理茄子生物量较单作下降，但差异不显著($P>0.05$)。

表 3.26　伴矿景天和茄子果实生物量　　(单位：g/株)

处理	伴矿景天	茄子果实
S	0.86±0.17 a	21.8±3.4 a
S+S.m	0.82±0.18 a	15.5±2.8 a

注：同列不同字母表示处理间差异显著($P<0.05$)，S为伴矿景天单作，S+S.m伴矿景天与茄子间作。

2. 间作对伴矿景天地上部锌镉浓度的影响

从表3.27可以看出，单作处理伴矿景天地上部Zn浓度为2056mg/kg，间作处理相比单作增加54.7%，单作处理伴矿景天地上部Cd浓度为124mg/kg，间作处理相比单作增加16.9%，但均没有达到显著水平($P>0.05$)。因此，间作增加伴矿景天对锌镉的吸收。

表 3.27　不同处理伴矿景天地上部锌镉浓度　　(单位：mg/kg)

处理	Zn	Cd
S	2056±115 a	124±8 a
S+S.m	3181±414 a	145±8 a

注：同列不同字母表示处理间差异显著($P<0.05$)，S为伴矿景天单作，S+S.m伴矿景天与茄子间作。

3. 间作对茄子茎和叶锌镉浓度的影响

单作和间作处理茄子叶Zn浓度均显著低于茎($P<0.05$)，说明茄子地上部Zn主要在茎部积累(表 3.28)；间作处理茄子Zn浓度较单作同一部位无显著变化，说明伴矿景天间作并未增加Zn对茄子茎和叶的安全风险。不同于Zn，茄子叶和茎中Cd浓度无显著差异($P>0.05$)，伴矿景天间作对茄子地上部吸收Cd无明显影响。

表 3.28　不同处理茄子茎和叶锌镉浓度　　(单位：mg/kg)

处理	部位	Zn	Cd
S.m	叶	30.0±2.3 b	1.64±0.17 a
	茎	195±14 a	1.50±0.18 a
S+S.m	叶	29.2±4.0 b	1.67±0.20 a
	茎	176±18 a	1.52±0.27 a

注：同列不同字母表示处理间差异显著($P<0.05$)，S.m为茄子单作，S+S.m伴矿景天与茄子间作。

4. 间作对茄子果实锌镉浓度的影响

图 3.15 为不同处理茄子果实 Zn、Cd 浓度［(mg/kg) 鲜重］。从图可知，S.m 处理中茄子果实 Zn 浓度为 1.06mg/kg 无显著差异（$P>0.05$）。S.m 处理中茄子果实 Cd 浓度为 0.16mg/kg，根据《食品中污染物限量标准》（GB 2762—2005），单作茄子果实 Cd 浓度超标，高出《食品中污染物限量标准》3.2 倍；S+S.m 处理茄子果实 Cd 浓度较单作下降，相比单作降低 50%，仍高出标准 1.6 倍。说明与伴矿景天间作降低了茄子果实对 Cd 的吸收，虽未达到显著水平，可以考虑增加间作处理伴矿景天种植数量或增加种植年限的连续修复模式，以期获得能安全食用的果实。

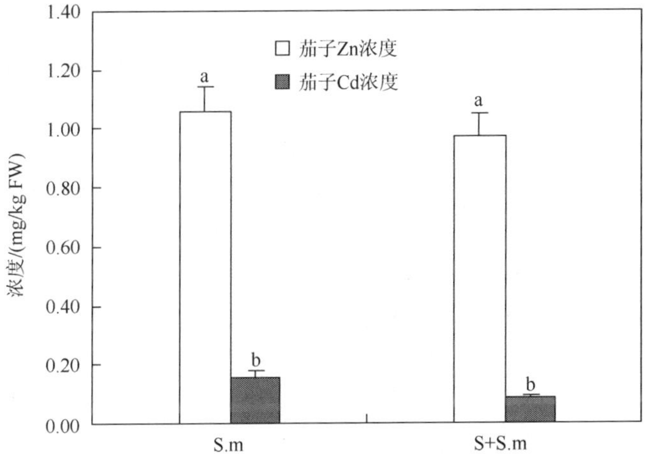

图 3.15　不同处理茄子果实锌镉浓度

柱中不同字母表示处理间差异显著（$P<0.05$），S.m 为茄子单作，S+S.m 伴矿景天与茄子间作

（三）讨论

利用超积累植物修复污染土壤耗时较长，且需要中断生产。采用耐性植物香薷、积累植物龙葵与伴矿景天间作处理，以期为联合修复强化植物修复技术提供新的思路和数据支持。间作是我国传统农业种植方式之一，它有助于间作植物充分利用光、热、水、气等资源，提高植物生物量和产量。结果显示，伴矿景天与香薷间作对各自的生物量无明显影响，且在这一处理中伴矿景天对锌镉的吸收较单作无变化、伴矿景天能有效降低香薷对重金属的吸收，该处理伴矿景天对锌镉的提取量与伴矿景天单作无显著差异。因此，耐性植物香薷与超积累植物伴矿景天联合修复具有可行性。目前对超积累植物修复后的处置主要包括焚烧法、堆肥法、压缩填埋法、高温分解法等（李宁等，2005）。这些方法虽然能够减小修复植物生物量及体积，但重金属并没有被去除，只是形态上发生了变化，与焦炭、焦炭渣结合在一起，或形成渗滤液，如果管理不善，很容易造成“二次污染”。香薷是天然中草药，地上部分富含挥发油，有抗病原微生物、消炎、解热、镇痛、解痉、预防流感等作用。用于重金属污染土壤修复后的香薷可以收获做药材，达到边生产边修复的目的。

伴矿景天是新发现的一种锌镉超积累植物，龙葵是筛选出的 Cd 积累植物。伴矿景天与龙葵间作出现了养分竞争，该处理下龙葵生长较快，生长 40d 时平均株高达到 80cm，而伴矿景天生长缓慢，对 Cd 的吸收也显著降低。安玲遥(2012)认为，间作主要从以下几个方面影响植物对重金属的吸收：①植物间作是两种不同种类的植物同时存在，它们的根系分泌物的种类、数量、组成不同。一种植物的根系分泌物可以在土壤中扩散到另一种植物的根际，改变根际土壤中重金属的有效性，从而影响另一种植物对重金屈的吸收，或者直接改变植物根系分泌物的种类和数量，改变土壤中重金属的有效性，从而对两种植物吸收重金属均产生影响；②植物间作可以提高土壤中微生物的丰度和活性以及土壤酶活性，进而提高土壤重金属的有效性，促进植物吸收重金属；③还可能通过对植物根系分泌物、土壤微生物、土壤酶活性的影响，改变土壤的 pH。因此，伴矿景天与龙葵间作如何影响伴矿景天对 Cd 的吸收还有待进一步研究和探索。由于伴矿景天和龙葵生物量差异较大，可考虑栽种时先定植伴矿景天，待伴矿景天生长良好后再种植龙葵，或减少龙葵种植数量以保证伴矿景天能正常生长，从而提高修复效率。

植物种间互作不仅影响互作植物对养分的吸收，提高其对养分的吸收效率，也可影响植物对重金属的吸收。卫泽斌（2005）首次提出将超积累植物与农作物间作的理念，目前关于这方面的研究越来越多，但结果却不尽相同。从伴矿景天与茄子不同根系的角度出发，采用盆栽试验将两种植物间作以期获得安全食用的蔬菜。结果显示，间作对伴矿景天生物量及地上部锌镉浓度无显著影响；两种处理茄子果实 Zn 浓度较低，处理间无显著差异；伴矿景天能有效抑制茄子果实对 Cd 的吸收，间作处理茄子果实 Cd 浓度较单作下降 50%，但没有达到显著水平，但这两种处理果实 Cd 浓度均超过《食品中污染物限量标准》，尚不能食用。茄子果实采取分批收取，混合测定的方法，并未考虑不同批次的果实重金属浓度变化，从这一季种植来看，间作处理茄子果实 Cd 浓度较单作有降低的趋势，可以考虑连续修复模式获得能安全食用的蔬菜。

第四节　间作对修复植物生长和金属吸收性影响的田间效应

超积累植物对重金属具有选择性，往往只对一种或少数几种重金属元素同时具有修复性，对多种重金属复合污染的土壤而言，需连续种植多种超积累植物治理另外一种重金属元素，费时费力，修复效率大大降低，因此许多学者试图研究克服这些缺陷的新技术或新方法。卫泽斌等(2005)将农业生产上的套种技术与植物修复技术相结合，同时种植超积累植物和低积累的农作物，在治理污染土壤的同时收获符合卫生标准的饲料或其他产品，成为一种不需要间断农业生产、较经济合理地处理利用方法；魏树和和周启星(2004)也提出利用几种具有不同修复功能的超积累植物搭配种植，可提高修复效果缩短修复时间。

海州香薷可在铜矿区或铜污染土壤上正常生长，生物量大、生长快，并可吸收和积累相当高浓度的铜，被认为是一种可应用于重金属污染土壤修复的植物(李华等，2002；Jiang et al.，2003；2004)。玉米和高粱是常见的粮食作物，生长迅速、生物量大，籽实除食用外还可作为动物饲料，秸秆可作为青贮饲料或堆肥材料，且可作为新型的能源材料，因而其在重金属吸取修复方面的应用也受到越来越多的关注(Fellet et al.，2007；Komarek et al.，2007；Marchiol et al.，2007)。

田间小区试验分别于2006、2007年在浙江省杭州郊区进行，该地区属于中亚热带向北亚热带过渡的季风湿润气候，全年温暖湿润，年平均温度16℃，年平均降水量1425mm，降水集中于5月和6月。盆栽试验于2007年4月6日～10月18日在南京土壤研究所温室进行，供试土壤采自浙江杭州郊区田间小区试验地。套种田间小区试验2006年试验处理如下：①海州香薷单种；②伴矿景天单种；③海州香薷和伴矿景天套种；④海州香薷和高粱套种；⑤海州香薷和玉米套种。2007年试验处理为：①海州香薷单种；②伴矿景天单种；③高粱单种；④伴矿景天和海州香薷套种；⑤伴矿景天和高粱套种。

套种盆栽试验共3个处理：①海州香薷单种；②伴矿景天单种；③伴矿景天和海州香薷套种。

一、对植物生长与产量的影响

2006年的田间小区试验各植物的产量如表3.29所示，各处理之间海州香薷生物量无显著差异，但与海州香薷单种相比，海州香薷与其他植物套种时，生物量均略有上升；与单种相比，伴矿景天与海州香薷套种时，生物量显著上升。

2007年田间小区试验显示(表3.30)，当海州香薷与伴矿景天套种时，海州香薷生物量显著下降，地上部生物量仅为单种时的42.6%，根生物量也下降了41.1%。此外，与单种相比，伴矿景天与海州香薷套种时，生物量下降不显著，与高粱套种时生物量下降显著，仅为单种时的60.0%，而高粱籽实产量有所增加，达6088kg/hm^2，但差异不显著。

表3.29 不同处理植物的产量(2006年田间试验) (单位：kg/hm^2)

处理	海州香薷单种	伴矿景天单种	海州香薷/伴矿景天套种		海州香薷/玉米套种		海州香薷/高粱套种	
			伴矿景天	海州香薷	海州香薷	玉米	海州香薷	高粱
籽实	—	—	—	—	—	3265±987	—	3181±332
秸秆	1538±390	383±62	588±145	1833±333	1667±417	2706±765	1806±241	2292±680
根	—	—	—	—	—	1125±642	—	1028±314

表3.30 不同处理植物的产量(2007年田间试验) (单位：kg/hm^2)

处理	高粱单种	伴矿景天单种	海州香薷单种	景天/香薷套种		景天/高粱套种	
				伴矿景天	海州香薷	伴矿景天	高粱
籽实	4795±587	—	—	—	—	—	6088±277
秸秆	7029±1811	1384±328	8551±1289	1005±191	3645±912	830±192	6228±206
根	791±191	—	479±163	—	282±30	—	932±55

盆栽试验各处理间同种植物生物量均无显著差异，但总体趋势表现为套种时各植物生物量有所降低(图3.16)。

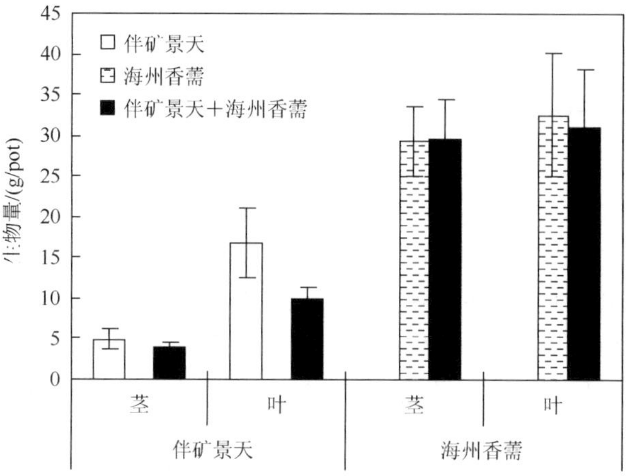

图 3.16　不同处理伴矿景天和海州香薷生物量(盆栽试验)

二、对植株重金属浓度与吸收性的影响

(一) 不同处理下各植株重金属浓度

1. 2006 年田间试验结果

海州香薷地上部和根的重金属浓度分析结果见表 3.31。对于 Cu 而言，各处理之间海州香薷地上部 Cu 存在差异，海州香薷单种时地上部 Cu 浓度最低，与玉米套种时，地上部 Cu 浓度最高，达 124mg/kg，显著高于单种和与伴矿景天套种处理，分别是两者的 1.86 倍、1.68 倍。总体来看，海州香薷与农作物(玉米或高粱)套种时，地上部 Cu 浓度要高于海州香薷单种或与伴矿景天套种处理，表现为海州香薷单种＜海州香薷＋伴矿景天＜海州香薷＋高粱＜海州香薷＋玉米。与单种处理相比，海州香薷与其他植物套种时地上部 Cu 浓度均略有上升，与玉米套种处理差异达到 5%显著性水平。比较各处理之间根部 Cu 浓度发现，海州香薷与农作物(玉米或高粱)套种时，根部 Cu 浓度高于其他两种处理，和地上部变化趋势相同。其中海州香薷与高粱套种时根部 Cu 浓度最高，显著高于单种和与伴矿景天套种两种处理，是单种的 1.80 倍。对于 Zn，海州香薷与农作物套种后，地上部和地下部 Zn 浓度均高于单种处理和与伴矿景天套种处理，与单种差异显著，但三个套种处理之间无显著差异。地上部 Cd 浓度变化趋势同 Cu 相似，与玉米套种时最高，单种时最低，但均未超过 1mg/kg；各处理根部 Cd 浓度无显著差异。各处理地上部和根部 Pb 浓度均无显著差异。

表 3.31　不同处理海州香薷重金属浓度(2006 年田间试验)　　(单位：mg/kg)

重金属	部位	香薷单种	香薷+景天套种	香薷+玉米套种	香薷+高粱套种
Cu	地上部	66.5±1.1	73.9±5.2	124±36	98.6±25.8
	根	53.8±11.0	66.6±5.2	81.9±14.0	97.1±9.0
Zn	地上部	251±9	322±16	368±100	385±59
	根	132±21	178±38	257±46	240±80

续表

重金属	部位	香薷单种	香薷+景天套种	香薷+玉米套种	香薷+高粱套种
Cd	地上部	0.54±0.07	0.50±0.14	0.94±0.07	0.70±0.14
	根	0.50±0.20	0.66±0.21	0.47±0.15	0.43±0.11
Pb	地上部	23.0±3.8	20.8±1.8	30.0±7.9	33.7±9.6
	根	18.1±8.0	23.8±4.4	20.9±3.5	27.2±6.6

注：“景天”为“伴矿景天”的简称，“香薷”为“海州香薷”的简称。

伴矿景天地上部重金属浓度分析结果显示(表 3.32)，与单种相比，伴矿景天套种海州香薷，地上部 Cu、Zn、Cd、Pb 浓度均有所上升，其中 Cu、Zn、Cd 浓度差异显著。

表 3.32　不同处理伴矿景天重金属浓度(2006 年田间试验)　(单位：mg/kg)

处理	Cu	Zn	Cd	Pb
伴矿景天单种	68.8±12.4	5306±552	78.7±6.3	67.1±3.2
香薷+景天套种	109±1	8595±2850	101±4	75.1±3.7

注：“景天”为“伴矿景天”的简称，“香薷”为“海州香薷”的简称。

玉米和高粱各器官重金属浓度分析结果显示(表 3.33)，玉米和高粱籽实中 Cu、Zn、Cd、Pb 的浓度均未超过国家食品卫生标准(Cu≤10mg/kg；Zn≤50mg/kg；Cd≤0.2mg/kg；Pb≤0.4mg/kg)，比较两种农作物重金属浓度发现，玉米重金属积累量低于高粱。

表 3.33　玉米和高粱重金属浓度(2006 年田间试验)　(单位：mg/kg)

处理	部位	Cu	Zn	Cd	Pb
香薷+玉米套种	玉米根	58.0±9.5	181±10	3.67±0.82	14.4±1.9
	玉米秸秆	64.2±29.4	387±73	1.49±0.56	18.4±3.6
	玉米籽粒	1.59±0.63	48.5±9.4	0.026±0.018	0.177±0.032
香薷+高粱套种	高粱根	49.1±18.9	451±111	12.3±1.0	23.6±8.7
	高粱秸秆	70.9±16.2	417±101	4.62±0.10	19.1±4.4
	高粱籽粒	4.37±0.81	36.2±3.0	0.044±0.013	0.393±0.109

注：“香薷”为“海州香薷”的简称。

2. 2007 年田间试验结果

由表 3.34 可知单种和套种处理海州香薷不同器官 Cu、Zn、Cd、Pb 浓度均无显著差异。由表 3.35 可知各处理伴矿景天地上部 Zn 浓度无显著差异。对 Cd 而言，伴矿景天单种时浓度最高，为 76.5mg/kg，显著高于与高粱套种处理，两种不同的套种处理无显著差异。地上部 Cu、Pb 浓度均为伴矿景天套种高粱时最高。

表 3.34　不同处理海州香薷重金属浓度(2007 年田间试验)　(单位：mg/kg)

重金属	海州香薷单种			伴矿景天+海州香薷套种		
	根	茎	叶	根	茎	叶
Cu	65.2±19.9	43.6±4.3	134±26	83.4±35.8	51.5±6.6	128±36
Zn	236±25	169±31	348±26	242±135	184±42	300±58
Cd	1.50±0.42	0.43±0.11	0.60±0.19	1.19±0.40	0.46±0.42	0.51±0.11
Pb	37.9±7.7	29.9±3.0	50.1±4.0	46.8±19.3	37.9±6.1	45.6±12.2

表 3.35　不同处理伴矿景天重金属浓度(2007 年田间试验)　　(单位：mg/kg)

处理	Cu	Zn	Cd	Pb
伴矿景天单种	19.6±2.3	6080±778	76.5±13.5	17.0±0.4
景天+香薷套种	28.6±3.2	5862±903	55.5±13.8	20.4±3.8
景天+高粱套种	52.9±10.7	5564±871	40.4±5.1	28.7±5.4

注："景天"为"伴矿景天"的简称，"香薷"为"海州香薷"的简称。

高粱各器官重金属浓度见表 3.36，各处理高粱籽实 Cu、Pb 浓度无显著差异；高粱与伴矿景天套种时，籽实 Cd 浓度显著下降，仅为单种时的 50.7%。其中 Cu、Cd 均低于国家食品卫生标准，Pb 浓度超过食品卫生标准，但未超过饲料卫生标准(Pb≤5.0mg/kg)。高粱单种时其籽实 Zn 浓度为 58.3mg/kg，与伴矿景天套种后籽实 Zn 浓度降至国家标准以下，为 43.0mg/kg。套种条件下，高粱秸秆 Zn、Cd 浓度降低，分别为单种时的 60.4%、61.3%；Cu、Pb 浓度无显著变化，且 Cd、Pb 浓度符合我国有机肥料标准(Cd≤3.0mg/kg；Pb≤100mg/kg)。

表 3.36　不同处理高粱重金属浓度(2007 年田间试验)　　(单位：mg/kg)

重金属	高粱单种			伴矿景天+高粱套种		
	根	秸秆	籽粒	根	秸秆	籽粒
Cu	37.7±10.1	50.7±23.4	5.34±0.42	39.0±7.8	51.0±15.0	5.30±1.04
Zn	493±106	434±60	58.3±16.5	280±53	262±35	43.0±6.9
Cd	4.91±0.42	3.80±0.46	0.14±0.03	4.33±1.84	2.33±0.54	0.07±0.00
Pb	29.3±7.8	19.8±8.8	0.68±0.19	29.0±10.9	19.9±2.1	0.58±0.16

3. 盆栽试验结果

盆栽试验各植物不同器官重金属浓度分析结果见表 3.37。结果表明，各处理同种植物 Cu、Zn、Cd、Pb 浓度均无显著差异。

表 3.37　各处理伴矿景天和海州香薷重金属浓度(2007 年盆栽试验)　(单位：mg/kg)

重金属	种植方式	伴矿景天			海州香薷		
		根	茎	叶	根	茎	叶
Cu	伴矿景天	220±42	7.30±0.85	5.36±1.33	—	—	—
	海州香薷	—	—	—	348±75	6.57±0.89	5.74±0.71
	景天+香薷套种	156±15	8.69±0.22	5.06±0.53	346±144	8.25±2.24	4.54±1.52
Zn	伴矿景天	6383±800	3273±521	1427±187	—	—	—
	海州香薷	—	—	—	386±94	94.9±7.3	41.2±4.9
	景天+香薷套种	4713±848	3276±194	2683±471	326±60	108±19	40.8±10.5
Cd	伴矿景天	12.4±1.9	18.4±1.1	14.7±3.2	—	—	—
	海州香薷	—	—	—	4.39±1.11	0.20±0.05	0.19±0.00
	景天+香薷套种	25.1±3.4	24.0±3.5	22.0±1.6	1.82±0.33	0.65±0.11	0.20±0.00
Pb	伴矿景天	72.4±12.4	7.45±0.70	5.20±0.92	—	—	—
	海州香薷	—	—	—	65.2±10.1	ND*	ND
	景天+香薷套种	59.9±3.6	10.9±2.9	8.21±0.28	47.1±10.3	ND	ND

注："—"表示该处理未收获相关植物，未检测出；"景天"为"伴矿景天"的简称，"香薷"为"海州香薷"的简称。

（二）不同处理下各植物地上部重金属吸收量

植物地上部重金属吸收量决定于地上部生物量和重金属浓度。表 3.38 所示为 2006 年田间小区试验各处理植物地上部重金属吸取量。对海州香薷来说，与农作物套种时，地上部 Cu、Zn、Cd、Pb 吸收量高于单种和与伴矿景天套种，与地上部重金属浓度变化规律相似；海州香薷与玉米套种时，地上部 Cd 吸收量显著高于其他处理，为单种时的 3.49 倍，与伴矿景天套种时的 3.84 倍。对伴矿景天来说，套种海州香薷时，其地上部 Cu、Zn、Cd、Pb 吸收量均显著高于单种处理。伴矿景天 Cu 吸收总量最少，玉米 Cu 吸收总量最多，但伴矿景天对 Zn、Cd 的吸收量远远大于其他两种植物，可以达到 3312、53.1g/hm^2。各种植物地上部 Pb 吸收量差异不明显。计算各处理植物重金属总吸取量，海州香薷与高粱套种时，Cu 吸取效率最高；伴矿景天单种时，Cu 吸取效率最低，仅为最高值的 7.44%。海州香薷与伴矿景天套种处理地上部 Zn 和 Cd 吸收量均为最高，而海州香薷单种处理最低。海州香薷与高粱套种时 Pb 吸收量最高，伴矿景天单种时吸收量最低。

表 3.38　2006 年田间试验各处理植物地上部重金属吸收量　（单位：g/hm^2）

重金属	种植方式	海州香薷	伴矿景天	玉米	高粱	总计
Cu	海州香薷	134±22	—	—	—	134±22
	伴矿景天	—	26.2±5.7	—	—	26.2±5.7
	香薷+景天套种	148±25	57.3±10.5	—	—	181±4
	香薷+玉米套种	215±115	—	223±108	—	345±141
	香薷+高粱套种	169±50	—	—	140±11	352±103
Zn	海州香薷	460±164	—	—	—	460±164
	伴矿景天	—	2010±225	—	—	2010±225
	香薷+景天套种	538±32	3312±284	—	—	3304±938
	香薷+玉米套种	608±194	—	1596±471	—	2119±549
	香薷+高粱套种	627±168	—	—	862±279	1956±676
Cd	海州香薷	0.98±0.45	—	—	—	0.98±0.45
	伴矿景天	—	29.9±3.8	—	—	29.9±3.8
	香薷+景天套种	0.89±0.20	53.1±11.3	—	—	54.0±11.1
	香薷+玉米套种	3.42±1.45	—	7.43±4.30	—	8.35±2.57
	香薷+高粱套种	0.98±0.35	—	—	12.0±1.9	16.6±5.3
Pb	海州香薷	30.8±8.4	—	—	—	30.8±8.4
	伴矿景天	—	25.7±4.2	—	—	25.7±4.2
	香薷+景天套种	42.8±8.8	37.6±5.6	—	—	74.1±3.5
	香薷+玉米套种	66.8±32.6	—	41.2±3.6	—	110±37
	香薷+高粱套种	47.8±18.1	—	—	36.4±2.7	133±42

注：“—”表示该处理未收获相关植物，未检测出；“景天”为“伴矿景天”的简称，“香薷”为“海州香薷”的简称。

2007 年各处理植物地上部重金属吸收量见表 3.39。伴矿景天与海州香薷套种时 Zn、Cd 吸收量最大，伴矿景天与高粱套种时最小，与其他两个处理差异显著，伴矿景天与高粱套种时，不仅生物量下降，且地上部重金属浓度减少，导致地上部重金属吸收量显著下降。与单种相比，伴矿景天与海州香薷或高粱套种地上部 Cu、Pb 吸收量均显著增加，但不同的套种方式之间无显著差异。与伴矿景天套种，海州香薷地上部 Cu、Zn、Cd、Pb 吸收量都显著降低，Cu 吸收量仅为单种时的 47.2%。与伴矿景天套种，高粱地上部 Cu、Zn、Cd、Pb 吸收量也呈现下降趋势，Cd 吸收量仅为单种的 43.9%，Zn 吸收量也下降 30.1%。各处理重金属总计吸取量结果显示，海州香薷单种处理 Cu、Pb 吸取量最高，伴矿景天单种处理吸取量最低。伴矿景天与海州香薷套种 Zn、Cd 吸取量最高，海州香薷单种处理最低；伴矿景天与海州香薷套种处理 Cd 吸收量显著高于伴矿景天与高粱套种处理。

表 3.39　2007 年田间试验各处理植物地上部重金属吸收量　　(单位：g/hm^2)

重金属	种植方式	海州香薷	伴矿景天	高粱	总计
Cu	海州香薷	676±152	—	—	676±152
	伴矿景天	—	20.6±2.2	—	20.6±2.2
	高粱	—	—	400±96	400±96
	香薷+景天套种	319±68	40.4±0.9	—	356±66
	高粱+景天套种		46.8±10.1	260±24	306±33
Zn	海州香薷	2209±379	—	—	2209±379
	伴矿景天	—	6381±619	—	6381±619
	高粱	—	—	2683±266	2683±266
	香薷+景天套种	861±165	8996±974	—	9820±1152
	高粱+景天套种	—	4240±880	1875±39	5815±971
Cd	海州香薷	4.35±0.93	—	—	4.35±0.9
	伴矿景天	—	75.8±6.2	—	75.8±6.2
	高粱	—	—	25.3±5.4	25.3±5.4
	香薷+景天套种	1.69±0.53	76.8±9.2	—	78.1±8.6
	高粱+景天套种		33.2±7.3	11.1±0.8	47.1±2.5
Pb	海州香薷	343±61	—	—	343±61
	伴矿景天	—	18.2±3.9	—	18.2±3.9
	高粱	—	—	145±31	145±31
	香薷+景天套种	149±33	26.4±3.6	—	185±21
	高粱+景天套种	—	25.2±3.9	125±23	139±26

注：“—”表示该处理未收获相关植物，未检测出；“景天”为“伴矿景天”的简称，“香薷”为“海州香薷”的简称。

表 3.40 所示为 2007 年盆栽试验各处理植物地上部重金属吸取量。从表 3.40 可知套种

对伴矿景天和海州香薷重金属吸取量无显著影响，各处理同种植物地上部 Cu、Zn、Cd、Pb 吸收量差异不显著。但从各处理总吸取量来看，海州香薷与伴矿景天套种，Cu、Zn、Cd 吸收量均显著高于两种植物单种处理。

表 3.40　2007 年盆栽试验各处理植物地上部重金属吸收量　（单位：g/盆）

重金属	种植方式	海州香薷	伴矿景天	总计
Cu	海州香薷	376±35	—	376±35
	伴矿景天	—	159±51	159±51
	香薷+景天套种	376±57	84.5±8.5	469±48
Zn	海州香薷	4075±799	—	4075±799
	伴矿景天	—	40 778±7677	40 778±7677
	香薷+景天套种	4331±458	45 004±4322	49 335±3889
Cd	海州香薷	14.7±5.8	—	14.7±5.8
	伴矿景天	—	250±69	250±69
	香薷+景天套种	23.3±3.7	289±79	337±55
Pb	海州香薷	ND	—	—
	伴矿景天	—	154±41	154±41
	香薷+景天套种	ND	131±31	131±31

注：“—”表示该处理未收获相关植物，未检测出；“景天”为“伴矿景天”的简称，“香薷”为“海州香薷”的简称。

三、讨论

间作是传统的农业栽培方法。两种或两种以上植物间作时，植物地上部和根系的相互作用，直接或间接影响了植物对光、温、水、气、肥等各项因子的利用效率(Alene et al., 2006；Jahansooz et al., 2007；Wang et al., 2007)。从污染土壤重金属去除量考虑，两种修复植物套种后，即使其中一种植物或两种植物对某些重金属吸取量会有所下降；但与一种植物种植相比，两种植物的重金属合计吸取量增加，也即两种植物地上部吸收量的加合抵消了单种植物吸取量下降的效应。另一方面，相对修复植物单种而言，套种方式可同时吸取多种重金属，提高重金属复合污染土壤的修复效率。

Whiting 等(2001)研究结果发现，与单种相比，锌超积累植物 *Thlaspi caerulescens* 和同属的非超积累植物 *Thlaspi arvense* 套种后，*Thlaspi caerulescens* 的吸锌量显著增加，而与之互作的 *Thlaspi arvense* 吸锌量则明显降低，原因可能是 *Thlaspi caerulescens* 具有很强的吸锌能力，能优先吸收土壤中锌，从而减少 *Thlaspi arvense* 对锌的吸收。黑亮等(2007)研究超积累植物东南景天与玉米根系交互作用机理，套种条件下，玉米根系降低溶液 pH、提高 DOC 以及 Zn、Cd 浓度，从而可向东南景天一侧输送更多的水溶态 Zn、Cd，促进东南景天对重金属的吸收，同时东南景天通过竞争性吸收，降低了玉米对 Zn、Cd 的吸收。本研究结果与之相似，伴矿景天对 Zn、Cd 具有很强的吸收能力，在该污染土壤上，伴矿景天地上部 Zn、Cd 浓度均为玉米或高粱的 10 倍以上，因此可能优先吸收土壤中 Zn、Cd 或竞争吸收高粱根系周围的重金属，从而减少高粱地上部 Zn、Cd 的吸收和积累。

与积累植物套种时，超积累植物生长和重金属吸收性也受到影响。Wu 等(2007)利用超积累 Zn 植物东南景天(*Sedum alfredii* H)与 K 富集植物山芋(*Alocasia marorrhiza*)套种分离污泥中的有害和有益元素。发现套种后东南景天地上部 Cu、Zn 浓度显著增加，其中 Zn 浓度增加了约 50%。山芋茎 K 吸收量也显著增加，达到了很好的分离污泥中污染金属的效果。

Wieshammer 等(2007)试验结果却表明，Zn、Cd 富集植物 *Salix caprea* 和超积累植物 *Arabidopsis halleri* 套种之后，*Salix caprea* 叶片生物量下降，叶片 Cd、Zn 浓度也降低。与 *Salix caprea* 单种处理相比，套种 *Arabidopsis halleri* 并没有增加土壤 Cd、Zn 的清除率。Wieshammer 推测可能原因是盆栽条件下，*Salix caprea* 和 *Arabidopsis halleri* 竞争土壤中水分、养分及重金属元素等有限资源，水分缺乏减少土壤中重金属的溶解和移动性，导致了 *Salix caprea* 和 *Arabidopsis halleri* 生物量和重金属浓度降低。但在田间条件下，*Salix caprea* 发达的根系能深入土壤的下层，从而减少与 *Arabidopsis halleri* 的竞争。

采用的修复植物海州香薷和伴矿景天植物学形态差异较大，海州香薷直立生长，高度约为 15～50cm，根系发达(姜理英等，2002)，而伴矿景天多密集丛生，植株矮小，根须状(吴龙华等，2006)；且海州香薷和伴矿景天对土壤各种重金属元素的活化和吸收能力不同。因此，两种植物套种后，影响植物生长和金属吸收性的环境因子，如光照、水分、养分及土壤重金属元素等可能发生改变，从而影响植物修复效率。且由于田间生长条件的复杂性，年际的光、热、水、肥等条件不尽相同，以及植物长势的差异，从而使间作引起的光照、养分效应差异导致的植物生长和金属吸收性的年际变化不同。因此，两种植物的生长和金属吸收性在不同年份间作时的表现并不完全相同。

第五节　收获方式对伴矿景天锌镉吸收性的影响

盆栽试验研究了不同收获方式下伴矿景天的生长情况、重金属吸收性及吸取修复效率，以期探明伴矿景天的适宜收获方式，从而提高植物修复效率，为伴矿景天的实际应用提供依据。

试验设置 4 种不同的收获方式：①留茬 1cm；②留茬 3cm；③留茬 5cm；④每次收获后重新移栽伴矿景天(重新移栽)。刈割时留茬植株保留残余茎段上的枝叶，继续生长。

一、不同收获方式对伴矿景天生物量的影响

第一次收获时，试验各处理伴矿景天长势一致，重新移栽处理收获的生物量最大，其次是留茬 1cm 处理，留茬 5cm 处理收获的生物量最小(表 3.41)。第一次收获时不同处理收获的生物量大小取决于留茬高度，即留茬越低，残留的生物量越小，带走的生物量越多。重新移栽处理是收获全部地上部分，所以获得的生物量最大，显著高于其他处理，其余三个处理之间显著不差异(表 3.41)。留茬高度的高低决定了残留光合器官(叶片)的多少，第

一次收获后，留茬 1cm 处理生长停滞直至全部死亡，原因可能是过度刈割，一方面对植株产生的损伤大；另一方面，残留叶片稀少或者没有，无法进行光合作用以供给植物生长必需的养分。除留茬 1cm 处理之外，其他刈割处理均生长良好，到第二次收获时，留茬 3cm 处理和留茬 5cm 处理收获的生物量显著大于重新移栽处理，留茬 3cm 处理是重新移栽处理的 1.55 倍。从两次收获的生物量来看，留茬 3cm 处理和留茬 5cm 处理之间并无显著差异，表明两种留茬高度对伴矿景天的收获量影响并不大，且留茬 3cm 处理收获的生物量略大于留茬 5cm 处理。从修复效率角度考虑，即获得更多的生物量，则以留茬 3cm 的收割方式更为合适，因此，在第二次收获后，未进行留茬 5cm 处理。第三次收获时，留茬 3cm 处理的生物量是重新移栽处理的 1.78 倍，是由于随着收获次数的增加，留茬植株分枝数目增加，叶片数量也增加，生物量增大。第四次收获时，留茬植株的分枝数目进一步增加，叶片也随之增加，但枝条变细，叶片变小，因此留茬 3cm 处理和重新移栽处理之间生物量差异并不明显。这说明前三次刈割时，留茬植株生长速度快，生物量大，生长势明显优于扦插植株，但是随着收割次数的增加，这种优势逐渐消失，留茬和重新移栽两种不同的收获方式对伴矿景天的生物量影响不显著。

表 3.41 不同收收获方式对生物量的影响 (单位：g/盆)

收获次数	植株部位	留茬 1cm	留茬 3cm	留茬 5cm	重新移栽
第一次收获	叶	10.3±1.1 ab	10.5±0.9 a	9.27±0.88 b	10.6±0.7 a
	茎	4.49±0.55 ab	3.94±1.01 b	3.84±0.83 b	5.63±1.28 a
第二次收获	叶	—	9.12±1.35 a	10.0±1.3 a	6.11±1.08 b
	茎	—	3.08±1.01 a	1.97±0.55 b	1.78±0.35 b
第三次收获	叶	—	16.1±2.5 a	—	7.63±1.65 b
	茎	—	4.95±0.74 a	—	4.14±0.79 a
第四次收获	叶	—	9.35±1.36 a	—	9.90±1.59 a
	茎	—	3.85±1.23 a	—	3.29±0.49 a
总计		—	62.1±5.1 a	—	49.8±3.9 b

注：表中数据为平均值±标准差(n=5)。多重比较采用 LSD 法。同行数据中不同字母表示不同处理间具有显著差异($P<0.05$)，“—”表示无数据。

四次收获的伴矿景天生长时间不同，分别为 91、132、149、81d，为了解不同的收获时期伴矿景天的生长情况，计算不同时期内伴矿景天的生长速率，留茬 3cm 处理四次的生长速率分别为 159±16、92.4±14.5、149±18、163±30mg/(盆·d)，重新移栽处理的生长速率分别为 178±14、59.8±8.8、84.1±16.9、163±24mg/(盆·d)。可见，留茬 3cm 和重新移栽两种处理均是第二次和第三次收获时伴矿景天生长速率较低，第一次和第四次收获时生长速率较高，这可能是因为第二次收获的生长期为 7 月至 11 月，7～8 月是炎热高温的夏季，受到环境条件影响，景天生长缓慢。待夏季高温期过后，景天可恢复快速生长。但是第三次生长期(11 月～次年 4 月)生长速率也会受到冬季低温的影响而降低。第一次和第四次生长期正好是每年的 4～7 月，此时环境条件适宜，伴矿景天生长良好，生长速度快。

二、不同收获方式对伴矿景天体内锌镉浓度的影响

对 Cd 而言，第一次收获时除留茬 5cm 处理叶片 Cd 浓度显著低于其他处理外，各处理叶片 Cd 浓度差异不显著；不同留茬高度处理之间茎中 Cd 浓度差异不显著，重新移栽处理略高于其他处理。第二次和第三次收获时，重新移栽处理的叶片和茎中 Cd 浓度均显著高于留茬处理，而不同留茬高度处理之间没有明显差异。第二次收获时重新移栽处理叶片 Cd 浓度为留茬 3cm 处理的 2.18 倍，第三次收获时为 1.60 倍。但是第四次收获时，两处理之间各部位 Cd 浓度差异均不明显(表 3.42)。

伴矿景天 Zn 浓度变化规律与 Cd 相似。第一次收获时，留茬 3cm 处理叶片和茎中 Zn 浓度略高于其他处理。第二次收获时，重新移栽处理的茎中 Zn 浓度显著高于其他处理，但是各处理叶片 Zn 浓度差异不显著(表 3.43)。

从不同收获时间来看，随着收获次数的增加，留茬伴矿景天叶片和茎中 Cd 浓度逐渐下降，留茬 3cm 处理在第四次收获时，叶片和茎中 Cd 下降显著，为第一次刈割时的 47.7%和 43.6%，但伴矿景天 Zn 浓度随着收获次数的增加无显著变化。

表 3.42　不同收获方式对伴矿景天植物 Cd 浓度的影响　　(单位：mg/kg)

收获次数		留茬 1cm	留茬 3cm	留茬 5cm	重新移栽
第一次收获	叶	260±46 a	258±25 a	197±20 b	262±65 ab
	茎	355±44 b	424±61 ab	407±70 ab	452±39 a
第二次收获	叶	—	207±69 b	180±61 b	451±127 a
	茎	—	438±213 b	498±218 b	777±275 a
第三次收获	叶	—	198±46 b	—	320±47 a
	茎	—	229±62 b	—	368±56 a
第四次收获	叶	—	123±34 a	—	116±22 a
	茎	—	185±15 a	—	154±46 a

注：表中数据为平均值±标准差(n=5)。多重比较采用 LSD 法。同行数据中不同字母表示不同处理间具有显著差异(P<0.05)，“—”表示无数据。

表 3.43　不同收获方式对伴矿景天植物 Zn 浓度的影响　　(单位：g/kg)

收获次数		留茬 1cm	留茬 3cm	留茬 5cm	重新移栽
第一次收获	叶	11.1±1.6 ab	12.9±3.7 a	9.28±1.60 b	11.0±1.6 ab
	茎	15.6±5.4 ab	19.4±2.3 a	12.7±1.1 b	13.5±1.7 b
第二次收获	叶	—	9.43±3.48 a	10.9±7.2 a	13.6±0.9 a
	茎	—	19.8±3.8 b	21.8±6.4 b	25.2±4.3 a
第三次收获	叶	—	13.2±1.8 b	—	15.2±2.0 a
	茎	—	21.3±2.7 b	—	25.5±3.4 a
第四次收获	叶	—	12.3±3.2 a	—	14.2±1.5 a
	茎	—	16.8±3.6 a	—	21.5±4.5 a

注：表中数据为平均值±标准差(n=5)。多重比较采用 LSD 法。同行数据中不同字母表示不同处理间具有显著差异(P<0.05)，“—”表示无数据。

三、不同收获方式对伴矿景天锌镉吸收量的影响

土壤中重金属的植物吸取修复效率取决于超积累植物的生物量和体内重金属浓度，即地上部分积累的重金属量。表 3.44 和表 3.45 是各处理 Cd、Zn 积累量和相应的修复效率。第一次收获时，各处理的镉积累量不同，其中重新移栽处理收获部分积累量最高，留茬 5cm 处理最低，留茬 1cm 处理与留茬 3cm 处理之间无显著差异；其他收获时间，尽管不同收获方式之间生物量和重金属浓度可能存在显著差异，但不同收获方式镉积累量无显著差异。对 Zn 而言，第一次收获时，留茬 5cm 处理收获物的锌浓度也是最低，其余各处理间无显著差异。第三次收获时，重新移栽处理积累量显著低于留茬 3cm 处理，其他收获时间，各处理差异均不显著。此外，留茬 3cm 处理收获四次从土壤中吸收移出镉、锌总量分别为(15.5±1.5) g/盆和(938±82) mg/盆；重新移栽处理收获四次从土壤中吸收移出镉、锌总量分别为(15.3±1.5) mg/盆和(765±50) mg/盆。其中留茬 3cm 处理的总锌吸收带走量显著高于重新移栽处理。

表 3.44　收获方式对伴矿景天地上部重金属吸收量的影响　（单位：mg/盆）

收获次数		留茬 1cm	留茬 3cm	留茬 5cm	重新移栽
第一次收获	Cd	4.28±0.77 b	4.39±0.54 b	3.43±0.42 c	5.33±0.65 a
	Zn	184±35 ab	215±65 a	136±20 b	192±27 a
第二次收获	Cd	—	3.40±1.03 a	2.85±0.69 a	4.47±1.26 a
	Zn	—	169±34 a	148±61 a	145±17 a
第三次收获	Cd	—	4.26±0.67 a	—	3.89±0.52 a
	Zn	—	314±15 a	—	217±24 b
第四次收获	Cd	—	2.16±0.10 a	—	1.64±0.37 a
	Zn	—	206±23 a	—	211±34 a

注：表中数据为平均值±标准差(n=5)。多重比较采用 LSD 法。同行数据中不同字母表示不同处理间具有显著差异(P<0.05)，“—”表示无数据。

表 3.45　不同收获方式下伴矿景天的重金属修复效率　（单位：%）

收获次数		留茬 1cm	留茬 3cm	留茬 5cm	重新移栽
第一次收获	Cd	18.6±3.3	19.1±2.4	14.9±1.8	23.2±2.8
	Zn	1.88±0.36	2.20±0.67	1.40±0.21	1.97±0.28
第二次收获	Cd	—	14.8±4.5	12.4±3.0	19.5±5.5
	Zn	—	1.73±0.34	1.52±0.63	1.49±0.18
第三次收获	Cd	—	18.6±2.9	—	17.0±2.3
	Zn	—	3.22±0.15	—	2.23±0.25
第四次收获	Cd	—	9.39±0.45	—	7.16±1.60
	Zn	—	2.12±0.24	—	2.16±0.35

注：表中数据为平均值±标准差(n=5)。多重比较采用 LSD 法。同行数据中不同字母表示不同处理间具有显著差异(P<0.05)，“—”表示无数据。

从表 3.45 可以看出，伴矿景天对镉的修复效率单季最高可达 23.2%，两种收获方式总修复效率均在 67%左右。相对镉而言，锌的修复效率要低得多，单季最高为 3.22%，留茬 3cm 处理对 Zn 的总吸取修复效率为 9.62%。

四、讨论

李文学等(2005)研究发现，可通过刈割的方式适当增加收获次数，从而提高砷超积累植物蜈蚣草的修复效率。伴矿景天作为一种多年生的锌镉超积累植物，也可以通过刈割或连续种植的方式，不断收获地上部分，从而带走土壤中的重金属，而且不同的收获方式之间伴矿景天的生长和金属修复效率存在差异。

从伴矿景天的生长情况来看，前三次收获时留茬植株的生物量显著大于重新移栽植株。为了解产生这种差异的原因，在第四次收获后，收集留茬 3cm 处理和重新移栽处理的根系，进行根系活力的测定。结果显示，留茬 3cm 处理的根系活力为(24.8±5.7) μg/(g·h)，显著高于重新移栽处理的根系活力(16.2±3.2) μg/(g·h)。植物根系是植物从土壤中获取水分和养分的重要器官，根系吸收的水分和营养元素能够供给地上部，维持地上部的生长。作物的根系与地上部是一个相互依赖、相互作用的统一体，根系的生长发育状况和地上部的生长发育状况息息相关(Liedgens and Richner，2001)。因此，良好的根系是地上部生长旺盛的基础。在试验中也发现，留茬植株根量丰富，根粗壮，并且局部有膨大的现象，这可能是在前三次收获时留茬植株生物量大于重新移栽植株的原因之一。此外，留茬 3cm 处理的植株在收获后即可以进行再生长，但是重新移栽处理植株移栽后，需要一个生根、发苗的过程，此时植株生长缓慢或者生长停滞(戴其根等，2001；王秀荣和卢小良，2004)，这也是重新移栽植株生物量较小的原因之一。但是第四次收获时两种处理生物量差异缩小至不明显。为准确了解留茬植株的生物量变化规律，第四次收获时，收获了前期收割留下的残茬，发现即使加上这部分生物量，留茬植株的总生物量也在(15.5±2.9) g/盆，略大于重新移栽植株，但差异不显著，这说明在多次收获后，相对重新移栽植株，留茬植株的生长优势逐渐变小，试验中也发现随着收获次数的增加，留茬植株的地上部分枝越来越多，过多的分枝竞争光热资源(王立凤等，2006；乔匀周等，2007)，导致枝条细，叶片小，生物量降低。

从伴矿景天重金属吸收性来看，第二次和第三次收获的结果显示，重新移栽植株的重金属浓度显著高于留茬植株。为了探讨这种差异发生的原因，第三次和第四次收获时收集植株的伤流液，测定伤流液中重金属浓度。结果发现，第三次收获时留茬植株根系伤流液中 Cd 浓度为(0.17±0.10) mg/L，Zn 浓度为(144±32) mg/L；重新移栽植株 Cd 为(0.14±0.07) mg/L，Zn 浓度为(151±35) mg/L，两处理间根系伤流液中重金属浓度无显著差异。第四次收获时留茬植株的 Cd、Zn 浓度分别为(0.93±0.14) mg/L 和(98.8±14.3) mg/L，均显著高于重新移栽处理的(0.47±0.21) mg/L 和(52.5±11.7) mg/L。根系伤流液与根系的发达程度和生命活动强弱有关，其数量和成分能表征植物生长势和根系生理活性强弱，可以用伤流液的养分浓度与形态来反映养分吸收及生长情况(陈范骏等，1999；陈贵林等，1999；赵全志等，2001；宋海星和李生秀，2004)。研究发现菊苣和西红柿地上部分 Cu 浓度与伤流液中 Cu 浓度显著相关(Liao et al.，2000)，但是本试验结果表明根系伤流液中重金属浓度跟伴矿景天地上部重金属浓度并不相关或者呈负相关关系，这与前人的研究结果不符，其原因有待进一步探讨。计算植株的重金属积累量发现，尽管各处理之间重金属浓度差异显著，但是重金属积累量差异不明显。此外，计算两种不同的收获方式四次收获总的吸收量(留茬植株吸收量=收获部分吸收量+残茬中重金属吸收量)发现，两种不同处理之间 Cd 的总吸收量无显著差异，但是留茬植株的 Zn 总吸收量要显著高于重新移栽植株($P<0.05$)。留茬植株重金属浓度低，但重金属积累量并不低。这说明两种不同的收获方式处理下，伴矿景天的镉吸收性并没有差异，而重金属浓度差异可能是由于留茬植株生长快，生物量大，引起的重金属浓度下降的“稀释效应”；而重新移栽植株生长慢，生物量小，出现的重金属浓度升高的“浓缩效应”(孙兆海等，2005；何忠俊等，2006；于承艳等，2006)。

综上所述，两种不同的收获方式对伴矿景天的镉吸收积累性影响不显著，留茬方式提高了伴矿景天的锌吸收积累量。前期留茬处理的生物量大，生长速度快。后期随着收获次数的增加，留茬植株生长速度减慢，生物量减少，具体原因有待进一步研究。

小　　结

一、重金属污染土壤的伴矿景天与水稻轮作修复

在低污染土壤上施用磷矿粉作为磷肥可显著增大伴矿景天地上部生物量，其对伴矿景天的生长及提高污染土壤的修复效率好于钙镁磷肥，施钙镁磷肥和磷矿粉使伴矿景天地上部 Zn、Cd 浓度略增，但差异不显著。而添加钙镁磷肥和磷矿粉后伴矿景天地上部 Zn、Cd 的吸收量显著增加，主要原因是增加了伴矿景天的地上部生物量，进而导致锌镉吸收量的升高。在重污染土壤上施用钙镁磷肥后伴矿景天生物量和 Zn、Cd 吸收量也有增加趋势，但差异并不显著。重污染土壤上施用钙镁磷肥能在一定程度上提高伴矿景天对重金属污染土壤的修复效率，但修复效果不如低污染土壤上明显。在锌镉重污染土壤上种植伴矿景天虽提高了土壤重金属的有效态浓度，但伴矿景天的种植明显有利于水稻生长，钙镁磷肥的施用则不仅可提高伴矿景天的吸取修复效率，且对土壤中 Zn、Cd 的稳定效果也具有显著作用，能显著降低水稻地上部 Zn、Cd 浓度。

伴矿景天—水稻轮作种植模式提高了水稻产量，同时，施用钙镁磷肥能显著降低水稻糙米与秸秆中重金属的 Cd 浓度。经伴矿景天修复两季后，水稻糙米与秸秆中重金属 Cd 浓度显著低于伴矿景天修复一季的处理。种植伴矿景天能显著增加土壤中 Cd 有效态浓度，添加钙镁磷肥后土壤 Cd 的植物有效性、醋酸铵提取态 Cd 浓度的变化趋势与水稻 Cd 浓度结果基本一致。伴矿景天—钙镁磷肥联合对污染土壤中 Cd 有很好的修复效果，预期修复 2～3 年后不仅可降低土壤中重金属 Cd 浓度，且可结合适宜的种植方式以降低轻污染土壤上种植水稻的食物链风险，使农业生产与土壤修复同时进行。

二、重金属污染土壤的伴矿景天与粮食作物间作修复

在麦季间作种植超积累植物伴矿景天，可在不显著影响粮食作物产量的前提下实现

对污染土壤中锌镉的吸取修复，但超积累植物间作也增大小麦对土壤中重金属吸收性；伴矿景天的种植与否对后茬作物水稻地上部锌镉浓度的影响较小，且水稻收获后土壤中的锌镉有效态浓度显著下降。伴矿景天/小麦间作—水稻轮作的种植模式可实现利用伴矿景天修复重金属污染土壤，并达到边生产边修复的效果。

由于三种土壤类型之间有机质等理化性质的不同，对重金属的吸附和活化效果各有迥异，关于不同类型土壤上的最佳修复模式还有待于进一步研究和探讨。

三、重金属污染土壤的修复植物与蔬菜作物边生产边修复

伴矿景天与芹菜间作能促进两种植物地上部生物量的增加，并能提高伴矿景天对 Zn、Cd 的吸收，且间作模式下伴矿景天抑制了芹菜地上部对 Zn、Cd 的吸收，获得的芹菜地上部均符合国家食品卫生安全标准。但经伴矿景天连续修复后，伴矿景天单作不利于后茬作物生长，间作处理不影响后茬蔬菜的生长且其重金属浓度符合农产品质量标准；田间微区试验中，连续修复 19 个月后 Zn、Cd 去除效率可达到 24.6%和 28.1%。若不考虑重金属植物有效性下降，连续修复 28 个月后土壤中 Zn 浓度可达到国家土壤质量二级标准（Zn：250 mg/kg）。

伴矿景天可与香薷间作，对伴矿景天吸收锌镉无显著影响；但伴矿景天能有效降低香薷地上部对重金属的吸收，该处理对重金属的吸收量和修复后土壤重金属浓度与伴矿景天单作处理均无显著差异，表现了较好的修复效果。伴矿景天和龙葵都是 Cd 的积累植物，间作显著降低了伴矿景天地上部生物量和 Cd 浓度，但显著增加了龙葵地上部生物量，对龙葵地上部锌镉浓度无显著影响。香薷和龙葵是天然中草药，地上部重金属浓度较低，且与伴矿景天间作并没有增加重金属安全风险。因此，超积累植物与耐性植物间作不仅可以强化植物修复重金属污染土壤还可以增加经济效益，达到边生产边修复的目的。

伴矿景天与蔬菜茄子间作对伴矿景天和茄子生物量无明显影响，并能提高伴矿景天的 Zn、Cd 吸收性，间作处理对茄子地上部吸收重金属无明显影响；间作处理伴矿景天能降低茄子果实对 Cd 的吸收。

四、套作对修复植物生长和金属吸收性影响的田间效应

田间条件下，Zn、Cd 超积累植物伴矿景天与 Cu 积累植物海州香薷套种，两种植物的重金属吸收性无显著变化，而且与两种积累植物单独种植相比，套种处理对 Cu、Zn、Cd、Pb 多种元素的吸取量显著增加，说明修复植物搭配种植可能是提高重金属复合污染土壤的植物修复效率的一条新的途径。

修复植物与农作物套种，能减少农作物对重金属的吸收和积累，可生产出符合卫生标准的农产品，同时还利用对重金属具有良好吸收能力的修复植物和具有较大生物量农作物吸取土壤重金属，提高修复效率。在植物修复的同时进行农业生产，降低修复成本，提高修复效率。

不同的套种模式对积累植物的重金属吸收性影响不同，伴矿景天与海州香薷套种或者

伴矿景天与玉米套种时，两种植物地上部和地下部如何相互作用进而影响植物生长和地上部吸收重金属等的相关机制有待进一步研究。

五、收获方式对伴矿景天锌镉吸收性的影响

伴矿景天是多年生植物，可以通过刈割留茬的方式不断收获地上部分从而清除土壤中的重金属。在进行收割时应当选择合适的留茬高度和刈割时间，在进入夏季炎热高温期之前即每年七月上旬以及进入冬季低温生长缓慢期(11 月中上旬)之前收割伴矿景天，收割时留茬 3cm 既可获得较大的生物量也可以保证残茬的继续生长。

留茬 3cm 和重新移栽两种收获方式对伴矿景天的镉修复效率没有显著影响，但是显著提高锌修复效率。留茬收获方式可以减少劳动量，降低经济成本。因此，综合比较认为采取收割时留茬 3cm 的收获方式是可行的，但是考虑到多次收获后留茬植株的生物量降低问题，有必要探讨合适刈割收获的次数和留茬年限，有待深入研究。

参 考 文 献

安玲遥. 2012. 作物间作对重金属吸收的影响及其机制的研究. 杭州：浙江大学博士学位论文

蔡崇法，王峰，丁树文，等. 2000. 间作及农林复合系统中植物组分间养分竞争机理分析. 水土保持研究. 7(3)：219～221

陈范骏，米国华，刘建安，等. 1999. 玉米自交系木质部伤流液中氮素形态差异及其与氮效率的关系. 中国农业科学，32(5)：43～48

陈贵林，乜兰春，赵丽丽. 1999. 嫁接西瓜生长动态及伤流液营养元素含量的研究. 河北农业大学学报，22(3)：38～41

陈同斌，陈志军. 2002. 水溶性有机质对土壤中镉吸附行为的影响.应用生态学报，13(2)：183～186

崔玉静，黄益宗，朱永官. 2006. 镉对人类健康的危害及其影响因子的研究进展. 卫生研究，35(5)：656～659

戴其根，张洪程，苏宝林，等. 2001. 抛秧水稻生长发育与产量形成的生态生理机制 I. 活棵立苗及其生态生理特点. 作物学报，27(3)：278～285

丁春，关伟. 2009. 土壤溶解性有机质的结构特性对土壤重金属行为的影响. 安徽化工，35(4)：66～68

何忠俊，华珞，梁社往，等. 2006. 氮锌复合作用对白三叶草生长、氮锌吸收和生理生化特性的影响. 土壤通报，37(2)：318～324

黑亮，吴启堂，龙新宪，等. 2007. 东南景天和玉米套种对 Zn 污染污泥的处理效应. 环境科学，28(4)：25～858

黄益宗，朱永管，胡莹，等. 2006. 玉米和羽扇豆、鹰嘴豆间作对作物吸收积累 Pb、Cd 的影响. 生态学报，26(5)：1478～1485

季书勤，郭瑞，王汉芳，等. 2006. 河南省主要小麦品种重金属污染评价及镉吸收规律研究. 麦类作物学报，26(6)：154～157

江解增，许学宏，余云飞，等. 2006. 蔬菜对重金属生物富集程度的初步研究. 中国蔬菜，(7)：8～11

姜理英，石伟勇，杨肖娥，等. 2002. 铜矿区超积累 Cu 植物的研究. 应用生态学报，13(7)：906～908

蒋成爱，吴启堂，吴顺辉，等. 2009. 东南景天与不同植物混作对土壤重金属吸收的影响. 中国环境科学，29(9)：985～990

李花粉. 2000. 根际重金属污染. 中国农业科技导报，2(4)：54～59

李华，骆永明，宋静. 2002. 不同铜水平下海洲香薷的生理特性和铜积累研究. 土壤，4：225～228

李佳华，林仁漳，王世和，等. 2009. 改良剂对土壤-芦蒿系统中镉行为的影响. 环境化学，28(3)：350～354

李娜. 2008. 重金属污染土壤的伴矿景天吸取修复及其农艺调控措施. 南京：中国科学院南京土壤研究所硕士学位论文

李宁，吴龙华，孙小峰，等. 2005. 修复植物产后处置技术现状与展望. 土壤，37(6)：587～592

李凝玉，李志安，丁永祯，等. 2008. 不同作物与玉米间作对玉米吸收积累镉的影响. 应用生态学报，19(6)：1369～1373

李瑞美，王果，方玲. 2002. 钙镁磷肥与有机物料配施对作物镉铅吸收的控制效果. 土壤与环境，11(4)：348～351

李廷强，杨肖娥. 2004. 土壤中水溶性有机质及其对重金属化学与生物行为的影响. 应用生态学报，15(6)：1083～1087

李文学，陈同斌，刘颖茹. 2005. 刈割对蜈蚣草的砷吸收和植物修复效率的影响. 生态学报，25(3)：538～542

李新博，谢建治，李博文，等. 2009. 印度芥菜-苜蓿间作对镉胁迫的生态响应. 应用生态学报，20(7)：1711～1715

李正文，张艳玲，潘根兴，等. 2003. 不同水稻品种籽粒 Cd、Cu 和 Se 的含量差异及其人类膳食摄取风险. 环境科学，24(3)：112～115
廖红，严小龙. 2003. 高级植物营养学. 北京：科学出版社，24～26
廖敏，陈雪花，陈承利，等. 2007. 土壤－青菜系统中铅污染对土壤微生物活性及多样性的影响. 环境科学学报，27(2)：220～227
廖琴，王胜利，南忠仁，等. 2011. 干旱区绿洲土壤中 Cd、Pb、Zn、Ni 复合污染对芹菜的影响及其富集迁移规律. 干旱区资源与环境，25(7)：173～177
廖晓勇，陈同斌，武斌，等. 2006. 典型矿业城市的土壤重金属分布特征与复合污染评价——以“镍都”金昌市为例. 地理研究，25(5)：843～852
刘玲，吴龙华，李娜，等 2009. 种植密度对镉锌污染土壤伴矿景天植物修复效率的影响. 环境科学，30(11)：3422～3426
刘天学，纪秀娥. 2003. 焚烧秸秆对土壤有机质和微生物的影响研究. 土壤，35(4)：347～348
卢豪良，严重玲. 2007. 秋茄 *Kandelia candel* L 根系分泌低分子量有机酸及其对重金属生物有效性的影响. 生态学报，27(10)：417～418
牟仁祥，陈铭学，朱智伟，等. 2004. 水稻重金属污染研究进展. 生态环境，13(3)：417～419
齐雁冰，黄标，杨玉峰，等. 2010. 苏州市不同区域水稻籽粒重金属积累特征与健康风险评价. 农业环境科学学报，29(4)：659～665
钱海燕，王兴祥，黄国勤，等. 2007. 钙镁磷肥和石灰对受 Cu、Zn 污染的菜园土壤的改良作用. 农业环境科学学报，26(1)：235～239
乔匀周，王开运，张远彬. 2007. 不同密度红桦幼苗苗冠结构与竞争对 CO_2 浓度升高的响应. 生态学报，27(4)：1333～1342
沈丽波，吴龙华，谭维娜，等. 2010. 伴矿景天—水稻轮作及磷修复剂对水稻锌镉吸收的影响. 应用生态学报，21(11)：1～7
宋海星，李生秀. 2004. 水、氮供应对玉米伤流液及其养分含量的影响. 植物营养与肥料学报，10(6)：574～578
苏德纯，黄焕忠，张福锁. 2002. 印度芥菜对土壤中难溶态 Cd 的吸收及活化. 中国环境科学，22(4)：342～345
孙琴，倪吾钟，杨肖娥，等. 2003. 磷对超积累植物——东南景天生长和积累锌的影响. 环境科学学报，23(6)：818～824
孙兆海，郑春荣，周东美，等. 2005. 土壤铅污染对青菜和蕹菜生长及脲酶活性的影响. 农村生态环境，21(1)：38～43
王艮梅，周立祥. 2003. 施用有机物料对污染土壤水溶性有机物和铜活性的动态影响. 环境科学学报，23(4)：452～457
王激清，茹淑华，苏德纯. 2004. 印度芥菜和油菜互作对各自吸收土壤中难溶态镉的影响. 环境科学学报，24(5)：890～894
王立凤，范文艳，姜述君，等. 2006. 种植密度对万寿菊生物学及产量性状的影响. 黑龙江八一农垦大学学报，18(6)：25～28
王秀荣，卢小良. 2004. 施肥对香根草定植缓苗期影响研究. 草地学报，12(3)：256～258
王艳红，龙新宪，吴启堂. 2008. 两种生态型东南景天根系分泌物的差异性. 生态环境，17(2)：751～757
卫泽斌，吴启堂，龙新宪. 2005. 利用套种和混合添加剂修复重金属污染土壤. 农业环境科学学报，5：1262
魏朝富，高明，车福才，等. 2003. 三峡库区中低产土壤重金属含量及其与小麦吸收的关系. 长江流域资源与环境，12(2)：145～152
魏树和，周启星. 2004. 重金属污染土壤植物及强化措施探讨. 生态学杂志，23(1)：65～72
魏树和，周启星，王新，等. 2004. 一种新发现的镉超积累植物龙葵(*Solanum nigrum* L). 科学通报，49(24)：2568～2573
吴龙华，李娜，毕德，等. 锌镉复合污染土壤的植物修复方法. 发明专利申请号：200710020380. 5
吴龙华，周守标，毕德，等. 2006. 中国景天科植物一新种——伴矿景天. 土壤，38(5)：632～633
徐卫红，黄河，王爱华，等. 2006. 根系分泌物对土壤重金属活化及其机理研究进展. 生态环境，15(1)：184～189
徐卫红，王宏信，刘怀，等. 2007. Zn、Cd 单一及复合污染对黑麦草根分泌物及根际 Zn、Cd 形态的影响. 环境科学，28(9)：2089～2095
于承艳，都韶停，邢承华，等. 2006. CO_2 浓度对番茄幼苗生长及养分吸收的影响. 浙江大学学报(农业与生命科学版)，32(3)：307～312
张 磊，宋凤斌，崔良. 2006. 化肥施用对土壤中重金属生物有效性的影响研究. 中国生态农业学报，14(4)：122～125
张璐，廉鸿志，宇万太，等. 1998. 农业生态系统养分循环再利用的作物产量增益. 应用生态学报，9(1)：37～40
招启柏，朱卫星，胡钟胜，等. 2009. 改良剂对土壤重金属(Cd、Pb)的固定以及对烤烟生长影响. 中国烟草学报，15(4)：26～32
赵全志，高尔明，黄丕生，等. 2001. 水稻穗颈基部节间伤流的比较及其氮素调控的研究. 作物学报，27(1)：103～109

周江敏，代静玉，潘根兴. 2003. 土壤中水溶性有机质的结构特征及环境意义. 农业环境科学学报，22(6)：731～735
宗良纲，张丽娜，孙静克，等. 2006. 3 种改良剂对不同土壤-水稻系统中 Cd 行为的影响. 农业环境科学学报，25(4)：834～840
Agegnehu G，Ghizaw A，Sinebo W. 2006. Yield performance and land-use efficiency of barley and fababean mixed cropping in Ethiopian highlands. Europe Journal of Agronomy，25：202～207
Alene A D，Manyong V M，Gockowski J. 2006. The production efficiency of intercropping annual and perennial crops in southern Ethiopia：A comparison of distance functions and production frontiers. Agricultural Systems，91：51～70
Daellenbach G C，Kerridge P C，Wolfe M S，et al. 2005. Plant productivity in cassava-based mixed cropping systems in Colombian hillside farms. Agriculture Ecosystems and Environment，105：595～614
Eriksson J，Oborn I，Jansson G，et al. 1996. Factors influencing Cd-content in crops：results from Swedish field investigations. Swedish Journal of Agricultural Research，26(3)：125～133
Fellet G，Marchiol L，D. Perosa，et al. 2007. The application of phytoremediation technology in a soil contaminated by pyrite cinders. Ecological Engineering，31：207～214
Giusquiani P L，Concezzi L，Businelli M，et al. 1998. Fate of pig sludge liquid fraction in calcareous soil：agricultural and environmental implications. Journal of Environmental Quality，27：364～371
Han F，Shan X Q，Zhang S Z，et al. 2006. Enhanced cadmium accumulation in maize roots-the impact of organic acids. Plant and Soil，289：355～368
Hettiarachchi G M，Pierzynski G M. 2002. In situ stabilization of soil lead，cadmium，and zinc using phosphorus and managanese oxide：Influence of plant growth. Journal of Environmental Quality，31：564～572
Houba V J G，van der Lee J J，Novozamsky I，et al. 1995. Soil analysis procedures：Other Procedures (soil and plant analysis part 5B). Wageningen，the Netherlands：Agriculture University
Jahansooz M R，Yunusa I A M，Coventry D R，et al. 2007. Radiation and water use associated with growth and yields of wheat and chickpea in sole and mixed crops. European Journal of Agronomy，26(3)：275～282
Jiang L Y，Yang X E，He Z L. 2004. Growth response and phytoextraction of copper at different levels in soils by *Elsholtzia splendens*. Chemosphere，55：1179～1187
Jiang L Y，Yang X E，Ye Z Q，et al. 2003. Uptake，distribution and accumulation of copper in plants of two ecotypes of *Elsholtzia*. Pedosphere，13(4)：359～366
Joadan R N，Yonge D R，Hathhorn W E. 1997. Enhanced mobility of Pb in the presence of dissolved natural organic matter. Contaminant Hydrology，29：59～80
Kalbitz K，Wennich R. 1998. Mobilization of heavy metal and in polluted wetland soil and its dependence on dissolved organic matter. Science of the Total Environment，209：27～39
Komarek M，Tlustos P，Szakova J，et al. 2007. The use of maize and poplar in chelant-enhanced phytoextraction of lead from contaminated agricultural soils. Chemosphere，67：640～651
Krishnamurti G S R，Cieslinski G，Huang P M，et al. 1997. Kinetics of cadmium release from soils as influenced by organic acids：Implication in cadmium availability. Journal of Environmental Quality，26(1)：271～277
Liedgens M，Richner W. 2001. Relation between maize (*Zea mays* L.) leaf area and root density observed with minirhizotrons. European Journal of Agronomy，15：131～141
Liao M T，Hedley M J，Woolley D J，et al. 2000. Copper uptake and translocation in chicory (*Cichorium intybus* L. cv. Grasslands Puna) and tomato (*Lycopersicon esculentum* Mill. cv. Rondy) plants grown in NFT system. I. Copper uptake and distribution in plants. Plant and Soil，221：135～142
Liu X M，Wu Q T，Banks M K. 2005. Effect of simultaneous establishment of *Sedum alfredii* and *Zea mays* on heavy metal accumulation in plants. International Journal of Phytoremediation，7(1)：41～53
Marchiol L，Fellet G，Perosa D，et al. 2007. Removal of trace metals by *Sorghum bicolor* and *Helianthus annuus* in a site polluted by industrial wastes：A field experience. Plant Physiology and Biochemistry，45：379～387
McLaughlin M J，Palmer L T，Tiller K G，et al. 1994. Increased soil salinity causes elevated cadmium concentrations in field-grown potato tubers. Journal of Environmental Quality，23：1013～1018
Mench M，Baize D，Mocquot B. 1997. Cadmium availability to wheat in five soil series from the Yonne district，Burgundy，France.

Environmental Pollution，95：93～103

Onyatta J O，Huang P M. 2003. Kinetics of cadmium release from selected tropical soils from Kenya by low-molecular-weight organic acids. Soil Science，168 (4)：234～252

Panwar B S，Singh J P，Laura R D. 1999. Cadmium uptake by cowpea and mungbean as affected by Cd and P application. Water，Air and Soil Pollution，112 (1-2)：163～169

Pohlman A A，McColl J G. 1988. Soluble organics from forest litter and their role in metal dissolution. Soil Science Society of American Joural，52：265～271

Reeves R D，Brooks R R. 1983. European species of *Thlaspi* L (*Cruciferae*) as indicators of nickel and zinc. Journal of Geochemical Exploration，18 (3)：275～283

Stoltz E，Greger M. 2002. Accumulation properties of As，Cd，Cu，Pb and Zn by four wetland plant species growing on submerged mine tailings. Environmental and Experimental Botany，47：271～280

Sukreeyapongse O，Holm P E，Strobel B W，et al. 2002. pH-dependent release of cadmium，copper and lead from natural and sludge-amended soils. Journal of Environmental Quality，31：1901～1909

Wang D M，Marschner P，Solaiman Z，et al. 2007. Belowground interactions between intercropped wheat and *Brassicas* in acidic and alkaline soils. Soil Biology and Biochemistry，39 (4)：961～971

Whiting S N，Leake J R，Mcgrath S P，et al. 2001. Hyperaccumulation of Zn by *Thlaspi caerulescens* can ameliorate Zn toxicity in the rhizosphere of co-cropped *Thlaspi arvense*. Environmental Science and Technology，35 (15)：3237～3241

Wieshammer G，Unterbrunner R，García T B，et al. 2007. Phytoextraction of Cd and Zn from agricultural soils by *Salix ssp.* and intercropping of *Salix caprea* and *Arabidopsis halleri*. Plant and Soil，298：255～264

Wu Q T，Wei Z B，Ouyang Y. 2007. Phytoextraction of metal-contaminated soil by *Sedum alfredii* H：Effects of chelator and co-planting. Water Air Soil Pollution，180：131～139

第四章　锌镉污染土壤的超积累植物修复调控技术

同一地块相邻的多种作物间必将相互影响，引起光照条件、水分状况及养分吸收等的改变，从而发生间套作效应(Ghosh et al.，2006；Wang et al.，2007)，其中重要因素之一就是光照条件的改变(Tsubo et al.，2001；王继永等，2003)。高秆作物可为喜荫的矮秆作物提供遮阴环境，避免阳光直射，促进耐阴作物的生长，同时提高群体的光能利用率。与铜耐性、富集植物海州香薷相比，伴矿景天植物矮小、生长速度慢，海州香薷的快速生长势必会引起伴矿景天生长期间光照条件的改变。

水分也是植物生长的必需因素，大多数超积累植物是生长在贫瘠、浅薄、持水能力低的矿区土壤上的野生植物(Reeves and Brooks，1983)，其对水分的要求不甚严格，对干旱环境的忍耐是这类植物的特征之一。Zn、Cd 超积累植物伴矿景天属景天科植物，具有特殊的光合碳代谢途径——景天酸途径，具有极强的抗旱性(李明启，1994)。此外，植物对重金属的吸收以及从根部向地上部的转运受蒸腾作用、植物组织水分以及土壤水分的影响；土壤中水分影响重金属的化学结合态，从而影响其生物有效性(Marchiol et al.，2004)。张丽娜等(2006)的研究表明，不同的土壤水分管理方式对水稻糙米中 Cd 浓度有显著影响；Angle 等(2003)证实超积累植物生物量和重金属浓度随土壤水分含量的增大呈增加趋势，当土壤水分为田间持水量的 80%时，超积累植物的修复效率达到最高。因此，适宜的土壤含水量和土壤水分管理措施，不仅有利于植物生长，同时也能提高土壤中重金属有效性，从而达到调控植物修复效率的目的。

肥料的施用可缓解重金属对植物的胁迫，同时提供植物生长所需养分。叶面喷施磷肥可纠正由重金属铅毒害作用引起的植物缺磷症状(Begonia et al.，1998)。Bani 等(2007)研究表明，施肥处理 *Alyssum murale* 的生物量是不施肥处理的 13 倍；廖晓勇等(2004)的田间试验发现，适量施加磷肥可显著提高蕨类植物蜈蚣草的生长速率和生物量；此外，有机肥除提供植物生长所需的养分外，还可改善土壤表面温度状况，改善基质的物理结构，有利于微生物的生长、固定和保持氮素养分，间接促进植物的生长(胡诚等，2007)。施肥除能促进植物的生长外，施入的肥料还能影响土壤中重金属的化学行为，从而影响超积累植物对重金属的吸收。Eriksson(1990)发现氮肥增加土壤 Cd 活性，促进植物吸收镉。氮肥种类不同，作用程度也不同，促进植物吸收土壤 Cd 的顺序是$(NH_4)_2SO_4$＞NH_4NO_3＞$Ca(NO_3)_2$。Hamlin 和 Barker(2006)研究发现，NH_4^+较NO_3^-更能降低溶液 pH，增加印度芥菜地上部生物量和 Zn 浓度。Jankong 等(2007)试验发现施用磷肥 8 个星期后蜈蚣草的生物量是对照的 1.33 倍，地上部 As 浓度是对照的 1.59 倍，As 清除效率显著提高，推测磷肥可能是通过提高土壤 As 的有效性而促进蜈蚣草对 As 的吸收。

化学调控措施主要是通过向土壤施用化学物质，改变土壤中重金属的存在形态，使与土壤结合较紧密的重金属形态向水溶态、交换态转化，提高其植物可利用性，促进植物吸收(Ernst，1996)。文献中应用的化学试剂主要为氨基多羧基酸类，如 EDTA、HEDTA、

DTPA、EGTA、NTA、EDDHA、CDTA、EDDS 等；低分子有机酸类，如柠檬酸、苹果酸、草酸、丙二酸、乙酸等(陈英旭等，2000)；表面活性剂类，分为生物表面活性剂和非生物表面活性剂，生物表面活性剂主要有 Surfactin、鼠李糖脂、槐子糖脂等，非生物表面活性剂又可分为阴离子、阳离子和非离子表面活性剂(Mulligan et al.，1999；陈玉成等，2004)。

施用有机络合剂以及表面活性剂等化学试剂，能活化土壤中重金属，提高其生物有效性，促进植物根系对重金属的吸收，从而提高植物修复效率。但有机络合剂成本高，且施用后活化的过量重金属可能会抑制植物生长，导致重金属对地表和地下水的污染，产生二次污染；此外，有机络合剂在活化重金属的同时使土壤中一些微量元素淋失，降低土壤肥力；有些化学试剂本身对生物体具有毒性且难降解，抑制土壤中生物和修复植物的生长，具有一定的环境风险(Blaylock et al.，1997；Huang et al.，1997；Kedziorek et al.，1998；Vassil et al.，1998；李玉红等，2002)。

在植物修复体系中引入有益的微生物，促进植物生长，增加其对重金属的积累，提高植物修复效率也成为植物修复技术研究的一个发展方向。目前应用于植物修复技术的微生物主要包括具有重金属耐性并能促进植物生长的根际细菌和菌根真菌(White，2001；Marques et al.，2006)。

第一节　光照强度对伴矿景天生长和锌镉吸收性的影响

盆栽试验一设 5 个不同的光照强度：①100%光照(G-CK)；②31.2%光照(G-L1，一层遮阳网)；③10.0%光照(G-L2，二层遮阳网)；④3.14%光照(G-L3，三层遮阳网)；⑤1.00%光照(G-L4，四层遮阳网)。在中国科学院南京土壤研究所光照培养室进行，全光照时光强为 300μmol/(m^2·s)，恒温 25℃，光照/黑暗时间为 14h/10h，空气相对湿度 70%。试验时间为 2006 年 4 月 7 日至 5 月 26 日。

由于试验一是在光照培养室中进行，培养室为人工光源，光强为 300μmol/(m^2·s)，而 5～6 月份的晴天南京室外自然光强约为 1500μmol/(m^2·s)，光照室光强远低于室外自然光。此外，试验一由于遮阳网网孔细密，一层遮阳网的遮阴程度即达近 70%，与对照相比，光强下降幅度过大，试验结果不足以考察光强从 100%下降到 31.2%的过程中伴矿景天生长和重金属吸收性的变化规律。根据试验一研究结果，盆栽试验二采用了网孔密度较稀的遮阳网，在无障碍物遮挡的楼顶空地上进行。试验仍然设 5 个处理，①100%自然光照［N-CK，晴天正午的光强为 1300～1600μmol/(m^2·s)］；②70%光照［N-L1，一层遮阳网，晴天正午的光强为 950～1100μmol/(m^2·s)］；③60%光照［N-L2，二层遮阳网，晴天正午的光强为 800～950μmol/(m^2·s)］；④50%光照［N-L3，三层遮阳网，晴天正午的光强为 700～800μmol/(m^2·s)］；⑤30%光照［N-L4，四层遮阳网，晴天正午的光强为 400～500μmol/(m^2·s)］。试验时间为 2007 年 4 月 6 日至 6 月 26 日。

一、光照强度对伴矿景天生长的影响

光是影响光合作用的重要因素，直接影响干物质的合成和积累。在光照培养室(试验

一)，伴矿景天生物量随着光照强度的减弱急剧下降［图 4.1(a)］。与对照相比，G-L1 处理伴矿景天生物量下降了 51.8%。随着光照强度的进一步减弱，生物量迅速降低。G-L3 处理伴矿景天生物量仅为对照的 3.47%，而 G-L4 处理伴矿景天生物量与移栽时相比没有显著增加，植株细小瘦弱。这表明在该试验条件下光照强度低于 30%全光照时，光照条件已不利于伴矿景天进行光合作用以积累干物质。

在室外自然光条件下(试验二)，伴矿景天生物量也表现出随光强的减弱逐渐降低的趋势［图 4.1(b)］。未进行遮阴的对照(N-CK)处理伴矿景天生长旺盛，分枝和叶片数目多，随着光照强度减弱，伴矿景天分枝减少，但叶面积增加，以保障弱光下获得更多的光能(黄卫东等，2004)。与 N-CK 相比，N-L1 处理伴矿景天生物量下降了 18.0%，N-L1、N-L2 和 N-L3 处理之间生物量无显著差异。N-L4 处理伴矿景天生物量下降了 59.1%，与试验一 G-L1 处理的生物量下降规律相似，这说明遮阴程度达 70%以上时伴矿景天的生长受到光照强度的严重影响，干物质的积累急剧下降。

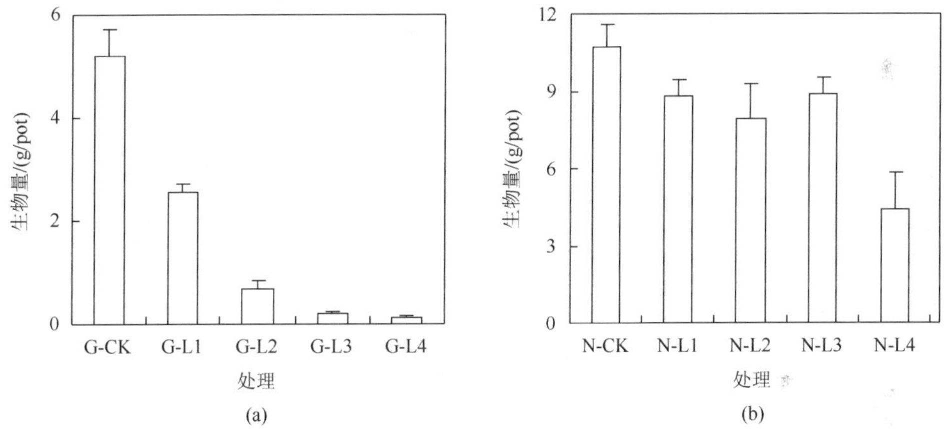

图 4.1 光照强度对伴矿景天生物量的影响

G-CK 表示 100%光照室光强；G-L1 表示 31.2%光照室光强；G-L2 表示 10.0%光照室光强；G-L3 表示 3.14%光照室光强；G-L4 表示 1.00%光照室光强；N-CK 表示 100%自然光强；N-L1 表示 70%自然光强；N-L2 表示 60%自然光强；N-L3 表示 50%自然光强；N-L4 表示 30%自然光强

二、光照强度对伴矿景天锌镉吸收性的影响

试验一(光照室)条件下伴矿景天地上部重金属浓度随光照强度减弱而逐渐增大(表 4.1)。全光照(G-CK)处理伴矿景天地上部镉浓度显著低于 G-L1 和 G-L2 处理，与 G-L3、G-L4 处理则无显著差异，对照处理伴矿景天锌浓度也低于其他光照强度处理。通过计算伴矿景天地上部重金属吸收量可知，随着光照强度的减弱，镉积累量分别下降了 37.8%、84.2%、96.1%、97.7%；锌积累量分别下降了 42.4%、85.9%、96.0%、97.3%。由此可见，光照强度减弱，在光照室的试验条件下即使伴矿景天地上部重金属浓度提高，但生物量的急剧下降仍然导致植物重金属积累量显著下降。

室外的试验二结果显示，与对照(N-CK)相比，光照强度减弱，N-L1、N-L2 和 N-L3 三处理伴矿景天地上部镉、锌浓度均略有上升，N-L4 处理伴矿景天地上部镉、锌浓度略降，但各处理之间重金属浓度差异不显著(表 4.1)。除 N-L4 处理伴矿景天地上部重金属吸收量显著降低外，其他各处理则无显著差异，并未如试验一出现吸收量急剧下降的现象，说明在自然光照条件下，一定程度的光照强度减弱并不会影响伴矿景天对锌镉的吸收和吸取修复效率。

表 4.1　光照强度对伴矿景天地上部 Cd、Zn 浓度和吸收量的影响

试验编号	处理	重金属浓度/(mg/kg)		吸收量/(mg/盆)	
		Cd	Zn	Cd	Zn
试验一(光照室)	G-CK	432±15 b	17 570±400 c	2.01±0.23 a	81.7±8.9 a
	G-L1	558±63 a	20 930±1050 b	1.25±0.11 b	47.1±2.9 b
	G-L2	541±80 a	19 300±980b c	0.318±0.031 c	11.5±2.2 c
	G-L3	529±109 ab	23 520±3640 a	0.078±0.011 d	3.25±0.46 d
	G-L4	378±47 bc	21 440±2430 ab	0.045±0.004 d	2.14±0.66 d
试验二(自然光)	N-CK	25.5±2.7 a	1830±245 a	0.253±0.033 a	18.2±2.9 a
	N-L1	28.0±1.3 a	1916±231 a	0.234±0.016 a	16.6±1.8 a
	N-L2	27.7±6.7 a	2210±391 a	0.244±0.016 a	18.9±0.3 a
	N-L3	29.3±6.6 a	2077±415 a	0.248±0.040 a	17.7±3.3 a
	N-L4	24.0±6.6a	1563±406 a	0.071±0.022 b	4.69±1.60 b

注：G-CK 表示 100%光照室光强；G-L1 表示 31.2%光照室光强；G-L2 表示 10.0%光照室光强；G-L3 表示 3.14%光照室光强；G-L4 表示 1.00%光照室光强；N-CK 表示 100%自然光强；N-L1 表示 70%自然光强；N-L2 表示 60%自然光强；N-L3 表示 50%自然光强；N-L4 表示 30%自然光强。

三、光照强度对伴矿景天叶绿素的影响

通过肉眼观察发现试验一遮阳网遮阴条件下生长的伴矿景天叶色明显变绿，与对照相比差别明显。叶绿素含量结果也表明光照强度减弱，伴矿景天叶绿素 a、叶绿素 b 和总叶绿素含量显著升高(表 4.2)。其中 G-L1 处理叶绿素 a、b 和总叶绿素含量增加至对照的 2 倍以上。除对照外，各光照强度处理叶绿素含量差异不明显。光照强度减弱导致叶绿素 a/b 比值减小，弱光条件下，伴矿景天叶绿素 b 含量较叶绿素 a 含量增加幅度大。叶绿素 b 对光照反应更灵敏，许多研究发现叶绿素含量尤其是叶绿素 b 相对含量的增加有利于植株更充分地吸收漫射光和反射光中的蓝紫光，提高植株对弱光的适应能力(赵天宏等，2003；战吉成等，2005；毛炜光等，2007)，本书试验研究结果与之一致。

在试验二自然光照条件下，各光照强度处理之间叶绿素 a、b、总量以及叶绿素 a/b 比值均无显著差异(表 4.2)。与对照相比，N-L1 和 N-L2 叶绿素 a、叶绿素 b 以及总叶绿素含量增加，N-L4 处理叶绿素含量减少，但差异均未达到显著水平。以上结果说明自然光条件下，一定范围内的光照强度变化不会显著影响伴矿景天叶绿素含量。

对比试验一和试验二植物叶绿素含量发现，试验一条件下伴矿景天叶绿素 a、叶绿素 b、总量及叶绿素 a/叶绿素 b 比值均较高，进一步说明在光照培养室光照强度较弱的条件下，伴矿景天通过提高叶绿素含量、调节叶绿素 a/叶绿素 b 比值适应弱光环境和不同的光源，这与文献报道一致(Minotta and Pinzauti，1996；Lall et al.，1998)。

表 4.2　光照强度对伴矿景天叶绿素含量的影响　　[单位：(g/kg)鲜重]

试验编号	处理	叶绿素 a	叶绿素 b	总叶绿素	叶绿素 a/叶绿素 b
试验一（光照室）	G-CK	0.263±0.071 b	0.086±0.031 b	0.349±0.101 b	3.19±0.44 a
	G-L1	0.552±0.233 a	0.189±0.074 a	0.741±0.306 a	2.91±0.16 ab
	G-L2	0.511±0.048 a	0.186±0.021 a	0.697±0.063 a	2.76±0.29 ab
	G-L3	0.532±0.120 a	0.213±0.044 a	0.745±0.164 a	2.50±0.06 b
	G-L4	0.402±0.163 ab	0.171±0.043 a	0.573±0.199 ab	2.32±0.68 b
试验二（自然光）	N-CK	0.238±0.052 a	0.102±0.031 a	0.339±0.081 a	2.38±0.31 a
	N-L1	0.252±0.072 a	0.100±0.017 a	0.352±0.089 a	2.50±0.30 a
	N-L2	0.233±0.055 a	0.078±0.031 a	0.311±0.052 a	2.21±0.08 a
	N-L3	0.257±0.060 a	0.113±0.029 a	0.370±0.089 a	2.27±0.09 a
	N-L4	0.196±0.034 a	0.086±0.013 a	0.282±0.043 a	2.30±0.33 a

注：同列不同字母间表示差异显著(P<0.05)；G-CK 表示 100%光照室光强；G-L1 表示 31.2%光照室光强；G-L2 表示 10.0%光照室光强；G-L3 表示 3.14%光照室光强；G-L4 表示 1.00%光照室光强；N-CK 表示 100%自然光强；N-L1 表示 70%自然光强；N-L2 表示 60%自然光强；N-L3 表示 50%自然光强；N-L4 表示 30%自然光强。

四、光照强度对伴矿景天光合速率和蒸腾速率的影响

光照强度是影响光合作用的最重要因素之一，而光合速率是反映光合作用强弱的重要指标(王玉辉和周广胜，2001；柯文山等，2007)。试验二测定了不同光照强度下伴矿景天的净光合速率(*Pn*)和蒸腾速率(*Tr*)(表 4.3)，发现光照强度的变化显著地影响了伴矿景天的净光合速率。与 N-CK 处理相比，N-L2、N-L3、N-L4 处理净光合速率分别降低了 49.0%、31.9%和 60.2%。蒸腾速率的变化规律相似。随光照强度减弱，伴矿景天水分蒸腾作用减缓，N-L2 处理蒸腾速率下降显著，仅为对照的 39.0%。植物叶片气孔是水分和 CO_2 交换的主要通道，气孔导度小，减少水分的散失，植物蒸腾作用降低，同时也限制了 CO_2 的交换，限制了植物光合作用的进行，因此光合速率和蒸腾速率表现出相似的变化规律(许大全，1997)。此外，蒸腾作用的重要生理意义之一是驱动植物对养分的吸收和运输，蒸腾速率大，则强烈的植物蒸腾作用促使根系水分吸收及对溶于水中的矿质元素的吸收和向地上部转运，使养分供应更为充足，有利于光合作用的进行(李合生，2002)。因此，光照强度减弱，伴矿景天净光合速率和蒸腾速率下降，可能是生物量显著下降的原因之一。

表 4.3　光照强度对伴矿景天光合特性的影响

处理	净光合速率(*Pn*) /[μmol CO_2/(m^2·s)]	蒸腾速率(*Tr*) /[mmol H_2O/(m^2·s)]	水分利用率(WUE) /(mmol/mol)
N-CK	5.71±0.66 a	2.72±0.64 a	2.15±0.38 b
N-L1	5.79±1.33 a	2.37±0.50 a	2.43±0.07 b
N-L2	2.91±0.71 bc	1.06±0.55 b	3.02±0.77 ab
N-L3	3.89±0.39 b	1.18±0.31 b	3.67±0.66 a
N-L4	2.27±0.12 c	1.06±0.33 b	2.29±0.74 b

注：同列不同字母间表示差异显著(P<0.05)；N-CK 表示 100%自然光强；N-L1 表示 70%自然光强；N-L2 表示 60%自然光强；N-L3 表示 50%自然光强；N-L4 表示 30%自然光强。

水分利用率(WUE)是指消耗单位质量的水通过光合作用所形成的干物质量，可用净光合速率除以蒸腾速率来表示(邹琦，1995)。由表 4.3 可见，光照强度减弱，水分利用率提高，N-L3 处理水分利用率最高，为对照的 1.71 倍。随后水分利用率降低，N-L4 和 N-CK 水分利用率无显著差异。光照强度大，气孔导度大，导致蒸腾速率的迅速上升，因此水分大部分通过蒸腾作用散失至大气中，利用率降低。光照强度减弱减少了植物的蒸腾作用，水分通过蒸腾作用消耗少，有效地提高了水分利用率。当光照强度减弱到一定程度时，虽然蒸腾速率降低，但是光合速率也受到光强的限制而下降，光合能力降低导致了水分利用率下降(战吉成等，2005)。

Romanowska 等(2006)的研究表明，光照强度能够影响豌豆抗 Pb 胁迫的能力，在强光照强度下，豌豆耐性增强；Artetxe 等(2002)发现低光照强度下生长的浮萍对 Zn 和 Cd 的耐性更强。本书研究发现光照强度的减弱促进了伴矿景天对 Zn、Cd 的吸收，在一定的光照强度变化范围内(100%～50%)，重金属浓度的增大抵消了光照强度减弱引起的生物量下降效应，伴矿景天的 Zn、Cd 吸收量和修复效率不受影响。伴矿景天可通过调节叶绿素含量和叶绿素 a/b 值来适应弱光环境；另一方面，光照强度的减弱提高了伴矿景天的水分利用率。由此可见，伴矿景天能够忍耐一定程度的遮阴。石进朝等(2005)的研究也发现景天科一些野生景天种对光照有着较强的适应性，耐阴庇。对伴矿景天原居地生境的调查也发现，伴矿景天大多生长在山坡荫湿处的石缝中或者山崖沟渠荫凉湿润处。

利用超积累植物与农作物套作可在进行土壤修复的同时继续从事农业生产，获得符合农产品质量标准的粮食，提高土地利用率，取得一定的经济效益，降低土壤修复成本(Wu et al.，2007)；利用多种重金属积累植物间套作，可同时清除土壤中的多种污染元素，提高重金属复合污染土壤的修复效率(Wieshammer et al.，2007)。间套作的种植方式给植物修复技术提供了新的模式，但在进行间套作时须考虑植物间相互作用对修复效率的影响。相对农作物如水稻、玉米、高粱而言，超积累植物一般个体矮小，生长速率慢，因此高秆作物对超积累植物造成的光照条件改变是一个不可忽视的方面(王继永等，2003)。本书研究发现，伴矿景天可忍耐一定程度的遮阴，一定范围内的光照强度减弱并不会影响其生长和对土壤重金属 Cd、Zn 的吸取修复效率，但过度荫庇和光照强度减弱则会导致伴矿景天干物质积累的急剧下降，使修复效率大大降低。

因此，了解超积累植物的光照特性，一方面可指导植物修复，在实际修复过程中创造适宜的植物生长环境，促进超积累植物的生长和金属吸收性，提高修复效率；另一方面，有助于了解修复植物的间套作效应，进行合理的搭配种植。

第二节 水分特征对伴矿景天生长和重金属吸收性的影响

国内外在土壤含水量对修复植物生长和金属吸收性方面报道很少，Angle 等(2003)在超积累植物十字花科的遏蓝菜 *Thlaspi caerulescens*，庭荠属的 *Alyssum murale*，菊科的 *Berkheya coddii* 上的研究表明，虽然这 3 种植物原始环境土壤的含水量很低，但是土壤含水量越高，生物量越大(至少土壤含水量到 80%WHC)，植物重金属积累能力越强。伴矿景天(*Sedum plumbizincicola*)是生长于我国浙江铅锌矿地区的一种景天科植物新种，具有超积累 Zn 和 Cd 的特性(吴龙华等，2006)，且耐阴，耐旱。土壤水分条件对伴矿景天的生长以及重金属吸收性有何影响，这方面鲜有研究。因此，本节介绍水分调控对 Zn、Cd 超积累植物伴矿景天生长和修复效率的影响，为修复植物生长的合理水分调控提供借鉴。

供试伴矿景天幼苗采自浙江淳安，供试土壤为采自浙江杭州郊区的湿润黏化富铁土，土壤 pH(H_2O)为 7.98，有机碳含量为 21.3g/kg，阳离子交换量(CEC)为 12.0cmol/kg，全量 N、P、K 分别为 2.01、0.59、20.2g/kg；碱解 N、Olsen-P 和 1mol/L NH_4OAc 提取态 K 分别为 77.1、8.82、48.7mg/kg；全量 Zn、Cd 浓度为 1489mg/kg 和 2.12mg/kg。

盆栽试验共设 4 个处理，分别为：①土壤含水量为最大田间持水量的 35%(35%WHC)；②土壤含水量为最大田间持水量的 70%(70%WHC)；③饱和水分处理(100%WHC)；④保持土面有 2cm 的水层，模拟水稻田间水分，定期落干(晒田)。处理 1 至处理 3，土壤装入有托盘花盆中，每盆 1.4kg；对淹水处理，采用底部无孔的塑料花盆。试验于 2007 年 7 月 30 日开始，每天浇水 3 次，水分控制采用称重浇水法，试验在 121d 后结束。

一、水分特征对伴矿景天生长的影响

不同水分处理对伴矿景天鲜重、干重和植物含水率的影响结果如表 4.4 所示。在 70%WHC 处理时，伴矿景天生物量最大，35%WHC、100%WHC 和淹水处理的鲜重分别比 70%WHC 处理低 38.0%、82.9%和 87.4%；对应的 35%WHC、100%WHC 和淹水处理的干重分别比 70%WHC 处理低 28.5%、82.4%，87.1%；鲜重和干重表现出相同的变化趋势，即土壤含水量高于或者低于 70%WHC 时，生物量下降，干物质积累量也下降。由此可见，伴矿景天在 70%WHC 处理时生长最好，当受到水分胁迫时，无论鲜重还是干重都会受到明显的影响，且表现为淹水胁迫甚于干旱胁迫，淹水处理时，伴矿景天几乎停滞生长，地上部生物量甚至较移栽前更小。尚辛亥等(2003)的研究也表明，土壤水分在 70%WHC 时，高山红景天生长最好，水分过低和过高均不利于高山红景天的生长；而且，土壤水分过多也不利于高山红景天地下部分生长，本书试验结果与其相似。

从伴矿景天地上部含水率看，70%WHC 处理含水率最高，而 35%WHC、100%WHC、淹水处理比 70%WHC 处理分别降低了 6.2%、5.6%和 5.1%，表明 70%WHC 处理最适宜伴矿景天的生长。

表 4.4　水分特征对伴矿景天生物量和含水率的影响

处理	鲜重/(g/盆)	茎干重/(g/盆)	叶干重/(g/盆)	总干重/(g/盆)	含水率/%
35%WHC	87.7±4.6 b	1.23±0.08 ab	7.46±0.70 a	8.68±0.71 a	90.1±0.4 b
70%WHC	141±50 a	1.95±1.06 a	10.2±3.5 a	12.1±4.5 a	96.0±2.0 a
100%WHC	24.1±14.4 c	0.47±0.16 bc	1.66±0.91 b	2.14±1.07 b	90.7±1.1 b
淹水	17.8±4.1 c	0.21±0.06 c	1.36±0.26 b	1.57±0.31 b	91.1±0.8 b

注：表中同一列字母不同表示处理之间差异显著($P<0.05$)，含水率=(鲜重－干重)/鲜重。

长期水分胁迫下，植物光合系统机能下降，光合速率下降，导致光合物质生产能力降低，库器官同化和建成能力锐减，造成性状恶化(徐世昌和崔钦，1995)。Mielke 等(2003)研究了热带耐淹树种(*Genipa Americana*)受淹水后的光合速率和叶绿素荧光变化，发现

63d 淹水后其光合能力下降到对照的 52.9%，而气孔导度下降到对照的 31.7%，即水分含量直接影响了植物的生理机能。本书试验中，叶绿素含量和光合速率表现出相同的趋势，即在 35%WHC 处理，伴矿景天的叶绿素含量最高(表 4.5)，光合能力最强，这与王建伟和周凌云(2007)、王磊等(2004)在金银花和番茄上的报道结果类似，而与李林锋和刘新田(2003)、蔡锡安等(2004)在桉树和单性木兰上的报道结果相反。这可能是因为较高的叶绿素含量有利于伴矿景天在土壤干旱条件下保持一定的光合速率。

表 4.5 水分特征对伴矿景天叶绿素含量的影响

处理	叶绿素 a /(g/kg)	叶绿素 b /(g/kg)	总叶绿素 /(g/kg)	叶绿素 a/b /(g/kg)	光合速率 / [μmolCO_2/(m^2·s)]
35%WHC	0.35±0.08 a	0.16±0.03 a	0.51±0.09 a	2.34±0.68 a	9.81±3.93 a
70%WHC	0.33±0.03 a	0.12±0.01 a	0.45±0.04 a	2.64±0.16 a	9.01±1.72 a
100%WHC	0.11±0.04 b	0.07±0.01 b	0.18±0.06 b	1.54±0.35 b	4.36±2.11 b
淹水	0.06±0.05 b	0.04±0.02 b	0.10±0.07 b	1.35±0.37 b	5.34±2.73 b

注：表中同一列字母不同表示处理之间差异显著($P<0.05$)。

丙二醛是膜脂过氧化作用的最终产物之一，细胞内丙二醛的含量是膜系统受害的标志之一(王爱国，1986)。丙二醛的产生量随胁迫强度的提高而增加，标志着细胞膜系统受破坏加重。丙二醛降低膜系统稳定性，引起膜透性增强，并在细胞内累积，从而促进叶绿素降解，光合速率下降等衰老进程(侯建设等，2005)。因此，在受到水分胁迫时伴矿景天表现出不同程度的受害症状，如植株矮小、叶片较小，严重时叶片呈鲜暗红色。本书试验中，100%WHC 和淹水处理植物丙二醛含量显著高于 35%WHC 和 70%WHC 处理($P<0.05$)(表 4.6)。

表 4.6 水分特征对伴矿景天丙二醛和脯氨酸含量的影响 (单位：mg/kg)

处理	丙二醛	脯氨酸
35%WHC	0.55±0.18 b	99.8±13.7 a
70%WHC	0.32±0.10 b	96.7±10.4 a
100%WHC	1.73±1.07 a	87.3±11.4 a
淹水	2.07±1.00 a	123±51 a

注：表中同一列字母不同表示处理之间差异显著($P<0.05$)。

脯氨酸是植物蛋白质的组分之一，并以游离状态广泛存在植物体中。脯氨酸具有很高的水溶性，游离脯氨酸含量的增高能够降低叶片的渗透势，防止细胞脱水，可以保护细胞膜系统，维护细胞内膜结构，是酶和亚细胞结构的保护剂，另外还能解除蛋白质分解初期产生 NH 基团造成的毒害，防止其他有毒氨基酸的积累。在受到不同环境胁迫时，植物体内常有游离脯氨酸的积累，且其积累量与逆境水平和植物对这种逆境的抗性有关，因而测定植物体内游离脯氨酸含量在一定程度上可以了解植株遭受逆境的情况及植物对逆境的抵抗能力(曲复宁等，2002)。

本次试验脯氨酸含量各个处理之间均未达到显著差异，但是干旱和涝渍的脯氨酸含量最高，并且淹水处理高于干旱处理，说明伴矿景天对水分胁迫有很强的抵抗能力(表 4.6)。

二、水分特征对伴矿景天地上部锌镉浓度及修复效率的影响

35%WHC 和 70%WHC 处理伴矿景天茎中 Zn、Cd 浓度比叶中高，且修复效率也高（图 4.2～图 4.4），而又以 70%WHC 处理为最高。70%WHC 处理茎中 Cd 的浓度分别比 35%WHC、100%WHC 和淹水处理高 27.1%、29.0%和 63.1%；而茎中 Zn 的浓度则分别比 35%WHC、100%WHC 和淹水处理的高 21.8%、30.7%和 41.5%，差异显著（$P<0.05$）；70%WHC 处理 Zn 的修复效率比 35%WHC、100%WHC 和淹水高 49.3%、84.1%和 92.3%；Cd 的修复效率比 35%WHC、100%WHC 和淹水高 42.0%、78.6%和 90.9%，各处理间 Zn、Cd 修复效率的差异显著（$P<0.05$）。

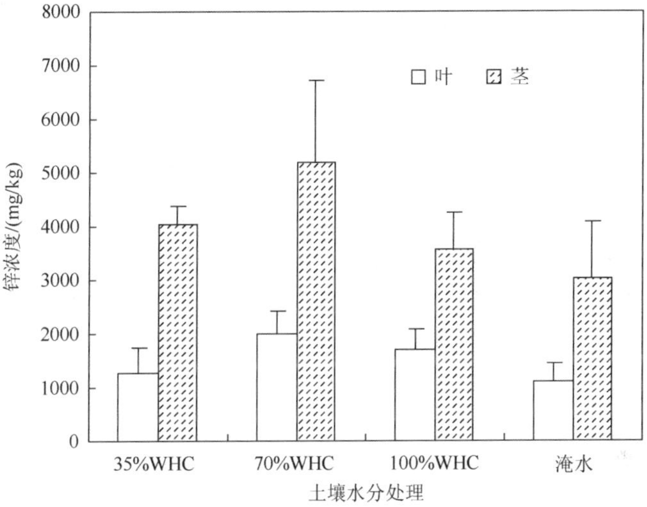

图 4.2　水分特征对伴矿景天茎和叶中 Zn 浓度的影响

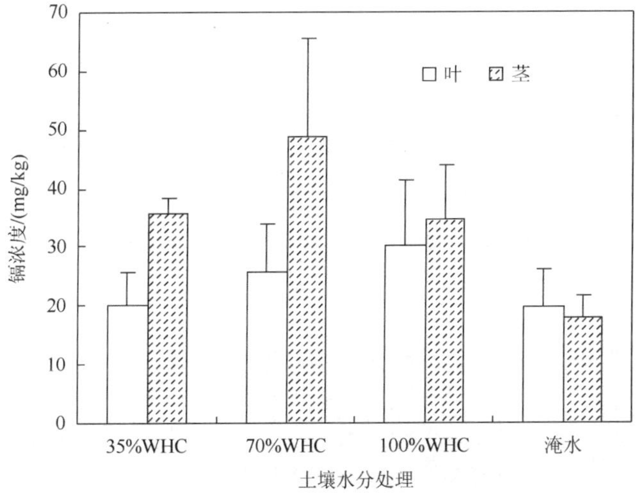

图 4.3　水分特征对伴矿景天中茎和叶 Cd 浓度的影响

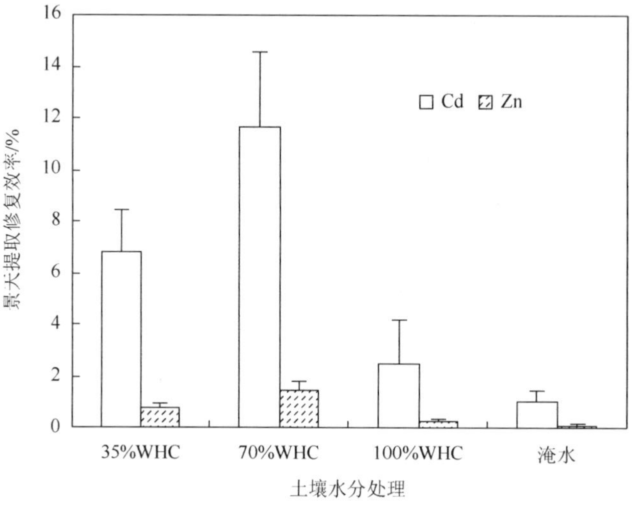

图 4.4 水分特征对伴矿景天 Zn、Cd 修复效率的影响

修复效率=修复植物地上部某种重金属总量/未修复前土壤中该重金属总量

在污染土壤中，淹水(厌氧)条件下植物对土壤中重金属的吸收较非淹水条件下的低(Gambrell and Patrick，1989)，一方面由于淹水不利于一般植物生长(水生植物除外)，另一方面淹水时土壤氧化还原电位较低，大多数金属的溶解度降低(Rieuwerts et al.，1998)。Ye 等(1998)发现在 Pb、Zn 尾矿的土壤中，与干旱条件相比，淹水条件下 *P. australis* 的生物量降低，但对 Pb、Zn、Cu 的吸收量明显增加。Angle 等(2003)利用 Ni 超积累植物修复 Ni 污染土壤时发现，在低湿度(土壤含水量为田间持水量的 30%～40%)条件下，植物生长明显受抑，植物体内重金属浓度随着土壤湿度的增大呈上升趋势，且植物修复效率的提高也非常明显，两种超积累植物 *Thlaspi caerulescens* 和 *Berkheya coddii* 的最高修复效率都出现在土壤水分为田间持水量 80%的处理条件下，分别为 30%水分处理的 37 倍和 77 倍。本书研究也表明 70%WHC 水分条件下，最适宜伴矿景天生长。

第三节 养分调控对伴矿景天生长及锌镉吸收性的影响

施肥是提高土壤肥力和增加农作物产量的重要农艺措施之一，众多研究也表明施肥是提高超积累植物修复污染土壤效率的重要辅助措施(Fayiga et al.，2008)。但目前关于超积累植物养分调控的研究较多集中于肥料品种筛选及某一元素施用量的探索上(孙琴等，2003；李继光等，2007；王林等，2008)，氮磷钾三元素配施时对超积累植物生长及重金属吸收性影响的研究则甚少。

一、养分调控对伴矿景天生长及锌镉吸收性的影响

采用正交设计进行氮磷钾养分调控试验，研究了不同肥料施用量及其相互作用对伴矿景天生长和锌镉污染土壤修复效率的影响，以探索使伴矿景天达最大修复效率时的最适养分配比，为重金属污染土壤的植物高效修复提供理论依据。

供试锌镉超积累植物伴矿景天采自浙江杭州郊区某矿区，供试土壤采自杭州郊区某冶炼厂粉尘导致的重金属轻污染农田 0～20cm 土壤表层，试验采用四因素三水平正交试验设计($9L_34$)，所用肥料用量见表 4.7，试验共设九个处理，每处理四次重复(表 4.8)。

表 4.7　正交试验各处理肥料施用量　(单位：mg/kg)

处理	氮	磷	钾
空白	0 (N_0)	0 (P_0)	0 (K_0)
低量	200 (N_1)	60 (P_1)	80 (K_1)
高量	400 (N_2)	120 (P_2)	160 (K_2)

表 4.8　四因素三水平正交试验设计表

处理编号	处理	1N	2P	3K	4 空列
CK	$N_0P_0K_0$	0	0	0	0
2	$N_0P_1K_1$	0	1	1	1
3	$N_0P_2K_2$	0	2	2	2
4	$N_1P_0K_1$	1	0	1	2
5	$N_1P_1K_2$	1	1	2	0
6	$N_1P_2K_0$	1	2	0	1
7	$N_2P_0K_2$	2	0	2	1
8	$N_2P_1K_0$	2	1	0	2
9	$N_2P_2K_1$	2	2	1	0

(一)养分调控对伴矿景天生物量及植株体内养分浓度的影响

综合分析氮磷钾肥施用对伴矿景天的生长(图 4.5)和植株体内养分浓度(表 4.9)的影响发现，随着施肥量的增加伴矿景天地上部生物量及植株体内氮、磷、钾浓度均呈增加趋势。施肥后伴矿景天生长旺盛、叶色浓绿，长势明显优于对照。李继光等(2007)通过水培试验研究施氮水平对超积累植物东南景天生长和镉吸收积累的影响结果发现，在一定范围内供氮(4～16mmol/L)能明显促进东南景天的生长，地上部和根系的生物量随着施氮水平的升高而显著增加；本书试验结果与之相似，随施氮水平的升高，伴矿景天地上部生物量明显增加($P<0.01$)。施磷虽可极显著增加伴矿景天地上部生物量，但高量与低量磷肥处理之间差异不显著。这与孙琴等(2003)通过水培试验研究磷对东南景天生长和 Zn 积累的结果相似。施钾后伴矿景天地上部生物量呈极显著下降趋势($P<0.01$)，与王林等(2008)的研究结果相一致。

伴矿景天地上部生物量以高氮配施低磷处理($N_2P_1K_0$)为最高，达 31.2g/盆，是不施肥($N_0P_0K_0$)处理(9.9g/盆)的 3.15 倍，其次为 9、6、5 号处理。统计结果显示，氮磷配合施用尤其高氮配施低磷对提高生物量的影响最明显，而磷钾和氮钾配施无明显的交互作用。表明施用氮肥是伴矿景天地上部生物量增加的主要因素，适量配施磷肥可更显著地增加伴矿景天地上部生物量。增施氮、磷、钾肥后植物体内相应的养分浓度均极显著上升($P<0.01$)。只有处理 2($N_0P_1K_1$)的钾浓度低于 CK($N_0P_0K_0$)处理，这可能是由于土壤本身钾的有效性比较高所致。

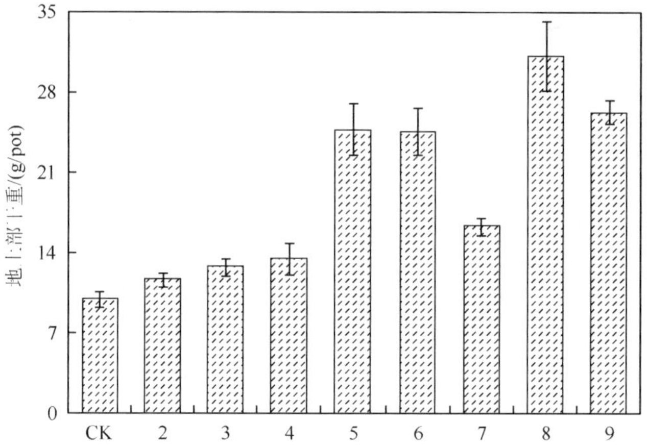

图 4.5　不同施肥处理下伴矿景天地上部生物量变化

横坐标 CK～9 为不同的处理编号，具体见表 4.8

表 4.9　伴矿景天地上部养分浓度　　(单位：g/kg)

处理编号	处理	N	P	K
CK	$N_0P_0K_0$	6.28 e	0.91 f	4.35 b
2	$N_0P_1K_1$	5.34 e	2.16 b	4.18 b
3	$N_0P_2K_2$	5.38 e	2.73 a	5.72 a
4	$N_1P_0K_1$	13.7 c	0.68 g	3.77 c
5	$N_1P_1K_2$	8.40 d	1.63 d	4.45 b
6	$N_1P_2K_0$	9.27 d	1.75 cd	2.30 e
7	$N_2P_0K_2$	17.9 a	0.64 g	5.34 a
8	$N_2P_1K_0$	9.23 c	1.19 e	1.76 f
9	$N_2P_2K_1$	12.7 b	1.86 c	2.98 d

(二)土壤 pH 及醋酸铵提取态锌镉浓度变化

表 4.10 为种植伴矿景天后的土壤 pH 及 NH_4OAc 提取态 Zn、Cd 浓度。各处理间土壤 pH 差异不明显，土壤 NH_4OAc 提取态 Zn 较高的均为不施磷肥处理，包括 CK($N_0P_0K_0$)、4 号($N_1P_0K_1$)和 7 号($N_2P_0K_2$)处理。3 号处理($N_0P_2K_2$)NH_4OAc 提取态 Zn 最低，较 CK 下降了 22.5%。Tu 等(2000)的研究表明，施用 KH_2PO_4 80mg/kg 降低了酸性土壤中 Pb 和 Cd 的水溶性和可交换态量；而 Kaushik 等(1993)的研究却发现 KH_2PO_4 用量增加可降低碱性土壤中晶形氧化铁结合态、有机态以及碳酸盐结合态 Zn、Cd 量，使无定形氧化铁结合态、水溶态和交换态的 Zn、Cd 上升。因此，磷肥对土壤中重金属的作用会因磷肥类型和重金

属种类不同而有所差异(Theodoratos et al.，2002；Zwonitzer et al.，2003)。与提取态 Zn 浓度变化相似，土壤中 NH_4OAc 提取态 Cd 也是以 CK 和 7 号处理($N_2P_0K_2$)为最高，但 Cd 浓度最低的为 5 号($N_1P_1K_2$)处理，其土壤 NH_4OAc 提取态 Cd 仅为 0.09mg/kg，较 CK(0.16mg/kg)下降了 43.8%，表明在施用低量氮肥和磷肥的情况下，适当增施钾肥可增加伴矿景天地上部重金属的浓度，提高其修复效率，从而明显降低了土壤中水溶态和可交换态 Zn、Cd 浓度。

表 4.10 土壤 pH 及 NH_4OAc 提取态锌、镉浓度 (单位：mg/kg)

处理编号	处理	土壤 pH	土壤 NH_4OAc 提取态锌镉	
			Cd	Zn
CK	$N_0P_0K_0$	7.58 bc	0.16 a	2.66 a
2	$N_0P_1K_1$	7.44 d	0.15 a	2.29 bcd
3	$N_0P_2K_2$	7.54 cd	0.14 d	2.07 d
4	$N_1P_0K_1$	7.72 a	0.14 cd	2.51 ab
5	$N_1P_1K_2$	7.67 ab	0.09 f	2.14 cd
6	$N_1P_2K_0$	7.66 ab	0.12 e	2.38 abc
7	$N_2P_0K_2$	7.46 d	0.16 a	2.64 a
8	$N_2P_1K_0$	7.71 a	0.15 abc	2.45 ab
9	$N_2P_2K_1$	7.66 ab	0.14 bcd	2.21 bcd

(三) 养分调控对伴矿景天地上部锌镉浓度的影响

随着氮肥施用量的增加，伴矿景天地上部 Cd 浓度显著下降($P<0.05$)(图 4.6)，除生物量增大引起的稀释效应外，施用尿素后土壤 pH 的上升、使植物最易吸收的水溶态、交换态 Cd 的浓度降低也是重要原因(Tu et al.，2000)。生物量最大的 8、9、6、5 号处理，其地上部 Cd 浓度也较低，8 号处理 Cd 浓度(2.4mg/kg)仅为 1 号处理 CK(19.4mg/kg)的 12.4%，此原因可能是施用氮肥后地上部生物量的显著增加，稀释效应占了主导因素(Wu et al.，2004)。统计结果表明，与施用氮肥效果相似，施磷使伴矿景天地上部 Cd 浓度极显著下降($P<0.01$)，且高量氮肥配合施磷最不利于伴矿景天地上部 Cd 浓度的提高。而施用高量钾肥则使地上部 Cd 浓度显著上升($P<0.05$)。与本书研究结果相似，王林等(2008)通过盆栽试验研究钾肥对龙葵生长和积累 Cd 的研究结果表明，KCl 在高浓度处理时虽然对龙葵地上部干重有抑制作用，但能显著提高龙葵地上部 Cd 浓度。

图 4.7 为不同施肥处理下伴矿景天地上部 Zn 浓度变化情况。与 Cd 浓度变化相似，伴矿景天地上部 Zn 的浓度也随着施氮量的增加显著下降($P<0.05$)，Zn 浓度最低的处理为高氮配施低磷处理(8 号处理 $N_2P_1K_0$)，其地上部 Zn 浓度仅为 486mg/kg，为 Zn 浓度最高的 2 号处理($N_0P_1K_1$)的 38.3%。磷肥对伴矿景天地上部 Zn 浓度的影响同 Cd 相似，不施磷肥时伴矿景天 Zn 浓度最高(908mg/kg)，施磷显著降低了地上部 Zn 浓度($P<0.05$)，且施用低量磷肥时最不利于伴矿景天对 Zn 的吸收。Merry 等(1986)也指出，施磷量达到一

定水平时有明显降低植物体内重金属浓度的作用。对于钾肥而言，增施钾肥会明显促进伴矿景天对 Zn 的吸收，施用高量 K 比不施钾肥时 Zn 浓度提高了 13.4%($P<0.05$)，其机理有待深入研究。

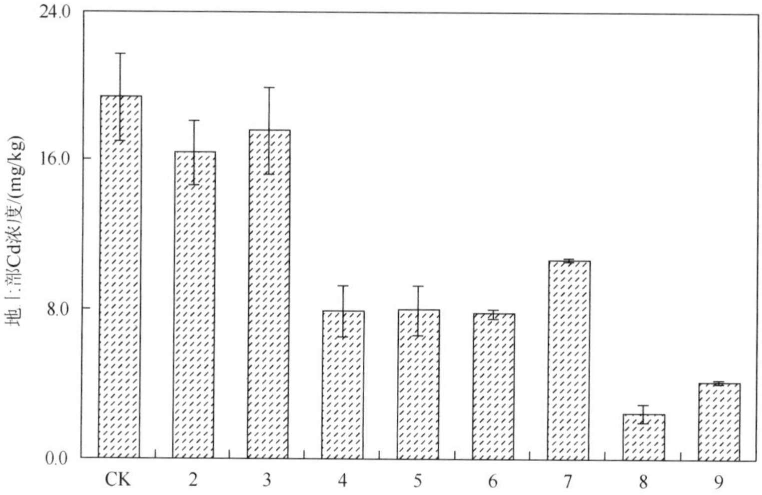

图 4.6　不同施肥处理下伴矿景天地上部 Cd 浓度变化

横坐标 CK～9 为不同的处理编号，具体见表 4.8

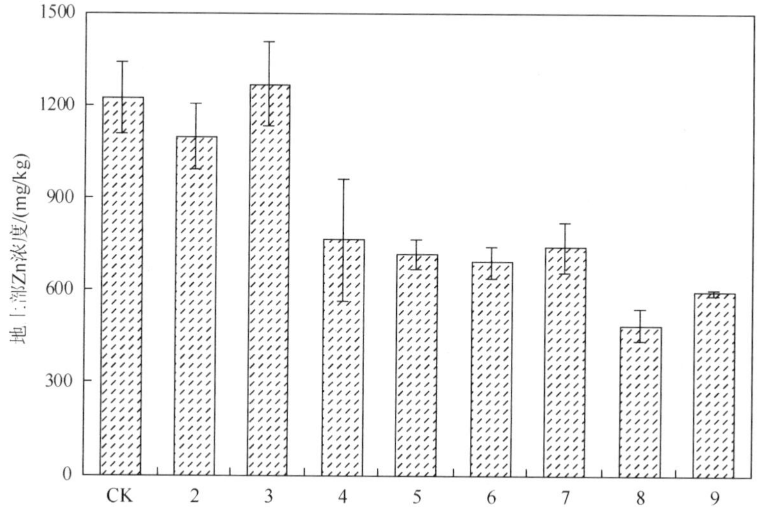

图 4.7　不同施肥处理下伴矿景天地上部 Zn 浓度的变化

横坐标 CK～9 为不同的处理编号，具体见表 4.8

（四）养分调控对伴矿景天锌镉吸收性的影响

图 4.8 为不同养分处理下伴矿景天地上部 Zn、Cd 总量的变化。Zn 和 Cd 吸收量以 3、5、6 号处理为高，8 号处理($N_2P_1K_0$)Cd 积累量最低，仅为 0.075mg/盆，占 3 号处理($N_0P_2K_2$)的 32.7%，其主要原因除稀释效应外，高氮低钾情况也不利于伴矿景天对 Cd 的吸收。与

本研究结果相似，聂俊华等(2004a，2004b)通过温室土培试验研究了 N、P、K 对三种 Pb 超积累植物的生长及其对 Pb 积累情况的影响，发现少量的 N 和 K 会促进富集植物叶片叶绿素值和干重的增加，促进植物对 Pb 的吸收，随着 N 和 K 水平的增加，虽然叶绿素值和干重一直在增加，但植物对 Pb 的吸收能力降低，但 K 处理对植株 Pb 的吸收能力的降低作用不如 N 显著。

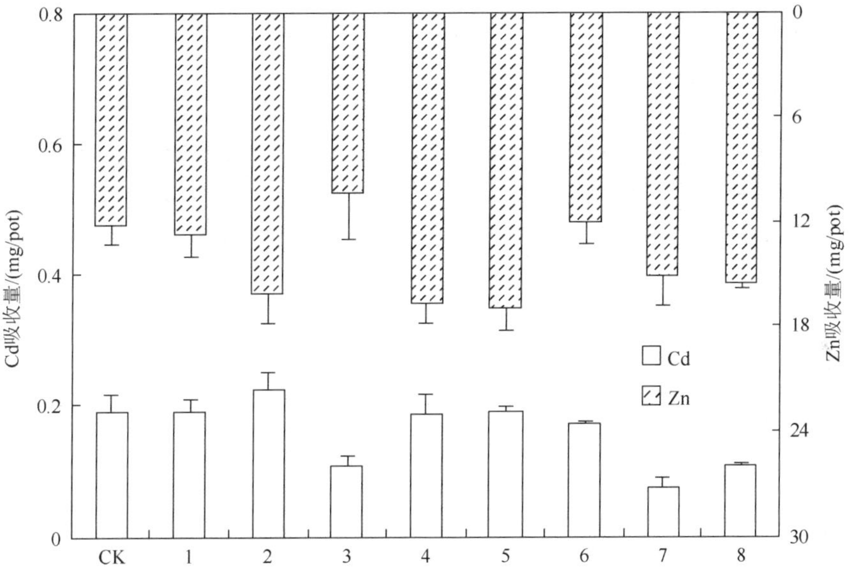

图 4.8　不同施肥处理下伴矿景天地上部吸收 Zn、Cd 总量的变化

横坐标 CK～8 为不同的处理编号，具体见表 4.8

方差分析表明，增施氮肥虽然能显著提高伴矿景天地上部生物量，但因显著降低植株体内重金属浓度而降低了伴矿景天地上部的锌、镉总吸收量($P<0.05$)。施磷各处理之间 Cd 的积累量没有差异，但施磷后伴矿景天地上部 Zn 的积累量显著增大($P<0.01$)，且高量磷肥处理 Zn 的积累量最高。这与东南景天的“增磷诱导锌需求”现象相一致(孙琴等，2003)，另有研究表明，适当增磷能显著提高玉米叶片及茎秆中锌浓度和植株地上部的锌积累量(Bogdanovic et al.，1999)。高量施钾使伴矿景天地上部 Zn、Cd 积累量均显著增加($P<0.05$)，说明增施钾肥虽然降低了伴矿景天地上部干重，但可提高植株地上部锌、镉的浓度，从而增大伴矿景天对 Zn、Cd 总量的吸收。综合分析肥料间相互作用对伴矿景天地上部生物量及锌镉吸收量的影响结果可以得出，处理 3($N_0P_2K_2$)虽然有较高的锌镉吸收量，但因其伴矿景天长势较差，地上部生物量较小而不宜采用。而低量氮肥配合施用磷肥($N_1P_1K_2$ 和 $N_1P_2K_0$)不仅可以提高伴矿景天生物量，还能获得较高的锌镉吸收量。

二、养分调控对伴矿景天根际重金属的影响及机理初探

近年来有关根际土壤微生态系统的研究越来越受到研究者们的广泛重视。根际土壤

一般指围绕根系表面 1～2mm 厚、受根际分泌物影响大的薄层土壤，是植物根系影响下的特殊生态环境。根系由于生长发育和生理代谢活动形成了一个不同于非根际土壤的微生态系统，根际土壤的物理、化学和生物化学性质与非根际存在极大差异，这会影响到根际土壤养分及重金属的存在形态、分布、迁移规律及其生物有效性(Hinsinger et al.，2005)，对了解土壤-植物系统中重金属的环境行为具有重要意义。本书旨在利用盆栽试验，采用单边根袋法研究不同施肥水平下养分对伴矿景天根际土壤中重金属化学行为的影响，以其初步探明养分影响伴矿景天根际重金属的化学形态及迁移规律及其影响机制。

供试土壤为浙江某金属冶炼厂附近的锌镉轻污染农田 0～20cm 表层土壤，土壤有机质 35.6g/kg、CEC 12.9［cmol(+)/kg］、全氮 1.84g/kg、全磷 0.52g/kg、全钾 15.3g/kg、速效氮 91.5mg/kg、有效磷 9.10mg/kg、速效钾 42.0mg/kg。土壤重金属全量分别为：Cu 56.1mg/kg、Cd 0.80mg/kg、Pb 62.7mg/kg、Zn 223mg/kg。试验采用根袋法(刘芷宇等，1997)开展根际试验，所示共设四个处理：①CK(不施肥)，②习惯施肥(尿素)，③$N_0P_1K_2$，④$N_1P_1K_2$-NH_4。试验各处理肥料用量如表 4.11 所示。

表 4.11　根际试验各处理肥料施用量　　(单位：mg/kg)

处理	氮 N	磷 P	钾 K
空白	0(N_0)	0(P_0)	0(K_0)
低量	200(N_1)	60(P_1)	80(K_1)
高量	400(N_2)	120(P_2)	160(K_2)

(一)土壤溶液总有机碳、pH 及重金属浓度变化

总有机碳(TOC)通常用来表征土壤中可溶性有机质的量。一般根际 TOC 含量高，表明可能根系的分泌物含量多，能被络合的重金属离子浓度也相应较高。当有机碳以大分子量存在时能降低重金属的生物有效性，而当其以小分子量为主存在时能提高重金属的有效性，从而有利于重金属向植物中迁移。任慧敏等(2006)采用温室栽培试验比较了莴笋根际与非根际土壤 pH、TOC、Pb 化学形态和有效 Pb 变化，发现与非根际土壤相比，莴笋根际土壤的 pH 降低、TOC 含量增加，根际交换态 Pb 浓度也相应地较高。与任慧敏等人的研究结果相似，图 4.9 显示本书中四个不同的施肥处理根际土壤溶液 TOC 浓度均高于非根际土壤溶液，且只有 $N_1P_1K_2$ 处理的根际与非根际土壤溶液中 TOC 的含量差异不显著($P>0.05$)。根际土壤溶液 TOC 浓度以常规施肥为最高，达到了 68.9mg/L，以 CK 处理为最低，仅为 51.1mg/L，为常规施肥 TOC 量的 74%，而非根际土壤溶液中 TOC 浓度以 $N_0P_1K_2$ 处理为最高，常规施肥最低，二者差异极显著($P<0.01$)。由此可知，肥料的施用能促进植物根系分泌物含量的增加，且其分泌物的量多少随肥料种类和施用量的不同而改变。

图 4.10 为伴矿景天根际与非根际土壤溶液中 Zn、Cd 浓度变化。四个施肥处理中，只有常规施肥处理根际土壤溶液 Zn 浓度显著高于非根际土壤，与该处理土壤溶液中 TOC

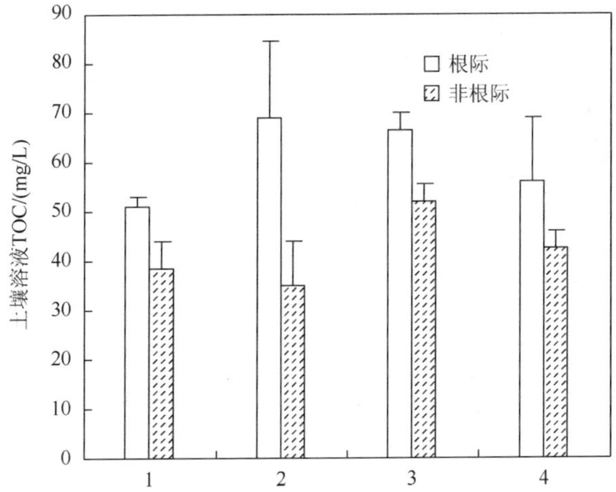

图 4.9　不同施肥处理下伴矿景天根际与非根际土壤溶液 TOC 含量

横坐标 1～4 分别代表 CK、常规施肥、$N_0P_1K_2$、$N_1P_1K_2$-NH_4 四个处理

浓度变化趋势相似，说明常规施肥(尿素)条件下施肥量较高，根系分泌的有机物较多，且与 Zn 离子络合，提高了根际土壤 Zn 的有效性。其余三个施肥处理土壤溶液中 Zn 浓度均为非根际显著高于根际($P<0.01$)，此变化趋势与土壤溶液 TOC 量正好相反，可能是养分比例适宜更利于植物生长和对重金属的吸收，从而易造成根际亏缺。对于土壤溶液 Cd 浓度而言，除 CK 处理外，其余处理土壤溶液 Cd 浓度均为根际高于非根际($P<0.01$)。说明三种施肥处理下，超积累植物伴矿景天的根系分泌了较多的有机物，并与土壤中的 Cd 离子络合，提高了伴矿景天根际土壤 Cd 的有效性。施氮量最多的常规施肥处理根际土壤溶液 Cd 浓度最高，这与 Mitchell 等(2000)有相似的研究结果。有研究表明，在几种常见的 N 肥中，施用铵态氮肥更利于增加 Cd 的移动性(Eriksson，1990)。本书试验研究结果显示，虽然施用铵态氮肥较 CK 和 $N_0P_1K_2$ 处理土壤溶液 Cd 浓度高，但差异并不显著，且施用铵态氮肥效果不如尿素，这可能是因为铵态氮肥的施肥水平较低造成其效果不如尿素处理。

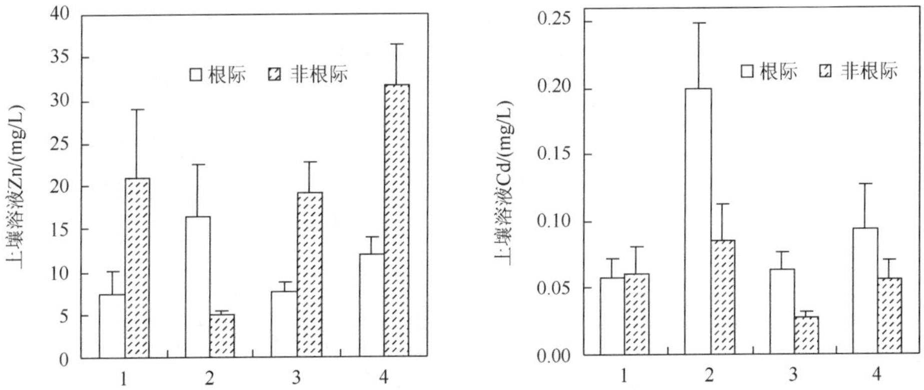

图 4.10　不同施肥处理土壤溶液锌镉浓度变化

横坐标 1～4 分别代表 CK、常规施肥、$N_0P_1K_2$、$N_1P_1K_2$-NH_4 四个处理

采集两次土壤溶液和收获时植物的根际与非根际土壤，并分别测定了两次土壤溶液和收获后土壤的 pH，三次测定结果趋势一致，没有显著变化。图 4.11 为第一次抽取土壤溶液时的 pH 的变化情况。由图可以看出，只有常规施肥处理非根际土壤溶液 pH 下降，但与根际土壤溶液 pH 差异不显著($P>0.05$)，其余三个处理根际与非根际土壤溶液 pH 无明显变化，因而每个处理根际与非根际重金属浓度的变化与土壤 pH 变化无显著相关关系。但不施氮肥和施用氮肥的处理间，施用氮肥的两个处理(常规施肥和 $N_1P_1K_2$)非根际土壤溶液 pH 显著低于不施氮肥的两个处理(CK 和 $N_0P_1K_2$) ($P<0.05$)，说明向土壤施用氮肥在一定程度上可降低土壤 pH(Willaert and Verloo，1992)。

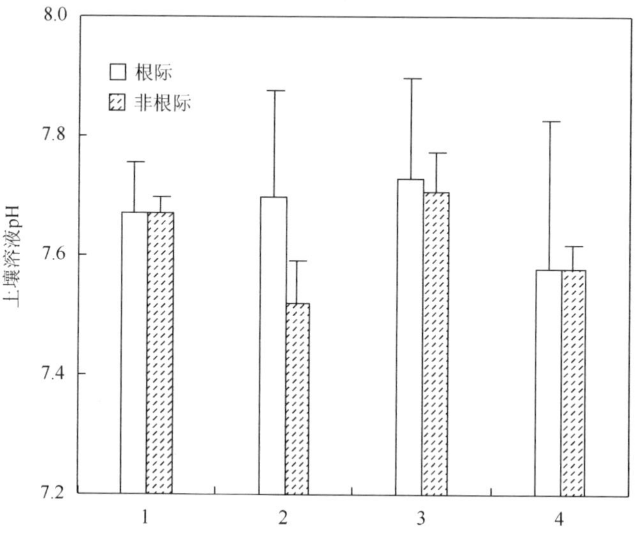

图 4.11　根际与非根际土壤溶液 pH 变化情况

横坐标 1～4 分别代表 CK、常规施肥、$N_0P_1K_2$、$N_1P_1K_2$-NH_4 四个处理

(二)不同施肥处理下土壤溶液中养分浓度变化

无论何种施肥处理，土壤溶液中 NH_4-N、NO_3-N 浓度均以非根际土壤溶液中为高，这与刘芷宇等(1997)的研究结果一致。由图 4.12 可以看出，土壤溶液中 NO_3-N 浓度显著

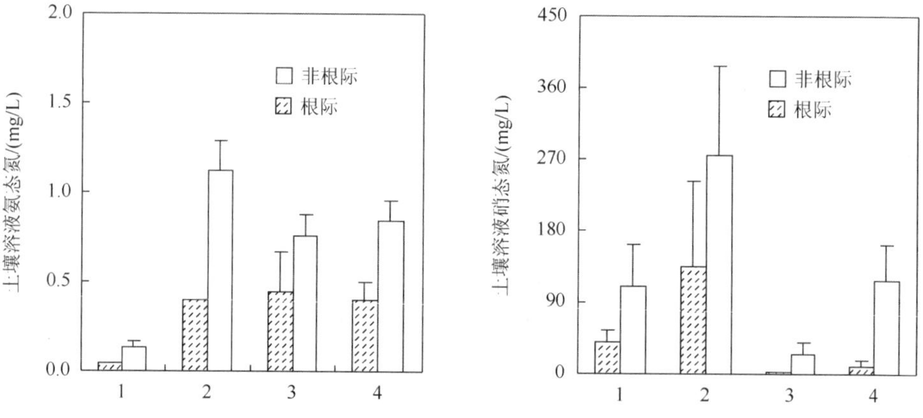

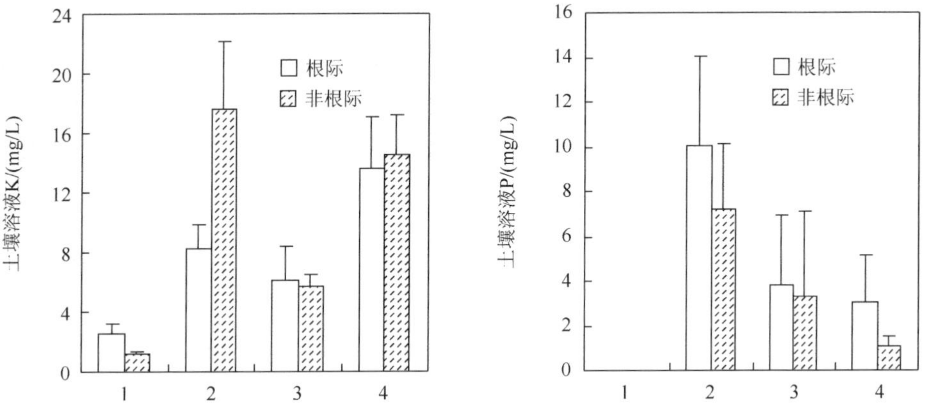

图 4.12 不同施肥处理下伴矿景天根际与非根际土壤溶液中养分浓度

横坐标 1～4 分别代表 CK、常规施肥、$N_0P_1K_2$、$N_1P_1K_2$-NH_4四个处理

高于 NH_4-N，是 NH_4-N 量的 100 倍左右。同样，不施氮肥的 CK 和 $N_0P_1K_2$ 两个处理，伴矿景天根际与非根际土壤溶液中 NO_3-N 浓度以 CK 处理高于 $N_0P_1K_2$ 处理，而 NH_4-N 浓度则是 CK 处理显著低于 $N_0P_1K_2$ 处理。胡学玉等(1995)的研究结果表明，在施用中高量钾肥的情况下，增磷肥可促进 NO_3-N 的转化，显著减少其在大白菜体内的积累，P 素对降低大白菜体内 NO_3-N 量有相当重要的作用。但也有研究表明，在含水量较高时施用磷肥会促进铵态氮向硝态氮的转化(李金燕，2008)，因此，影响本次试验的铵态氮和硝态氮含量的因素究竟如何有待进一步研究。

四个施肥处理土壤溶液中 P 浓度以常规施肥处理为最高，且根际土壤溶液中 P 浓度高于非根际土壤，但二者差异不显著($P>0.05$)，这可能是由于常规施肥处理中施磷量比其他处理高，其次可能由于伴矿景天根际的分泌物较多，减少了根际土壤中 P 的沉淀、吸附和固定而使根际土壤溶液中 P 浓度较高。CK 处理土壤溶液中 P 未检出，这可能是因为土壤本身可溶态 P 较少所致。

土壤溶液中 K 浓度只有常规施肥处理非根际土壤显著高于根际土壤，其余处理差异不显著($P>0.05$)。施用同等水平钾肥的两个处理 $N_0P_1K_2$ 和 $N_1P_1K_2$，后者土壤溶液中钾的浓度显著高于前者，这可能是由于施用氮肥后，氮、磷、钾肥配施能促进植物对养分的吸收。马磊等(2006)研究了不同氮磷钾水平对生菜产量及体内养分的影响，结果表明，氮、磷、钾之间存在着相互促进吸收的作用，随着氮素水平的增加，植株中磷和钾的质量分数及植株对磷和钾的吸收量也显著增加。

（三）植物地上部生物量及锌镉吸收性

施肥处理使伴矿景天地上部生物量均较 CK 处理显著增高($P<0.01$)(图 4.13)。伴矿景天生物量最大的处理为常规施肥和由养分调控试验结果得出的最佳施肥处理 $N_1P_1K_2$，且两者间差异不显著，但两者的生物量均显著高于由养分调控单因素方差分析得出的 $N_0P_1K_2$ 处理($P<0.01$)，说明施用氮肥是增加伴矿景天地上部生物量的重要影响因素。由处理 CK 和 $N_0P_1K_2$ 结果可知，在不施氮肥的情况下增施磷钾肥也可显著增加伴矿景天地

上部生物量($P<0.05$)，这与先前研究结果相一致。

伴矿景天地上部重金属浓度以 CK 处理为最高，以常规施肥处理 Zn 浓度和 $N_0P_1K_2$ 处理的 Cd 浓度最低(图 4.14)，这主要是施肥后伴矿景天地上部生物量增加，植物的稀释效应占据主导因素之故(Wu et al.，2004)。虽然常规施肥与 $N_1P_1K_2$ 处理的生物量均比

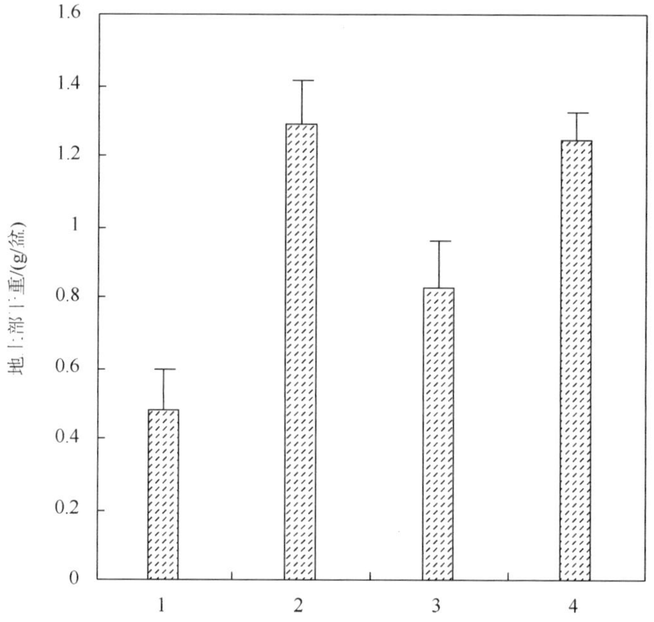

图 4.13　伴矿景天地上部干重

横坐标 1～4 分别代表 CK、常规施肥、$N_0P_1K_2$、$N_1P_1K_2$-NH_4 四个处理

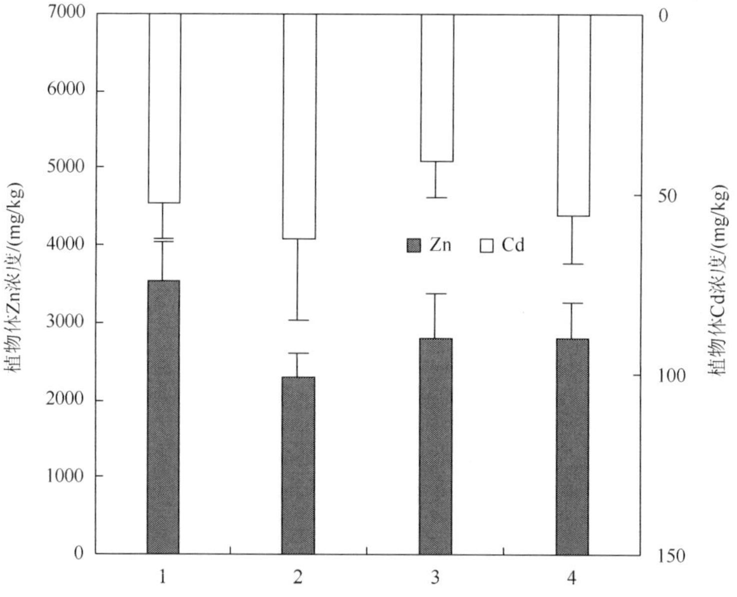

图 4.14　不同施肥处理下伴矿景天体内锌镉浓度

横坐标 1～4 分别代表 CK、常规施肥、$N_0P_1K_2$、$N_1P_1K_2$-NH_4 四个处理

较高，但 $N_1P_1K_2$ 处理 Zn 浓度高于常规施肥处理，虽差异未达到显著水平，但说明由养分调控结果筛选得出的最佳施肥处理要好于常规施肥处理。地上部生物量较低的 $N_0P_1K_2$ 处理，其地上部 Cd 浓度也最低，这与该处理根际与非根际土壤溶液中 Cd 浓度低，限制了伴矿景天对 Cd 的吸收与积累相一致。由此可知，适量氮肥施用不仅能促进伴矿景天地上部生物量的增加，而且对增加超积累植物伴矿景天根际与非根际土壤溶液中 Cd 浓度有一定的影响。

（四）土壤醋酸铵提取态锌镉浓度变化

刘玲(2009)采用单边根袋法研究了在不同 Zn、Cd 污染程度土壤上连续种植 5 季伴矿景天后土壤中重金属的变化，发现伴矿景天根际和非根际土壤溶液中重金属浓度均显著低于未经植物连续修复的土壤($P<0.01$)，土壤中重金属全量及有效性急剧下降。本书试验研究结果显示(图 4.15)，种植伴矿景天一季后土壤根际 NH_4OAc 提取态 Zn、Cd 浓度均显著高于非根际土壤，与土壤溶液 TOC 浓度变化趋势一致，可能是在超积累植物伴矿景天种植的初始阶段，伴矿景天根系对土壤中重金属具有明显的活化作用，使重金属残余态及难溶态向可溶态方向转化(任慧敏等，2006)，提高了根际土壤重金属浓度和有效性，从而利于超积累植物伴矿景天的根系对重金属的吸收和 Zn、Cd 向地上部的转运。

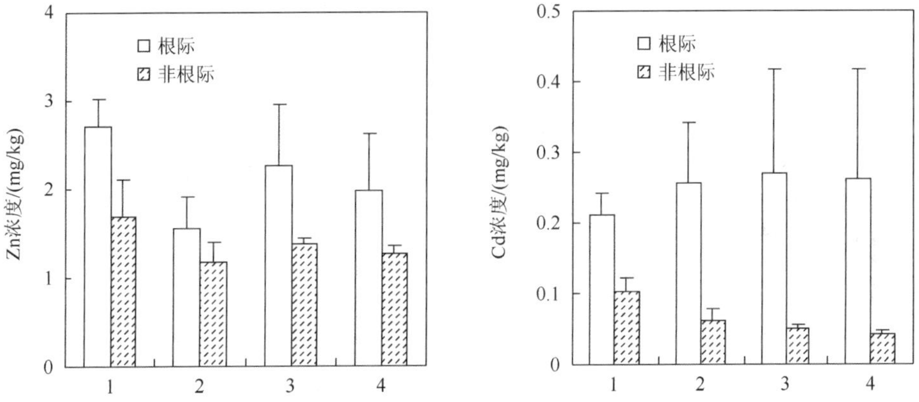

图 4.15　伴矿景天根际与非根际土壤 NH_4OAc 提取态锌镉浓度变化

横坐标 1～4 分别代表 CK、常规施肥、$N_0P_1K_2$、$N_1P_1K_2$-NH_4 四个处理

第四节　氮肥形态对伴矿景天生长和镉吸收性的影响

氮(N)是植物必需的大量营养元素之一，氮素形态有多种，其中硝态氮(NO_3^-)和铵态氮(NH_4^+)是两种主要形态。植物根系吸收的养分元素中 N 占有 80%，因此氮素的形态对其他元素的吸收会产生很大影响。出于电荷平衡，NO_3^- 被认为是生理碱性，植物吸收 NO_3^- 会同时释放出 OH^-/HCO_3^-，相反，吸收 NH_4^+ 则会同时释放出 H^+。有研究认为，施加铵态氮后，土壤根际 pH 会降低，进而重金属有效性会升高，植物对重金属的吸收会增加(Zaccheo and Crippa，2006)。但也有研究表明，NO_3^- 在跨细胞膜运输时会产生超极化现象，这将有利于金属阳离子的运输(McClure et al.，1990；Miller and Cookson，2001)；而 NH_4^+ 在跨膜运

输时则产生去极化现象，这将不利于阳离子的运输(Crawford and Glass，1998)。对超累积植物遏蓝菜 *Noccaea caerulescens*(此前为 *Thlaspi caerulescens*)的研究发现，在土培和水培条件下硝态氮比铵态氮更能促进 Zn 和 Cd 的吸收(Monsant and Tang，2008；Xie and Jiang，2009)。本节旨在探讨不同氮素形态在水培和土壤条件对伴矿景天吸收转运 Cd 的影响，并揭示其生理机制，为伴矿景天吸取修复技术调控提供依据(Hu et al.，2013)。

一、水培下氮肥形态对伴矿景天生长和镉吸收富集的影响

在水培条件下，溶液添加 NO_3^- 或 NH_4^+ 1mmol/L，同时添加 Cd 30μmol/L，分别于培养第 6 天和 21 天后收获植物，测定植物 Cd 浓度。结果发现，NO_3^- 处理显著促进了植物生长和 Cd 吸收(表 4.12)，21d 时 NO_3^- 处理的地上部干重是 NH_4^+ 处理的 1.51 倍，其地上部 Cd 浓度是 NH_4^+ 处理的 2.63 倍，而地上部 Cd 累积量是 NH_4^+ 处理的 4.23 倍，达到 1.86mg/盆。这说明与供应 NH_4^+ 相比，供应 NO_3^- 更有利于提高伴矿景天对 Cd 的吸取修复效率。这与遏蓝菜的报道结果一致(Monsant and Tang，2008；Monsant and Wang，2010；Xie and Jiang，2009)。

表 4.12　不同氮素形态水培处理第 6 天和 21 天后伴矿景天干重、Cd 浓度和累积量

部位	N 素形态	干重/(mg/盆)		Cd 浓度/(mg/kg)		Cd 累积量/(mg/盆)	
		6d	21d	6d	21d	6d	21d
地上部	NO_3^-	237±32 a	504±78 b	1799±626 a	3262±852 b	0.41±0.11 b	1.86±0.43 b
	NH_4^+	208±33 a	333±58 a	959±187 a	1241±281 a	0.20±0.02 a	0.44±0.08 a
根	NO_3^-	29±2 b	64±17 b	2469±94 a	3511±517 a	0.07±0.01 a	0.22±0.05 b
	NH_4^+	19±3 a	34±6 a	2524±299 a	2941±537 a	0.05±0.01 a	0.10±0.01 a

注：数据为平均值±标准差(n=4)，同列同部位不同字母表示处理间存在显著差异(P<0.05)。

表 4.13　不同氮素形态水培处理下伴矿景天木质部汁液中元素浓度

处理	Cd/(μmol/L)	Ca/(mmol/L)	K/(mmol/L)	Mg/(mmol/L)	Fe/(μmol/L)	Zn/(μmol/L)	P/(mmol/L)
1mmol/L NO_3^- +1 μmol/L Cd	110.5±6.2 a	5.47±0.52 a	4.07±0.45 a	1.08±0.07 a	0.90±0.58 a	89.9±9.9 a	0.77±0.15 b
1 mmol/L NH_4^+ +1 μmol/L Cd	37.9±25.6 b	3.80±0.26 c	2.64±0.28 b	1.10±0.15 a	26.06±8.02 b	86.2±23.6 a	1.18±0.15 a
1 mmol/L NO_3^- +30 μmol/L Cd	107.1±1.7 a	4.49±0.41 b	4.52±0.35 a	1.03±0.08 a	1.55±1.13 a	89.2±40.2 a	0.77±0.13 b
1 mmol/L NH_4^+ +30 μmol/L Cd	50.4±3.4 b	3.30±0.36 c	2.77±0.37 b	0.91±0.15 a	22.18±4.97 b	98.2±25.3 a	1.15±0.41 a

注：数据为平均值±标准差(n=4)，同列不同字母表示处理间存在显著差异(P<0.05)。

利用世界先进的正电子发射示踪成像系统(PETIS，型号 PPIS-4800；Hamamatsu Photonics，Hamamatsu，日本)及正电子示踪剂 ^{107}Cd(半衰期 6.5h)，对不同氮素供应下伴矿景天吸收转运 Cd 的过程进行了实时、动态观测。供试植物分别经 NO_3^- 或 NH_4^+ 预处理 3d，试验开始时每棵植物添加 Cd 1μmol/L，其中包括 22.0MBq 示踪剂 ^{107}Cd，PETIS 同时开始采集 ^{107}Cd 正电子衰变产生的 γ 射线对信号，并进行定量分析。图 4.16 展示了部分时

刻溶液和植物系统中 ^{107}Cd 的分布图像，而图 4.17 则进一步展示了 0～36h 溶液、根、地上部 Cd 浓度的动态变化过程。

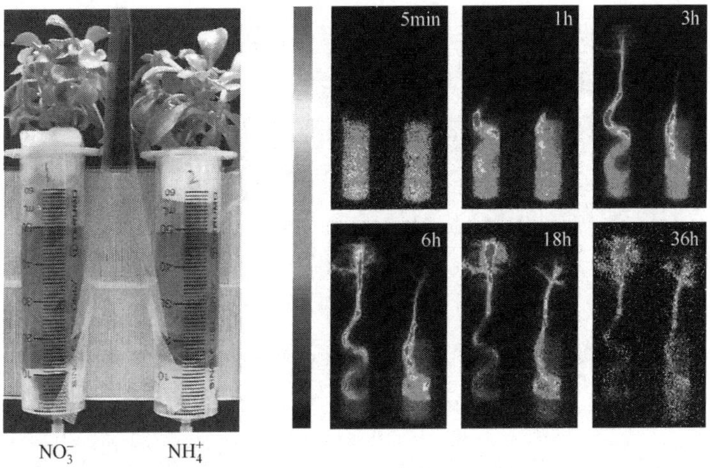

(a)　(b)

图 4.16　伴矿景天经 NO_3^- 和 NH_4^+ 处理 3d 后对 ^{107}Cd 的动态吸收(见彩图)

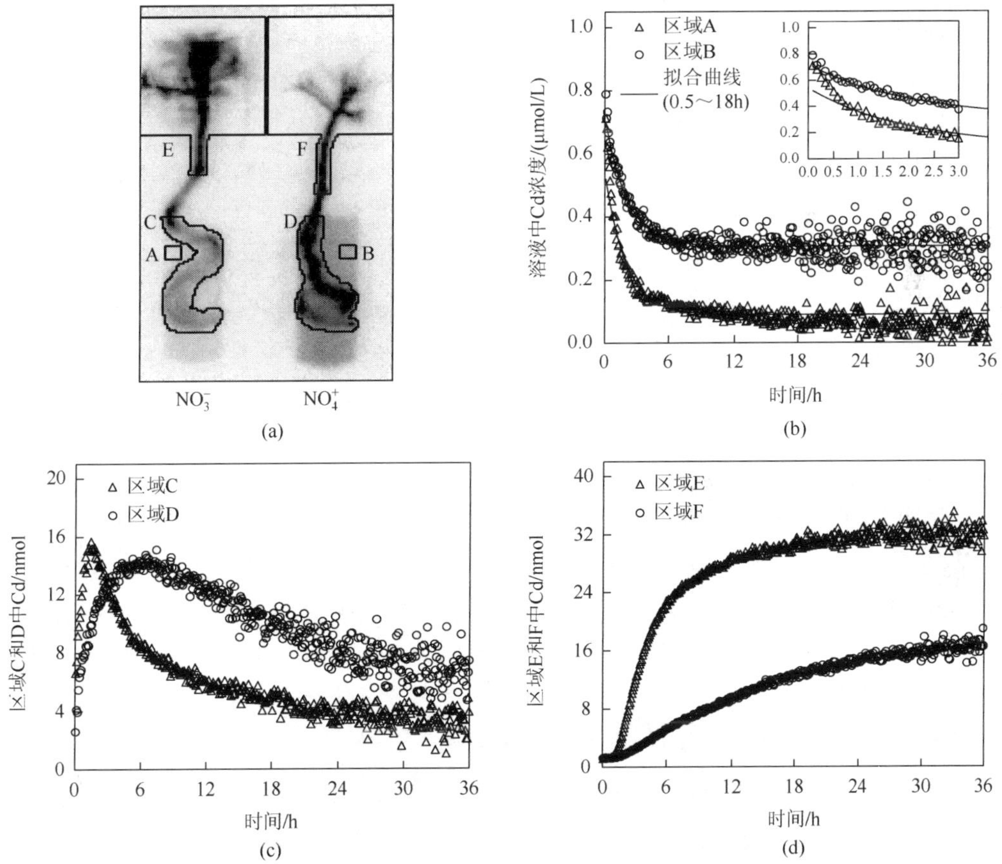

图 4.17　溶液及伴矿景天根、地上部 Cd 浓度随时间的变化

从图 4.17b 可以看出，试验开始后两个氮素处理溶液中 ^{107}Cd 迅速降低，但 NO_3^- 处理下降得更快，两者在大约 18h 后均达到降到最低并达到平衡。溶液中 Cd 的动态变化可以用一级动力学方程 $c_{ct}(t)=c_0e^{-kt}+c_u$ 拟合，式中，$c_{ct}(t)$ 表示 t(h) 时刻溶液中 Cd 浓度(μmol/L)，c_0 表示溶液中有效 Cd 浓度(μmol/L)，k(/h) 表示 Cd 吸收速率［μmol/(L·h)］与溶液 Cd 浓度(μmol/L)的比值，c_u(μmol/L) 表示溶液中不可利用的 Cd 浓度。NO_3^- 处理的拟合结果为 c_0=0.450μmol/L，c_u=0.089μmol/L，k=0.505/h；NH_4^+ 处理的拟合结果为 c_0=0.414μmol/L，c_u=0.306μmol/L，k=0.487/h。溶液中 Cd 浓度的降低反映了根系对 Cd 的吸收，因此这些结果说明 NO_3^- 处理的植物根系对 Cd 的吸收速率要显著大于 NH_4^+ 处理的植物。一般认为，根系对 Cd 的吸收需要跨膜转运蛋白参与，因此 NO_3^- 处理可能促进了伴矿景天根部 Cd 转运蛋白的表达(Luo et al.，2012)。另一方面，有研究表明 NO_3^- 在跨细胞膜运输时会产生超极化现象，这将有利于金属阳离子的运输(McClure et al.，1990；Miller and Cookson，2001)；而 NH_4^+ 在跨膜运输时则产生去极化现象，这将不利于阳离子的运输(Crawford and Glass，1998)。当试验达到平衡后，NO_3^- 处理下溶液中 0.089μmol/L Cd(占总添加 Cd 的 8.9%)不能被植物利用，而 NH_4^+ 处理下溶液中 0.306μmol/L Cd(占总添加 Cd 的 30.6%)不能被植物利用。这说明 NO_3^- 处理下根部 Cd 转运蛋白对 Cd 的亲和性要明显高于 NH_4^+ 处理。

图 4.17(c)和(d)分别展示了根部和地上部 Cd 的动态。可以看出，试验开始后，NO_3^- 处理的伴矿景天根部 Cd 浓度迅速升高，并在约 1.4h 后达到峰值 15.7nmol，随后迅速降低。而试验开始后 NH_4^+ 处理的根部 Cd 浓度缓慢增加，并在 5.0～7.5h 达到最大值 14.1nmol，随后缓慢下降。溶液中 Cd 在大约 1h 后出现在地上部，随后 NO_3^- 处理的地上部 Cd 迅速增加，并在 21h 后达到最大值 31.2nmol，此后维持平衡；而 NH_4^+ 处理的地上部 Cd 缓慢增加，并在 32h 达到最大值 16.4nmol。一般认为，Cd 从根向地上部的转运需要经过根部液泡区室化、木质部装载等过程(Lasat et al.，1996)。两种氮素处理下伴矿景天根部 Cd 的动态过程的差异反映出 NO_3^- 处理根系对 Cd 吸收速率更高、液泡区室化更低、而木质部装载效率更高。通过计算可以得知，在 36h 的试验结束后 NO_3^- 处理植物根部吸收的 Cd 有 74.8%转运到了地上部，而 NH_4^+ 处理植物根部吸收的Cd仅有51.4%转运到了地上部，这也说明 NO_3^- 处理下伴矿景天对 Cd 的转运效率更高。

图4.18展示了特定区域中Cd的动态变化，通过起始阶段的回归直线与时间轴的交点，可以计算出 Cd 到达某个特定区域的时间。在 NO_3^- 和 NH_4^+ 处理的植物中，Cd 到达根-茎分界面(区域A和B)的时间分别是0.83h和0.65h，到达地上部区域C和D的时间分别是1.21h和 2.04h。结合溶液表面到区域 A 和 B 的距离，以及区域 A 和 B 到区域 C 和 D 的距离，可以计算出 NO_3^- 处理下 Cd 在根和茎中的移动速率分别是 3.30cm/h 和 10.10cm/h，而 NH_4^+ 处理下 Cd 在根和茎中的移动速率分别是 2.20cm/h 和 2.70cm/h。这些结果表明，与 NH_4^+ 处理相比 NO_3^- 处理植物根和茎中 Cd 的转运速率更快。

在 36h 的 ^{107}Cd 吸收试验结束后，待 ^{107}Cd 充分衰减后，利用放射性自显影技术测定植物各部位中 ^{109}Cd(半衰期 461d)的分布。^{109}Cd 是生产 ^{107}Cd 时的副产物，^{109}Cd 衰变不会产生正电子，因此不会被 PETIS 检测到，但会被植物吸收。从图 4.19 可以看出，两个处理的植物形态结构一致，都具有 1 条主枝和 9 条侧枝，根和茎中 Cd 积累量比较高，且嫩叶比成熟叶高。不同的是 NO_3^- 处理植物侧枝和嫩叶中 Cd 的积累明显比 NH_4^+ 处理高，而两个处理植物主茎 Cd 差异不大，这说明 NO_3^- 处理下植物中 Cd 更容易从主茎转移到侧枝以及嫩叶中。

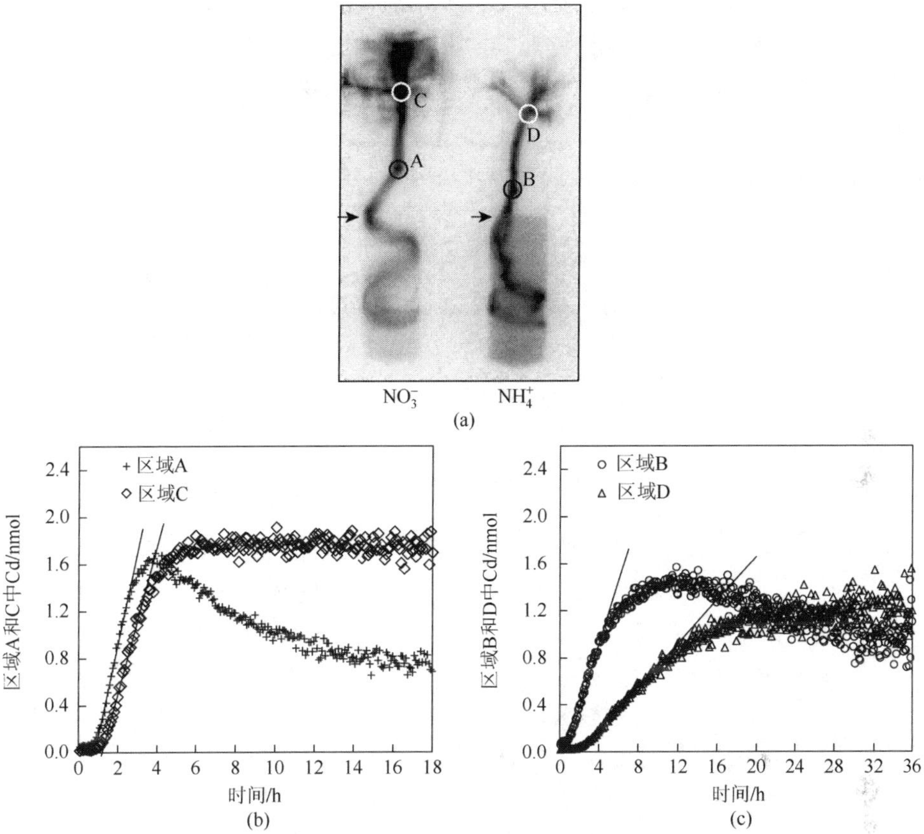

图 4.18　选定区域 Cd 含量随时间的变化

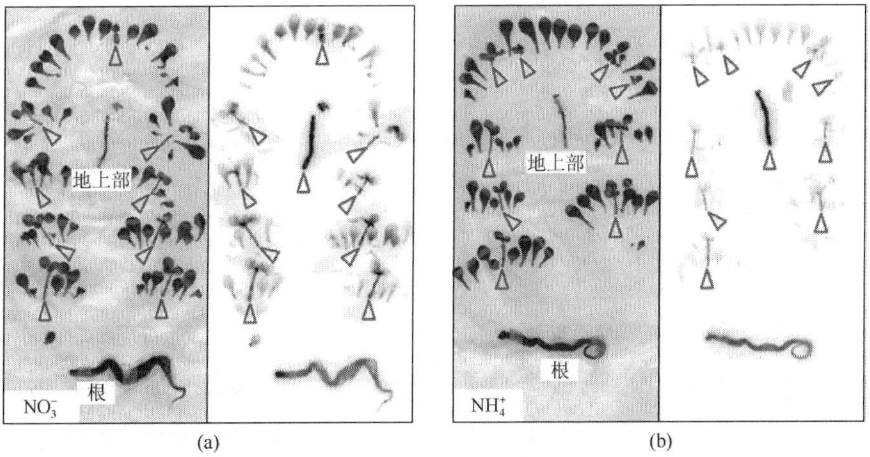

图 4.19　不同氮素形态处理下伴矿景天 ^{109}Cd 的放射性自显影

图中箭头指示主枝和侧枝

在另一组试验中，伴矿景天分别经 NO_3^- 或 NH_4^+ 预处理 3d，然后加入 Cd 1μmol/L 或 30μmol/L，并在 2h 后提取木质部汁液，测定元素浓度(表 4.13)。结果表明，木质部汁液中 Cd 浓度在 2h 后即达到溶液 Cd 浓度(1μmol/L)的 111 倍(NO_3^-)和 38 倍(NH_4^+)。NO_3^- 处理植物木质部汁液中 Cd 浓度是 NH_4^+ 处理的 2.1～2.9 倍，Ca 和 K 浓度大约是 NH_4^+ 处理的 1.5 倍，而 P 和 Fe 浓度要比 NH_4^+ 处理低，Mg 和 Zn 差异不大。这说明与 NH_4^+ 处理相比，NO_3^- 处理在促进 Cd 向木质部转运的同时，还促进了 Ca 和 K 的转运，但抑制了 Fe 和 P 的转运。

有研究表明，铵态氮被植物吸收后，主要是在根部同化合成氨基酸、蛋白质等，这些物质可能增加了根细胞中 Cd 的区室化，进而降低了 Cd 向地上的转运(Yang and Li，2006)。而硝态氮则主要是通过水合阴离子态向地上部运输，为了保持离子平衡，需要同时运输阳离子(Turan and Sevimli，2005)，这正好与木质部中 K、Ca、Cd 等阳离子浓度高而阴离子(P)浓度低一致。并且硝态氮的吸收还会增加植物地上部有机酸含量，这可能促进 Cd 在木质部中的转运以及 Cd 从茎向叶片中的转运。

二、土培条件下氮肥形态对伴矿景天生长和镉吸收的影响

通过盆栽试验研究了土培条件下不同氮肥形态及硝化抑制剂(DCD)与脲酶抑制剂(NBPT)对伴矿景天生长和镉吸收的影响。供试土壤采自浙江省富阳市某污染农田，土壤 pH 为 7.99，有机质含量为 35.5g/kg，全量 N 为 1.94g/kg；有效态 N、P、K 分别为 162、0.63 和 34.0mg/kg；全量 Zn、Cd 浓度为 241 和 0.99mg/kg。试验共设 8 个处理，分别为：①不施氮肥的对照(CK)；②$NaNO_3$；③$(NH_4)_2SO_4$；④$(NH_4)_2SO_4$+DCD；⑤$CO(NH_2)_2$；⑥$CO(NH_2)_2$+DCD；⑦$CO(NH_2)_2$+NBPT；⑧$CO(NH_2)_2$+DCD+NBPT。以上处理 N 的施加量为 250mg/kg，DCD 和 NBPT 的施加量为 2.5mg/kg。每个处理施加 $K_2HPO_4$350mg/kg 作为基肥。处理②和④有 8 次重复，其他处理 4 次重复。伴矿景天生长 100d 后收获。

(一) 不同氮肥形态及抑制剂对土壤溶液化学性质的影响

1. 土壤溶液 pH

土壤原始 pH 为 7.99，在植物生长过程中土壤溶液 pH 在 7.30～8.25 范围内变化，各个处理的 pH 呈现出相同的变化趋势(图 4.20)。氮肥处理对土壤溶液 pH 几乎无影响。将伴矿景天移栽第 14 天时的土壤溶液 pH 作为起点，不同处理下 pH 均出现略微的变化。结果表明，$(NH_4)_2SO_4$+DCD 处理的土壤溶液 pH 较 CK 和 $NaNO_3$ 处理分别降低 0.25 和 0.24 个单位。与 CK 相比，$NaNO_3$、$(NH_4)_2SO_4$+DCD 和 $CO(NH_2)_2$ 处理的土壤溶液 pH 在 14～49d 剧增(约 0.5～0.7 个单位)。在第 49 天时，$CO(NH_2)_2$+NBPT+DCD 处理的土壤溶液 pH 最低，分别低于 $CO(NH_2)_2$、$(NH_4)_2SO_4$+DCD、$NaNO_3$ 处理和 CK 0.16、0.30、0.32 和 0.43 个单位。73d 时土壤溶液 pH 显著提高，而 95d 时所有处理的土壤溶液 pH 均下降 0.37～0.57 单位。95d 之后各个处理间的土壤溶液 pH 均无显著差异，但与 CK 相比均有提高，

且 $NaNO_3$ 与 $(NH_4)_2SO_4$+DCD 处理相比其 pH 高出约 0.17 个单位。

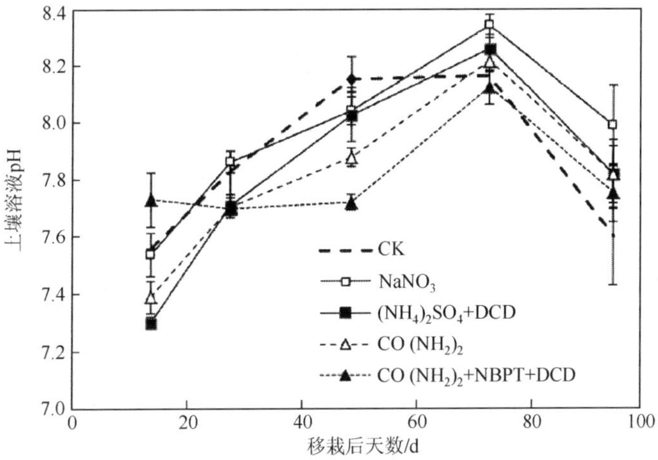

图 4.20 不同氮肥形态与硝化抑制剂(DCD)及脲酶抑制剂(NBPT)对土壤 pH 的影响

2. 土壤溶液中铵态氮和硝态氮的浓度变化

各个处理土壤溶液中 NH_4^+-N 均表现出相同的趋势，在植物生长过程中 NH_4^+-N 浓度不断降低并在移栽结束后达到最小值。第 3 天时，CK、$NaNO_3$ 和 $CO(NH_2)_2$+NBPT+DCD 处理中土壤溶液的 NH_4^+-N 浓度最低。在 3～14d 时，$(NH_4)_2SO_4$+DCD 处理的土壤溶液 NH_4^+-N 浓度显著高于 $NaNO_3$ 处理($P<0.05$)［图 4.21(a)］。$NaNO_3$ 处理的土壤溶液 NH_4^+-N 随时间而变化，且趋势类似于 CK。此外，28d 时 $NaNO_3$ 处理的土壤溶液 NH_4^+-N 浓度未检出。这些结果表明，DCD 与 $NaNO_3$ 处理相比，可抑制土壤的硝化过程进而提高 NH_4^+-N 浓度。除此之外，3～14d 时，$CO(NH_2)_2$ 处理的土壤溶液 NH_4^+-N 的浓度明显高于抑制剂与 $CO(NH_2)_2$ 组合处理。施加尿素后其发生水解致使土壤溶液的 NH_4^+-N 浓度在第 3 天升高，然后硝化作用导致 NH_4^+-N 降低、NO_3^--N 提高。该结果表明脲酶抑制剂(NBPT)可能从第 14 天开始抑制尿素转化为氨。

如图 4.21(b)所示，DCD 处理后土壤溶液中硝态氮与无 DCD 处理相比浓度显著降低。抑制剂组合处理后 NO_3^--N 浓度较单独添加 DCD 低。$NaNO_3$ 处理对土壤溶液中硝态氮浓度存在显著影响($P<0.05$)，其浓度在 0～28d 时由 499mg/L 增加至 621mg/L，然后随着时间下降。各个处理对土壤溶液中硝态氮浓度均具有显著的影响，$(NH_4)_2SO_4$+DCD 处理与 $NaNO_3$ 处理相比 NO_3^--N 浓度降低 12%～84%，$CO(NH_2)_2$+NBPT+DCD 处理与 $CO(NH_2)_2$ 处理相比 NO_3^--N 浓度降低 63%～72%。

3. 土壤溶液中 Cd 和 Zn 浓度的变化

对土壤溶液的重金属浓度进行测定，发现氮肥可显著影响 Zn 与 Cd 的浓度，其变化趋势如图 4.22 所示。在 95d 之内，Cd 浓度在 0.19～0.77μg/L 范围内变化。28d 时，各个处理的土壤溶液中 Zn 和 Cd 均具有较高的溶解度。$CO(NH_2)_2$+DCD，$CO(NH_2)_2$+

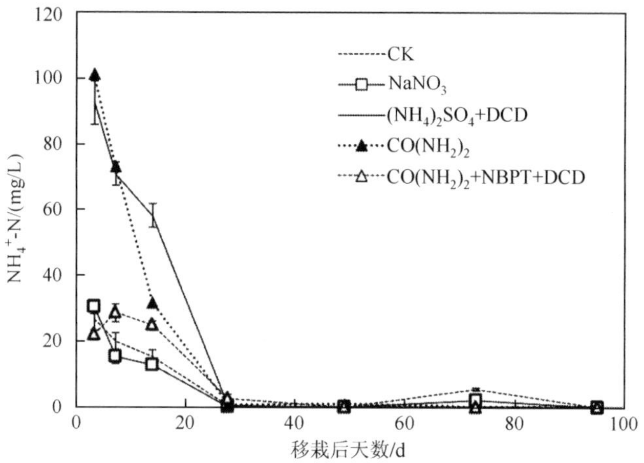

(a)

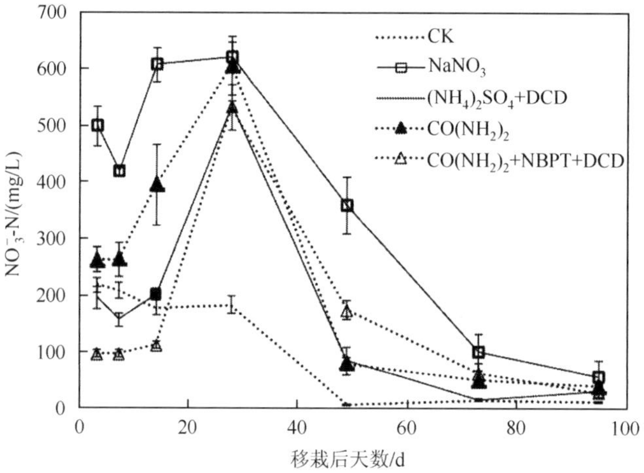

(b)

图 4.21　不同氮肥形态与硝化抑制剂(DCD)及脲酶抑制剂(NBPT)对土壤溶液中铵态氮(a)和硝态氮浓度(b)的影响

NBPT，$CO(NH_2)_2$+DCD+NBTP 与 $CO(NH_2)_2$ 处理间 Cd 浓度无显著差异。植物生长 4 周内，Cd 浓度在 $(NH_4)_2SO_4$+DCD 和 $CO(NH_2)_2$ 处理下分别增加约 49%和 70%。28d 时，Cd 浓度在 $CO(NH_2)_2$ 处理下最高，约为 0.77μg/L，但各处理间显著差异并不显著［图 4.22(a)］。

土壤溶液中 Zn 浓度在 28.0～87.5μg/L 范围内变化［图 4.22(b)］。在生长第 3 天时，CK 与其他处理下 Zn 浓度相似，但 $CO(NH_2)_2$+NBPT+DCD 处理的 Zn 浓度较其他处理高，且 DCD 和 NBPT 对土壤溶液中 Zn 的溶解度影响甚微。

(二) 不同氮肥形态及抑制剂对土壤中提取态氮和重金属浓度的影响

1. 土壤中提取态 NH_4^+-N 和 NO_3^--N 浓度的变化

植物生长 100d 后收获并采集土壤，利用氯化钙提取和测定 NH_4^+-N 和 NO_3^--N 浓度，对

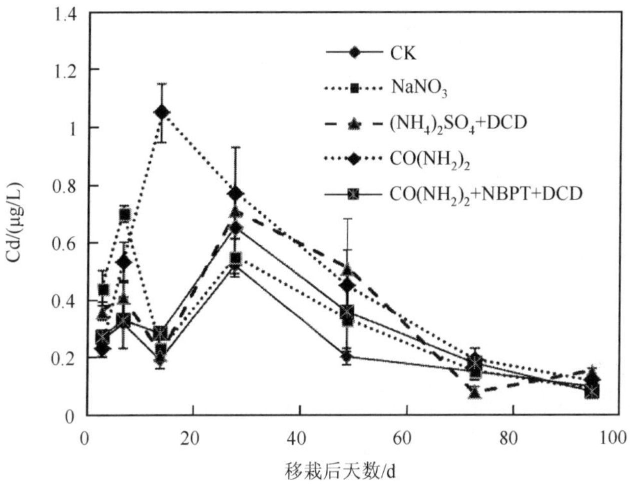

(a)

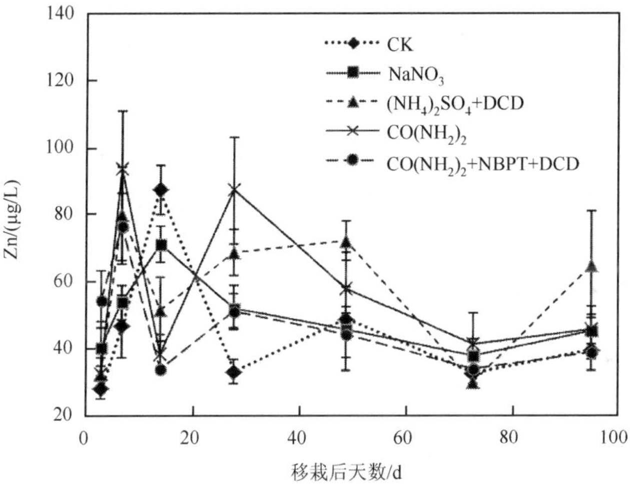

(b)

图 4.22　不同氮肥形态与硝化抑制剂(DCD)及脲酶抑制剂(NBPT)对土壤溶液中镉(a)及锌浓度(b)的影响

土壤释放到溶液中的 NH_4^+ 和 NO_3^- 浓度进行估测，作为植物利用土壤氮肥的指标。表 4.14 列出了各个处理的 NH_4^+-N 浓度，顺序如下：$NaNO_3$＞$(NH_4)_2SO_4$＞$CO(NH_2)_2$+NBPT+DCD＞$(NH_4)_2SO_4$+DCD＞$CO(NH_2)_2$+DCD(浓度分别为 44.8、36.7、36.3、44.8 和 15.2mg/kg)。其中 NO_3^--N 浓度在 $NaNO_3$ 处理下最高，并与 $CO(NH_2)_2$+NBPT+DCD 处理之间不存在显著差异。此外，$CO(NH_2)_2$ 处理下 NO_3^--N 浓度较 CK 显著增加，$CO(NH_2)_2$+DCD 处理较 $CO(NH_2)_2$ 处理降低，而 $CO(NH_2)_2$+NBPT 处理较 $CO(NH_2)_2$ 处理提高。

施加尿素后其发生水解，在 100d 时其土壤提取态 NH_4^+ 浓度较 CK 低，而添加 DCD 或 DCD+NBTP 后，NH_4^+ 浓度显著提高($P<0.05$)。由于第 100 天时土壤中不存在 NH_4^+-N 和高浓度的 NO_3^--N，因此脲酶抑制剂抑制尿素水解的效率降低。

表 4.14　在 100d 时土壤溶液中铵态氮和硝态氮的浓度　　（单位：mg/kg）

处理	提取态 NH_4^+-N	提取态 NO_3^--N
CK	N.D.	46.5±10.5b
$NaNO_3$	44.8±4.5a	804±255a
$(NH_4)_2SO_4$	36.7±0.0ab	244±165ab
$(NH_4)_2SO_4$+DCD	24.2±12.1ab	324±15ab
$CO(NH_2)_2$	N.D.	484±45ab
$CO(NH_2)_2$+DCD	15.2±7.8bc	294±67ab
$CO(NH_2)_2$+NBPT	N.D.	605±306ab
$CO(NH_2)_2$+NBPT+DCD	36.3±10.0ab	792±116a

注：数据为平均值±标准差（n=4），同列不同字母表示处理间存在显著差异（$p<0.05$），N.D.表示未检出。

2. 土壤中提取态 Cd 和 Zn 浓度的变化

第 80 天和 100 天时采集土壤样品并测定土壤中氯化钙提取态的 Cd 和 Zn 浓度。第 80 天时，提取态 Cd 浓度在 $(NH_4)_2SO_4$ 处理下最高，在 $NaNO_3$ 处理下最低（表 4.15），但两者差异不显著。同时，各处理间提取态 Zn 浓度无显著差异（$P<0.05$）。

第 100 天时，氮肥对提取态 Cd 浓度无显著影响。Cd 浓度在 0.50～1.00μg/kg 范围内变化，Zn 浓度在 0.18～0.38mg/kg 范围内变化。$(NH_4)_2SO_4$ 处理下提取态 Cd 浓度为 CK 的两倍。$CO(NH_2)_2$+DCD+NBPT 处理下提取态 Zn 浓度为 CK 的 73%左右。各个处理对氯化钙提取态 Cd 和 Zn 的浓度影响与其对土壤中重金属浓度影响相似。

表 4.15　在第 80 天和 100 天时土壤中提取态镉和锌

处理	80d		100d	
	Cd/(μg/kg)	Zn/(mg/kg)	Cd/(μg/kg)	Zn/(mg/kg)
CK	2.98±0.23a	0.23±0.02a	0.50±0.02e	0.22±0.03b
$NaNO_3$	2.80±0.11a	0.31±0.08a	0.69±0.26abc	0.28±0.01ab
$(NH_4)_2SO_4$	5.31±1.43a	0.34±0.14a	1.00±0.06a	0.24±0.03b
$(NH_4)_2SO_4$+DCD	3.84±0.64a	0.29±0.06a	0.61±0.01cd	0.18±0.04b
$CO(NH_2)_2$	4.69±1.24a	0.28±0.08a	0.62±0.04cd	0.18±0.04b
$CO(NH_2)_2$+DCD	3.13±0.35a	0.23±0.04a	0.61±0.08cd	0.26±0.06ab
$CO(NH_2)_2$+NBPT	3.82±0.14a	0.24±0.02a	0.54±0.19bcd	0.24±0.04b
$CO(NH_2)_2$+NBPT+DCD	3.32±0.29a	0.27±0.02a	0.94±0.13ab	0.38±0.06a

注：数据为平均值±标准差（n=4），同列不同字母表示处理间存在显著差异（$p<0.05$）。

（三）不同氮肥形态及抑制剂对木质部汁液中 Cd 和 Zn 浓度的影响

表 4.16 列出了 $NaNO_3$ 和 $(NH_4)_2SO_4$+DCD 处理下不同氮肥形态和抑制剂对木质部汁液中 Cd 和 Zn 浓度的影响。$(NH_4)_2SO_4$+DCD 处理与 $NaNO_3$ 处理相比可增强伴矿景

天对 Cd 和 Zn 的吸收，且木质部汁液中 Cd 和 Zn 的浓度略有升高，植物干重有所增加。在 $NaNO_3$ 和 $(NH_4)_2SO_4$+DCD 处理下，植株平均地上部干重在 1.00～1.24g/盆范围内变化。

表 4.16　生长 34d 的伴矿景天木质部汁液镉和锌的浓度

处理	Cd/(μg/L)	Zn/(mg/L)
$NaNO_3$	420±25a	17.6±1.1a
$(NH_4)_2SO_4$+DCD	547±100a	22.4±7.1a

$NaNO_3$ 处理下植物地上部 Cd 浓度较 $(NH_4)_2SO_4$+DCD 处理有所提高，其浓度分别为 24.0mg/kg 和 15.4mg/kg。这两个处理间植物地上部 Zn 的浓度不存在显著差异，其分别为 1193mg/kg 和 1044mg/kg。

（四）不同氮肥形态及抑制剂对伴矿景天的生物量与重金属浓度的影响

伴矿景天移栽 100d 后收获，伴矿景天无明显的毒害症状，且生长状况较好。氮肥的施加对伴矿景天的地上部生物量无显著影响，其地上部干重在 3.56～5.40g/盆范围内变化（表 4.17）。

表 4.17　不同氮肥形态与硝化抑制剂(DCD)及脲酶抑制剂(NBPT)对生长 100d 的伴矿景天生物量及 Zn 和 Cd 累积量的影响

处理	干重/(g/盆)	重金属浓度		重金属累积量	
		Cd /(mg/kg)	Zn /(mg/kg)	Cd /(μg/盆)	Zn /(mg/盆)
CK	4.29±0.84a	68.4±2.4a	4276±54a	293	18.3
$NaNO_3$	3.99±0.81a	52.9±7.2a	3804±305a	211	15.2
$(NH_4)_2SO_4$	3.56±0.86a	83.3±4.9a	3763±416a	298	13.4
$(NH_4)_2SO_4$+DCD	4.36±0.20a	77.9±7.8a	3081±416a	339	13.4
$CO(NH_2)_2$	4.04±0.65a	65.9±1.3a	3279±112a	266	13.2
$CO(NH_2)_2$+DCD	5.40±0.39a	65.8±9.7a	2691±374a	355	14.5
$CO(NH_2)_2$+NBPT	3.66±0.35a	74.5±4.0a	4037±222a	272	14.8
$CO(NH_2)_2$+NBPT+DCD	4.57±0.80a	69.5±20.5a	3189±209a	317	14.6

统计分析表明，各个处理间 Cd 和 Zn 浓度不存在显著差异，这可能是由于土壤溶液 pH 和植物平均生物量无显著差异造成的。$(NH_4)_2SO_4$+DCD 处理下植物地上部 Cd 的浓度为 77.9mg/kg，而 $NaNO_3$ 处理下其浓度为 52.9mg/kg，约为 $(NH_4)_2SO_4$+DCD 处理的 67.9%。根据木质部汁液试验数据，$(NH_4)_2SO_4$+DCD 处理与 $NaNO_3$ 处理相比，地上部 Cd 浓度较高，而 Zn 浓度略低。

氮肥和抑制剂对植物地上部 Cd 和 Zn 的浓度及生物量无显著影响，地上部 Cd 和 Zn 浓度变化范围分别为 52.9～83.3mg/kg 和 2691～4276mg/kg。然而，伴矿景天地上部 Cd 累积量 211～339μg/盆。各个处理下植物中 Cd 累积量的大小顺序为：$CO(NH_2)_2$+DCD＞$(NH_4)_2SO_4$+DCD＞$CO(NH_2)_2$+NBPT+DCD＞$(NH_4)_2SO_4$＞CK＞$CO(NH_2)_2$+NBPT＞$CO(NH_2)_2$＞$NaNO_3$。在 $CO(NH_2)_2$+DCD 处理下 Cd 累积量分别高于 CK、$CO(NH_2)_2$+NBPT、$CO(NH_2)_2$+NBPT+DCD 和 $CO(NH_2)_2$ 处理约 17.5%、23.3%、10.7%和 25.1%。

氮肥和抑制剂的施加并没有显著降低伴矿景天地上部 Zn 的浓度。在无氮肥施加条件下，伴矿景天对 Zn 的吸收总量最高。$NaNO_3$ 处理下植物中 Zn 累积量高于 $(NH_4)_2SO_4$ 处理 11.8%左右。

（五）讨论

向土壤中施加氮肥可以提高植物的生物量，并且通过微生物的作用可加速土壤的硝化过程。脲酶抑制剂和硝化抑制剂可以减少硝酸盐的大量损耗，并且可提高植物对氮肥的利用率。与以往的报道不同，本研究中氮肥的施加对伴矿景天的生物量及重金属提取能力无显著的提高效果。除此之外，在 DCD+NBPT+$CO(NH_2)_2$ 处理下通过减少硝态氮的淋失和反硝化也未提高植物对氮的吸收。Xie 等(2009)的实验数据表明，向土壤施加 150mg/kg 的氮肥与 10%的 DCD 后，土壤中总氮量为 0.14%，而本研究土壤中总氮量约 0.19%，且施加 250mg/kg 氮肥和 1%DCD 或/和 NBPT 后发现，DCD 和 NBPT 未起到酸化土壤的效果，因此对重金属的吸收也无提高效果。

通常情况下，施加尿素后，其由脲酶水解产生碳酸铵，碳酸铵与氢离子反应产生 NH_4^+，进而转变为 NH_3 挥发损失，这个过程即硝化作用，且该过程需要亚硝酸菌和硝酸盐菌参与。铵的硝化作用需要进行两到三周。硝化作用最适 pH 为 7.0～8.2。据报道，氨在某些情况下尤其是碱性条件下(pH 高于 8.5)，游离氨优先提高，这可能是由亚硝酸盐氧化细菌作用被抑制引起的(Smith et al.，1997)。

试验结果表明，伴矿景天移栽第 14～95 天，土壤溶液 pH 没有降低。植物生长期间土壤溶液 pH 在 7.30～8.25 范围内变化。总的来说，施加 $(NH_4)_2SO_4$ 或尿素后，硝化作用将 H^+释放到根际土壤中致使其 pH 下降。相反，施加 $NaNO_3$ 后，根际土壤 pH 上升(Monsant and Tang，2008；Xie and Jiang，2009；Zaccheo and Crippa，2006)。

硝化抑制剂(DCD)能够维持土壤中氮以铵形式存在，依据环境条件其有效期可维持 3～6 周。施加 DCD 后，硝态氮浓度显著降低，这也证实 DCD 可以通过硝化过程使亚硝酸细菌的氨单氧酶(AMO)失活进而抑制氨的氧化(Amberger，1989)。NBPT 和 DCD 混合施加后，硝态氮浓度与单独施加尿素相比降低，这表明抑制剂可减少尿素和硝态氮的转化。

影响土壤溶液中 Cd 溶解度的最主要因素为 pH(Impellitteri et al.，2001)。通常情况下，土壤溶液 pH 低于 6 时，Cd 溶解度剧烈增加；而 pH 低于 7～8，不存在这样的现象(Brümmer and Herms，1983)。由于供试土壤 pH 为 7.99，因此 Cd 溶解度较低。此外，氮肥对 Zn 和 Cd 的浓度没有显著的影响。$CO(NH_2)_2$+DCD，$CO(NH_2)_2$+NBPT，$CO(NH_2)_2$+DCD+NBPT 处理与 $CO(NH_2)_2$ 处理相比，土壤溶液的 Cd 浓度无显著差异。

$(NH_4)_2SO_4$处理与$(NH_4)_2SO_4$+DCD 处理相比，NH_4^+-N 浓度较高，但两者无显著差异。此外，$CO(NH_2)_2$+NBPT+DCD 处理下NH_4^+-N 浓度高于$CO(NH_2)_2$+DCD 和$CO(NH_2)_2$两个处理。$CO(NH_2)_2$+NBPT 处理的土壤中不存在NH_4^+-N。施加尿素后与 CK 相比，NO_3^--N 浓度显著提高。DCD 的施用与$CO(NH_2)_2$处理相比NO_3^--N 浓度降低。另一方面，NBPT+$CO(NH_2)_2$处理下NO_3^--N 浓度较$CO(NH_2)_2$处理高。在$CO(NH_2)_2$处理第 100 天时土壤溶液中NH_4^+浓度较 CK 低，而施加 DCD 或 DCD+NBPT 后，NH_4^+浓度显著增加($P<0.05$)。Puschenreiter 等(2001)发现，$(NH_4)_2SO_4$+DCD 处理下遏蓝菜对 Ni 的吸收无变化，这可能是由于 DCD 被降解不能酸化根际土壤造成的。

各个处理对提取态 Cd 和 Zn 浓度不存在显著影响($P<0.05$)。在$(NH_4)_2SO_4$+DCD 处理下，土壤中提取态 Cd 浓度为 CK 的两倍；$CO(NH_2)_2$+DCD+NBPT 处理下提取态 Zn 浓度相比 CK 高出了 73%左右。木质部汁液中实验表明，$(NH_4)_2SO_4$+DCD 处理下植物地上部生物量和 Cd 的浓度分别高出$NaNO_3$处理 24%和 36%左右。

$(NH_4)_2SO_4$+DCD 和$NaNO_3$两个处理下伴矿景天地上部 Zn 的浓度无显著差异，该结果与 Monsant 和 Wang(2010)的报道一致，即NO_3^-相比NH_4^+易产生 Zn 的高积累量。然而，也有研究发现一种未知的氮肥形态能够提高 Zn 超积累植物遏蓝菜的地上部生物量，但地上部 Zn 浓度却降低(Bennett et al.，1998；Sirguey et al.，2006)。相关研究报道，氮肥施加后由于硝化作用致使土壤酸化(Black，1992；Juo et al.，1995，1996)，进而降低土壤 pH 和并增强作物对 Cd 的吸收(Eriksson，1990)。从目前研究来看，伴矿景天在各种处理下均生长良好，但氮肥对伴矿景天的地上部生物量及 Cd 与 Zn 的浓度却无显著影响。这可能是 250mg/kg 低剂量氮肥不足以显著提高伴矿景天的地上部生物量和植物吸收效率。

无氮肥添加的情况下，伴矿景天对 Zn 吸收量最高。其中，$NaNO_3$处理下 Zn 的吸收总量高于$(NH_4)_2SO_4$处理 13%左右。$(NH_4)_2SO_4$处理与$NaNO_3$和$CO(NH_2)_2$两个处理相比，伴矿景天对 Cd 的吸收具有明显的提高。这些结果与 Zhu 等(2011)发现的东南景天在$(NH_4)_2SO_4$处理下相比$CO(NH_2)_2$和$Ca(NO_3)_2 4H_2O$处理可增强对 Cd 的吸收相一致。施加 DCD 或 NBPT+DCD 与不添加 DCD 的处理相比，土壤中金属浓度降低。Kawakami 等(2012)发现，施加 DCD 后可减少氮吸收、氮利用效率、叶片叶绿素含量、植物生长和棉花的产量。他们认为，添加$CO(NH_2)_2$+NBPT 后改善棉花对氮肥的利用；而施加$CO(NH_2)_2$+DCD+NBPT 后通过抑制硝化过程降低 NBPT 的有效性，且 DCD 对棉花产生毒害，此外 DCD 降解后造成NH_4^+积累，进而增加氮的损失。

利用盆栽试验连续种植四季作物后土壤中有效性 Cd 浓度显著降低。Fitz 和 Wenzel(2002)提出，超积累植物能够增强重金属在根际土壤中的溶解度，从而增加植物对重金属的吸收。然而，在第 80 和 100 天时，土壤中有效性 Zn 浓度没有下降。

本研究表明，伴矿景天的生物量在以NH_4^++DCD 形式的氮肥处理下高于$NaNO_3$形式的氮肥处理。$CO(NH_2)_2$+DCD 处理与其他处理相比，伴矿景天的生物量和金属吸收总量较高。然而，无氮肥施加情况下，添加混合抑制剂后植物对 Zn 的提取能力提高。

第五节 锌镉污染土壤伴矿景天修复的化学与微生物调控

化学调控措施主要是通过向土壤施用化学物质，改变土壤中重金属的存在形态(Ernst，1996)。①植物提取修复的强化原理是在外加化学物质后，使重金属与土壤的结合态向水溶态、交换态转化，提高其植物可利用性，促进植物吸收。②植物稳定修复的化学强化原理是利用固化植物将土壤重金属转变成无毒或毒性较低的形态(生物无效态)，通过耐性植物根系分泌物质来积累和沉淀根际圈的污染物质，使其失去生物有效性，以减少污染物质的毒害作用。

植物和微生物共同生活在土壤环境中，植物根系为微生物提供了适宜的营养条件，保证微生物数量和活性的维持；反之，微生物的旺盛生长优化了植物生长环境，合成某些调节物质促进植物的生长发育，能够促进植物对营养元素的吸收。此外，土壤中的微生物分泌物可增加重金属的溶解性、移动性和生物可利用性。因此，在植物修复体系中引入有益的微生物，促进植物生长，增加其对重金属的积累，提高植物修复效率也成为植物修复技术研究的一个发展方向。

一、化学调控对伴矿景天生长与重金属富集特性的影响

(一) 化学调控效应及其根际机制

本书以经伴矿景天连续吸取修复多季后的土壤为对象，以 EDDS、水稻秸秆、三叶草为有机调控剂，探索污染土壤中重金属生物有效性调控的实用技术。通过测定土壤提取态重金属、土壤溶液化学性质变化和其与植物地上部重金属积累性的相互关系，以及 EDDS 处理下修复植物地上部、土壤溶液 EDDS、DOC 及重金属动态变化，以期：①探索廉价高效的促进伴矿景天吸取土壤重金属的有机物料，以提高植物修复效率、缩短修复时间；②探明不同有机物料调控剂的土壤重金属的活化效应、根际过程及环境风险。

供试土壤采自浙江杭州郊区某重金属污染农田，该区因大量重金属以粉尘的形式释放到大气，再沉降到附近农田而使土壤受严重重金属污染。供试土壤全量 Cu、Cd、Zn 分别为 564、15.9、1205mg/kg，土壤 pH(土水比 1∶2.5)为 7.24，有机碳 29.1g/kg，阳离子交换量为 11.8［cmol(+)/kg］，全量 N、P 和 K 分别为 2.21、0.22、22.9g/kg，土壤 Olsen P 为 6.70mg/kg，1.0mol/L 乙酸铵(pH 调至 7.0，土液比 1∶10)提取态 K 为 160mg/kg。

根际试验所用土壤为连续种植三季伴矿景天及未经种植修复的土壤经风干、过 40 目尼龙筛备根际试验用，从中取少量过 100 目尼龙筛测定土壤全量重金属。将水稻秸秆、三叶草用不锈钢粉碎机粉碎，取少量测定其重金属浓度。水稻秸秆、三叶草粉加去离子水、腐解一周后施入土壤。修复后土壤的全量 Cd、Zn、Cu 分别降为 11.5、542、1059mg/kg。水稻秸秆和三叶草的全量 Zn，Cd，Cu 分别为 32.0、0.49、16.1mg/kg 和 39.4、0.54、18.5mg/kg。

试验共设 5 个处理，分别是：①未经修复土壤对照(NP)：开展根际试验前该土壤未进行任何植物吸取修复；②连续修复土壤对照(P)：2008 年 10 月至 2009 年 12 月连续种植伴矿景天进行吸取修复三季的土壤；③施三叶草粉(PC)：“处理 2” +施用三叶草粉；④施水稻秸秆粉(PR)：“处理 2” +水稻秸秆；⑤施 EDDS(PE)：“处理 2” +EDDS。三叶草和水稻秸秆粉按土壤干重的 1%施用，即每盆 3.6g。其中，处理 NP、P、PC 和 PR 设 4 次重复，处理“PE”则设 8 次重复，其中的 4 次重复用于研究 EDDS 施用后土壤溶液 EDDS、DOC、pH 和重金属浓度的时间动态研究。

在移植伴矿景天前，处理 PC 和 PR 按照有机物料用量将土壤分别与三叶草和水稻秸秆腐解物混匀，控制土壤含水量为最大田间持水量的 70%，放置三周，然后再次风干，称量、装盆。试验每个根盒装土 360g(烘干重)，将土壤置于塑料根盒(长 9cm，宽 7cm，高 7cm)内，其中 40g 土壤置于根袋内作为根际土壤，另 320g 土壤置于根袋外作为非根际土壤。根袋用 400 目尼龙网制作，并用一个长 1cm、宽 7cm、高 7cm 的塑料框支撑，用此将根际与非根际土壤分开。两个土壤溶液取样器(Rhizon SMS，Rhizosphere Research Products，Wageningen，the Netherlands)分别置于根袋内和距离根袋 5cm 的非根际土壤中，用于定期抽取土壤溶液。2010 年 1 月 14 日选取长势一致的伴矿景天苗移栽至根袋土壤中，每盆 4 株，将根盒随机放置于植物生长室内(昼/夜温度为 25℃/20℃，每天光照 14h，光强为 60w/m)。

EDDS(30% Na_3EDDS 水溶液，Sigma-Aldrich)分两次以根际与非根际比 1∶5 稀释水溶液形式施入处理“PE”中，并调节土壤含水量至约持水量的 70%，分别于 2010 年 3 月 12 日和 3 月 15 日施入土壤，每次施入量为 1.5mmol/kg，总施用量为 3mmol/kg。称重法每天用去离子水调节土壤含水量至约最大持水量的 70%。3 月 19 日收获伴矿景天地上部，分别用自来水、去离子水冲洗，置于-20℃冰箱冷冻 12h 后放入冷冻干燥仪干燥(Labconco 12 Port Chamber 7522800，Kansas city)、称量、粉碎。所有处理在收获前 4d 抽取土壤溶液一次，PE 处理的 4 个重复分别于施用 EDDS 后 1、3、6、11、21、31、41、51d 抽取土壤溶液。

1. 土壤溶液化学性质的变化

1) 土壤溶液 pH

除未经修复处理(NP)根际土壤溶液 pH 显著低于非根际外，其他处理根际与非根际土壤溶液 pH 没有显著差异［图 4.23(a)］。但是对于施加 EDDS 的处理，随时间推移土壤溶液 pH 有显著的变化，在施用 EDDS 6d 后土壤溶液 pH 变化不大，但到第 11 天土壤溶液 pH 显著升高，随后在第 21 天又有较大幅度的降低，但总体上施加 EDDS 后溶液 pH 相比施用前显著增加($P<0.05$)［图 4.23(b)］。

2) 土壤溶液 DOC 和 EDDS

施用 EDDS 处理溶液中的 DOC 显著地高于其他处理($P<0.05$)［图 4.24(a)］，与对照相比(P)，施用 EDDS 后根际和非根际土壤溶液 DOC 浓度分别增加了 8.44 倍和 9.86 倍；而施用三叶草和水稻秸秆并没有使土壤溶液 DOC 增加。根际土壤溶液 DOC 浓度要高于非根际土壤，其中 P 和 PR 处理根际 DOC 浓度显著高于非根际。随时间推移，施用 EDDS

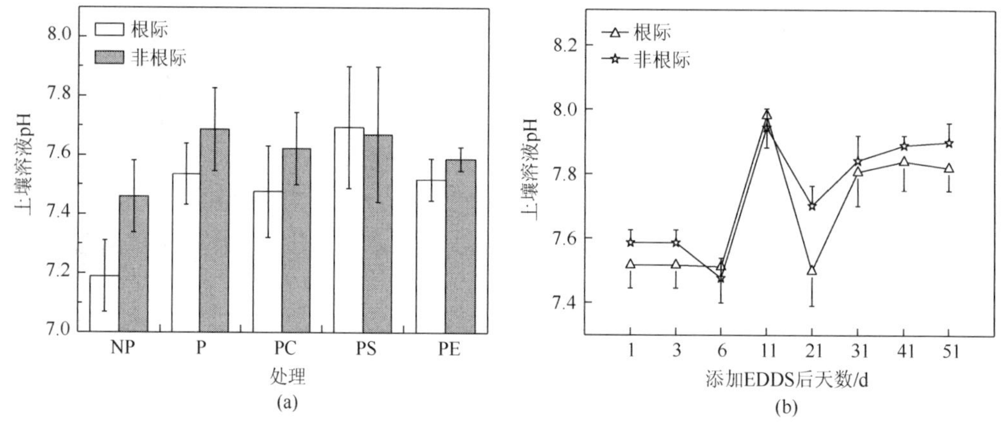

图 4.23　土壤溶液 pH

后第 6 天土壤溶液中 DOC 浓度达到一个较高浓度［图 4.24(b)］，经计算该时土壤溶液 DOC 来自 EDDS 仅有 38.6%(根际)和 52.6%(非根际)，表明有相当一部分 DOC 并非来自 EDDS；随后土壤溶液 DOC 急剧下降，到第 31 天基本恢复到处理 P 土壤溶液 DOC 水平，这可能是由于EDDS降解所引起的，这一点可由土壤溶液EDDS变化证明，土壤溶液EDDS变化基本与 DOC 变化趋势保持一致(图 4.25)。施用 EDDS 处理根际与非根际 DOC 变化表现为，处理 1～6d 后根际土壤溶液 DOC 浓度要显著高于非根际($P<0.05$)，到 11d 基本保持一致，到 21d 根际要显著高于非根际，之后基本恢复到未使用 EDDS 之前水平［根际大于非根际但无显著差异，图 4.24(a)］。土壤溶液 EDDS 浓度在施用后随时间的变化趋势基本与 DOC 一致(图 4.25)。

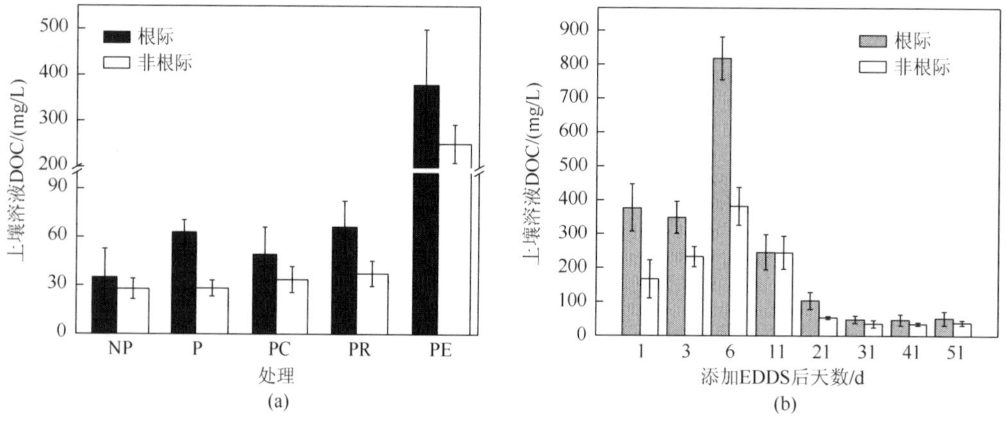

图 4.24　土壤溶液 DOC

3) 土壤溶液中的重金属浓度

与 NP 相比，经伴矿景天连续修复三季后处理(P)根际及非根际土壤溶液中 Cd 的浓度显著降低，但 Cu 和 Zn 没有显著变化。与对照 P 相比，施用三叶草(PC)和水稻秸秆(PR)粉末处理使土壤溶液中的 Cd 浓度增加，其中 PC 处理根际土壤溶液 Cd 显著高于未使用

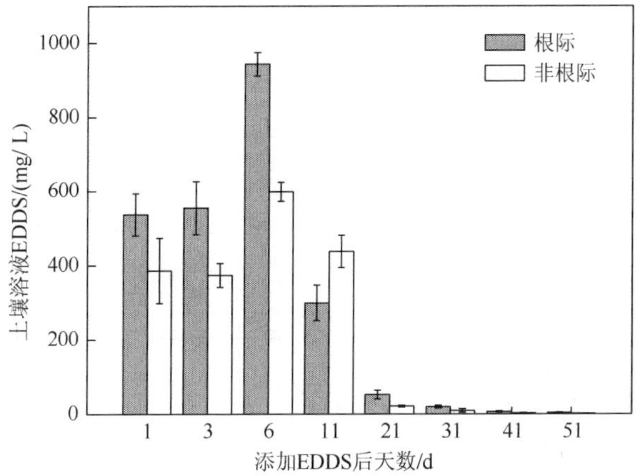

图 4.25　土壤溶液中 EDDS

三叶草对照处理(表 4.18)，但施用三叶草和水稻秸秆均未增加土壤溶液中 Zn 和 Cu 浓度。与对照 P 相比，添加 EDDS 3d 后对土壤溶液中 Zn 没有显著性影响；而土壤溶液 Cd 则降低，非根际则达到显著水平，这可能是由于伴矿景天对 Cd 强富集，使 EDDS 活化出的 Cd 被快速吸收；由于 EDDS 对 Cu 有强的络合能力(Yip et al.，2009)，施加 EDDS 显著增加了根际和非根际土壤溶液 Cu 的浓度(表 4.18)。

表 4.18　施 EDDS 第 3 天土壤溶液重金属浓度

处理	根际			非根际		
	Cd/(μg/L)	Cu/(mg/L)	Zn/(mg/L)	Cd/(μg/L)	Cu/(mg/L)	Zn/(mg/L)
NP	16.3±4.3 a	0.13±0.02 c	0.27±0.10 a	19.7±3.8 a	0.07±0.01 c	0.25±0.10 a
P	6.08±3.07 b	0.18±0.11 bc	0.21±0.13 a	7.48±2.07 b	0.08±0.03 bc	0.38±0.14 a
PC	13.0±3.4 a	0.24±0.04 b	0.36±0.09 a	9.26±2.16 b	0.18±0.03 b	0.31±0.08 a
PR	7.69±3.23 ab	0.22±0.03 b	0.32±0.15 a	7.42±2.16 b	0.12±0.01 b	0.25±0.07 a
PE	4.85±0.68 b	73.0±11.8 a	0.40±0.15 a	4.56±0.57 c	66.2±21.1 a	0.23±0.14 a

表 4.19 为使用 EDDS 后土壤溶液中重金属浓度随时间的变化。EDDS 对土壤 Cu、Zn、Cd 都具有一定的活化能力，对 Cu 的活化能力最强，其次是 Zn 大于 Cd。此外 EDDS 对土壤中重金属的溶出有一定的长期效应，在施用后长时间内(51d)土壤溶液中 Cu 和 Zn 仍保持着较高的浓度(表 4.19)，这表明 EDDS 作为一种生物易降解的螯合剂对土壤中的重金属有很强的络合溶出能力，但 EDDS 的施用也将导致高的环境风险。

表 4.19　施用 EDDS 处理土壤溶液重金属随时间变化

EDDS 施用后天数/d	根际			非根际		
	Cd/(μg/L)	Cu/(mg/L)	Zn/(mg/L)	Cd/(μg/L)	Cu/(mg/L)	Zn/(mg/L)
1	10.5±2.3	183±15	4.18±2.45	7.00±0.42	72.6±22.2	0.34±0.21
3	5.19±0.98	87.9±15.6	0.44±0.17	4.52±1.20	58.3±21.8	0.15±0.02
6	80.6±57.9	281±16	62.7±23.2	17.4±6.0	184±6	1.12±0.77

续表

EDDS 施用后天数/d	根际			非根际		
	Cd/(μg/L)	Cu/(mg/L)	Zn/(mg/L)	Cd/(μg/L)	Cu/(mg/L)	Zn/(mg/L)
11	10.5±1.9	81.4±27.9	1.46±0.82	10.1±1.9	107±24	0.22±0.03
21	5.62±1.20	18 924±4107	100±28	5.23±2.11	2122±481	57.6±34.4
31	4.37±1.00	5179±1924	83.3±28.3	3.78±0.51	679±15	61.1±17.1
41	2.80±1.10	850±143	61.0±21.3	2.82±0.55	486±59	52.5±14.8
51	2.21±0.75	1054±261	57.8±12.0	2.00±0.44	371±51	42.1±8.6

2. 土壤 pH 和 NH_4OAc 提取态重金属浓度变化

施用 EDDS 后，除 PE 处理外，其他各处理根际土壤 pH 均显著低于非根际。与其他处理相比，EDDS 的施用显著增加根际土壤 pH，但对于非根际土壤，不同处理间土壤 pH 没有显著差异(图 4.26)。

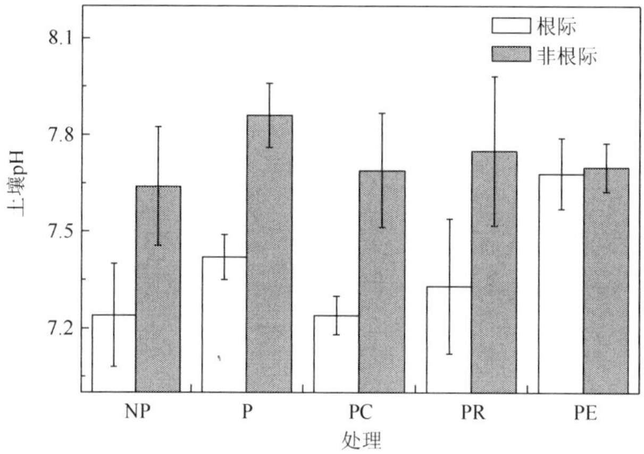

图 4.26　施加 EDDS 第 3 天不同处理土壤 pH

与未经伴矿景天修复土壤(NP)相比，连续修复降低了土壤(P)NH_4OAc 提取态 Cd，而 Cu 和 Zn 则没有显著变化。与对照 P 相比，EDDS 的施用显著降低了根际和非根际土壤 NH_4OAc 提取态 Cd，但是 NH_4OAc 提取态 Cu 和 Zn 显著高于其他处理(非根际 Zn 除外)(表 4.20)，EDDS 的施用使根际和非根际土壤 NH_4OAc-Cu 分别增加了 16.5 和 10.6 倍，使根际土壤 NH_4OAc-Zn 增加了 5.7 倍。

表 4.20　土壤 NH_4OAc 提取态重金属　　(单位：mg/kg)

处理	根际			非根际		
	Cd	Cu	Zn	Cd	Cu	Zn
NP	1.84±0.11 a	12.4±0.2 b	7.81±0.58 b	2.39±0.13 a	12.1±0.2 b	9.18±0.72 a
P	1.21±0.08 b	10.9±0.5 b	5.95±0.61 b	1.60±0.05 b	10.6±0.3 b	7.13±0.28 a
PC	1.43±0.16 b	11.5±0.5 b	6.57±0.44 b	1.58±0.05 b	11.3±0.3 b	7.46±0.17 a
PR	1.38±0.08 b	11.3±0.8 b	6.21±0.46 b	1.64±0.16 bc	11.3±0.2 b	7.64±0.94 a
PE	0.81±0.30 c	191±26 a	39.7±14.8 a	1.42±0.09 c	123±16 a	7.97±1.01 a

3. 伴矿景天生物量和重金属浓度

试验过程中，第一次施加 EDDS(1.5mmol/kg)对伴矿景天生长没有明显影响，但第二次施入 EDDS 后(1.5mmol/kg)伴矿景天的叶片全都脱落。这可能是由于 EDDS 活化了土壤中 Cu，使土壤溶液 Cu 浓度过高，从而导致伴矿景天 Cu 中毒，这可以从土壤(PE) NH_4OAc 提取态 Cu(表 4.20)及伴矿景天体内高浓度 Cu 得以证明(表 4.21)。由于 EDDS 处理时间较短，各处理间伴矿景天的生物量没有显著差异(表 4.21)。

收获时伴矿景天地上部 Cd 的浓度依次为(表 4.21)：PR＞PC＞PE＞NP＞P，与其他处理相比，施用有机添加剂(处理 PC、PR 和 PE)能显著提高伴矿景天地上部 Cd 的浓度。传统有机肥(水稻秸秆和三叶草)和 EDDS 对于伴矿景天吸收 Cd 起到相似的效果。EDDS 的施用促进了伴矿景天对 Cu 和 Zn 的吸收。与处理 P 相比，EDDS 使伴矿景天体内 Cu 和 Zn 分别增加了 60.4 和 0.27 倍。

以上结果表明，利用传统有机肥(水稻秸秆和三叶草)作为一种环境友好和高效添加剂可以促进伴矿景天对污染土壤 Cd 吸取，能显著地提高伴矿景天对 Cd 污染土壤的修复效率；3mmol/kg EDDS 施用量处理，导致了伴矿景天受到毒害，但也促进了伴矿景天对 Cu、Zn 及 Cd 的吸取。

表 4.21 伴矿景天生物量及重金属浓度

处理	地上部生物量/(g/盆)	Cu/(mg/kg)	Cd/(mg/kg)	Zn/(mg/kg)
NP	0.49±0.15 a	25.1±4.7 b	197±8 b	2527±274 b
P	0.73±0.15 a	11.2±3.3 c	125±35 c	2537±260 b
PC	0.68±0.12 a	9.16±2.26 c	339±90 a	2464±340 b
PR	0.75±0.13 a	6.14±1.28 c	365±71 a	2200±230 b
PE	0.74±0.15 a	688±202 a	334±98 a	3227±629 a

4. 讨论

土壤重金属可分为水溶态、可交换态、碳酸盐结合态、铁锰氧化物及有机质结合态和残渣态等 6 种结合形态。一般水溶态和可交换态易被生物所利用，被称为可利用态，其他土壤重金属大多难以被利用。经超积累植物修复后土壤中有效态重金属浓度下降，这是导致植物吸取修复效率低的一个主要原因。针对这一缺点，目前较多研究是向土壤中添加有机螯合剂，使土壤重金属重新分配增加土壤可利用态重金属。

EDTA 是螯合剂中应用最为广泛的一种，也最早应用于植物修复研究，用来增加土壤重金属的有效性，提高修复效率(Epstein et al.，1999)。但 EDTA 不易被降解，会给环境带来了二次污染(Wen et al.，2009)。EDDS 是 EDTA 的同分异构体，因其易被降解且对重金属有强的络合能力而被广泛研究。Salati 等(2010)研究了 EDDS 在玉米修复重金属污染土壤的作用，EDDS 的施用使玉米地上部 Cr、Cu、Ni、Zn、Pb 浓度分别增加了 9.3、4.8、9.3、4.3、55.5 倍。EDDS 对土壤重金属的活化能力强，但植物吸收的重金属仅是 EDDS 活化出的一部分(Hu et al.，2007)。在 Luo 等(2012)研究中，5mmol/kg 土壤 EDDS 使土壤可利用态 Cu、Pb、Zn 分别增加了 190、20、7 倍，但玉米植物吸收分别增加 45、9、2.3 倍。3mmol/kg 和 6mmol/kg 土壤的 EDDS 使土壤水提取态 Cu 浓度增加高达 100 倍，而植物吸收 Cu 增加了 65 倍(Komarek et al.，2010)。在本研究中，与对照 P 相比，第一次施加 EDDS(1.5mmol/kg)3d 后，根际与非根际土壤溶液 Cu 浓度分别从(0.18± 0.11)mg/L 和(0.08±0.03)mg/L 增加到(73.0±11.8)mg/L 和(66.2±21.1)mg/L(分别是 406 倍和 828 倍)，而伴矿景天体内重金属浓度增加了 61 倍(表 4.21)。此外，在 EDDS 3mmol/kg 施用后(分两次，每次 1.5mmol/kg，间隔 3d)第 21 天根际与非根际土壤溶液中 Cu 和 Zn 都达到非常高的浓度，之后一直到第 51 天(试验全部结束)仍然保持较高浓度(表 4.19)。表明本试验条件下使用 EDDS 会溶出大量重金属尤其是 Cu，这无疑给环境带来重金属淋溶风险。本试验 EDDS 第一次施用 3d 后土壤溶液 Zn 和 Cd 没有显著变化(表 4.18)，这主要是由于 EDDS 对 Cu 的螯合能力高于 Zn 和 Cd，在 EDDS 不足的情况下优先与 Cu 相结合(Yip et al.，2009)。

前期试验表明，在碱性土壤中醋酸铵提取重金属与伴矿景天体内重金属浓度有很好的正相关性(Jiang et al.，2009)。与前人研究结果一致，在本书中与对照(P)比较施加 EDDS 处理根际使醋酸铵提取态 Cu 和 Zn 平均分别增加 17.5 倍和 6.7 倍，植物内 Cu 和 Zn 的浓度也相应地平均增加 61.4 倍和 1.27 倍(表 4.20 和表 4.21)，表现出正相关性。而与连续修复土壤对照处理(P)相比，EDDS 的施用显著降低了土壤醋酸铵提取态 Cd，在施用水稻秸秆(PR)及三叶草(PC)处理土壤醋酸铵提取态 Cd 较对照(P)相比没有显著变化，施用 EDDS 处理则显著下降，但该三个处理伴矿景天体内 Cd 的浓度平均分别增加 2.9、2.7、2.7 倍(表 4.20 和表 4.21)。Cui 等(2008)研究表明，6%水稻秸秆的施用增加了土壤总可溶性 Cu 的浓度，但却降低了土壤总可溶性 Cd 的浓度。同样 Mohamed 等(2010)研究认为水稻秸秆施用导致土壤有机质、pH 和阳离子交换量升高，进而降低了土壤可溶态和交换态 Cd 的浓度。但也有研究表明在淹水条件下，施用水稻秸秆能促进 Cu 和 Cd 的溶出，并随施用量的增加溶出效应提高(单玉华等，2008)。本研究施用水稻秸秆及三叶草和 EDDS 处理导致土壤水溶性及醋酸铵提取态 Cd 无显著差异或降低而伴矿景天积累 Cd 浓度升高的可能原因有：第一，该三个处理实际上提高了土壤提取态 Cd，但是由于伴矿景天对 Cd 的富集能力强使处理土壤提取态 Cd 没有显著变化或显著降低；第二，处理并没有导致土壤醋酸铵提取态 Cd 发生变化，而是在处理条件下经微生物作用形成了易被伴矿景天吸收 Cd 形态，该形态可能为水稻秸秆和三叶草在微生物作用下形成或 EDDS 诱导根系产生小分子有机酸如苹果酸、柠檬酸、草酸等与 Cd 的结合形态。Quartacci 等(2005)研究表明，10mmol/kg 柠檬酸施用量对水溶态 Cd 没有显著影响，增加了醋酸铵和 DTPA 提取态 Cd，但却使印度芥菜对 Cd 的吸收增加了 1.5 倍(没有毒害症状)。有研究认为小分子有机酸对植物吸收重金属的影响比土壤 pH 更大(Huang et al.，1998)；第三，以上两点可能同时起作用。真正内在原因有待进一步研究。

目前关于 EDDS 对土壤及环境的影响研究主要集中在 EDDS 处理对土壤有效态重金属浓度变化，以及土壤溶液中重金属在修复前后的变化(Bandiera et al.，2010)，而关于土壤溶液中 DOC、pH 变化及 EDDS 施用后随时间推移土壤溶液 DOC、pH 变化研究较少。在本试验中，与其他处理相比 EDDS 的施用使土壤溶液中 DOC 显著增加 [图 4.24(a)]，但土壤溶液 DOC 的增加并非全是 EDDS 中的 C 所引起的。从施用 EDDS 后第 1 天到第 21 天，土壤溶液 EDDS 对 DOC 的贡献根际只占 40.8%～53.3%，非根际占 52.5%～77.5%，表明有相当一部分 DOC 是由 EDDS 或大量溶出金属离子所诱导产生的根系分泌或使土壤有机质溶出。EDDS 施用 3d 后 PE 处理根际土壤 pH 显著低于其他处理(图 4.25)，在施 EDDS 6d 后土壤溶液 pH 变化不大，11d 后显著上升(这可能是该天土壤溶液重金属浓度低的主要原因)，21d 后再显著下降，最后保持稳定且高于施用 EDDS 前土壤溶液 pH。出现该现象可能原因是在第 11 天土壤中 DOC 在微生物作用下分解消耗土壤溶液中 H^+释放 OH^-使 pH 升高(Barekzai and Mengel，1993)，这一点可由该天土壤溶液 DOC 浓度给以证明［图 4.24(b)］。

EDDS 对植物的毒性因供试植物和 EDDS 施用量的不同而异。Meers 等(2005)发现，在施用 EDDS 1.77mmol/kg 和 8.88mmol/kg 后一周收获植物，其生物量并未显著降低。可能时间较短时 EDDS 或其诱导对植物的毒害还没有表现出来。在 Luo 等(2012)研究中，施用 EDDS 5mmol/kg 14d 后，导致玉米(*Z. mays*)和大豆(*P. vulgar*)生物量显著降低。宋静等(2006)向复合污染土壤中施入 EDDS 3mmol/kg 和 6mmol/kg 2d 后，印度芥菜均出现明显的中毒症状，表现为叶片脱水、从叶柄处脱落最后死亡。在 EDDS 施用量达 4.0mmol/kg 时 *Brassica napus* 受到了毒害，生物量显著下降，研究者认为是 EDDS 溶出 Cu 效应(Zeremski-Skoric et al.，2010)。在本试验中，1.5mmol/kg EDDS 施入后对伴矿景天没有明显的毒害症状，但第二次(间隔 3d)施入 EDDS 1.5mmol/kg 1d 发现所有 EDDS 处理伴矿景天叶片均从叶柄处脱落，表现明显中毒。但本研究没有直接的证据表明伴矿景天中毒是由于 EDDS 直接作用，还是 EDDS 溶出大量的 Cu 而导致中毒。

(二) 调控剂对锌镉污染土壤植物修复效率的影响

植物修复不仅要考察超积累植物的修复效率，更应考察植物修复后土壤质量的恢复状况及调控剂的使用所带来的生态环境风险(胡亚虎等，2010)。通常高浓度的调控剂处理后的土壤将影响后续植物的生长(黄细花等，2010)，而钙镁磷肥不仅可以降低土壤中重金属的活性，且可以增加植物地上部的生物量，常作为一种有效的稳定剂对土壤进行稳定修复。因此，本研究利用在种植伴矿景天的土壤上添加 IDS、EDDS、硫粉，而后再在土壤中施用钙镁磷肥以降低因超积累植物种植所引起的后茬作物重金属吸收性增大的不利作用，以期探索出既能快速修复重金属污染土壤，且土壤中重金属修复结束后重金属活性快速降低的植物修复模式，达到提高修复效率、减少后茬作物重金属吸收性和安全生产的目的，为我国重金属轻污染土壤的植物修复提供参考。

本书采用盆栽试验，设 3 个处理，5 次重复，每盆装土 1kg(烘干基)，分别是：①种植伴矿景天，以“Sed”表示；②种植伴矿景天，第一至第三季时与处理一相同，第四季时加硫粉 120mg/kg 作基肥，以“Sed+S”表示；③种植伴矿景天，在第三季收获前一周分两次施用 IDS，第四季收获前一周分两次施用 EDDS，以“Sed+OE”表示。

1. 伴矿景天地上部生物量及锌镉浓度

Sed+S 处理于第四季施入 120mmol/kg 硫粉，伴矿景天地上部生物量与 Sed、Sed+OE

处理相比显著升高，分别比 Sed、Sed+OE 处理增加了 34.7%、47.9%(表 4.22)。与前三季未加 S 的处理相比显著增高(P<0.05)，说明加硫利于伴矿景天地上部的生长。许多研究结果表明添加硫肥有利于植物地上部生物量增加(Cui et al.，2004；张建丽等，2007；郑小真和刘锦秀，2008；王建旭等，2010)，但也有报道施用硫粉显著降低植物地上部生物量，这可能与植物种类和土壤类型等不同有关。Sed+OE 处理于第三次收获前一周施用 IDS 3mmol/kg，于第四次收获前一周施入 EDDS 3mmol/kg。由于施用时间仅 7d，两种有机螯合剂未显著影响伴矿景天地上部生物量。施入 IDS 后，伴矿景天生长未出现中毒现象，而刘玲(2009)分两次共加入 IDS 2mmol/kg 后，伴矿景天出现叶片零落等中毒现象并最终导致生物量显著降低，这可能是由于供试土壤的重金属污染类型与程度不同所致，刘玲(2009)供试土壤 Zn、Cd 浓度分别为 3179～4343mg/kg 和 1.97～10.6mg/kg，而本书试验供试土壤 Zn、Cd 浓度分别为 606、0.57mg/kg。因此，应根据土壤的重金属污染类型与程度调节 IDS 的施入量。施入 EDDS 7d 后，伴矿景天出现叶片缩水中毒现象，这与李柱(2011)研究结果一致；宋静等(2006)研究也表明，施用 EDDS 3mmol/kg 2d 后芥菜出现了叶片脱水等明显的中毒现象。

表 4.22　伴矿景天地上部生物量　　(单位：g/株)

处理	第一次收获	第二次收获	第三次收获	第四次收获	总计
Sed	0.13±0.01 a	0.40±0.04 a	1.40±0.11 a	0.79±0.06 b	2.19±0.15 a
Sed+S	0.18±0.04 a	0.37±0.06 a	1.38±0.05 a	1.21±0.09 a	2.63±0.15 a
Sed+OE	0.14±0.03 a	0.49±0.06 a	1.19±0.12 a	0.63±0.05 b	2.05±0.22 a

同一处理的 4 季伴矿景天，以第三次收获的伴矿景天地上部 Zn、Cd 浓度最高，三个处理(Sed，Sed+S，Sed+OE)中 Zn 分别达 5790、5076、5563mg/kg(图 4.27)，比第一次

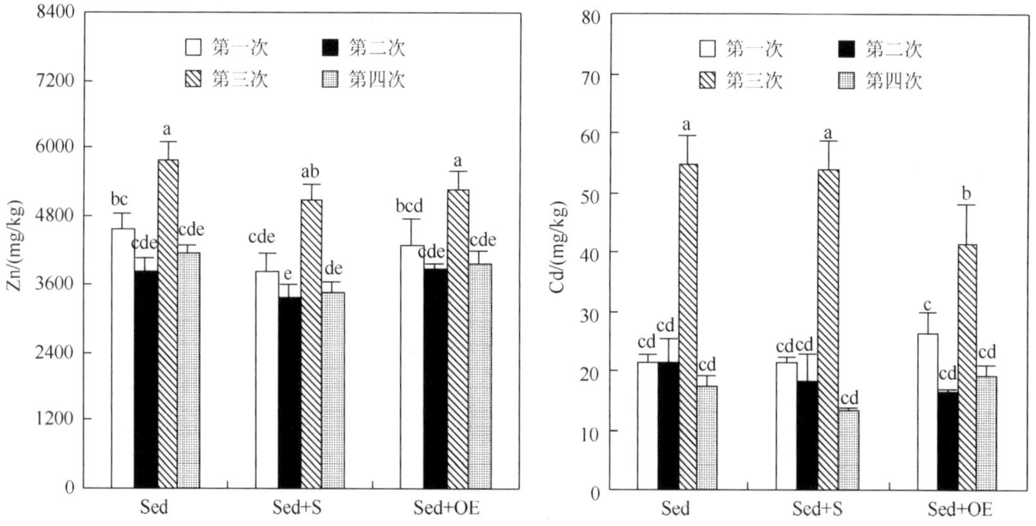

图 4.27　伴矿景天地上部锌镉浓度

不同字母表示处理间差异显著(P<0.05)

收获伴矿景天地上部 Zn 浓度增加 26.9%、32.2%、29.1%；三个处理(Sed，Sed+S，Sed+OE)中 Cd 分别达 54.6、53.9、35.2mg/kg，比第一次收获增加 60.8%、60.4%、25%。这一季生长时间为 125d，根据伴矿景天生活习性，冬季处于生长停滞期，但置于温室内[(25±3)℃]，伴矿景天能继续进行营养生长，因此，冬季增温也有助于提高伴矿景天的修复效率，并实现冬季修复。

加 120mmol/kg 硫粉后，即 Sed+S 处理第 4 次收获伴矿景天地上部 Zn、Cd 浓度略低于 Sed 处理，但差异不显著。前人对施用硫粉对植物体内重金属影响的研究结果并不一致，郑小真和刘锦秀(2008)施用硫黄后蔬菜上海青 As、Pb、Cd 浓度分别下降 42.5%、40.2%、52%；白萝卜 As、Pb、Cd 浓度分别下降 29.1%、67.4%、14%。也有报道加入硫粉后增加了玉米地上部 Zn、Cd 浓度(Cui et al.，2004；崔岩山等，2004)。施用 IDS 3mmol/kg 后，即 Sed+OE 处理收获的第三季，促进伴矿景天地上部吸收 Zn、Cd 效果不佳，其原因可能有两个，一是经过前两次的伴矿景天吸取修复后，土壤重金属有效性下降，导致 IDS 活化重金属效率降低；刘玲(2009)连续修复 6 季后土壤 Zn、Cd 浓度为 3179、1.97mg/kg，在此基础上施用 IDS，发现施用 IDS 对提高伴矿景天地上部的 Zn、Cd 浓度效果不佳，而未修复对照处理施用 IDS，则伴矿景天地上部 Zn、Cd 浓度有显著上升，其供试土壤全量 Zn、Cd 为 4343、10.6mg/kg。本试验供试土壤的 Zn、Cd 浓度为 606、0.57mg/kg。因此，可能土壤重金属总量较低时其有效性也相对较低，而致使 IDS 活化重金属的量不大；施用 EDDS 3mmol/kg，对伴矿景天地上部 Zn、Cd 吸收也没有显著影响。

2. 伴矿景天地上部锌镉吸取量

伴矿景天地上部吸收量等于伴矿景天地上部生物量与锌镉浓度的乘积。由表 4.23 可见，加入 120mmol/kg 硫粉及 IDS、EDDS 3mmol/kg 后 Zn 吸收量并未有显著变化，表明三种调控剂的施加并未对伴矿景天地上部 Zn 浓度产生明显的影响。不同处理的伴矿景天地上部 Zn 总吸收量差异也不显著。添加硫粉后，因其增大地上部生物量而使伴矿景天地上部 Cd 吸取量略有增加。加入 IDS 3mmol/kg 后 Cd 吸收量显著低于 Sed、Sed+S 处理的($P<0.05$)；加 EDDS 后，对伴矿景天地上部 Cd 吸取量影响不大。Sed+OE 处理伴矿景天地上部 Cd 总吸收量显著低于 Sed、Sed+S 处理的，这是由于施加 IDS 显著降低伴矿景天镉吸收之故。

表 4.23　伴矿景天地上部锌镉吸收量

锌镉吸收量	处理	第一次收获	第二次收获	第三次收获	第四次收获	总计
Zn(mg/盆)	Sed	3.59±0.32 a	8.94±0.63 a	23.5±1.2 a	19.8±2.17 a	66.3±6.8 a
	Sed+S	4.05±0.73 a	7.83±1.66 a	17.7±2.9 ab	24.8±1.70 a	54.4±5.2 a
	Sed+OE	3.48±0.53 a	11.4±1.69 a	17.8±0.8 b	17.5±2.33 a	45.3±4.5 a
Cd(μg/盆)	Sed	16.9±1.3 a	48.6±3.3 a	208±19 a	83.1±14.2 a	435±13 a
	Sed+S	23.0±4.5 a	37.0±4.9 a	193±28 a	94.7±4.6 a	348±26 a
	Sed+OE	20.0±1.0 a	47.0±4.8 a	39.9±17.1 b	82.2±9.4 a	170±8 b

3. 土壤醋酸铵提取态重金属变化

施用 EDDS 和 S 后，即第二次取土，两处理的土壤醋酸铵提取态 Zn 浓度的变化规律不同(图 4.28)。Sed 处理第二次未取土壤样品，但可以从第一次和第三次所取土壤的 NH_4OAc-Zn 浓度佐证，第二次所取土壤的 NH_4OAc-Zn 浓度应与之相差不大。加 EDDS 后 NH_4OAc-Zn 高达 32.8mg/kg，是 Sed 处理的 3 倍，比 Sed+OE 处理前一次所取土壤增加了 71%，差异达极显著水平($P<0.01$)，说明 EDDS 处理能显著提高土壤中重金属浓度(Cao et al.，2007；Evangelou et al.，2007)，尤其是铜和锌(钱猛等，2006)，但对 Cd 效果不明显(Liu et al.，2007；Quartacci et al.，2007；Wu et al.，2007)。Sed+OE 处理由第三次所取土壤与第二次相比，NH_4OAc-Zn 有效态两个月后变为正常水平，表明施加 EDDS 后可能会对后茬蔬菜有一定污染风险。有研究表明，EDDS 完全降解需要 30d 以上(Tandy et al.，2006；Meer et al.，2008)。施用硫粉 67d 后，与第一次所取土壤醋酸铵 Zn、Cd 浓度相比略有降低，但差异不显著。有研究报道土壤添加硫后，NH_4OAc-Zn 增加了 2 倍，$NaNO_3$-Zn、$NaNO_3$-Cd 分别提高了 8 倍和 35 倍(Kayser et al.，2000；崔岩山等，2004)。本书试验结果与之不同，元素硫对土壤中重金属生物有效性的改变还可能与添加硫元素的量、土壤性质和重金属浓度、提取剂类型有关(崔岩山，2007)。

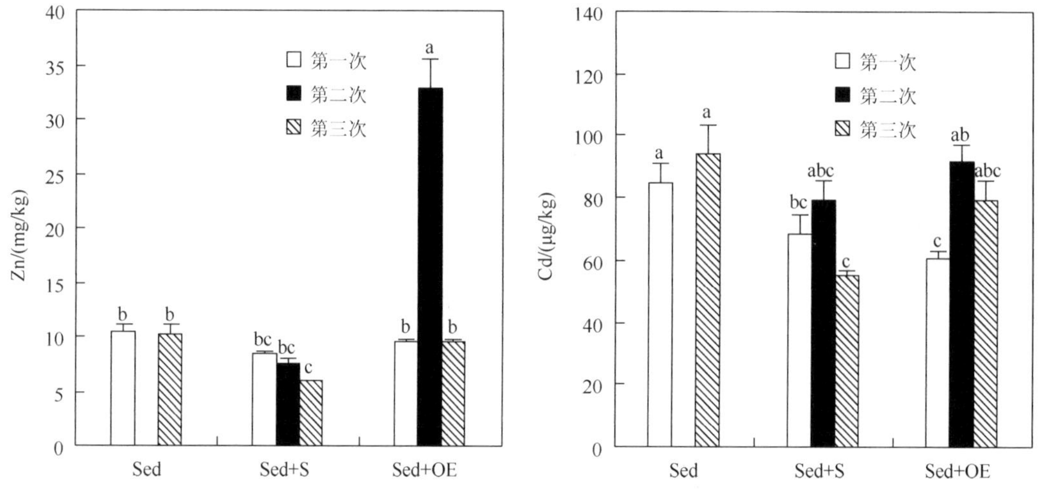

图 4.28　土壤醋酸铵提取态锌镉浓度

4. 施加调控剂对后茬蔬菜的影响

由于在本试验条件下施加硫肥及有机调控剂未对伴矿景天锌镉吸收性有显著影响，且盆栽土壤量有限，故将 Sed+S 和 Sed+OE 处理的土壤混合，一个月后种植苋菜。由表 4.24 可见，施用钙镁磷肥 4g/kg 可促进后茬蔬菜的生长，但差异不显著。苋菜地上部 Zn、Cd

表 4.24　苋菜地上部生物量及锌镉浓度

处理	生物量 / [(g/株)DW]	地上部锌镉浓度 / [(mg/kg)DW]		地上部锌镉浓度 / [(mg/kg)FW]		土壤醋酸铵提取态浓度	
		Zn	Cd	Zn	Cd	Zn/(mg/kg)	Cd/(μg/kg)
NCa-P	1.31±0.27 a	282±12 a	0.86±0.01 a	33.9±1.5 a	0.10±0.00 a	7.75±0.25 a	44.4±2.1 a
Ca-P	1.68±0.16 a	121±10 b	0.34±0.02 b	14.6±1.2 b	0.04±0.00 b	4.80±0.10 b	25.9±0.7 b

浓度在施用钙镁磷肥后均有显著下降($P<0.05$)，降幅分别为 56%、60%。苋菜收获后，土壤醋酸铵 Zn、Cd 浓度表现出 Ca-P 处理显著低于 NCa-P 处理，钙镁磷肥稳定土壤中 Zn、Cd 效果良好，这与许多研究结果一致(李瑞美等，2002；宗良纲等，2006；李佳华等，2009；沈丽波等，2010)。

醋酸铵提取态锌镉与苋菜地上部锌镉浓度有极显著的正相关关系($P<0.01$)。施用钙镁磷肥后(Ca-P 处理)醋酸铵提取态 Zn 浓度由原来的 14.2mg/kg 降低到 4.8mg/kg，降幅为 66.1%。钙镁磷肥对降低镉的有效性更为显著，施用后由原来 94μg/kg 降低为 25.9μg/kg，降幅为 72.4%。这是由于磷肥能够通过吸附、沉淀作用，降低重金属毒性，另外由于磷与砷、锌的交互作用(孙琴等，2003；张磊等，2006)，稳定剂的施用可使土壤中 Cd 的水溶态、可交换态和碳酸盐结合态减少，而有机结合态和残渣态增加(李佳华等，2009)，其重要机制是促进重金属从有效态向缓效态/迟效态转化(沈丽波等，2010)，因此钙镁磷肥可用于对锌镉污染土壤的稳定修复。

二、微生物菌剂对伴矿景天生长与重金属富集特性的影响

(一)木霉

木霉(*Trichoderma*)作为一种优良的微生物资源，不仅对植物病原真菌具有拮抗效应，还能促进植物种子萌发、植株生长，提高作物产量等(庄敬华等，2006；焦琮和路炳生，1995)。为提高伴矿景天对镉污染土壤的修复效果，通过盆栽模拟试验研究了木霉对伴矿景天生长和 Cd 修复效率的影响。从表 4.25 可以看出，在加入灭活发酵液的对照组中，伴矿景天的地上部鲜重和干重均随着土壤 Cd 添加浓度的升高而呈现降低趋势，在 Cd 15mg/kg 处理中地上部鲜重和干重分别仅为 Cd 0mg/kg 处理时的 62.8%和 62.3%。而加入木霉发酵液的处理其地上部生物量要大于各自加入灭活发酵液的对照。不同 Cd 处理下，鲜重较对照提高了 10.9%(0mg/kg)、21.5%(5mg/kg)、38.0%(15mg/kg)，干重分别提高了 17.1%(0mg/kg)、21.0%(5mg/kg)、42.5%(15mg/kg)。可见木霉发酵液的加入对伴矿景天的生长有明显的促进作用。同时，可以看出随着 Cd 污染水平的加大，木霉发酵液对伴矿景天的促生作用越明显。

表 4.25 木霉对伴矿景天生物量的影响

Cd 污染水平/(mg/kg)	发酵液是否灭活	地上部鲜重/(g/盆)	地上部干重/(g/盆)
0	是	33.81±1.08 ab	2.57±0.15 ab
	否	37.51±5.18 a	3.01±0.42 a
5	是	22.64±2.50 cd	1.86±0.37 cd
	否	27.50±8.99 bcd	2.25±0.76 bc
15	是	21.22±4.73 d	1.60±0.39 d
	否	29.28±6.19 bc	2.28±0.65 bc

注：表中数据为平均值±标准差(n=3)。多重比较采用 LSD 法。同列数据中具有相同字母的数据无显著性差异($P\geqslant0.05$)，“—”表示无数据。

从图 4.29、4.30 可以看出，伴矿景天地上部 Cd 浓度及 Cd 积累量随着土壤 Cd 处理水平的提高都显著升高，在 Cd 5mg/kg 和 15mg/kg 处理时，Cd 浓度分别达到 388mg/kg 和 739mg/kg，而 Cd 积累量则达到了 0.68mg/盆和 1.19mg/盆。在各个 Cd 处理水平下，与加入灭活发酵液的对照相比，加入木霉发酵液对伴矿景天地上部 Cd 浓度未产生显著影响，而地上部 Cd 的积累量则有所上升，且在 Cd 15mg/kg 处理时达到显著水平($P<0.05$)，比对照提高了 46.2%，达到了 1.74mg/盆。

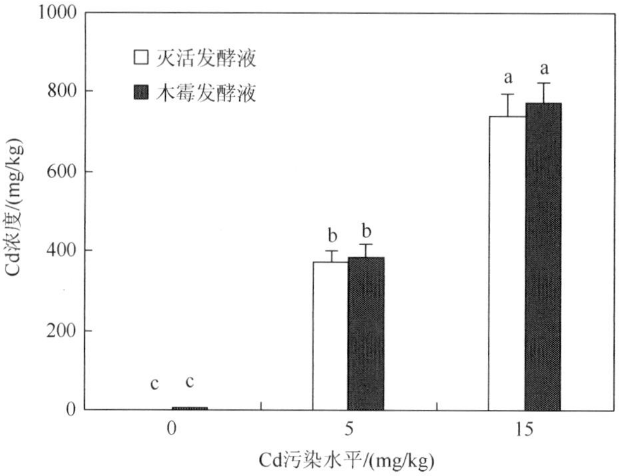

图 4.29　木霉对伴矿景天地上部 Cd 浓度的影响

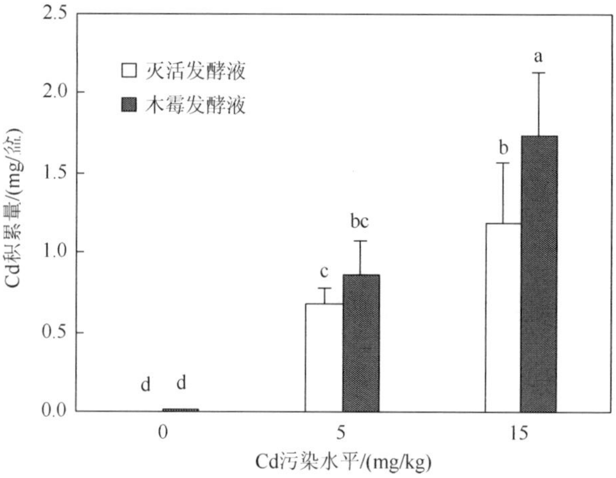

图 4.30　木霉对伴矿景天地上部 Cd 积累量的影响

伴矿景天单独修复 150d 后，Cd 5mg/kg 和 15mg/kg 处理的土壤中 Cd 浓度分别降到了 3.20mg/kg 和 13.00mg/kg，去除效率分别达到 35.26%和 13.36%。相比之下，尽管高浓度处理时伴矿景天地上部 Cd 提取量较高，但由于土壤中 Cd 总量较高，最终的去除率相对较低。添加木霉处理进一步促进了土壤中 Cd 的去除，Cd 5mg/kg 和 15mg/kg 处理的下土壤 Cd 浓度降低到了 2.92mg/kg 和 12.2mg/kg，而 Cd 去除率则上升到了 41.3%和 18.7%(表 4.26)。另外，修复后土壤 pH 与修复前的 5.38 相比有所下降，但各处理之间无显著差异。土壤中 NH_4OAc 提取态 Cd 浓度占到全量的 52%～72%，加木霉发酵液使土壤中 Cd 有效态浓度有进一步增加的趋势，不同 Cd 处理下分别比对照高 17.2%(5mg/kg)、4.3%(15mg/kg)，但未达到显著水平差异。

表 4.26　木霉对伴矿景天修复后土壤镉浓度的影响

Cd 污染水平 /(mg/kg)	是否加菌	修复后土壤中镉全量/(mg/kg)	土壤中 Cd 去除率/%	土壤 pH	NH_4OAc 提取态镉含量/(mg/kg)
0	是	0.06±0.01 c	—	4.95±0.07 a	0.025±0.003 c
	否	0.06±0.01 c	—	5.00±0.06 a	0.033±0.003 c
5	是	3.20±0.46 b	35.26±7.81 a	4.93±0.00 a	1.63±0.30 b
	否	2.92±0.24 b	41.25±4.27 a	4.93±0.03 a	1.91±0.17 b
15	是	13.00±1.12 a	13.36±7.42 b	4.94±0.03 a	8.34±0.40 a
	否	12.19±1.19 a	18.72±2.89 b	4.93±0.06 a	8.70±0.67 a

注：表中数据为平均值±标准差(n=3)。多重比较采用 LSD 法。同列数据中具有相同字母的数据无显著性差异($P \geq 0.05$)，“—”表示无数据。

(二) 根际促生菌

植物促生细菌(Plant growth-promoting rhizobacteria，PGPR)是指依附在植物根际表面，生长于植物根际土壤微环境和植物体内，能够显著地促进植物生长的一类细菌的总称。分散在污染土壤中的促生菌会转移到植物的根际，从而促进植物根部的伸长和生物量的增加。

植物促生菌和植物之间是互生共利的关系，大部分的植物促生菌可分泌植物生长所需要的营养元素，比如维生素、植物生长激素吲哚-3-乙酸，可作为植物氮源的 1-氨基环丙烷-1-羧酸(ACC)等，从而促进了植物根的伸长和地上部分生物量的增加，因此这些独特的功能已被列为从土壤中筛选促生菌的必需手段(Safronova et al.，2006)。促生菌还可分泌含铁载体、溶磷性作用、具有固氮功能等为植物提供土壤中非有效态的植物生长所必需的养分，其次，还可分泌生物表面活性剂、有机酸、氨基酸等酸化土壤以提高土壤中重金属的有效态，从而促进植物对土壤中重金属的吸收(Xie et al.，1996)。同时植物根分泌物为植物促生菌提供了营养支撑，为促生菌创造了理想生存环境。所以，植物促生菌和植物之间的相互作用，相互促进，可使植物免受土壤重金属的毒害作用，促进植物修复技术效率的提高。

因此，本书以典型的锌镉重金属污染土壤和锌镉超积累植物伴矿景天为研究对象，进行试验并对其添加植物促生菌，以期为重金属污染土壤的“促生菌-超积累植物”联合修复与合理的调控提供数据支持与理论依据。

供试土壤采自浙江省富阳市环山乡环一村和诸佳钨村的锌镉污染土壤，采集 0～15cm 表层土壤，经风干，过 2mm 尼龙筛，备用，其基本性质如表 4.27 所示，全量镉为 2.03mg/kg，全量锌为 736mg/kg。

表 4.27　盆栽土壤基本性质

pH	有机质 /(g/kg)	CEC /(cmol/kg)	全氮 /(g/kg)	水解氮 /(mg/kg)	全磷 /(g/kg)	有效磷 /(mg/kg)	全钾 /(g/kg)	速效钾 /(mg/kg)
8.13±0.04	36.31±1.20	11.43±0.05	1.74±0.04	107.20±1.00	1.06±0.14	9.40±1.30	18.60±0.20	60.70±0.80

供试菌剂为课题组前期从伴矿景天体内所筛出 5 株伴矿景天促生菌，分别为 *Achromobacter* sp. E4L5、*Baillus* sp. E1S2、*Baillus* sp. E2S2、*Baillus* sp. E4S1、*Stenotrophomonas* sp. E1L。

盆栽试验共 6 个处理：①不加菌剂对照(CK)；②添加 *Achromobacter* sp. E4L5 菌剂(E4L5)；③添加 *Baillus* sp. E1S2 菌剂(E1S2)；④添加 *Baillus* sp. E2S2(E2S2)；⑤添加 *Baillus* sp. E4S1(E4S1)；⑥添加 *Stenotrophomonas* sp. E1L(E1L)。

1. 促生菌促进伴矿景天根和茎叶生长以及生物量的增加

表 4.28 所示为接种伴矿景天促生菌菌株对伴矿景天修复重金属污染土壤伴矿景天的生长情况。从表中可以看出，将伴矿景天促生菌菌株接种到伴矿景天苗的根部，伴矿景天的根长、茎叶长、生物量明显高于对照处理($P<0.05$)，其中在接种 *Bacillus* sp. E2S2 的处理中，伴矿景天生物量显著高于其他处理($P<0.05$)。与对照相比，*Bacillus* sp. E2S2 处理中的根长、茎叶长、鲜重、干重分别增加了 139%、17%、29%、26%。而且是在非灭菌处理土壤中进行，说明所用菌株对污染土壤中的土著细菌具有很强的竞争力和适应能力，并且表现出显著地促生能力。Ma 等(2009)进行的发芽试验表明，在植物的种子上接种产 ACCD 的菌种 SRA1 后，油菜的根长、茎长和有效延伸率与没有接种促生菌的菌种相比分别显著增加了 82%、96%和 123%。Belimov 和 Elie(2000)接种 *Variovorax paradox* 5C-2 的印度芥菜(*Brassica juncea*)根和没有接种的根相比较延长了 41%，根的干重也增加了 20%。Sheng 等(2008)从土壤中筛选出 Cd 的根际促生菌提高土壤中溶解态镉，促进植物的生物量增加和植物对土壤中 Cd 的吸收。

表 4.28　盆栽试验伴矿景天根和茎叶长以及生物量

处理	茎叶长/cm	根长/cm	鲜重/g	干重/g
Control	17.2±1.2 c	4.6±0.3 c	7.6±0.4 b	0.74±0.0 b
E1S2	20.6±0.9 b	8.7±1.3 b	9.3±1.1 a	0.86±0.1 a
E4S1	20.2±0.4b c	9.1±1.0 b	9.0±0.5 a	0.81±0.0 ab
E2S2	20.1±2.2b c	11.3±1.9 a	9.8±0.6 a	0.93±0.1 a
E4L5	23.0±3.3 a	8.7±1.7 b	9.5±1.2 a	0.89±0.1 a
E1L	19.7±1.0 bc	9.5±1.1 ab	9.4±0.9 a	0.87±0.1 ab

2. 促生菌促进伴矿景天对土壤中锌镉的提取

在相同重金属污染程度的土壤上进行伴矿景天盆栽试验，与对照相比，添加促生菌到伴矿景天的盆栽试验中，可明显提高伴矿景天地上部分与根部对锌镉的吸收和积累(表 4.29)，尤其是伴矿景天地上部分对 Cd 的吸收浓度显著高于对照($P<0.05$)，其中在接种 *Bacillus* sp. E2S2 的处理中，伴矿景天地上部分与根部对 Cd 的吸收和积累量显著高于对照处理($P<0.05$)，地上部分和根部 Cd 的浓度增加了 40%和 55%，而在接种 *Bacillus* sp. E1S2 的处理中，伴矿景天地上部分与根部对 Zn 的吸收和积累量显著高于对照处理($P<0.05$)，地上部分和根部 Zn 的浓度增加了 9.2%和 31%。Ma 等(2009)从 *Alyssum serpyllifolium* 和 *Phleum phleoides* 的根际土壤中分离出的 5 个 Ni 抗性菌株，显著提高了 Ni 的生物可利用性，其中的 SRA2 菌株增加植物的鲜重达到了 351%和干重达到 285%，并且 SRA1 菌株和

SRA10 菌株也显著地增加了植物地上和地下部分 Ni 的吸收量。Wang 和 Keith(2000)研究发现接种了产 IAA 的 *Bacillus subtilis* SJ-101 与没有接菌的相比较，印度芥菜(*Brassica juncea*)中 Ni 的浓度增加了 1.5 倍。

表 4.29　盆栽试验伴矿景天的锌镉浓度　(单位：mg/kg)

处理	茎叶		根	
	Cd	Zn	Cd	Zn
Control	91.90±4.2 c	1370±15 b	34.8±5.7 c	889.4±57.5 b
E1S2	119.1±8.2 ab	1495±67 a	41.2±3.8 b	1168±137 a
E2S2	111.3±8.8 b	1417±62 ab	36.0±4.5 c	1117±186 a
E4S1	127.7±5.1 a	1443±47 a	53.9±3.7 a	1081±150 a
E4L5	119.6±9.6 ab	1401±78 b	32.1±1.5 c	877.0±67 b
E1L	108.1±6.8 b	1446±34 a	45.4±2.5 b	1062±129 ab

3. 促生菌提高伴矿景天修复效率及土壤重金属的活化

从表 4.30 中可以看出，与对照相比，添加促生菌的盆栽处理中，可显著降低土壤中锌镉全量浓度，显著提高了伴矿景天修复重金属污染土壤的效率($P<0.05$)，其中在接种 *Bacillus* sp. E1S2 的处理中，相比对照处理，土壤中全量 Cd 的浓度显著降低 42%，而在接种 *Bacillus* sp. E4L5 的处理中，土壤中 Zn 全量浓度降低 11%($P<0.05$)。添加促生菌的盆栽处理中，可显著提高土壤中锌镉的有效浓度，其中在接种 *Bacillus* sp. E1S2 的处理中，相比对照处理，土壤中全量 Cd 的浓度显著降低 42%，是所有处理中土壤中 Cd 浓度降低最高的，而收获后其土壤中 Cd 的 $CaCl_2$ 提取态浓度仍然是比对照的还高，这充分证明，添加促生菌后可以活化土壤中 Cd，提高土壤中有效态 Cd 的浓度，促进伴矿景天对土壤中 Cd 的提取效率；相比对照处理，添加促生菌的盆栽处理中，收获后其土壤中 Zn 的 $CaCl_2$ 提取态浓度都显著低于对照处理($P<0.05$)，这是由于伴矿景天对土壤中有效态 Zn 充分吸取后低于了对照处理；本盆栽试验所用污染土壤为偏碱性土壤，限制重金属在土壤中的移动性，添加促生菌可酸化土壤，提高土壤中重金属的活性，提高超积累植物伴矿景天对重金属的提取。Sheng 和 Xia(2006)从油菜(*Brassia napus*)的根际分离出了 2 株 Pb 的抗性菌 *Pseudomonas fluorescens* G10 和 *Microbacterium* sp.G16，接种两种菌株可明显降低土壤的 pH，显著增加了 $PbCO_3$ 在土壤中植物可吸收的 Pb^{2+}浓度。Braud 等(2006)通过主成分分析发现，促生菌在结构上产生的含 Fe 细胞与 Cr 和 Pb 的可交换态分数存在着正相关关系。

表 4.30　盆栽收获后土壤 Zn、Cd 全量和 $CaCl_2$ 提取态浓度　(单位：mg/kg)

处理	土壤全量		$CaCl_2$ 提取态	
	Cd	Zn	Cd	Zn
Control	5.596±0.368 a	1192±21 a	0.334±0.025 ab	30.15±0.60 a
E1L	4.060±0.677 b	1101±11 bc	0.310±0.006 bc	27.78±0.21 bc
E4L5	3.556±0.101 bc	1059±9 d	0.287±0.015 c	26.73±0.25 d
E1S2	3.237±0.130 c	1109±25 bc	0.341±0.002 a	27.98±0.63 bc
E4S1	3.537±0.139 bc	1136±23 b	0.316±0.027 abc	28.60±0.53 b
E2S2	3.998±0.080 b	1076±14 cd	0.290±0.008 c	27.21±0.29 cd

小　结

一、光照强度对伴矿景天生长和锌镉吸收性的影响

在光照培养室条件下，伴矿景天可通过提高叶绿素含量尤其是叶绿素 b 的相对含量适应弱光环境。但光强减弱仍导致伴矿景天生物量急剧下降，从而使地上部生物量和 Zn、Cd 吸收量显著下降。在室外自然光照条件下，一定程度的光照强度减弱对伴矿景天叶绿素含量与组成无显著影响。光照强度从 100%下降到 50%时，伴矿景天地上部 Zn、Cd 吸收量无显著下降。表明光照强度的变化不仅影响伴矿景天的生物量，同时还通过影响其地上部 Zn、Cd 浓度而影响其 Zn、Cd 吸取效率。但一定程度的光照强度减弱对伴矿景天地上部 Zn、Cd 吸收量无显著影响，也即一定程度的遮阴并不影响伴矿景天的重金属吸取修复效率，该生长和金属吸收特性适于其与别的植物间套作，实现边生产边修复或对多种污染元素的同时修复。

二、水分特征对伴矿景天生长和重金属吸收性的影响

伴矿景天的生长和 Zn、Cd 吸收性与土壤水分含量密切相关，70%WHC 处理下伴矿景天生物量最大、获得的干物质最多，这与光合速率较高、叶绿素含量高有关；淹水处理下因受到水分胁迫，伴矿景天丙二醛、脯氨酸含量最高。在 70%WHC 处理下，伴矿景天吸收 Zn、Cd 的能力最强，对 Zn、Cd 污染土壤的修复效率也最高，其他处理则修复效率明显下降。35%WHC 处理时，无论是生物量或重金属吸收量都不是最大，但仅次于 70%WHC 处理，表明伴矿景天具有较高的耐旱能力。水分管理是伴矿景天修复重金属污染土壤中重要农艺措施，优化土壤水分管理技术能够大幅提高重金属污染土壤的植物吸取修复效率。

三、养分调控对伴矿景天生长及锌镉吸收性的影响

正交试验结果发现随着氮肥施用量的增加，伴矿景天的生物量也明显增加。在一定范围内适当增施磷肥对增加伴矿景天地上部生物量也有促进作用，只有钾肥的效果不明显，但施用钾肥对伴矿景天地上部锌镉浓度的积累和锌镉吸收量都有明显的促进作用，氮肥对其重金属的提取效率无明显效果，低量施磷也可提高伴矿景天的 Zn 吸取修复效率。低量氮磷肥配施高量钾肥($N_1P_1K_2$)对伴矿景天生长及镉锌吸收的肥效最佳。

四种不同的施肥处理中根际土壤溶液 TOC 浓度均高于非根际土壤溶液，肥料的施用能促进植物根系分泌物量增加，且其分泌物的量多少随肥料种类和施用量的不同而改变。造成每个处理根际与非根际重金属浓度的变化与土壤 pH 无关。在不施氮肥的情况下，增施磷钾肥也会显著增加伴矿景天地上部生物量($P<0.05$)。

常规施肥处理的根际土壤溶液 Zn 浓度显著高于非根际土壤，与该处理土壤溶液中 TOC 变化趋势相似，说明常规施肥(尿素)条件下施肥量较高，是根系分泌的有机物较多，且与 Zn 离子络合，提高了根际土壤 Zn 的有效性。除 CK 处理外，其余处理土壤溶液 Cd

浓度均为根际高于非根际，说明三种施肥处理下超积累植物伴矿景天的根系分泌了较多有机物，并与土壤中的Cd离子络合，提高了伴矿景天根际土壤Cd的有效性。

氮肥的施用不仅能促进伴矿景天地上部生物量的增加，而且对增加超积累植物伴矿景天根际与非根际土壤溶液中Cd的浓度有一定的影响，但施用高量氮肥时会限制伴矿景天对Cd的吸收。施用铵态氮肥可能利于伴矿景天对根际土壤中重金属的吸收。施用铵态氮肥的处理比CK和$N_0P_1K_2$处理的土壤溶液Cd浓度高，但差异并不显著，可能与铵态氮肥的施用量较低有关。

四、氮肥形态对伴矿景天生长和镉吸收性的影响

水培条件下，与供应NH_4^+相比，供应NO_3^-更有利于提高伴矿景天对Cd的吸收转运，同时有利于植物生长，进而提高伴矿景天对Cd的吸取修复效率。

探讨了不同氮肥形态与硝化抑制剂(DCD)及脲酶抑制剂(NBPT)对超积累植物伴矿景天吸收土壤中镉和锌的影响。DCD可抑制土壤的硝化过程，导致$NaNO_3$处理下NH_4^+-N浓度提高。氮肥和抑制剂的应用对伴矿景天的地上部生物量及镉与锌的浓度无显著效果，可能是由于DCD和NBPT的使用剂量不足以降低土壤pH引起的。因此，需进一步确定氮肥和硝化抑制剂的适当用量进而显著提高伴矿景天的生物量及其对锌与镉的吸收能力。

五、锌镉污染土壤伴矿景天修复的化学与微生物调控

水稻秸秆和三叶草均可促进伴矿景天对Cd的吸收，而对Zn和Cu的吸收没有显著影响；3mmol/kg EDDS促进伴矿景天对Cu、Zn、Cd的吸收，但同时也对伴矿景天产生毒害；EDDS的施用导致大量重金属溶出，尤其是Cu，并在较长时间使土壤溶液重金属浓度很高，给环境带来重金属淋溶风险。水稻秸秆和三叶草传统有机肥能促进伴矿景天对Cd吸取，并不会引起重金属大量溶出，是一种促进Cd污染土壤植物修复的廉价、高效且无环境风险的添加剂。EDDS可以用作复合污染土壤多种重金属的同时修复，但要控制EDDS的施用量以免引起环境风险。

加入120mmol/kg硫粉对伴矿景天地上部生物量增加有一定促进作用，但降低了伴矿景天地上部锌镉浓度；加入IDS 3mmol/kg对伴矿景天无毒害作用，而施用EDDS 3mmol/kg后伴矿景天出现中毒现象，因此，根据土壤类型与重金属污染程度，调节调控剂的施入量才会有效提高修复效率。添加调控剂后土壤质量的恢复所需时间约为两个月，施入钙镁磷肥可缓解重金属对后茬作物的毒害作用，并能有效降低后茬蔬菜的地上部重金属浓度。添加钙镁磷肥降低土壤有效态重金属浓度，可有效地降低后茬作物重金属污染风险。

里氏木霉FS10-C能显著促进伴矿景天的生长，使其鲜重增加10.9%～38.0%，干重增加17.1%~42.5%；而且使伴矿景天地上部Cd积累量显著提高。尤其是在Cd污染水平为15 mg/kg时，促生效果最为显著，该处理下伴矿景天地上部镉积累量高于对照46.2%。里氏木霉FS10-C可以强化伴矿景天吸取修复Cd污染土壤，有关促生机制及其代谢产物对土壤中Cd移动性的影响还有待进一步研究。

将从伴矿景天体内筛出伴矿景天促生菌回接到伴矿景天中，盆栽试验条件下与对照相比伴矿景天的生物量和体内重金属浓度得到显著提高，其中 *Bacillus* sp. E2S2 处理中的根长、茎叶长、鲜重、干重分别增加了 139%、17%、29%、26%，且地上部分和根部 Cd 浓度增大了 40%和 55%。在 *Bacillus* sp. E1S2 处理中，地上部分和根部 Zn 的浓度增加 9.2%和 31%；与之相对应的土壤重金属与对照相比，在接种 *Bacillus* sp. E1S2 的处理中，土壤中全量 Cd 的浓度显著降低 42.0%，而在接种 *Bacillus* sp. E4L5 的处理中，土壤中 Zn 全量浓度降低 11%($P<0.05$)，并且添加促生菌可增大土壤中 Cd 的活性，提高土壤中有效态 Cd 的浓度，促进伴矿景天对土壤中 Cd 的吸取修复效率。因此，利用植物促生菌与宿主植物的协同作用以提高植物修复效率具有可行性。

参 考 文 献

蔡锡安，孙谷畴，赵平，等. 2004. 土壤水分对单性木兰幼苗光合特性的影响. 热带亚热带植物学报，12(3)：207～212

陈英旭，林琦，陆芳，等. 2000. 有机酸对铅、镉植株危害的解毒作用研究. 环境科学学报，20(4)：467～472

陈玉成，熊双莲，熊治廷. 2004. 表面活性剂强化重金属污染植物修复的可行性. 生态环境，13(2)：243～246

崔岩山. 2007. 硫杆菌和元素硫在治理重金属污染中的应用研究进展. 土壤通报，38(2)：404～408

崔岩山，王庆仁，董艺婷，等. 2004. 硫黄对土壤中 Pb 和 Zn 形态的影响. 环境化学，23(1)：46～50

侯建设，李中华，席屿芳. 2005. 水分胁迫对冷藏韭菜叶片衰老和活性氧代谢的影响. 储存与运输，31(5)：143～146

胡诚，曹志平，罗艳蕊，等. 2007. 长期施用生物有机肥对土壤肥力及微生物生物量碳的影响. 中国生态农业学报，15(3)：48～51

胡学玉，周米平，汤利，等. 1995. 化肥对大白菜维生素 C 及硝态氮含量的影响. 湖北农学院学报，15(3)：180～183

胡亚虎，魏树和，周启星，等. 2010. 螯合剂在重金属污染土壤植物修复中的应用研究进展. 农业环境科学学报，29(11)：2055～2063

黄卫东，吴兰坤，战吉成. 2004. 中国矮樱桃叶片生长和光合作用对弱光环境的适应性调节. 中国农业科学，37(12)：1981～1985

黄细花，卫泽斌，郭晓芳，等. 2010. 套种和化学淋洗联合技术修复重金属污染土壤. 环境科学，31(12)：3067～3074

焦琮，路炳生. 1995. 康氏木霉制剂对棉花和菜豆幼苗几个生理生化指标的影响. 中国生物防治，11(1)：30～32

柯文山，熊治廷，柯世省，等. 2007. 铜毒对海州香薷(*Elsholtzia splendens*)不同种群光合作用和蒸腾作用的影响. 生态学报，27(4)：1368～1375

李合生主编. 2002. 现代植物生理学. 北京：高等教育出版社

李继光，李廷强，朱恩，等. 2007. 氮对超积累植物东南景天生长和镉积累的影响. 水土保持学报，21(1)：54～58

李佳华，林仁漳，王世和，等. 2009. 改良剂对土壤——芦蒿系统中镉行为的影响. 环境化学，28(3)：350～354

李金燕. 2008. 磷影响尿素氮转化的生物化学过程研究. 长春：吉林农业大学硕士学位论文

李林锋，刘新田. 2003. 干旱胁迫对桉树幼苗的生长和某些生理生态特性的影响. 西北林学院学报，19(1)：14～17

李明启. 1994. 景天科酸代谢的碳途径——植物代谢多条途径观点的一个典型例子. 植物生理学通讯，30(4)：286～292

李瑞美，王果，方玲. 2002. 钙镁磷肥与有机物料配施对作物镉铅吸收的控制效果. 土壤与环境，11(4)：348～351

李玉红，宗良纲，黄耀. 2002. 螯合剂在污染土壤植物修复中的应用. 土壤与环境，11(3)：303～306

李柱. 2011. 铜对伴矿景天锌镉吸收性影响及其生理机制研究. 南京：中国科学院南京土壤研究所硕士学位论文

廖晓勇，陈同斌，谢华，等. 2004. 磷肥对砷污染土壤的植物修复效率的影响：田间实例研究. 环境科学学报，24(3)：455～462

刘玲. 2009. 连续植物修复对污染土壤锌镉有效性影响及有机调控初探. 南京：中国科学院南京土壤研究所硕士学位论文

刘芷宇，李良谟，施卫明. 1997. 根际研究法(第 1 版).南京：江苏科学技术出版社.325

马磊，梅凤娴，郑少玲，等. 2006. 不同氮磷钾水平对生菜产量及体内养分的影响. 仲恺农业技术学院学报，19(4)：13～16

毛炜光，吴震，黄俊，等. 2007. 水分和光照对厚皮甜瓜苗期植株生理生态特性的影响. 应用生态学报，18(11)：2475～2479

聂俊华，刘秀梅，王庆仁. 2004a. Pb 超富集植物对营养元素 N、P、K 的响应. 生态环境，13(3)：306～309

聂俊华，刘秀梅，王庆仁. 2004b. 营养元素 N、P、K 对 Pb 超富集植物吸收能力的影响. 农业工程学报，20(5)：262～265

钱猛，沈振国，魏岚. 2006. 螯合剂EDDS和EDTA诱导海州香薷积累土壤重金属的比较研究. 农业环境科学学报，25(1)：113～118
曲复宁，王云山，张敏，等. 2002. 高温胁迫对仙客来根系活力和叶片生化指标的影响. 华北农学报，17(1)：127～131
任慧敏，王金达，曹会聪，等. 2006. 莴笋根际土壤中铅的有效性. 环境科学，27(8)：1659～1664
单玉华，李昌贵，陈晨，等. 2008. 施用秸秆对淹水土壤镉、铜溶出的影响. 生态学杂志，27(8)：1362～1366
尚辛亥，王洋，阎秀峰. 2003. 土壤水分对高山红景天生长和红景天甙含量的影响. 植物生理学通讯，39(4)：335～336
沈丽波，吴龙华，谭维娜，等. 2010. 伴矿景天-水稻轮作及磷素调控对锌镉污染土壤的修复研究. 应用生态学报，21(11)：2952～2958
石进朝，解有利，迟全勃. 2005. 几种景天科野生植物引种栽培试验研究. 中国农学通报，21(8)：308～310
宋静，钟继承，吴龙华，等. 2006. EDTA与EDDS螯合诱导印度芥菜吸取修复重金属复合污染土壤研究. 土壤，38(5)：619～625
孙琴，倪吾钟，杨肖娥，等. 2003. 磷对超积累植物——东南景天生长和积累锌的影响. 环境科学学报，23(6)：818～824
王爱国. 1986. 丙二醛作为植物膜脂过氧化指标的探讨. 植物生理学通讯，22(2)：55～57
王继永，王文全，武惠肖. 2003. 林药间作系统光照效应及其对药用植物高生长的影响. 浙江林学院学报，20(1)：17～22
王建伟，周凌云. 2007. 土壤水分变化对金银花叶片生理生态特征的影响. 土壤，39(3)：479～482
王建旭，冯新斌，商立海，等. 2010. 添加硫代硫酸铵对植物修复汞污染土壤的影响. 生态学杂志，29(10)：1998～2002
王磊，任树梅，毕勇刚，等. 2004. 土壤水分及有机肥料对番茄叶片光合特性及叶绿素含量影响的试验研究. 灌溉排水学报，23(2)：66～68
王林，周启星，孙约兵. 2008. 氮肥和钾肥强化龙葵修复镉污染土壤. 中国环境科学，28(10)：915～920
王玉辉，周广胜. 2001. 松嫩草地羊草叶片光合作用生理生态特征分析. 应用生态学报，12(1)：75～79
吴龙华，周守标，毕德，等. 2006. 中国景天科植物一新种——伴矿景天. 土壤，38(5)：632～633
许大全. 1997. 光合作用气孔限制分析中的一些问题. 植物生物学通讯，33(4)：241～244
徐世昌，崔钦. 1995. 水分胁迫对玉米光合性能及产量的影响. 作物学报，21(3)：356～363
战吉成，黄卫东，王秀芹，等. 2005. 弱光下生长的葡萄叶片蒸腾速率和气孔结构的变化. 植物生态学报，29(1)：26～31
张建丽，何盈，蔡顺香，等. 2007. 含硫钝化剂对抑制芥菜Pb、Cd富集的效果研究. 福建农业学报，22(3)：293～297
张磊，宋凤斌，崔良. 2006. 化肥施用对土壤中重金属生物有效性的影响研究. 中国生态农业学报，14(4)：122～125
张丽娜，宗良纲，付世景，等. 2006. 水分管理方式对水稻在Cd污染土壤上生长及其吸收Cd的影响. 安全与环境学报，6(5)：49～52
赵天宏，史奕卜，王春乙，等. 2003. CO_2和O_3浓度倍增及其复合作用对大豆叶绿素含量的影响. 生态学杂志，22(6)：117～120
郑小真，刘锦秀. 2008. 不同改良剂对土壤环境中重金属污染浓度原位钝化效应. 海峡科学，6：27～28
庄敬华，陈捷，杨长成，等. 2006. 生防木霉菌生物安全性评价. 中国农业科学，39(4)：715～720
宗良纲，张丽娜，孙静克. 2006. 3种改良剂对不同土壤-水稻系统中Cd行为的影响. 农业环境科学学报，25(4)：834～840
邹琦主编. 1995. 植物生理生化实验指导. 北京：中国农业出版社
Amberger A. 1989. Research on dicyandiamide as a nitrification inhibitor and future outlook. Soil Sci. Plant Anal，20：1933～1955
Angle J S，Baker A J M，Whiting S N，et al. 2003. Soil moisture effects on uptake of metals by *Thlaspi*，*Alyssum* and *Berkheya*. Plant and Soil，256：325～332
Artetxe U，García-Plazaola J I，Hernández A，et al. 2002. Low light grown duckweed plants are more protected against the toxicity induced by Zn and Cd. Plant Physiology and Biochemistry，40：859～863
Bandiera M，Mosca G，Vamerali T. 2010. Phytotoxicity and metal leaching in EDDS-assisted phytoextraction from pyrite wastes with Ethiopian mustard and fodder radish. Plant Biosystems，144：490～498
Bani A，Echevarria G，Sulce S，et al. 2007. *In-situ* phytoextraction of Ni by a native population of *Alyssum murale* on an ultramafic site(Albania). Plant and Soil，293：79～89
Barekzai A，Mengel K. 1993. Effect of microbial decomposition of mature leaves on soil pH. Journal of Plant Nutrition and Soil Science，156：93～94
Begonia G B，Davis C D，Begonia M F，et al. 1998. Growth responses of Indian mustard(*Brassica juncea* L.Czern.) and its phytoextraction of lead from a contaminated soil. Bulletin of Environmental Contamination and Toxicology，61(1)：38～43
Belimov A A，Elie D V D. 2000. Chemical and biological parameters as tools to evaluate and improve heavy metal phytoremediation.

Bioscience Reports，20(4)：239～258

Bennett F A，Tyler E K，Brooks R R，et al. 1998. Fertilisation of hyperaccumulators to enhance their potential for phytoremediation and phytomining//Brooks RR，ed. Plants that hyperaccumulate heavy metals. London：CAB International

Black A S. 1992. Soil acidification in urine-and urea-affected soil. Australian Journal of Soil Research，30：989～999

Blaylock M J，Salt D E，Dushenkov S，et al. 1997. Enhanced accumulation of Pb in Indian mustard by soil-applied chelating agents. Environmental Science and Technology，31(3)：860～865

Bogdanovic D，Ubavic M，Cuvardic M. 1999. Effect of phosphorus fertilization on Zn and Cd contents in soil and corn plants. Nutrient Cycling in Agroecosystems，54：49～56

Braud A，Jezequel K，Vielie E，et al. 2006. Changes in extractability of Cr and Pb in a polycontaminated soil after bioaugmentation with microbial produces of biosurfactants，organic acids and siderophores.Water，Air and Soil Pollution，261～279

Brümmer，G W，Herms U. 1983. Influence of soil reaction and organic matter on solubility of heavy metals in soils. In：Ulrich B，Pankrath J，eds. Effect of Accumulation of Air Pollutants in Forest Ecosystems. USA：D. Reidel Publishing Company. 233～243

Cao A，Carucci A，Lai T，et al. 2007. Effect of biodegradable chelating agents on heavy metals phytoextraction with *Mirabilis jalapa* and on its associated bacteria. European Journal of Soil Biology，43(4)：200～206

Crawford N M，Glass A D M. 1998. Molecular and physiological aspects of nitrate uptake in plants. Trends in Plant Science，3：389～395

Cui Y S，Dong Y T，Li H F，et al. 2004. Effect of elemental sulphur on solubility of soil heavy metals and their uptake by maize. Environment International，30：323～328

Cui Y S，Du X，Weng L P，et al. 2008. Effects of rice straw on the speciation of cadmium(Cd) and copper(Cu) in soils. Geoderma，146(1～2)：370～377

Epstein A L，Gussman C D，Blaylock M J，et al. 1999. EDTA and Pb-EDTA accumulation in *Brassica juncea* grown in Pb-amended soil. Plant and Soil，208(1)：87～94

Eriksson J E. 1990. Effects of nitrogen-containing fertilizers on solubility and plant uptake of cadmium. Water，Air and Soil Pollution，49：355～368

Ernst W H O. 1996. Bioavailability of heavy metals and decontamination of soils by plants. Applied Geochemistry，11：161～167

Evangelou M W H，Ebel M，Schaeffer A. 2007. The influence of EDDS and EDTA on the uptake of heavy metals of Cd and Cu from soil with tobacco *Nicotiana tabacum*. Chemosphere，68(6)：989～1003

Fayiga A O，Ma L Q，Rathinasabapathi B. 2008. Effects of nutrients on arsenic accumulation by arsenic hyperaccumulator *Pteris vittata* L. Environmental and Experimental Botany，62：231～237

Fitz W J，Wenzel W W. 2002. Arsenic transformations in the soil-rhizosphere-plant system：fundamentals and potential application to phytoremediation. Journal of Biotechnology. 99：259～278

Gambrell R P，Patrick W H. 1989. Fe，Cu，Zn and Cd availability in a sludge amended soil under controlled pH and redox potential conditions. In：Bnayahu BY，Barrow NJ，Jhuda G，eds. Inorganic Contaminants in the Vadose Zone. Berlin：Springer Verlag，125～141

Ghosh P K，Manna M C，Bandyopadhyay K K，et al. 2006. Interspecific interaction and nutrient use in soybean/sorghum intercropping system. Agronomy Journal，98(4)：1097～1108

Hamlin R L，Barker A V. 2006. Influence of ammonium and nitrate nutrition on plant growth and zinc accumulation by *Indian mustard*. Journal of Plant Nutrition，29：1523～1541

Hinsinger P，Gobran G R，Gregory P J，et al. 2005. Rhizosphere geometry and heterogeneity arising form root-mediated physical and chemical processes. New Phytologist，168：293～303

Hu N J，Luo Y M，Wu L H，et al. 2007. A field lysimeter study of heavy metal movement down the profile of soils with multiple metal pollution during chelate-enhanced phytoremediation. International Journal of Phytoremediation，9(4)：257～268

Hu P J，Yin Y G，Ishikawa S，et al. 2013. Nitrate facilitates cadmium uptake，transport and accumulation in the hyperaccumulator *Sedum plumbizincicola*. Environmental Science and Pollution Research，20：6306～6316

Huang J W，Blaylock M J，Kapulnik Y，et al. 1998. Phytoremediation of uranium contaminated soils：Role of organic acids in triggering uranium hyperaccumulation in plants. Environmental Science and Technology，32(13)：2004～2008

Huang J W，Chen J，Berti W R，et al. 1997. Phytoremediation of lead-contaminated soils：role of synthetic chelates in lead phytoextraction. Environmental Science and Technology，31(3)：800～805

Impellitteri C A，Allen H E，Yin Y，et al. 2001. Soil properties controlling metal partitioning//Selim HM，Sparks DL，eds. Heavy Metals Release in Soils. USA：CRC Press LLC. 149～165

Jankong P，Visoottiviseth P，Khokiattiwong S. 2007. Enhanced phytoremediation of arsenic contaminated land. Chemosphere，68：1906～1912

Jiang J P，Wu L H，Li N，et al. 2010. Effects of multiple heavy metal contamination and repeation and repeated phytoextraction by *Sedum plumbizincicola* on soil microbial properties. Eurpean Journal of Soil Biology，46(1)：18～26

Juo A S R，Franzluebbers K，Dabiri A，et al. 1995. Changes in soil properties during long-term fallow and continuous cultivation after forest clearing in Nigeria. Agriculture. Ecosystems Environment，56：9～18

Juo A S R，Franzluebbers K，Dabiri A，et al. 1996. Soil properties and crop performance on a kaolinitic Alfisol after 15 years of fallow and continuous cultivation. Plant and Soil，180：209～217

Kaushik R D，Gupta V K，Singh J P. 1993. Distribution of Zn，Cd and Cu forms in soils as influenced by phosphorus application. Arid Soil Research and Rehabilitation，7(2)：163～171

Kawakami E M，Oosterhuis D M，Snider J L，et al. 2012. Physiological and yield responses of field-grown cotton to application of urea with the urease inhibitor NBPT and the nitrification inhibitor DCD. European Journal Agronomy，43：147～154

Kayser A，Wenger K，Keller A，et al. 2000. Enhancement of phytoextraction of Zn，Cd，and Cu from calcareous soil：the use of NTA and sulfur amendments. Environmental Science and Technology，34(9)：1778～1783

Kedziorek M A M，Dupuy A，Bourg A C M，et al. 1998. Leaching of Cd and Pb from a polluted soil during the percolation of EDTA：laboratory column experiments modeled with a non-equilibrium solubilization step. Environmental Science and Technology，32(11)：1609～1614

Lall N，Nikolova R V，Bosa A. 1998. Effect of light intensity on chlorophyll content in Impatiens flanaganiae. Phyton-international Journal of Experimental Botany，62(1～2)：5～10

Lasat M M，Baker A J M，Kochian L V. 1996. Physiological characterization of root Zn^{2+}absorption and translocation to shoots in Zn hyperaccumulator and nonaccumulator species of *Thlaspi*. Plant Physiology，112，1715～1722

Liu D，Islam E，Li T Q，et al. 2007. Comparison of synthetic chelators and low molecular weight organic acids in enhancing phytoextraction of heavy metals by two ecotypes of *Sedum alfredii* Hance. Journal of Hazardous Materials，153：114～122

Luo B F，Du S T，Lu K X，et al. 2012. Iron uptake system mediates nitrate-facilitated cadmium accumulation in tomato (*Solanum lycopersicum*) plants. Journal of Experimental Botany，63，3127～3136

Ma Y，Rajkumar M，Freitas H. 2009. Improvement of plant growth and nickel uptake by nickel resistant-plant-growth promoting bacteria. Journal of Hazardous Materials，166(2/3)：1154～1161

Marchiol L，Assolari S，Sacco P，et al. 2004. Phytoextraction of heavy metals by canola (*Brassica napus*) and radish (*Raphanus sativus*) grown on multicontaminated soil. Environmental Pollution，132：21～27

Marques A P G C，Oliveira R S，Rangel A O S S，et al. 2006. Zinc accumulation in *Solanum nigrum* is enhanced by different arbuscular mycorrhizal fungi. Chemosphere，65：1256～1263

McClure P R，Kochian L V，Spanswick R M，et al. 1990. Evidence for cotransport of nitrate and protons in maize roots .1. Effects of nitrate on the membrane-potential. Plant Physiology，93：281～289

Meers E，Tack F M G，Verloo M G. 2008. Degradability of ethylene diaminedisuccinic acid (EDDS) in metal contaminated soil：Implications for its use soil remediation. Chemosphere，70(3)：358～363

Meers E，Ruttens A，Hopgood M J，et al. 2005. Comparison of EDTA and EDDS as potential soil amendments for enhanced phytoextraction of heavy metals. Chemosphere，58：1011～1022

Merry R H，Tiller K G，Alston A M. 1986. The effects of contamination of soil with copper lead and arsenic on the growth and composition of plants. Plant and Soil，91(1)：115～128

Mielke M S，Almeida A F，Gomes F P，et al. 2003. Leaf gas exchange，chlorophyll fluorescence and growth responses of *Genipa Americana* seedlings to soil flooding，Environmental and Experimental Botany，50：221～231

Miller A J，Cookson S J. 2001. The use of microelectrodes to investigate compartmentation and the transport of metabolized inorganic ions in plants. Journal of Experimental Botany，52：541～549

Minotta G，Pinzauti S. 1996. Effects of light and soil fertility on growth，leaf chlorophyll content and nutrient use efficiency of beech (*Fagus sylvatica* L.) seedlings. Forest Ecology and Management，86 (1～3)：61～71

Mitchell L G，Grant C A，Racz G J. 2000. Effect of nitrogen application on concentration of cadmium and nutrientions in soil solution and in durum wheat. Canadian Journal of Soil Science，80 (1)：107～115

Mohamed I，Ahamadou B，Li M，et al. 2010. Fractionation of copper and cadmium and their binding with soil organic matter in a contaminated soil amended with organic materials. Journal of Soil and Sediments，10 (6)：973～982

Monsant A C，Tang C. 2008. The effect of nitrogen form on rhizosphere soil pH and zinc phytoextraction by *Thlaspi caerulescens*. Chemosphere，73，635～642

Monsant A C，Wang. 2010. Nitrate nutrition enhances zinc hyperaccumulation in *Noccaea caerulescens* (Prayon). Plant and Soil，336，391～404

Mulligan C N，Yong R N，Gibbs B F. 1999. On the use of biosurfactants for the removal of heavy metals from oil-contaminated soil. Environmental Progress，18 (1)：50～60

Puschenreiter M，Stoger G，Lombi E，et al. 2001. Phytoextraction of heavy metal contaminated soils with *Thlaspi goesingense* and *Amaranthus hybridus*：Rhizosphere manipulation using EDTA and ammonium sulphate. Journal of Plant Nutrition and Soil Science，164：615～621

Quartacci M F，Irtelli B，Baker A J M，et al. 2007. The use of NTA and EDDS for enhanced phytoextraction of metals from a multiply contaminated soil by *Brassica carinata*. Chemosphere，68 (10)：1920～1928

Reeves R D，Brooks R R. 1983. Hyperaccumulation of lead and zinc by two metallophytes from mining areas of Central Europe. Environmental Pollution，A31：277～285

Rieuwerts J S，Thornton I，Farago M E，et al. 1998. Factors in fluencing metal bioavailability in soil：preliminary investigations for the development of a critical loads approach for metals. Chemical Speciation and Bioavailability，10 (2)：61～75

Romanowska E，Wróblewska B，Drozak A，et al. 2006. High light intensity protects photosynthetic apparatus of pea plants against exposure to lead. Plant Physiology and Biochemistry，44：387～394

Safronova V，Stepanok V，Engqvist G，et al. 2006. Root-associated bacteria containing 1-aminocyclopropane-1-carb-oxylate deaminase improve growth and nutrient uptake by pea genotypes cultivated in cadmium supplemented soil. Biology and Fertility of Soils，42：267～272

Salati S，Quadri G，Tambone F，et al. 2010. Fresh organic matter of municipal solid waste enhances phytoextraction of heavy metals from contaminated soil. Environmental Pollution，158 (5)：1899～1906

Sheng X F，Xia J J. 2006. Improvement of rape (*Brassica napus*) plant growth and cadmium uptake by cadmium-resistant bacteria. Chemosphere，(64)：1036～1042

Sheng X F，Xia J J，Jiang C Y，et al. 2008. Characterization of heavy metal resistant endophytic bacteria from rape (*Brassica napus*) roots and their potential in promoting the growth and lead accumulation of rape. Environmental Pollution，156：1164～1170

Sirguey C，Schwartz C，Morel J L. 2006. Response of *Thlaspi caerulescens* to nitrogen，phosphorus and sulfur fertilization. International Journal of Phytoremediation. 8：149～161

Smith R V，Burns L C，Doyle R M et al. 1997. Free ammonia inhibition of nitrification in river sediments leading to nitrite accumulation. Journal of Environment Quality. 26：1049～1055

Tandy S，Schulin R，Nowack B. 2006. Biodegradation and speciation of residual S，S'-ethylene diaminedisuccinic acid (EDDS) in soil solution left after soil washing. Environmental Pollution，142 (2)：191～199

Theodoratos P，Papassiopi N，Xenidis A. 2002. Evaluation of monobasic calcium phosphate for the immobilization of heavy metals in contaminated soils from Lavrion. Journal of Hazardous Materials，94：135～146

Tsubo M，Walker S，Mukhala E. 2001.Comparisons of radiation use efficiency of mono-inter-ropping systems with different row orientations. Field Crops Research，71 (1)：17～29

Tu C，Zheng C R，Chen H M. 2000. Effect of applying chemical fertilizers on forms of lead and cadmium in red soil. Chemosphere，41：133～138

Turan M，Sevimli F. 2005. Influence of different nitrogen sources and levels on ion content of cabbage(*Brassica oleracea* var. capitate). New Zealand Journal of Crop and Horticultural Science，33：241～249

Vassil A D，Kapulnik Y，Raskin I，et al. 1998. The role of EDTA in lead transport and accumulation by *Indian mustard*. Plant Physiology，117：447～453

Wang D M，Marschner P，Solaiman Z，et al. 2007. Belowground interactions between intercropped wheat and *Brassicas* in acidic and alkaline soils. Soil Biology and Biochemistry，39(4)：961～971

Wang H F，Keith H. 2000. Epimerisation of catechins in green tea infusion. Food Chemistry，(7)：337～344

Wen J，Stacey S P，McLaughlin M J，et al. 2009. Biodegradation of rhamnolipid，EDTA and citric acid in cadmium and zinc contaminated soils. Soil Biology and Biochemistry，41(10)：2214～2221

White J P. 2001. Phytoremediation assisted by microorganisms，Trends in Plant Science，6(11)：502

Wieshammer G，Unterbrunner R，García T B，et al. 2007. Phytoextraction of Cd and Zn from agricultural soils by *Salix ssp*. and intercropping of *Salix caprea* and *Arabidopsis halleri*. Plant Soil，298：255～264

Willaert G，Verloo M. 1992. Effect of various nitrogen fertilizers on the chemical and biological activity of major and trace elements in a cadmium contaminated soil. Pedologie，43：83～91

Wu L H，Li H，Luo Y M. 2004. Nutrients can enhance phytoremediation of copper-olluted soil by *Indian mustard*. Environmental Geochemistry and Health，26：331～335

Wu L H，Sun X F，Luo Y M，et al. 2007. Influence of [S, S] EDDS on phytoremdidation of copper and zinc by *Elsholtzia splendens* from metal-contaminated soil. International Journal of Phytoremediation，9：228～241

Wu Q T，Wei Z B，Ouyang Y. 2007. Phytoextraction of metal-contaminated soil by *Sedum alfredii* H：Effects of chelator and co-planting. Water Air and Soil Pollution. 180：131～139

Xie H，Pasternak J J，Glick B R. 1996. Isolation and characterization of mutants of the plant growth-promoting rhizobacterium *Pseudomonas putida* GR12-2 that overproduce indoleacetic acid Current. Microbiology，(32)：67～71

Xie H L，Jiang R F，Zhang F S，et al. 2009. Effect of nitrogen form on the rhizosphere dynamics and uptake of cadmium and zinc by the hyperaccumulator *Thlaspi caerulescens*. Plant and Soil，318：205～215

Xie J Q，Lei M，Chen T B，et al. 2010. Phytoremediation of soil co-contaminated with arsenic，lead，zinc and copper using *Pteris vittata* L.：A field study. Acta Scientiae Circumstantiae，30(1)：165～171

Yang X E，Li T Q，Long X X，et al. 2006. Dynamics of zinc uptake and accumulation in the hyperaccumulating and non-hyperaccumulating ecotypes of *Sedum alfredii* Hance. Plant and Soil，284：109～119

Ye Z H，Wong M H，Baker A J M，et al. 1998. Comparison of biomass and metal uptake between two populations of *phragmites australis* grown in flooded and dry conditions. Annals of Botany，82：83～87

Yip T C M，Tsang D C W，Ng K T W，et al. 2009. Kinetic interactions of EDDS with soils. 1. Metal resorption and competition under EDDS deficiency. Environmental Science and Technology，43(3)：831～836

Zaccheo P，Crippa. 2006. Ammonium nutrition as a strategy for cadmium mobilisation in the rhizosphere of sunflower. Plant and Soil，283：43～56

Zeremski-Skoric T M，Sekulic P D，Maksimovic I V，et al. 2010. Chelate-assisted phytoextraction：effect of EDTA and EDDS on copper uptake by *Brassica napus* L. Journal of the Serbian Chemical Society，75(9)：1279～1289

Zwonitzer J C，Pierzynski G M，Hettiarachchi G M. 2003. Effects of phosphorus additions on lead，cadmium and zinc bioavailabilities in a metal-contaminated soil. Water，Air and Soil Pollution，143：193～209

第五章　锌镉污染土壤的超积累植物连续修复研究

植物地上部生物量和重金属浓度是决定植物修复效率的两个重要因素。超积累植物能够大量吸收土壤重金属并转运至地上部，当土壤中重金属浓度超过一定范围时，植物虽能继续吸收土壤重金属，地上部浓度进一步增加，但生长受到抑制，生物量下降，并将导致其地上部重金属总积累量的减少(Escarre et al.，2000)。因此，进行植物修复前应确认超积累植物能否在该污染土壤上正常生长。污染土壤植物修复所需时间由修复效率决定，根据每季植物地上部吸取的重金属量和土壤重金属的总量可以推算修复时间(McGrath et al.，1993；Brown et al.，1994)。

重金属污染土壤超积累植物修复日益受到更多的关注(Kumar et al.，1995；Epelde et al.，2008)，修复效率的高低是修复成败的关键，超积累植物修复效率的一个重要影响因素为其植物体内重金属浓度。然而污染土壤经多次修复之后因土壤重金属有效性下降而使植物体内重金属浓度降低，进而导致植物吸取修复效率逐渐下降(Jiang et al.，2010)。因此，增大污染土壤中重金属的植物有效性，以提高超积累植物的吸取修复效率，是植物修复的重要研究方向。

第一节　伴矿景天的污染土壤锌镉吸收性及吸取修复潜力

植物修复过程中超积累植物能吸收的重金属量，除与自身的吸收性能有关之外，还与土壤中重金属总量、化学结合态密切相关(Calace et al.，2002；Hernández and Pastor，2008)。植物对重金属的吸收依赖于土壤中重金属的化学结合态和生物有效性，植物吸收将直接或间接地改变土壤重金属的总量和化学结合态分布，植物修复过程是植物、土壤和重金属三者交互作用、相互影响的复杂体系。

本书研究采用盆栽试验，共设 8 个处理，Zn、Cd 浓度不同的 4 种污染土壤(表 5.1)，每一污染程度设种植伴矿景天(Sed.)和不种植物对照(No-S)两种处理，每个处理设四次重复。

表 5.1　供试土壤性质及全量 Zn 和 Cd

污染土壤编号	pH (H_2O)	全碳	全氮	全磷	全钾	CEC /［cmol(+)/kg］	水解氮	全锌	全镉
		/(g/kg)					/(mg/kg)		
S1	6.47	42.2	3.75	0.24	21.6	16.1	200	321	1.11
S2	6.95	37.6	3.19	0.22	22.3	16.6	194	2367	5.82
S3	7.13	33.7	2.84	0.24	24.4	14.4	150	4343	10.6
S4	7.24	29.1	2.21	0.22	22.9	11.9	105	6499	15.3

一、伴矿景天在不同污染土壤上的生长和锌镉吸收性

1. 伴矿景天生物量

2006年4月至2007年11月期间共收获5次伴矿景天，生物量结果如表5.2所示。伴矿景天生物量随土壤重金属浓度的增加呈现上升趋势；污染土壤S4上伴矿景天地上部5次收获的总生物量最高，是S1的1.40倍；其余两个土壤伴矿景天总生物量较S1也增加了30%左右。

各季生长时间不同，分别为91、132、149、81、123d，因此采用单位时间内伴矿景天的生长量即植物生长速率来表征不同收获时间伴矿景天的生长情况(表5.3)。在本试验条件下，伴矿景天生长速率为13.6～39.2mg/(d·plant)。同一土壤上，伴矿景天生长速率随时间变化稍有波动，但无明显的上升或下降趋势。总体表现为第一季和第四季伴矿景天生长速率较快，而第三季生长速率最慢。第一季和第四季是每年的4～7月，而第三季是第一年的11月至次年的4月，可见伴矿景天的生长受季节的影响较为明显。

表5.2　不同污染土壤上伴矿景天生物量　(单位：g/盆)

处理	第一次收获	第二次收获	第三次收获	第四次收获	第五次收获	总计
S1	9.45±1.06 c	14.2±2.6 b	9.11±2.35 b	10.0±1.2 c	10.2±2.1 c	52.9±4.6 c
S2	12.8±0.7 b	17.1±2.0 a	14.2±1.8 a	12.7±1.0 ab	12.5±1.7 c	69.3±3.4 ab
S3	15.3±0.3 a	14.2±2.4 b	15.9±1.8 a	12.1±1.1 b	18.0±3.5 b	67.5±6.2 b
S4	14.5±1.4 ab	13.2±1.9 b	8.96±3.26 b	13.3±0.7 a	24.1±3.1 a	74.0±3.7 a

注：表中数据为平均值±标准差(n=4)。多重比较采用LSD法。同列不同字母表示处理间差异显著(P<0.05)。

表5.3　不同时间伴矿景天生长速率　[单位：mg/(d·plant)]

处理	第一季	第二季	第三季	第四季	第五季
S1	20.8±2.3	21.5±3.9	12.2±3.2	24.7±2.9	16.6±3.3
S2	28.2±1.6	25.9±3.0	19.1±2.4	31.3±2.4	20.3±2.8
S3	33.6±0.7	21.5±3.7	21.4±2.4	29.9±2.7	23.4±11.1
S4	31.8±3.1	20.0±2.9	13.6±3.0	32.9±1.7	39.2±5.0

2. 伴矿景天地上部锌镉浓度变化

同一收获时间，伴矿景天叶片和茎中Zn浓度随土壤Zn浓度的增加而上升，其他处理与S1处理差异显著，地上部Zn浓度最高可达23 582mg/kg(图5.1)。同一土壤，S1处理伴矿景天地上部Zn浓度随收获次数的增加显著下降，与第一次收获相比，第五次收获时叶片和茎中Zn浓度分别下降了77.6%和59.5%。其他三个污染土壤上伴矿景天地上部Zn浓度则随收获次数增加呈上升趋势，第五次收获时S2、S3、S4处理茎中Zn浓度分别是第一次收获时的2.54、2.33、1.22倍。

随着土壤Cd浓度的增加，伴矿景天地上部叶片和茎Cd浓度也呈上升趋势(图5.2)。S4处理伴矿景天叶片和茎Cd浓度可达S1处理的16.8倍和11.9倍。伴矿景天叶片和茎Cd浓度随收获次数的增加呈下降趋势，和第一次收获时相比，第五次收获时S1、S2、S3、S4处理叶片Cd浓度分别下降90.9%、64.2%、61.1%、68.7%；茎Cd浓度分别下降87.0%、66.7%、78.0%、75.5%。

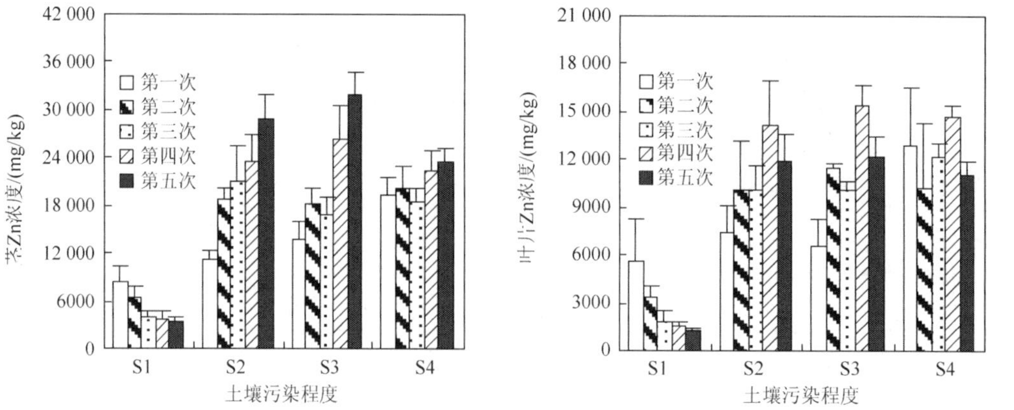

图 5.1　伴矿景天地上部 Zn 浓度变化

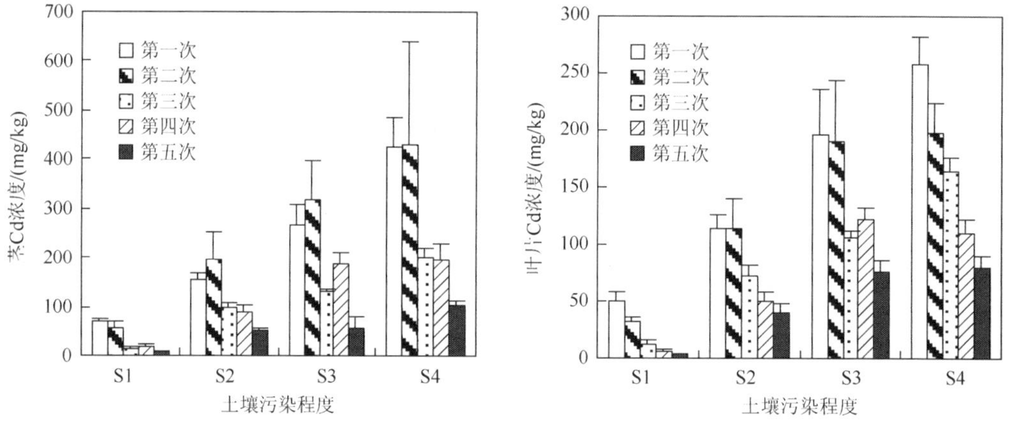

图 5.2　伴矿景天地上部 Cd 浓度变化

二、污染土壤重金属总量及有效性和化学结合态变化

1. 土壤锌镉总量变化

试验测定未种植伴矿景天前(Orig.)以及 2006 年 11 月(Sed. 2006)、2007 年 11 月(Sed. 2007)两次取样土壤中重金属 Zn、Cd 全量(图 5.3)。种植伴矿景天 7 个月后，除 S1 处理土壤 Zn 浓度显著下降外，其他三个处理下降不显著。四个污染土壤 Cd 浓度均显著下降，S1 土壤 Cd 浓度从 1.11mg/kg 下降至 0.33mg/kg，已接近国家土壤环境质量二级标准。种植伴矿景天 19 个月后，S1 土壤 Zn、Cd 浓度较种植伴矿景天 7 个月时无显著变化，而其他三个处理均显著下降。与原土相比，种植伴矿景天后各处理土壤 Zn 浓度分别下降了 30.2%、36.9%、40.3%、15.9%；Cd 浓度分别下降了 80.1%、75.5%、72.6%、65.2%。

2. 土壤中醋酸铵提取态锌镉浓度变化

土壤醋酸铵提取态 Zn 浓度变化如图 5.4 所示。种植伴矿景天 7 个月后，与原土相比，未种植伴矿景天的对照土壤醋酸铵提取态 Zn 浓度变化不显著；与对照土壤相比，种植伴矿景天之后土壤醋酸铵提取态 Zn 浓度降低，除 S2 处理之外均下降显著。种植伴矿景天 19 个月后，未种植物的对照土壤和种植伴矿景天的土壤醋酸铵提取态 Zn 浓度均随时间变化而增加。对照土壤醋酸铵提取态 Zn 浓度均显著高于原土，种植伴矿景天使 S1、S4 土壤醋酸铵提取态 Zn 浓度显著低于未种植伴矿景天的相应对照土壤。

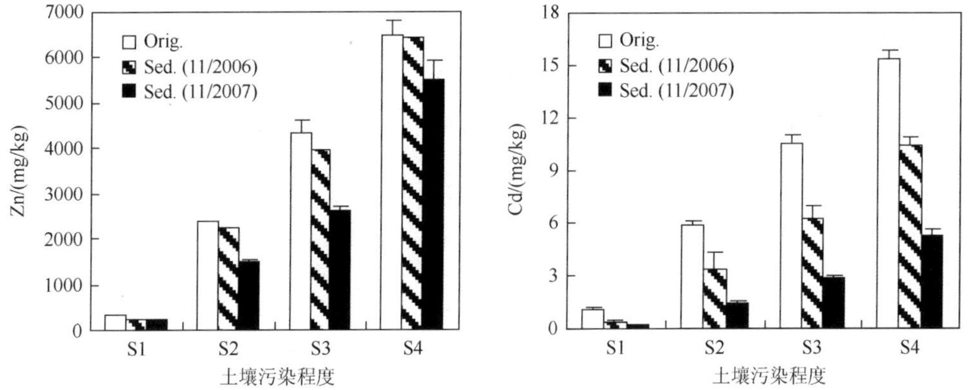

图 5.3　土壤重金属 Zn 和 Cd 总量变化

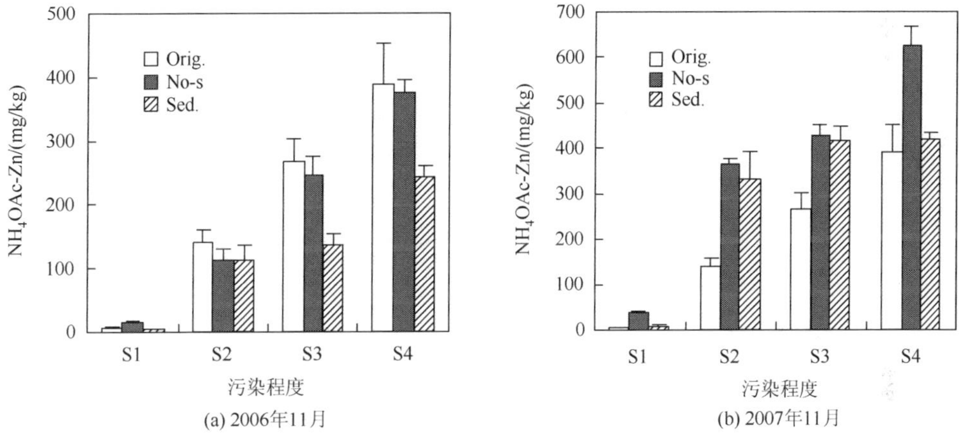

图 5.4　土壤中醋酸铵提取态 Zn 浓度变化

未种植物的对照土壤醋酸铵提取态 Cd 浓度随时间变化而增大(图 5.5)。种植伴矿景天 7 个月后，未种植物的对照土壤醋酸铵提取态 Cd 浓度与原土无显著差异，种植 19 个月后则未种植处理均显著高于原土。种植伴矿景天使土壤醋酸铵提取态 Cd 浓度随时间变化逐渐下降，且显著低于未种植物的相应对照土壤。

3. 土壤中锌镉化学结合态浓度变化

种植伴矿景天 19 个月后，与原土相比，未种植物的对照土壤弱酸溶态和可还原态 Zn 浓度显著上升，可氧化态和残渣态 Zn 浓度下降，其中残渣态量下降显著；与对照土壤相比，种植伴矿景天的土壤弱酸溶态和可还原态 Zn 浓度下降显著，残渣态 Zn 浓度增大，除 S1 土壤外，土壤可氧化态 Zn 浓度有所增加，但差异不显著(表 5.4)。与对照土壤相比，种植伴矿景天后四个污染土壤残渣态 Zn 比例增加(图 5.6)；弱酸溶态和可还原态 Zn 比例降低，其中弱酸溶态 Zn 比例均下降 50%以上；除 S1 土壤可氧化态 Zn 比例降低外，其他三个土壤可氧化态 Zn 比例增加。

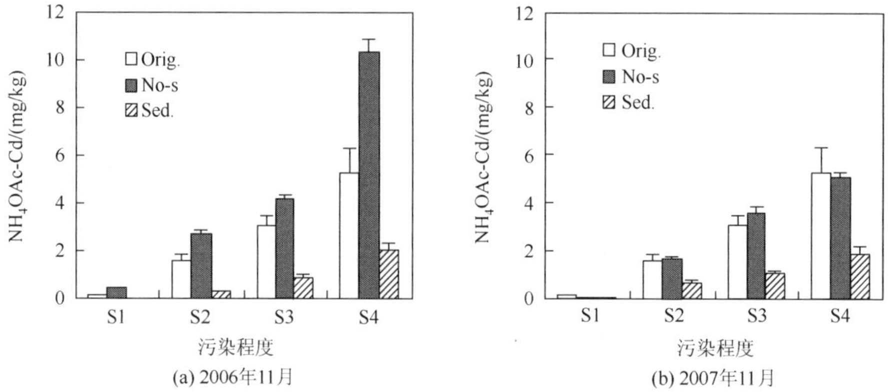

图 5.5 土壤中醋酸铵提取态 Cd 浓度变化

表 5.4 污染土壤重金属 Zn 的化学结合态分布 （单位：mg/kg）

处理		弱酸溶态	可还原态	可氧化态	残渣态	总量
S1	Orig.	59.0±0.8	58.9±0.8	46.5±2.5	155±8	321±8
	No-S	112±5	63.8±2.9	34.0±1.6	97.1±3.3	319±4
	Sed.	19.7±6.1	30.9±6.9	9.86±2.05	161±11	224±11
S2	Orig.	360±14	678±15	71.2±5.7	1134±11	2367±11
	No-S	1213±38	727±75	60.6±5.2	141±7	2356±43
	Sed.	188±13	136±5.22	97.2±21.2	1060±84	1494±41
S3	Orig.	552±8	972±10	144±3	2284±100	4343±276
	No-S	2367±56	1060±67	126±4	279±2	3813±117
	Sed.	350±5	219±8	161±23	1803±124	2591±131
S4	Orig.	892±46	1883±49	206±11	2989±4	6499±324
	No-S	3737±56	1672±69	168±5	211±7	6258±81
	Sed.	692±32	311±3	204±24	4051±474	5485±445

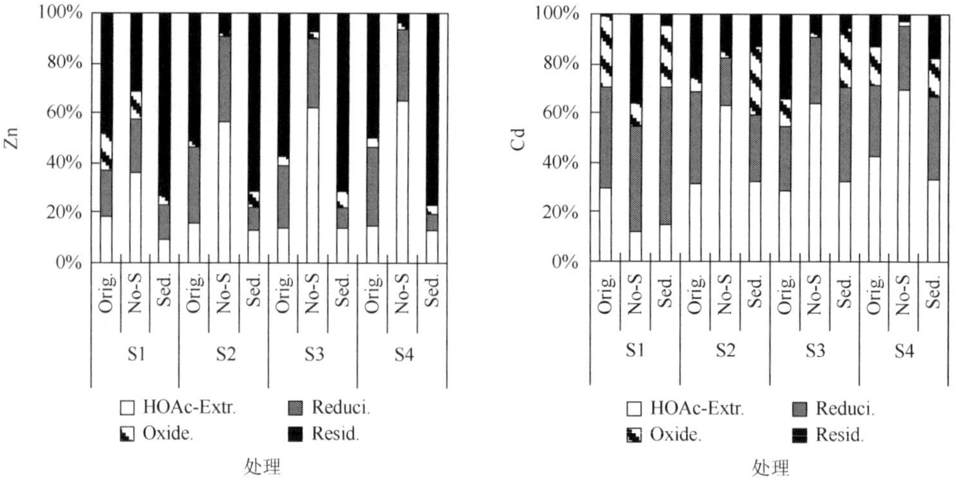

图 5.6 污染土壤 Zn 和 Cd 的化学结合态分布

种植修复植物 19 个月后，与原土相比，S1 未种植处理土壤中弱酸溶态和可氧化态 Cd 浓度下降，残渣态量增加，而其余三个土壤弱酸溶态 Cd 浓度增加，可氧化态和残渣态浓度下降(表 5.5)；与对照土壤相比，种植伴矿景天后 S1 土壤四种化学结合态 Cd 浓度均显著下降，S2、S3 土壤可氧化态 Cd 浓度增大，其余三种结合态量减少，而 S4 土壤可氧化态和残渣态 Cd 量均增加，其余三种结合态浓度减少。与对照土壤相比，残渣态 Cd 和弱酸溶态 Cd 比例下降，可氧化态 Cd 比例增加，可还原态 Cd 比例变化不显著。

表 5.5　污染土壤重金属 Cd 的化学结合态分布　(单位：mg/kg)

处理		弱酸溶态	可还原态	可氧化态	残渣态	总量
S1	Orig.	0.33±0.01	0.46±0.04	0.33±0.04	0.01±0.01	1.11±0.14
	No-S	0.14±0.01	0.47±0.01	0.11±0.01	0.40±0.02	1.16±0.04
	Sed.	0.03±0.00	0.11±0.01	0.05±0.00	0.01±0.00	0.22±0.03
S2	Orig.	1.82±0.01	2.09±0.11	0.32±0.03	1.49±0.02	5.82±0.35
	No-S	3.39±0.25	1.05±0.10	0.14±0.01	0.80±0.03	5.69±0.18
	Sed.	0.50±0.18	0.41±0.04	0.43±0.05	0.20±0.16	1.42±0.13
S3	Orig.	3.37±0.13	2.94±0.11	1.37±0.03	3.93±0.09	10.6±0.5
	No-S	6.82±0.14	2.94±0.10	0.16±0.03	0.82±0.07	11.5±0.5
	Sed.	0.85±0.37	0.99±0.17	0.61±0.06	0.15±0.06	2.90±0.14
S4	Orig.	6.24±0.14	4.20±0.14	2.38±0.11	1.86±0.07	15.3±0.6
	No-S	10.0±0.2	3.77±0.14	0.21±0.01	0.42±0.10	15.0±0.9
	Sed.	1.78±0.17	1.78±0.17	0.84±0.04	0.92±0.36	5.33±0.34

三、伴矿景天对污染土壤的锌镉修复效率和修复潜力

1. 重金属污染土壤上伴矿景天地上部锌镉积累量

植物地上部重金属积累量反映了植物修复重金属污染土壤的潜力。从表 5.6 可知，随土壤 Zn 浓度升高，伴矿景天地上部 Zn 积累量增加。S4 处理 5 次总积累量达到 1018mg/盆，是 S1 处理的 5.66 倍。S1 处理伴矿景天地上部 Zn 吸取量随收获次数的增加逐渐减少，其他三个处理无明显变化规律。同 Zn 积累量变化规律相似，伴矿景天地上部 Cd 积累量随土壤污染程度升高而增加(表 5.7)，各处理总积累量相差显著，S4 处理是 S1 处理的 9.92 倍。随着收获次数的增加，四种处理伴矿景天地上部 Cd 积累量均有所下降。

表 5.6　不同收获时间伴矿景天地上部 Zn 积累量　(单位：mg/盆)

处理	第一次收获	第二次收获	第三次收获	第四次收获	第五次收获	总计
S1	60.3±15.3 c	60.0±8.5 b	22.7±4.8 c	20.2±5.9 b	14.5±1.0 c	180±17 c
S2	110±12 b	212±62 a	190±44 a	206±45 a	202±29 b	912±61 b
S3	134±28 b	189±37 a	196±28 a	211±24 a	256±33 ab	881±72 b
S4	215±65 a	169±34 a	117±38 b	217±12 a	300±50 a	1018±89 a

注：表中数据为平均值±标准差(n=4)。多重比较采用 LSD 法。同列不同字母表示处理间差异显著(P<0.05)。

表 5.7　不同收获时间伴矿景天地上部 Cd 积累量　（单位：mg/盆）

处理	第一次收获	第二次收获	第三次收获	第四次收获	第五次收获	总计
S1	0.52±0.03 d	0.52±0.05 c	0.12±0.03 c	0.10±0.02 c	0.05±0.01 d	1.31±0.05 d
S2	1.61±0.21 c	2.21±0.20 b	1.14±0.25 b	0.75±0.16 b	0.56±0.08 c	6.21±0.27 c
S3	3.34±0.45 b	3.10±0.56 a	1.83±0.21 a	1.61±0.14 a	1.55±0.46 b	10.7±0.7 b
S4	4.39±0.54 a	3.40±1.03 a	1.43±0.46 b	1.71±0.18 a	2.10±0.38 a	13.0±1.4 a

注：表中数据为平均值±标准差(n=4)。多重比较采用 LSD 法。同列不同字母表示处理间差异显著(P<0.05)。

2. 伴矿景天对污染土壤中锌和镉的吸取修复效率

植物地上部积累的重金属总量与污染土壤中重金属总量的比例直接反映了植物吸取修复的效果和应用潜力。从表 5.8 可知，伴矿景天对 S1 土壤的 Zn 去除率最大，单季最高达 12.5%，总计去除率达到了 37.4%。S4 土壤中 Zn 去除率最小，单季最高为 3.08%，最低为 1.2%，总计为 10.4%。四个污染土壤上 Zn 的去除率差异显著，随土壤重金属浓度升高，去除率降低。与 Zn 相比，伴矿景天对 Cd 的吸取效率较高(表 5.9)，单季最大去除率为 31.4%，对重污染土壤 S4 的单季去除率也可达 19.2%，S1、S2、S3、S4 土壤 Cd 去除率总计分别达 78.6%、71.2%、67.1%和 56.9%。随收获次数增加，伴矿景天地上部 Cd 吸取修复效率逐渐降低，第五次收获时 S1 土壤上 Cd 的去除率为第一次收获时的 3.18%，S4 土壤也从 19.2%下降至 9.17%。

表 5.8　伴矿景天对土壤中 Zn 的吸取修复效率　（单位：%）

处理	第一次收获	第二次收获	第三次收获	第四次收获	第五次收获	总计
S1	12.5±3.2 a	12.5±1.8 a	4.71±0.99 a	4.19±1.23 b	3.64±0.66 b	37.4±3.6 a
S2	3.10±0.35 b	5.97±1.8 b	5.35±1.23 a	5.79±1.25 a	5.65±0.60 a	25.7±1.7 b
S3	2.05±0.43 b	2.90±0.6 c	3.00±0.43 b	3.23±0.37 bc	3.93±0.50 b	13.5±1.1 c
S4	2.20±0.67 b	1.73±0.3 c	1.20±0.39 c	2.23±0.12 c	3.08±0.51 b	10.4±0.9 d

注：吸取修复效率(%)=植物地上部的重金属积累量/(每盆土壤重量×修复前土壤重金属浓度)×100。表中数据为平均值±标准差(n=4)。多重比较采用 LSD 法。同列不同字母表示处理间差异显著(P<0.05)。

表 5.9　伴矿景天对土壤中 Cd 的吸取修复效率　（单位：%）

处理	第一次收获	第二次收获	第三次收获	第四次收获	第五次收获	总计
S1	31.4±1.7 a	31.0±2.8 a	6.94±1.67 b	5.81±1.31c	3.73±0.98 c	78.6±3.0 a
S2	18.4±2.4 b	25.3±2.2 b	13.0±2.8 a	8.61±1.81 ab	6.44 ±0 .92 b	71.2±3.1 b
S3	20.9±2.8 b	19.4±3.5 c	11.5±1.3 a	10.1±0.9 a	9.68±2.86 a	67.1±4.2 b
S4	19.2±2.4 b	14.9±4.5 d	6.25±2.03 b	7.47±0.80 bc	9.17±1.66 a	56.9±5.9 c

注：吸取修复效率(%)=植物地上部的重金属积累量/(每盆土壤重量×修复前土壤重金属浓度)×100。表中数据为平均值±标准差(n=4)。多重比较采用 LSD 法。同列不同字母表示处理间差异显著(P<0.05)。

3. 伴矿景天对污染土壤重金属的吸取修复潜力

根据 5 次收获伴矿景天地上部所吸取的 Zn、Cd 量，可预测土壤中重金属浓度变化。

对伴矿景天种植时间和土壤 Zn、Cd 浓度进行回归分析，发现以线性方程拟合效果最好，相应的方程见图 5.7 和图 5.8。本书试验中，2006 年 11 月和 2007 年 11 月两次实际采样测定的土壤中 Zn、Cd 浓度与根据植物地上部 Zn、Cd 吸收量计算的土壤 Zn、Cd 结果非常接近。因此，在本试验条件下，可以拟合直线方程预测土壤 Zn、Cd 浓度变化趋势，推算土壤 Zn、Cd 浓度降至目标浓度以下所需要的时间。土壤 Zn、Cd 浓度与种植时间呈显著线性负相关，将四个污染土壤 Zn 浓度分别从 6499、4343、2367、321mg/kg 减少至国家土壤环境质量二级标准 300mg/kg，需要连续种植伴矿景天的时间分别约为 101、83、50、0.7 个月，而将土壤 Cd 浓度从 15.3、10.6、5.82、1.11mg/kg 减少到 0.3mg/kg，所需时间分别为 30、24、22、14 个月。

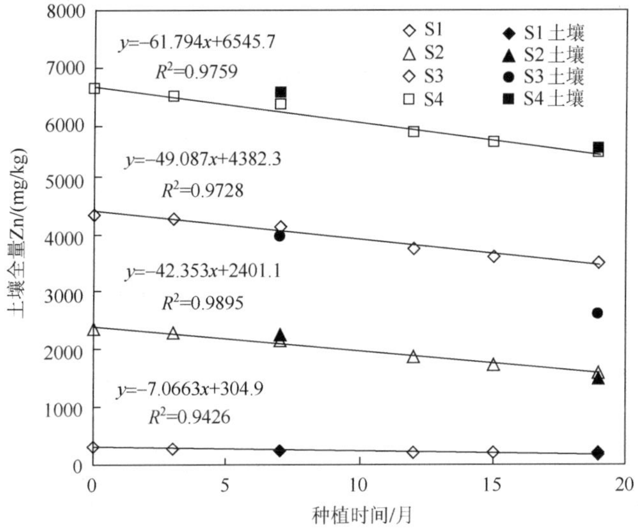

图 5.7　土壤 Zn 浓度与伴矿景天种植时间相关分析

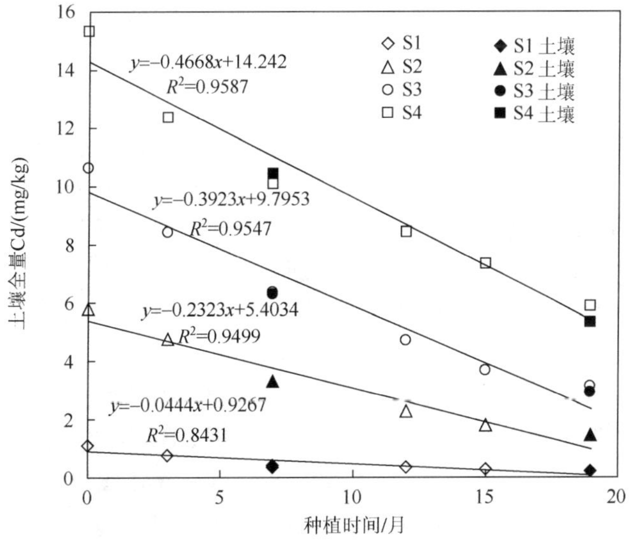

图 5.8　土壤 Cd 浓度与伴矿景天种植时间相关分析

四、讨论

伴矿景天在不同的生境条件下对介质中的 Zn、Cd 均具有较强的耐性和吸收性，是一种 Zn、Cd 超积累植物。Shen 等(1997)研究表明与普通植物相比，Zn 超积累植物对 Zn 的需求量更大。Ozturk 等(2003)研究发现超积累植物 *T. caerulescens* 在 Zn 缺乏土壤上生长不良，随着土壤中 Zn 浓度上升，其地上部生物量和 Zn 浓度显著增加，且生长和 Zn 吸收量不受土壤中 Cd 浓度增加的影响。与非富集植物 *T. arvense* 相比，超积累植物 *T. caerulescens* 对土壤中 Zn 需求更大，再次验证了 Shen 等(1997)的结果。本书试验研究结果表明随着土壤 Zn、Cd 浓度的增加，伴矿景天的生物量有所增加。伴矿景天对 Zn、Cd 具有超积累性能，对 Zn 的需求量大，土壤中 Zn 浓度的增加可能促进其生长。同时也发现，在试验持续的 19 个月内，随收获次数的增加，伴矿景天的生物量并未出现明显的变化规律，但在不同的季节，伴矿景天生长速度有所不同，这说明伴矿景天的生长不仅与土壤中 Zn、Cd 浓度有关，还受气候因素的影响。因此进行植物修复时，不仅要考虑土壤重金属对超积累植物生长的影响，还应考虑当地气候环境，以及种植时间对植物生长的影响。

Zhao 等(2003)收集大量文献资料报道的数据，分析土壤中 Zn、Cd 浓度与超积累植物 *T. caerulescens* 地上部 Zn、Cd 浓度的关系发现，土壤中 Zn、Cd 浓度与 *T. caerulescens* 地上部 Zn、Cd 浓度增加呈显著正相关关系，与 *T. caerulescens* 对 Zn、Cd 的富集系数呈显著负相关关系；并推测可能原因是随着土壤中 Zn 浓度的增加，*T. caerulescens* 吸收大量的 Zn，体内的 Zn 转运体蛋白达到饱和，吸收速率下降。通过计算不同污染土壤上伴矿景天的富集系数发现，随土壤中 Zn、Cd 浓度的增加，伴矿景天地上部 Zn、Cd 的富集系数逐渐减小，与 Zhao 等(2003)的研究结果一致。比较不同收获时间伴矿景天地上部 Zn、Cd 浓度发现，随收获次数的增加，伴矿景天地上部 Cd 浓度逐渐减少；Zn、Cd 浓度最低的土壤上伴矿景天地上部 Zn 浓度随收获次数的增加而降低，而其余三个污染土壤上伴矿景天 Zn 浓度有所增加。其原因可能是伴矿景天大量吸收土壤中的 Cd，导致土壤中 Cd 浓度下降，从而降低了下一季伴矿景天对土壤中 Cd 的吸收。对土壤样品的分析结果也验证了这一假设，种植伴矿景天 7 个月后四个污染土壤中 Cd 总量显著下降，而除了 Zn、Cd 浓度最低土壤上 Zn 总量显著下降外，其余三个污染土壤的 Zn 总量无显著变化。研究普遍认为(Campbell，1995；Plette et al.，1999；Song et al.，2004)，相对土壤重金属总量，植物吸收的重金属与土壤中重金属的有效性关系更密切，从两次土壤样品的分析结果来看，土壤醋酸铵提取态 Cd 浓度随伴矿景天种植时间不断下降，进一步表明随着收获次数的增加，伴矿景天地上部 Cd 浓度显著下降可能是由于土壤 Cd 总量和有效态浓度下降所致。从土壤醋酸铵提取态 Zn 变化来看，除 Zn、Cd 浓度最低土壤(S1)醋酸铵提取态 Zn 浓度随种植时间变化不显著外，其余三个土壤醋酸铵提取态 Zn 浓度均随种植时间增加显著上升，表明在低污染土壤上，随着伴矿景天大量吸收土壤中 Zn，可能导致土壤有效性高的 Zn 被大量吸收，醋酸铵提取态 Zn 浓度下降；当土壤中 Zn 总量较高时，随着可交换态 Zn 浓度的减少，伴矿景天能够活化土壤 Zn，大量的非可交换态 Zn 逐渐向可交换态 Zn 转换(Whiting et al.，2001)，从而抵消了伴矿景天吸收引起的有效态 Zn 浓度减少，这可能也是在三个

Zn 浓度较高的土壤上，随收获次数的增加，伴矿景天地上部 Zn 浓度没有下降反而上升的原因之一。与原土相比，未种植植物的对照土壤培养 7 个月后，醋酸铵提取态 Zn、Cd 浓度无显著变化；培养 19 个月后，醋酸铵提取态 Zn、Cd 显著上升。这可能是由于培养过程中浇水以及微生物活动引起的重金属有效性变化，其具体原因有待进一步研究。

Knight 等(1997)研究发现 *T. caerulescens* 生长过程中土壤溶液中 Zn 的减少量仅仅为 *T. caerulescens* 地上部吸收 Zn 浓度的 1%，McGrath 等(1997)也发现 *T. caerulescens* 生长土壤上 NH_4NO_3 提取态 Zn 的减少量仅占 *T. caerulescens* 吸收量的 10%。本书试验结果表明，土壤中醋酸铵提取态 Cd 减少量远远小于伴矿景天地上部吸收的 Cd 总量；对于重金属浓度最低土壤来说，其醋酸铵提取态 Cd 减少量占伴矿景天地上部吸收量的 17.7%，而其余三个土壤醋酸铵提取态 Cd 减少量约占伴矿景天吸收量的 30%左右。这说明伴矿景天种植过程中大量吸收土壤 Cd，可能促使土壤中不同化学结合态 Cd 之间转化。与对照土壤相比，种植伴矿景天 19 个月后，四个污染土壤弱酸溶态、可还原态均有不同程度的降低。由此可见，伴矿景天大量吸收污染土壤中 Cd，高活性的弱酸溶态 Cd 被不断吸收带走，从而促使其他结合态的 Cd 不断释放出来，供植物吸收，伴矿景天吸收 Cd 的速率大于不同化学结合态 Cd 之间的转化速率，因此土壤 Cd 有效性下降，伴矿景天地上部吸收 Cd 量也随之下降。

综上所述，植物修复过程中超积累植物的生物量和重金属浓度受气候、土壤中重金属总量、有效性、化学结合态等多方面因素影响，而植物吸收过程也会对土壤性质、土壤重金属浓度和有效性产生影响，植物修复过程是一个土壤、植物不断变化的复杂体系，植物修复效率很大程度上取决于植物和土壤的相互作用。McGrath 等(1993)推测如果每年种植一季 *T. caerulescens*，将土壤中 Zn 浓度从 440mg/kg 降到 300mg/kg，需要 9 年的时间；Brown 等(1994)估计将 Zn、Cd 浓度分别为 200、38mg/kg 的污染土壤中 Zn、Cd 完全清除需要 25、18 年。这种估算的前提是假设植物的生长速度和吸收速率不变，实际上，植物的生长速度随生育期、生长时节、气候环境等变化，且土壤中重金属浓度变化也会影响植物地上部吸收重金属。本书试验研究结果表明伴矿景天的生长速度随季节而变化，且地上部 Zn、Cd 吸收量也受土壤 Zn、Cd 总量、有效态变化的影响。Japenga 等(2007)考虑到连续种植过程中土壤重金属总量下降对后一季植物地上部吸收的影响，根据重金属从土壤固相释放到土壤溶液过程以及从土壤溶液转移到植物根部及地上部两个过程，建立模型来预测植物修复年限，但此模型前提是假定植物修复过程中土壤基本性质及土壤重金属化学结合态不会发生变化，实际上植物吸收修复对土壤 pH、有机质等产生影响(Hammer and Keller，2003；蔡信德和仇荣亮，2007)。本书试验结果也表明，伴矿景天种植过程中土壤 Zn、Cd 化学结合态均变化显著。在本试验条件下，土壤重金属浓度随种植时间呈直线下降，伴矿景天对土壤 Cd 的去除效率要高于 Zn，将 Cd 浓度从 15.3mg/kg 降至 3.0mg/kg 仅需两年半的时间，而将 Zn 浓度从 6499mg/kg 下降至 300mg/kg 需要 10 年左右的时间。S2 土壤全量 Zn 是国家土壤环境质量三级标准(GB15618—1995)的 4.6 倍，Cd 浓度是国家土壤环境质量二级标准的 9.7 倍，已经属于严重污染农田土壤，在如此高污染土壤上种植伴矿景天，可在 5 年之内将土壤 Zn 浓度降至国家二级标准，而将土壤 Cd 浓度下降至国家二级标准仅需 2 年时间，表明伴矿景天修复污染程度不高(超过国家土壤环境质量标准 1 倍至数倍)

的农田或矿区周边土壤具有一定的可行性，可在几年内将土壤 Zn、Cd 浓度修复至正常水平，达到农产品安全生产的要求。伴矿景天在极端高污染土壤上仍可正常生长，但其吸取修复时间将延长，其经济性有待进一步考虑。本结论来源于盆栽试验的结果，盆栽条件下，土壤体积小，种植密度大，管理精细；而实际情况是污染场地面积大，污染土壤层较深，伴矿景天根系主要集中在土壤表层，因此污染场地实际修复情况仍需通过田间试验进一步验证。此外，对于伴矿景天如何影响土壤重金属的有效性及化学结合态变化以及伴矿景天修复对土壤其他理化性质的影响还有待进一步深入研究。

第二节　植物吸取修复过程中土壤锌镉结合特征变化

植物从污染土壤中吸收重金属因土壤性质及土壤重金属污染程度的不同而异；在植物吸取修复过程中，不同污染土壤因植物作用不同而导致土壤重金属的变化特征具有明显差异，土壤重金属变化将进一步影响植物修复。本节研究了不同重金属污染土壤经锌镉超积累植物伴矿景天连续修复后土壤重金属的变化特征。

一、不同污染程度土壤上锌镉变化特征

利用锌镉超积累植物伴矿景天对不同污染程度土壤进行连续九季吸取修复，研究了吸取修复过程中不同污染程度土壤及不同粒径颗粒中锌镉变化特征。四种程度的污染土壤——低污染、中低污染、中污染和高污染分别对应于表 5.1 中 S1、S2、S3 和 S4。

1. 土壤及不同粒径颗粒中全量锌镉浓度变化

图 5.9 为四种污染程度土壤未修复及经连续修复九季后的土壤锌镉浓度(Measured，M)以及仅考虑植物吸收为土壤重金属去除因素而计算的修复后土壤锌镉浓度(Calculated，C)。经九季修复后，土壤全量锌镉均显著降低，其降低率随土壤污染程度的升高而降低，且土壤 Cd 的去除率大于 Zn。与未修复土壤相比，修复后低污染、中低污染、中污染和高污染四种程度污染土壤中 Zn 的降低率分别是 64.2%、70.1%、32.0%和 24.8%，Cd 的降低率分别为 89.1%、96.8%、90.1%和 80.1%。其中低污染和中低污染土壤 Cd 以及低污染土壤 Zn 经连续九季修复后已经低于我国农田土壤锌镉标准值(GB15618—1995)。修复九季后土壤锌镉浓度的下降量与计算得到的植物吸取量基本相当，表明修复九季后土壤锌镉的降低主要是植物吸收去除。

修复与未修复土壤不同粒径颗粒中重金属浓度列于表 5.10。在未修复土壤中，土壤颗粒中 Cd 和 Zn 的浓度随颗粒粒径的减小而升高，但胶体和纳米颗粒中重金属的浓度差异不大。细砂和粉砂组分中锌镉浓度低于原土，而细粉砂、胶体及纳米颗粒中锌镉浓度比原土高。经伴矿景天连续吸取修复后，土壤及其各级颗粒组分中锌镉浓度均明显降低；除纳米颗粒外，随颗粒粒径的减小，各级颗粒组分中锌镉浓度的降低幅度依次增加。由于各级颗粒组分在土壤中的质量不同，锌镉浓度的变化不能真正反映各颗粒组分对植物吸收的贡献。图 5.10 为土壤颗粒组分质量乘以其锌镉浓度而得到的每千克土壤中各级颗粒组分中

锌镉的浓度。可以看出，未修复土壤中锌镉主要分布于细砂、粉砂和细粉砂组分。植物连续吸取修复后，土壤锌镉的降低也主要发生在大颗粒的细砂、粉砂和细粉砂组分中锌镉浓度的减少。

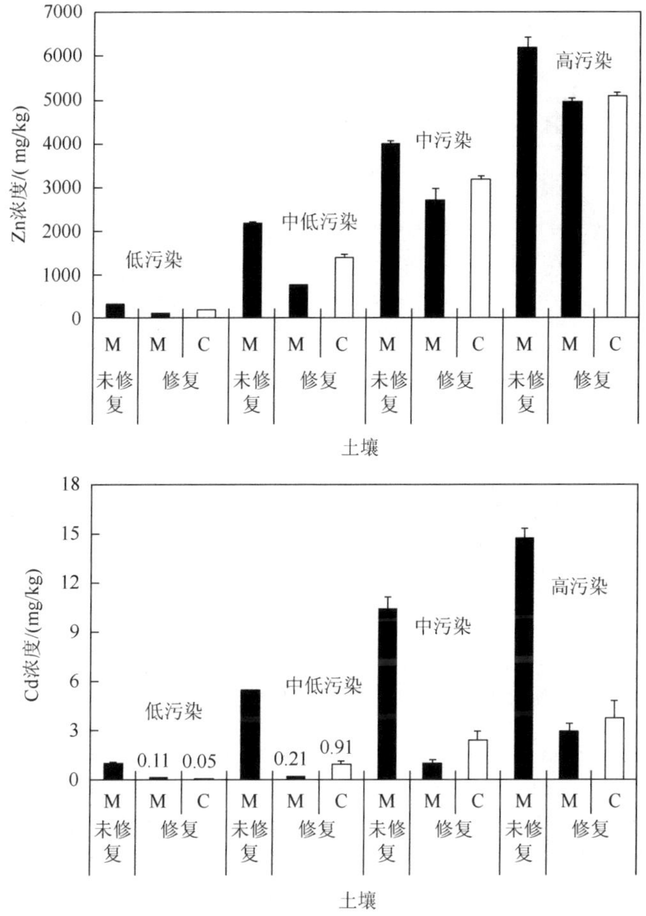

图 5.9　四种污染土壤修复九季后土壤锌镉全量(M)及植物吸收计算的土壤锌镉全量浓度(C)

表 5.10　修复与未修复土壤不同粒径颗粒全量锌和镉浓度　　(单位：mg/kg)

土壤	低污染				高污染			
	Cd		Zn		Cd		Zn	
	未修复	修复	未修复	修复	未修复	修复	未修复	修复
原土	1.01	0.11	310	111	14.7	2.92	6191	4952
细砂	0.53	0.09	187	87.5	12.4	2.11	4451	2999
粉砂	0.81	0.18	237	110	11.5	2.36	4849	3141
细粉砂	1.67	0.42	618	269	27.3	4.22	12 283	8589
胶体	2.70	0.90	903	482	33.4	6.51	17 801	12 712
纳米胶体	4.25	0.32	887	430	33.2	6.88	17 938	14 557

注：其中土壤颗粒粒径分级为：细砂，50～250μm；粉砂，5～50μm；细粉砂，1～5μm；胶体，0.1～1μm；纳米胶体，<0.1μm。

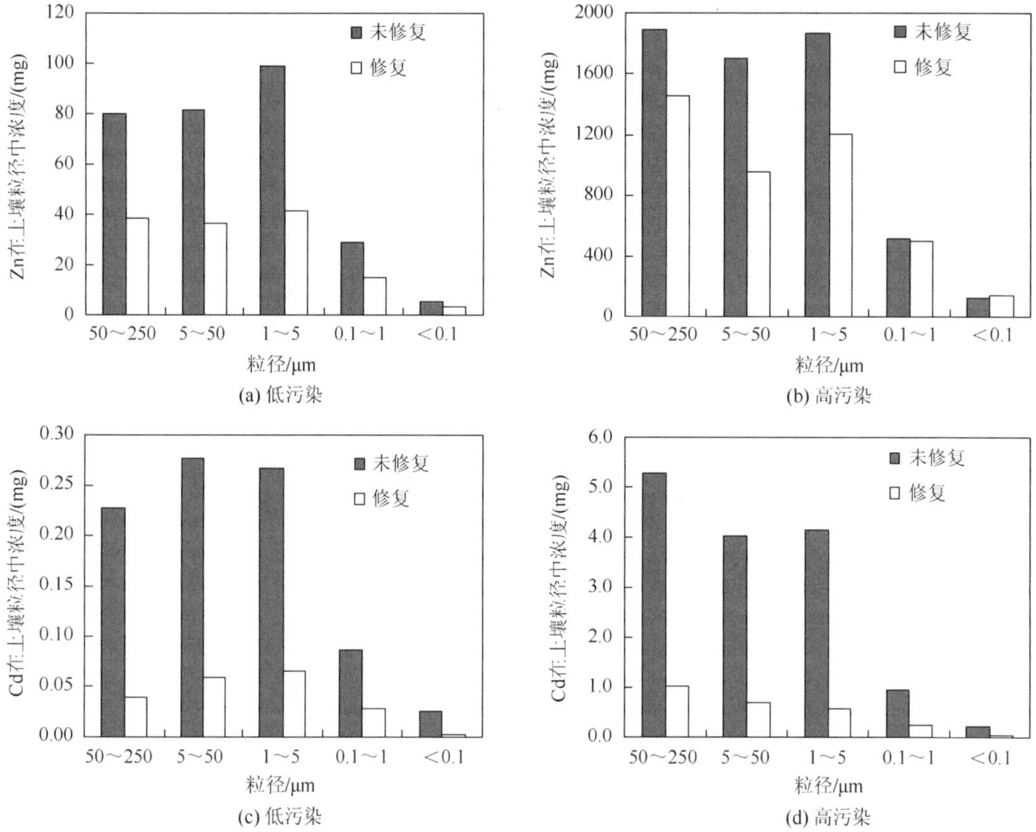

图 5.10　修复与未修复土壤不同粒径颗粒中锌［(a)、(b)］和镉［(c)、(d)］浓度分布

2. 土壤及不同粒径颗粒中锌镉形态变化

表 5.11 为四种污染程度的土壤未经修复和伴矿景天连续修复后土壤中锌镉 BCR 分级提取形态。在未修复的低污染土壤中，弱酸可溶态 Zn 最高，占总量的 32.1%，其次为残渣态、可还原态和可氧化态。而在其他土壤中均以弱酸可溶态和可还原态为主，两者之和为总 Zn 的 85.8%～92.2%。随污染程度的增加，Zn 的四种提取形态在绝对浓度上均显著增加，并且弱酸可溶态和可还原态的增加幅度要远大于可还原态和残渣态。经连续修复后，低污染土壤中 Zn 以可氧化态和残渣态为主，而弱酸可溶态和可还原态 Zn 所占比例之和仅为 10.2%；其他三个程度污染土壤 Zn 均表现为弱酸可溶态和可还原态显著降低，但修复后土壤中仍以这两种形态为 Zn 的主要存在形态。连续修复后不同污染程度土壤可氧化态和残渣态 Zn 均没有显著性变化。

与 Zn 相似，未修复污染土壤中 Cd 主要以弱酸可溶态和可还原态形式存在，两者之和占总 Cd 的 95%以上。随污染程度增加，弱酸可溶态和可还原态 Cd 均显著增加，但是弱酸可溶态 Cd 所占比例升高，而可还原态 Cd 比例则降低。经伴矿景天连续修复后，土壤弱酸可溶态和可还原态 Cd 显著降低，且其绝对量和相对降低率的下降幅度均为弱酸可溶态大于可还原态；而未修复和修复后土壤 Cd 的可氧化态和残渣态浓度无显著性差异。

表 5.11　四种污染土壤经伴矿景天修复与未修复土壤锌镉的化学形态　（单位：mg/kg）

土壤			弱酸可溶态	可还原态	可氧化态	残渣态
Zn	低污染	未修复	90.7(32.1)	63.9(22.6)	47.8(16.9)	79.8(28.3)
		修复	6.48(5.1)	6.34(5.1)	44.5(35.3)	68.7(54.5)
		降低率/%	92.9*	90.1*	6.9	13.9
	中低污染	未修复	1135(53.2)	696(32.6)	198(9.3)	103(4.8)
		修复	255(34.9)	212(29.0)	159(21.8)	104(14.2)
		降低率/%	77.5*	69.5*	19.7	-1.0
	中污染	未修复	2719(62.5)	1257(28.9)	236(5.4)	136(3.1)
		修复	1258(50.6)	869(34.9)	224(9.0)	137(5.5)
		降低率/%	53.7*	30.9*	5.1	-0.7
	高污染	未修复	4139(65.0)	1734(27.2)	346(5.4)	145(2.3)
		修复	2660(57.9)	1461(31.8)	335(7.3)	142(3.1)
		降低率/%	35.7*	15.7*	3.2	2.1
Cd	低污染	未修复	0.49(49.5)	0.46(46.1)	0.02(2.3)	0.02(2.0)
		修复	0.04(33.3)	0.06(43.0)	0.02(8.9)	0.02(14.8)
		降低率/%	91.8*	87.0*	50.0	0.0
	中低污染	未修复	3.29(63.2)	1.76(33.8)	0.10(2.0)	0.05(1.0)
		修复	0.07(28.5)	0.10(40.9)	0.02(9.4)	0.05(21.3)
		降低率/%	97.9*	94.3*	80.0	0.0
	中污染	未修复	7.07(68.0)	2.98(28.7)	0.27(2.6)	0.08(0.8)
		修复	0.48(44.7)	0.38(35.4)	0.16(14.3)	0.06(5.5)
		降低率/%	93.2*	87.2*	40.7	25.0
	高污染	未修复	10.5(75.6)	3.00(21.6)	0.27(2.0)	0.11(0.8)
		修复	1.65(55.3)	0.96(32.2)	0.19(6.4)	0.18(6.0)
		降低率/%	84.3*	68.0*	29.6	-63.6

注：重金属浓度表示为，平均值(所占比例)；降低率=(未修复–修复)/未修复×100。
* 表示未修复与修复间重金属浓度有显著差异。

图 5.11 为土壤不同粒径颗粒组分中锌镉的结合形态的分布状况。低污染未修复土壤中，各颗粒组分中的 Zn 主要为可氧化态(F3)和残渣态(F4)，两者之和占总 Zn 的 60%以上；随土壤颗粒粒径的减小，残渣态(F4) Zn 明显增加，而可氧化态(F3)和弱酸可溶态(F1) Zn 比例呈现下降趋势。但高污染未修复土壤各级颗粒中的 Zn 以及低污染和高污染未修复土壤各级颗粒中的 Cd 均以弱酸可溶态(F1)和可还原态(F2)为主，约占总量的 90%以上；随土壤颗粒粒径的减小，弱酸可溶态(F1)的比例呈下降趋势，而可还原态(F2)比例增加。

经连续修复后，低污染土壤各级颗粒组分中可氧化态(F3)和残渣态(F4) Zn 所占比例明显增加，弱酸可溶态(F1)和可还原态(F2) Zn 比例降低；随颗粒粒径减小，可氧化态(F3)Zn 所占比例明显降低，而其他三种形态比例则呈增加趋势。高污染土壤各级颗粒中的 Zn 以及低污染和高污染土壤各级颗粒中的 Cd 仍以弱酸可溶态(F1)和可还原态(F2)为主；与未修复土壤相比，修复后土壤各级颗粒组分中弱酸可溶态(F1)比例降低，但可还原态(F2)所占比例则有升有降。与未修复相似，高污染修复土壤各级颗粒组分中锌镉表现为随粒径减小，弱酸可溶态(F1)所占比例下降而可还原态(F2)比例增加；但是低污染土壤各级颗粒组分中 Cd 的形态没有随颗粒粒径的变化呈现明显的规律性。

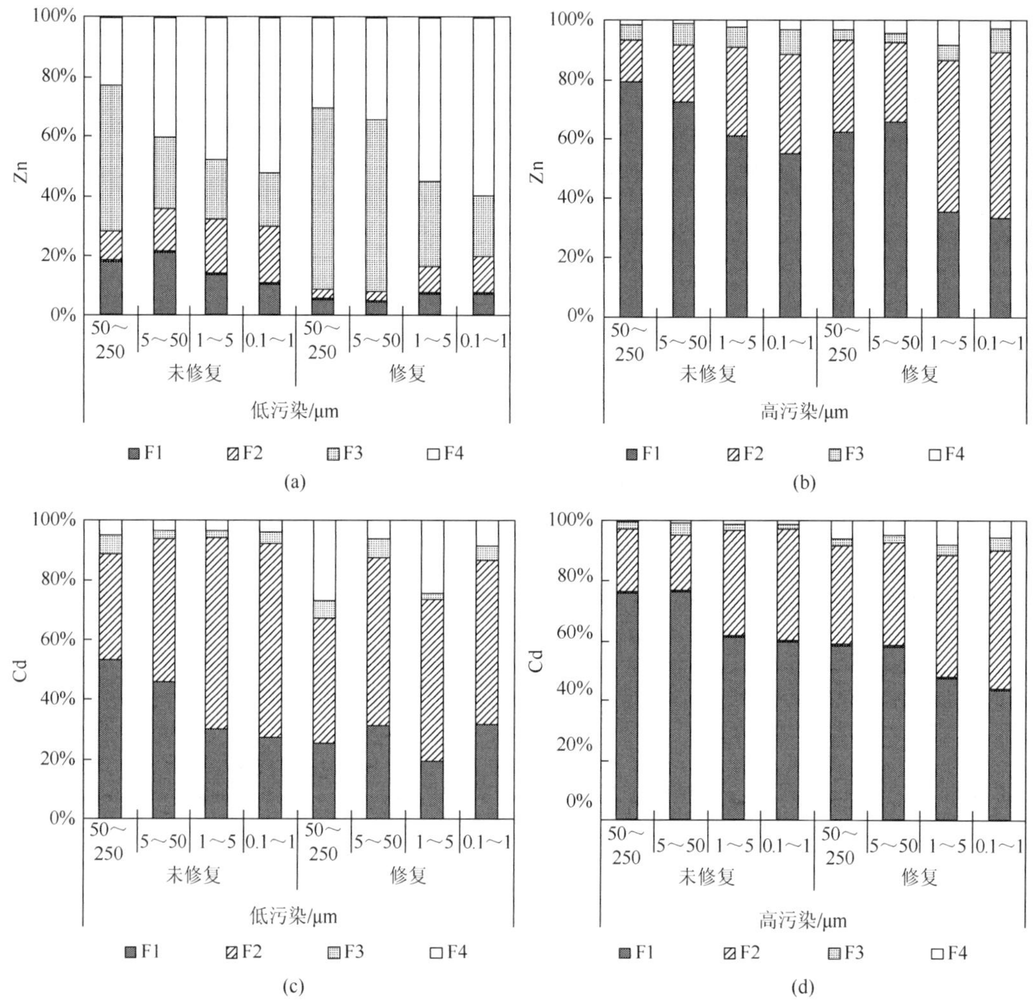

图 5.11 修复与未修复土壤不同粒径颗粒中锌和镉相对比例分布

3. 土壤及不同粒径土壤颗粒中锌稳定性同位素分馏特征

锌在自然界中的各种物理化学及生物过程均可能引起其同位素分馏，分馏程度以 ^{66}Zn‰表示为−4‰～6‰(相对于标准物质 JMC 3-0749L)(Cloquet et al.，2008)。图 5.12 为连续修复与未修复土壤及颗粒组分中的 ^{66}Zn/^{64}Zn 比值相对于标样的千分偏差值。其中 Zn

同位素产生了明显的分馏特征，以 IRMM-3702 为标准参照物质，其分馏程度大小为–1.30 到–0.43 ^{66}Zn‰。低污染和高污染土壤经植物吸取修复后，土壤 Zn 表现为重同位素组分增加，且高污染土壤增加幅度大于低污染土壤。未修复低污染土壤细砂中 Zn 同位素组分比其他颗粒轻，但在高污染未修复土壤中，随土壤颗粒粒径减小，Zn 轻同位素组分增加。与未修复土壤相比，低污染修复土壤细砂中 Zn 同位素重组分增加，而粉砂和细粉砂的 Zn 同位素轻组分增加；修复后高污染土壤各级颗粒均表现为 Zn 同位素重组分增加。产生 Zn 同位素分馏可能的过程有：外源 Zn 与土壤背景 Zn 同位素差异、Zn 进入土壤后被土壤无机或有机物质吸附、植物根系分泌物与 Zn 反应以及 Zn 在植物根系吸收时的跨膜过程。对于未修复的低污染和高污染土壤，其 Zn 的同位素组成具有显著性差异，表现为低污染土壤 Zn 的重同位素组分大于高污染土壤。这可能是由于土壤背景 Zn 同位素重组分高于外源污染 Zn 所致。外源 Zn 进入土壤后，会被土壤颗粒所吸附，但由于不同土壤粒径颗粒物质组成不同，Zn 吸附存在着不同的作用机制，导致 Zn 产生同位素分馏。Pokrovsky 等(2005)报道软锰矿、刚石及水铝矿吸附 Zn 会导致 Zn 轻同位素在表面富集。相对于溶液，吸附在针铁矿和水铁矿的 Zn 表现为重同位素组分增加，但是增加的程度与吸附剂种类有关(Juillot et al.，2008)。对 Zn 有高亲和力的有机质倾向于吸附重同位素组分(Jouvin et al.，2009)。本试验中，高污染土壤随土壤颗粒粒径的减小，Zn 的轻同位素组分明显增加(图 5.12)，表明土壤细颗粒优先吸附轻的 Zn 同位素组分。Zn 在不同粒径颗粒中的主要结合形态为静电吸附碳酸盐结合态(弱酸可溶态)和铁锰氧化物结合态(可还原态)，并随颗粒粒径减小铁锰氧化物结合态的比例增加(图 5.11)。相关分析的结果表明，高污染土壤不同粒径颗粒中可还原态 Zn 比例与 ^{66}Zn‰呈显著的线性相关关系(图 5.13)，说明在本书研究的高污染土壤中 Zn 主要吸附于铁锰等氧化物，最终可能导致 Zn 轻同位素组分富集。但是在低污染土壤中，粗粒径细砂组分中 Zn 同位数组分比其他粒径颗粒轻(图 5.12)。由图 5.11 可见，低污染土壤细砂中残渣态 Zn 所占比例明显低于其他粒径颗粒，表明其背景 Zn 浓度低。这可能是细砂中 Zn 同位素组分较轻的原因。经伴矿景天连续吸附修复后，两种土壤均表现出 Zn 重同位素组分增加(图 5.12)，表明吸取修复过程中 Zn 轻同位素组分向植物富集。但低污染土壤 Zn 同位素分馏程度较高污染土壤小，这可能与低污染土壤上植物吸收 Zn 量较少有关。

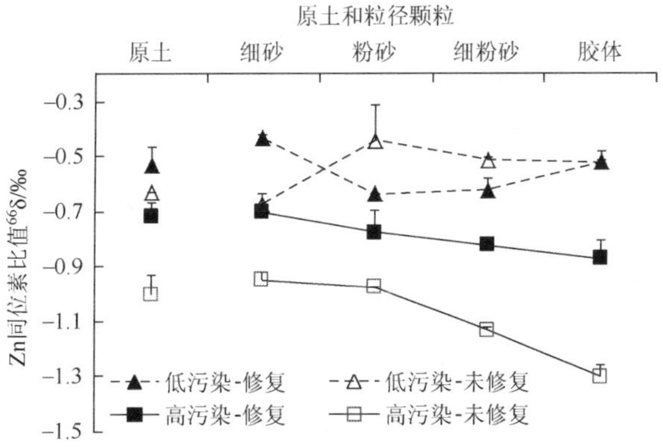

图 5.12　修复与未修复土壤及不同粒径颗粒中锌同位素比值

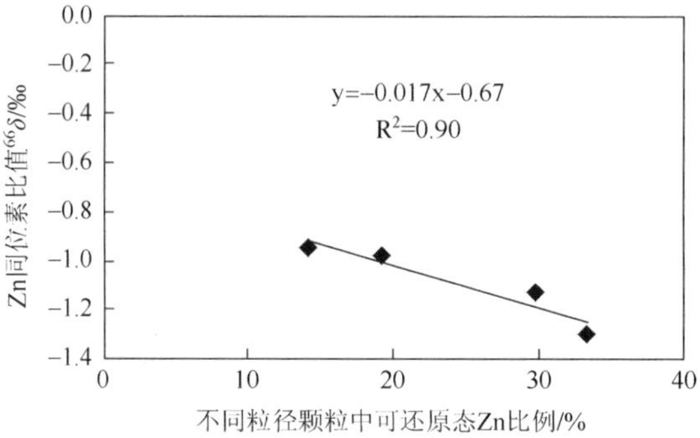

图 5.13　高污染土壤颗粒中 Zn 可还原态比例与 Zn 同位素比值 $^{66}\delta$ 关系

二、不同类型土壤上伴矿景天修复后的锌镉结合特征变化

分别采集辽宁葫芦岛、广东大宝山、浙江富阳诸佳坞和双林四种不同土壤性质的污染土壤，利用锌镉超积累植物伴矿景天进行连续吸取修复七季。四种土壤基本性质见表 5.12。

表 5.12　供试土壤及长期修复后土壤性质

土壤样点	pH		TOC/(g/kg)		CEC/[cmol(+)/kg]	Cd/(mg/kg)	Zn/(mg/kg)
	NP	P	NP	P	NP	NP	NP
大宝山	3.71	3.87	24.3	23.7	8.31	0.42	291
葫芦岛	4.77	4.71	15.1	13.2	15.4	8.68	476
双林	7.74	7.71	28.4	25.7	18.9	16.9	1308
诸佳坞	7.14	7.72	20.6	19.5	11.2	2.28	1201

注：NP 为未修复处理；P 为连续修复处理。

1. 土壤全量锌镉变化

图 5.14 为四种污染土壤未经伴矿景天修复以及修复三季和七季后的土壤全量锌镉浓度。经伴矿景天修复七季后，所有污染土壤全量锌镉均显著降低，其中葫芦岛土壤全量锌镉降低幅度最大：Cd 从未修复土壤的 8.68mg/kg 降至修复七季后的 0.93mg/kg，Zn 从 476mg/kg 降至 229mg/kg。经连续修复后，酸性土壤锌镉的降低幅度明显大于中碱性土壤。与未修复土壤相比，大宝山、葫芦岛、双林和诸佳坞土壤的 Zn 分别降低了 37%、52%、12%和 19%，土壤 Cd 分别降低了 64%、89%、37%和 38%。此外，在酸性土壤上，前三季修复中土壤锌镉的降低幅度要大于后几季修复。这主要是修复前期土壤重金属有效性高，易被伴矿景天吸收。

2. 土壤有效态锌镉浓度变化

采用 NH_4OAc 和 $CaCl_2$ 可提取锌镉浓度及 DGT 表征锌镉浓度来指示土壤锌镉有效性变化。连续修复过程中四种污染土壤锌镉有效性变化见图 5.15，与未修复土壤相比，除双林和诸佳坞的中碱性土壤修复三季后 $CaCl_2$ 可提取 Zn 和 Cd 没有变化外，其余土壤不同方法表征的 Zn、Cd 有效性均显著降低。与未修复土壤相比，修复七次后大宝山、葫芦岛、

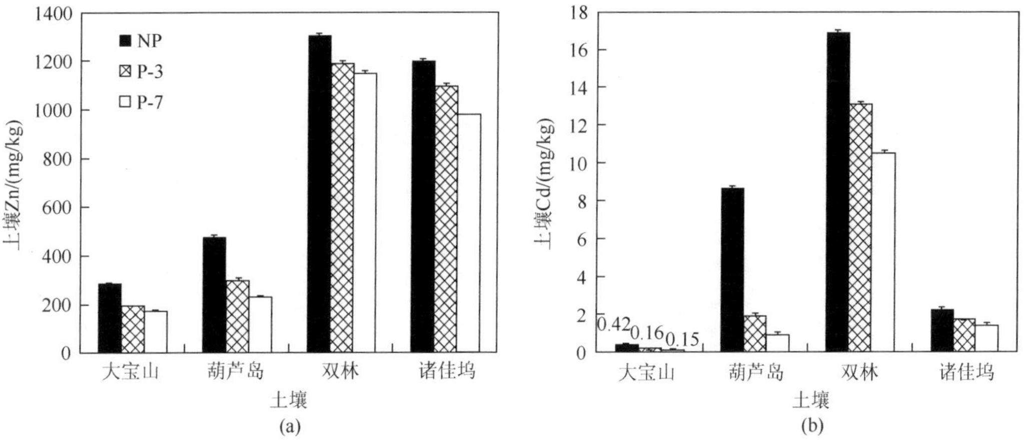

图 5.14　未修复和连续修复后四种污染土壤全量 Zn(a) 和 Cd(b) 浓度

图中误差线为标准误(n=3)，NP 为未修复，P-3、P-7 为连续修复三季和七季

双林及诸佳坞四种土壤的 NH_4OAc 可提取态 Zn 分别降低了 97%、98%、30%和 58%，NH_4OAc 可提取态 Cd 分别降低了 95%、98%、57%和 41%；$CaCl_2$ 可提取态 Zn 降低了 92%、94%、24%和 2%，$CaCl_2$ 可提取态 Cd 降低了 87%、96%、68%和 60%。相比而言，DGT 表征的 Zn 和 Cd 有效性降低幅度大于其他两种方法，所有土壤 DGT 表征锌镉降低幅度均为 82%～99%。

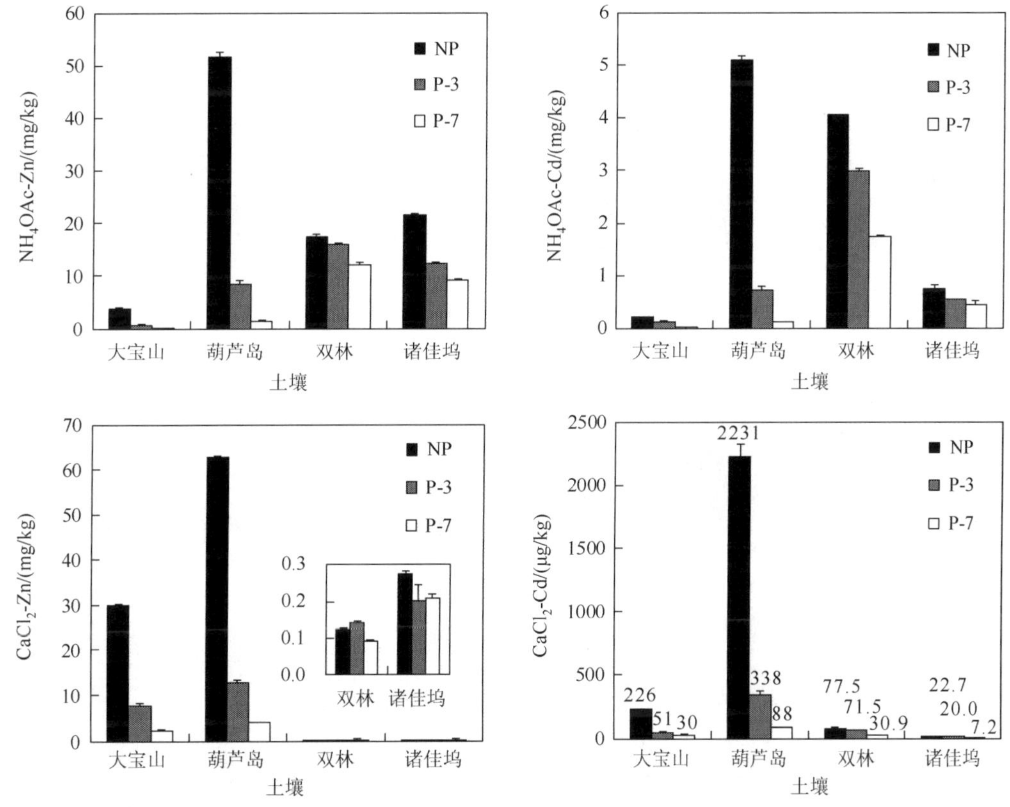

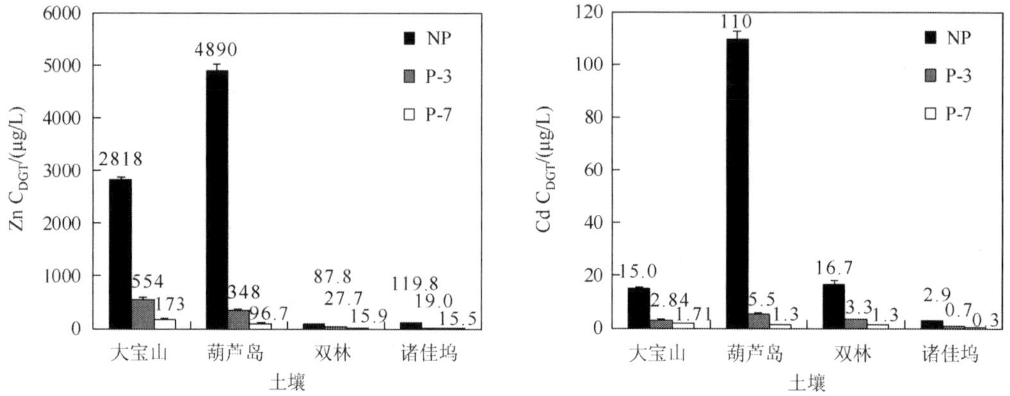

图 5.15　未修复和连续修复后四种污染土壤有效态 Zn/Cd 浓度

图中误差为标准误(n=3)，NP 为未修复，P-3、P-7 为连续修复三季和七季

3. 土壤锌镉形态变化

图 5.16 为四种污染土壤连续修复过程中的 BCR 连续分级提取锌不同形态浓度变化。未修复条件下，大宝山污染土壤 Zn 以残渣态(F4)为主，占土壤总 Zn 的 44%，其次是弱酸可溶态(F1)和可还原态(F2)，分别占总量的 24.8%和 23.7%；葫芦岛未修复土壤中 Zn 以残渣态(F4)最高，为总 Zn 的 32.2%；其次是可氧化态(F3)，为 28.5%；以及可还原态(F2)，为 22.5%和弱酸提取态(F1)，为 16.7%；而双林土壤 Zn 则主要以 F2 和 F3 为主，两者之和占总 Zn 的 74.7%；诸佳坞土壤中 Zn 形态分布为 F2＞F3＞F1＞F4。

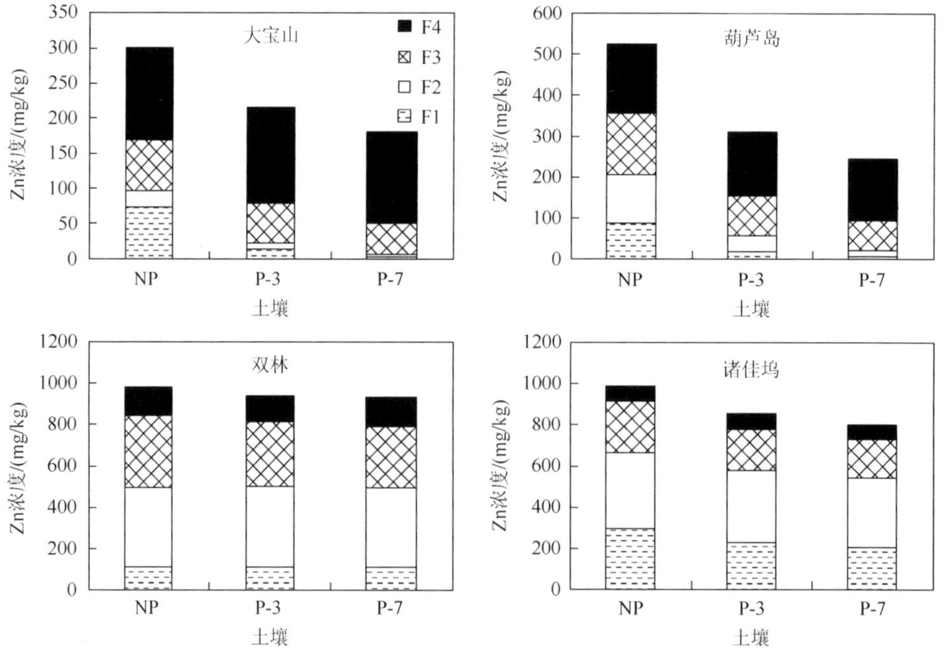

图 5.16　未修复和连续修复后四种污染土壤连续提取态 Zn 浓度

F1 为弱酸可溶态，F2 为可还原态，F3 为可氧化态，F4 为残渣态；NP 为未修复，P-3、P-7 为连续修复三季和七季

伴矿景天吸取修复后，酸性土壤前三级提取态 Zn 明显降低。与未修复处理相比，修复七季后大宝山和葫芦岛土壤 F1、F2 和 F3 组分 Zn 分别降低了 95.4%、87.9%、38.1%和 93.1%、87.3%、51.6%；而双林和诸佳坞的中碱性土壤中 Zn 的降低主要体现在 F3 和 F1 有小幅度下降。所有土壤中残渣态 Zn(F4) 并没有因植物修复而显著改变。

图 5.17 为四种污染土壤连续修复过程中镉的 BCR 连续分级提取形态变化。大宝山未修复土壤中 Cd 主要以弱酸提取态(F1)为主，占总量的 76.3%，其次为残渣态(F4)，为总 Cd 的 12.1%；而葫芦岛未修复土壤中 Cd 以可氧化态(F3)和弱酸提取态(F1)为主，两者之和占总 Cd 的 89.2%；双林和诸佳坞土壤中 Cd 主要以弱酸提取态(F1)和可还原态(F2)存在。伴矿景天吸取修复后，大宝山土壤弱酸提取态 Cd 大幅度降低；葫芦岛土壤中弱酸提取态和可氧化态 Cd 显著降低，降低率分别为 97.0%和 71.7%；双林土壤中 Cd 的降低量表现为弱酸提取态＞可还原态＞可氧化态；而诸佳坞土壤 Cd 降低量表现为可还原态＞弱酸提取态＞可氧化态。与 Zn 相似，所有土壤中残渣态 Cd 没有因植物修复而显著变化。

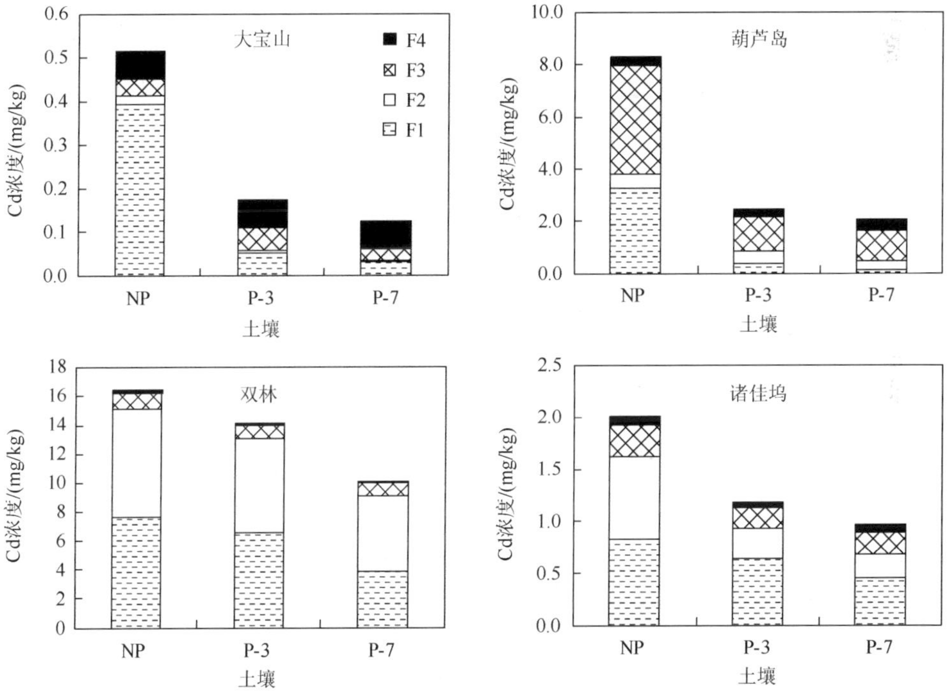

图 5.17　未修复和连续修复后四种污染土壤连续提取态 Cd 浓度

F1 为弱酸可溶态，F2 为可还原态，F3 为可氧化态，F4 为残渣态；NP 为未修复；P-3、P-7 为连续修复三季和七季

三、连续植物吸取修复中污染土壤重金属的解吸特征

植物吸收的重金属元素来自于土壤溶液，但土壤溶液中重金属的减少量远小于植物的总吸收量，这是由于土壤固相重金属向溶液的补充对植物吸收起着重要作用。扩散梯度薄膜技术(DGT)是通过扩散作用不断富集溶液中的重金属于吸附膜上，它模拟了植物根际溶

液重金属被植物吸收，土壤固相重金属解吸补充的过程(Davison et al.，2000)。DIFS 数学模型(DGT-Induced Fluxes in Soils)利用一级动力学速率方程模拟 DGT 作用下土壤固相重金属向液相解吸的过程。通过 DIFS 模型可获得土壤重金属的解吸特征信息，但在时间尺度上表现为植物吸收时土壤固相金属向液相的解吸过程，不能给出长时间内土壤重金属解吸信息。利用对重金属络合能力强的试剂，如 EDTA 能够快速表征重金属潜在的有效性和移动性，对土壤重金属长期迁移进行预测(Labanowski et al.，2008)。本研究拟在前期连续修复的基础上，基于 DGT 解吸的 DIFS 模型和基于 EDTA 解吸的双一级反应模型，研究经伴矿景天连续吸取修复后污染土壤中重金属在短期和长期时间尺度上的解吸变化特征。

基于 DGT 解吸的试验土壤取自大宝山、葫芦岛、双林和诸佳坞，经未修复、伴矿景天三季及七季修复后的土壤用于本试验研究。DIFS 模型所用的土壤固/液锌镉的分配系数 K_d，以及计算 K_d 所用的土壤全量锌镉及土壤溶液锌镉浓度见表 5.13。基于 EDTA 解吸试验所用土壤分别选择伴矿景天锌镉修复后浓度降低较小的“诸佳坞”污染土壤和锌镉浓度降低量较大的采自诸佳坞的“高污染”土壤。所选的两种土壤在修复前后土壤的锌镉浓度、其他伴随重金属及其基本性质列于表 5.14。

表 5.13　土壤全量及土壤溶液中锌镉浓度和固液分配系数

土壤样点	修复次数	全量/(mg/kg)		土壤溶液		K_d/(cm³/g)	
		Zn	Cd	Zn/(mg/L)	Cd/(μg/L)	Zn	Cd
大宝山	未修复	291±3	0.42±0.09	21.4±0.5	112±8	13.6	3.8
	修复三季	195±5	0.16±0.06	3.33±0.67	19.1±5.5	58.5	8.4
	修复七季	173±4	0.15±0.05	1.05±0.18	12.0±3.0	165	12.5
葫芦岛	未修复	476±19	8.68±0.14	15.9±0.85	373±12	30.0	23.3
	修复三季	298±26	1.90±0.48	0.46±0.04	8.3±1.2	655	228
	修复七季	229±12	0.93±0.12	0.12±0.01	2.01±0.1	1970	462
双林	未修复	1264±14	16.9±0.28	0.09±0.02	20.9±3.2	13 654	807
	修复三季	1146±30	13.1±0.59	0.03±0.0	4.7±0.1	36 811	2772
	修复七季	1102±21	10.5±0.91	0.02±0.0	2.3±0.2	45 589	4545
诸佳坞	未修复	1201±15	2.28±0.10	0.13±0.01	4.93±0.71	8980	462
	修复三季	1098±18	1.73±0.10	0.03±0.00	1.44±0.17	39 831	1199
	修复七季	978±5	1.43±0.23	0.02±0.01	0.90±0.12	39 047	1592

表 5.14　EDTA 动力解吸试验土壤重金属全量及土壤性质

土壤	全量重金属/(mg/kg)						pH	CEC /[cmol(+)/kg]	OC /(g/kg)
	Zn		Cd		Cu	Pb			
	未修复	修复后	未修复	修复后	未修复	未修复			
诸佳坞	1201	978	2.28	1.43	254	300	7.74	11.2	20.6
高污染	6191	4952	14.7	2.92	1037	1343	6.41	10.7	29.1

注：OC 为土壤有机碳。

1. 基于 DGT 的土壤重金属解吸特征

DGT 表征的土壤固相锌镉解吸补充能力。图 5.18 为不同修复程度下四种不同性质污染土壤锌镉的 R 值。R 值为 DGT 表征的锌镉浓度与土壤溶液锌镉浓度的比值，R 值可反映土壤固相对液相锌镉的补充能力。R 值在理论上介于 0 到 1 之间，R 值越大说明补充恢复土壤溶液重金属能力越强，越小则越弱(Zhang et al.，2006)。由图 5.18 可以看出，四种土壤固相对溶液锌镉的补充能力具有显著性差异。对于未修复土壤来说，四种污染土壤固相 Zn 和 Cd 对液相补充能力的大小顺序为：双林、诸佳坞＞葫芦岛＞大宝山。经植物修复后，大宝山土壤固相锌镉的补充能力没有显著变化；葫芦岛土壤在修复三季后固相锌镉对液相的补充能力显著增加，但修复三季和七季间没有显著性差异；双林和诸佳坞土壤则表现为随修复次数的增加，固相锌镉的补充能力逐渐下降。

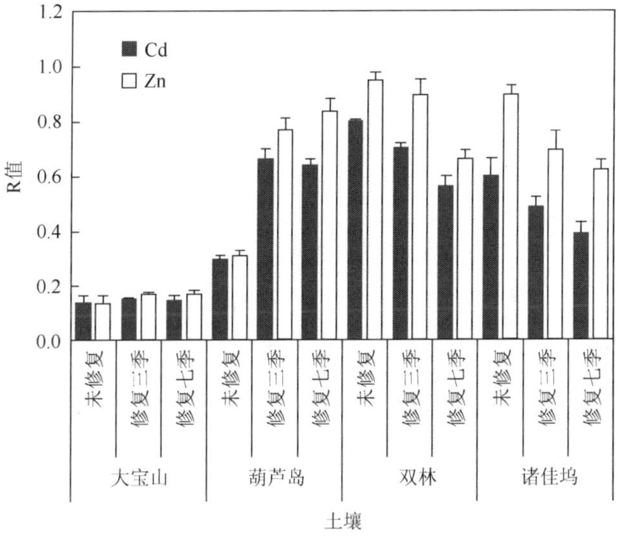

图 5.18　连续吸取修复过程中四种污染土壤锌镉的 R 值

R 值为 DGT 测定的锌镉浓度与溶液中锌镉浓度比值

基于 DGT 土壤锌镉解吸动力。向 DIFS 模型中输入相应的参数 R 值和 K_d，可得到 DGT 作用下土壤固相锌镉解吸的响应时间 T_c，再通过公式可计算得到 DGT 作用下锌镉解吸反应的一级速率常数 k_{-1}(图 5.19 和图 5.20)。T_c 反映了固相重金属对溶液补充速率的快慢，T_c 值越小表示补充速率越快，反之则越慢。对于未修复处理，酸性的大宝山土壤和葫芦岛土壤锌镉的响应时间远高于碱性的双林和诸佳坞土壤。经植物修复后，大宝山土壤的 Zn 及葫芦岛土壤的 Zn 和 Cd 的响应时间显著降低，但是大宝山土壤的 Cd 以及碱性土壤的 Zn 和 Cd 的响应时间则显著增加。此外，酸性土壤伴矿景天修复前三季锌镉响应时间变化明显大于后四季。

在未修复土壤中，葫芦岛土壤中 Zn 的解吸速率常数 k_{-1} 最大，其次是双林和诸佳坞土壤，大宝山土壤最小；但是对于 Cd 来说，则表现为大宝山土壤最大，其次是双林和葫芦岛土壤，而诸佳坞土壤最小。经连续七季修复后所有土壤的 Zn 和 Cd 的解吸速率常数均显著下降，且大宝山土壤中的 Cd 以及中碱性的双林和诸佳坞土壤的 Zn 和 Cd 的解吸速率常数 K_{-1}，前三季修复中的降低幅度远大于后四季修复。

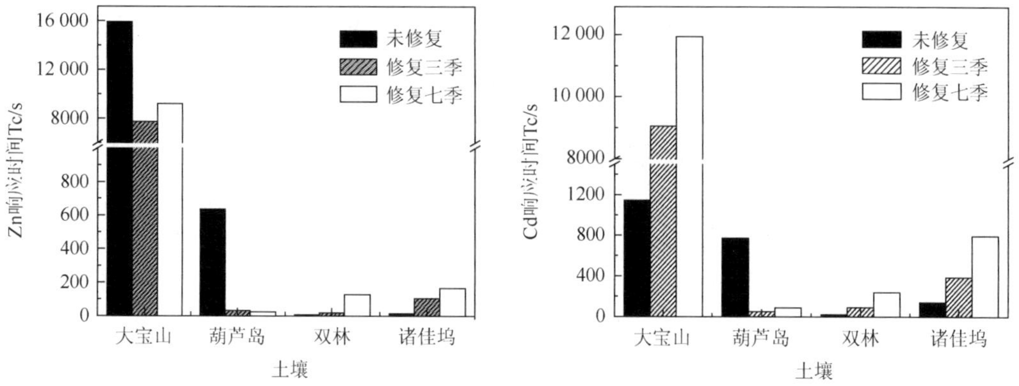

图 5.19　连续吸取修复过程中四种污染土壤固相锌镉响应时间

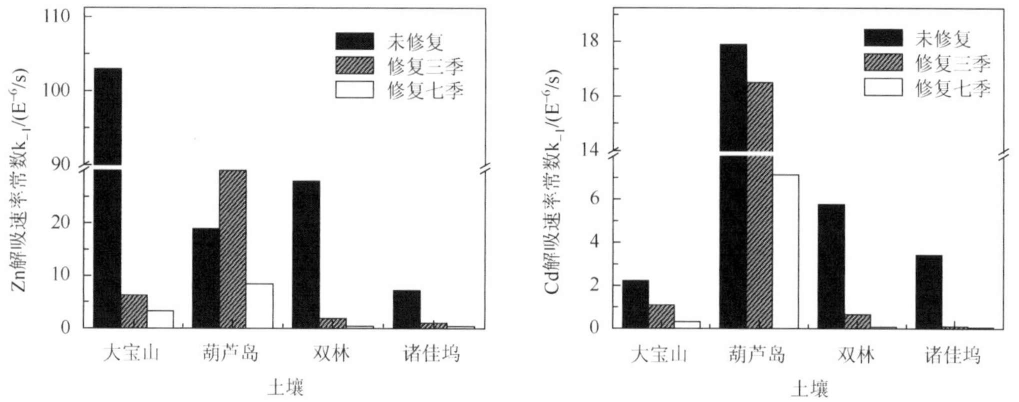

图 5.20　连续吸取修复过程中四种污染土壤锌镉解吸速率常数

2. 土壤重金属的 EDTA 解吸特征

图 5.21 和图 5.22 分别为未修复和修复后“诸佳坞”和“高污染”土壤重金属在 EDTA 作用下的解吸动力学。所有土壤重金属在 24h 内均达到解吸平衡。在整个解吸过程中土壤重金属的解吸均可分两段，即开始时的快速解吸过程（<60min）和随后的慢速解吸过程（1～24h）。与未修复土壤相比，经伴矿景天连续吸取修复后，Zn 和 Cd 在快速解吸阶段和 24h 平衡时的解吸量均显著降低；但是相反地，对于非伴矿景天积累元素 Cu 和 Pb，则表现为快速解吸段和平衡时的解吸量均增加。

利用双一级反应模型对 EDTA 解吸动力学数据进行拟合，得到土壤重金属的易解吸（Q_1）、较易解吸（Q_2）以及相应的表观一级速率常数（K_1 和 K_2）（表 5.15 和图 5.16）。由表中可以看出，双一级反应模型能够对解吸数据进行很好的拟合，除“诸佳坞”和“高污染”未修复土壤 Cd 拟合的决定系数 R^2 分别为 0.94 和 0.91 外，其余的 R^2 均高于 0.96。用重金属的全量减去易解吸和较难解吸态重金属，可得到土壤中 EDTA 难解吸态重金属浓度。对于“诸佳坞”未修复土壤，其易解吸和较难解吸态 Zn 占土壤全量 Zn 的比例较小，均不到

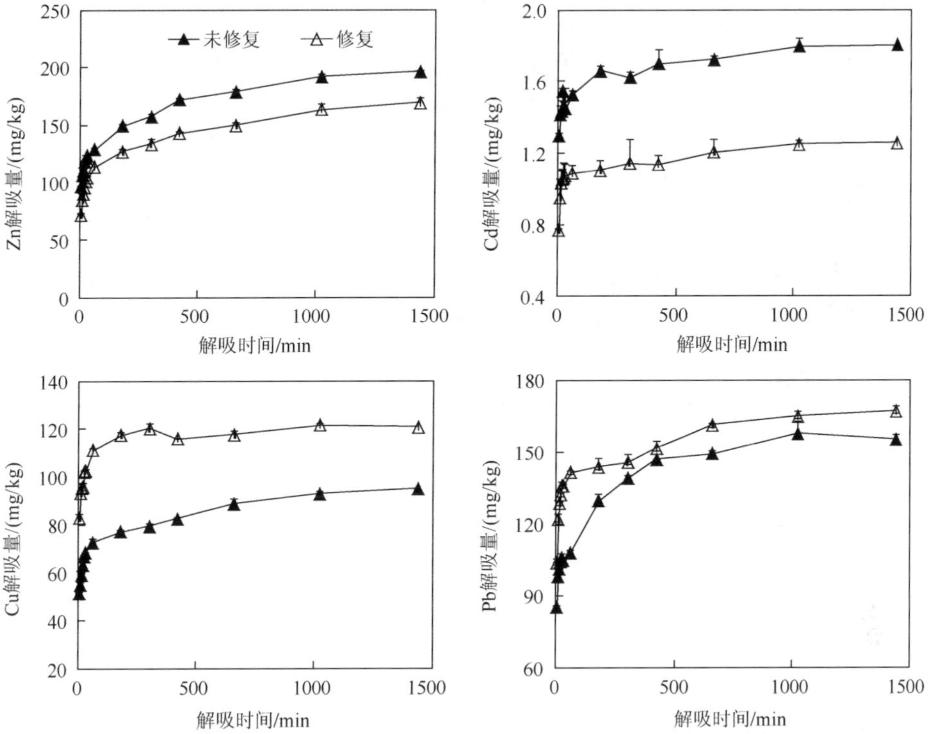

图 5.21 诸佳坞污染未修复和修复后土壤重金属的 EDTA 解吸动力学

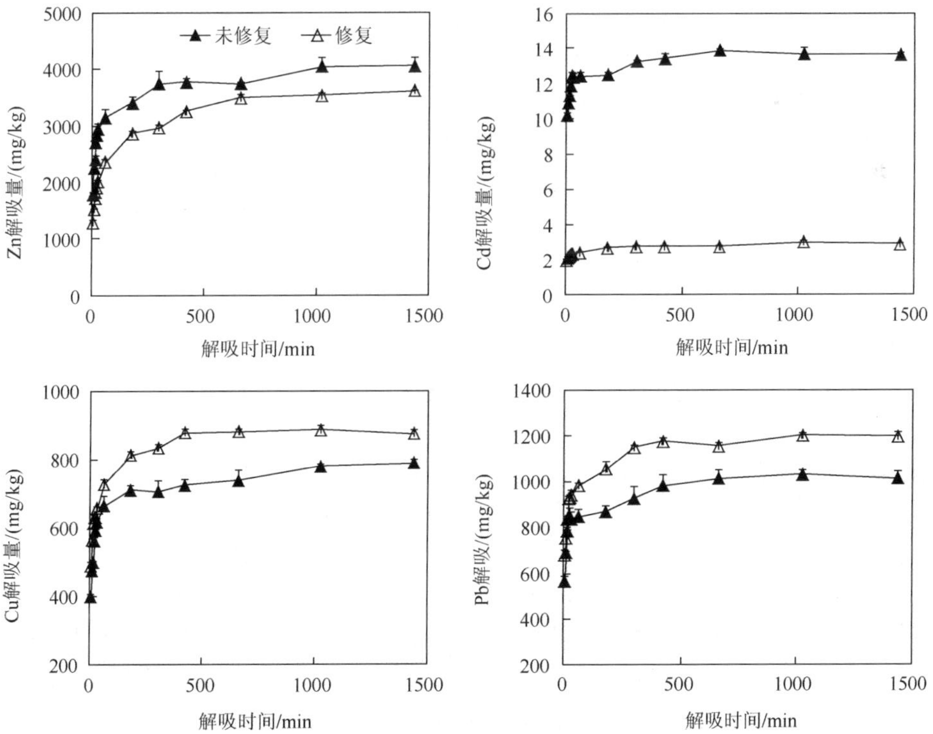

图 5.22 高污染土壤修复前后重金属的 EDTA 解吸动力学

10%，而不可解吸态 Zn 则占总量的 80%以上；而 Cd 则以易解吸态为主，高达 60%；Cu 和 Pb 的易解吸态所占比例介于 Cd 和 Zn 之间。而在“高污染”未修复土壤中，Zn、Cd、Cu 和 Pb 均以易解吸态为主，占全量的比重分别为 43.7%、79.6%、36.8%和 60.6%，Cd 仍为最易解吸的重金属元素。经伴矿景天连续吸取修复后，除“高污染”土壤较难解吸 Zn 比未修复土壤高外，土壤易解吸和较难解吸 Zn 和 Cd 均表现为较修复前显著降低。伴矿景天非积累重金属元素 Cu 和 Pb 在诸佳坞修复土壤上易解吸态量较未修复明显增加；但在“高污染”修复土壤上则易解吸和较难解吸 Cu 和 Pb 均比未修复土壤高。此外，伴矿景天连续吸取修复后，土壤 EDTA 不可解吸的 Zn、Cd、Cu 及 Pb 浓度均明显降低。

表 5.15　诸佳坞污染土壤 EDTA 提取重金属双一级反应模型拟合结果

元素	处理	Q_1/(mg/kg)	K_1/min	Q_2/(mg/kg)	K_2/min	R^2	Q_3/(mg/kg)
Zn	未修复	114±3(9.5)	0.34	87.2±4.9(7.3)	2.54e-3	0.98	1000(83.2)
	修复	96.8±2.8(9.9)	0.23	71.7±4.7(7.3)	2.50e-3	0.98	810(82.8)
Cd	未修复	1.45±0.02(63.6)	0.43	0.34±0.04(14.9)	3.1e-3	0.94	0.49(21.5)
	修复	1.06±0.01(74.1)	0.25	0.25±0.03(25.9)	3.8e-4	0.99	0(0)
Cu	未修复	63.5±1.9(25.0)	0.28	31.4±3.4(12.4)	2.63e-3	0.96	159(62.6)
	修复	85.8±3.1(33.8)	0.53	33.3±3.1(13.1)	2.34e-2	0.98	135(53.1)
Pb	未修复	98.6±1.1(32.9)	0.38	57.5±1.5(19.2)	4.04e-3	0.99	144(48.0)
	修复	132±2(44.0)	0.29	38.0±4.1(12.7)	1.82e-3	0.97	130(43.3)

注：括号内数值为该值占总量的百分数(%)。

表 5.16　高污染土壤 EDTA 提取重金属双一级反应模型拟合结果

元素	处理	Q_1/(mg/kg)	K_1/min	Q_2/(mg/kg)	K_2/min	R^2	Q_3/(mg/kg)
Zn	未修复	2705±105(43.7)	0.18	1265±116(20.4)	4.85e-3	0.97	2220(35.9)
	修复	1747±77(35.3)	0.21	1808±89(36.5)	4.62e-3	0.98	1397(28.2)
Cd	未修复	11.7±0.2(79.6)	0.38	2.00±0.30(14.6)	4.60e-3	0.91	0.85(5.8)
	修复	2.12±0.04(74.3)	0.49	0.68±0.04(24.0)	1.00e-2	0.97	0.05(1.7)
Cu	未修复	517±46(49.9)	0.23	130±44(12.5)	1.24e-2	0.96	299(37.6)
	修复	577±13(55.6)	0.33	299±13(28.8)	0.93e-2	0.99	161(15.5)
Pb	未修复	814±14(60.6)	0.22	221±22(16.5)	2.70e-3	0.98	308(22.9)
	修复	865±28(64.4)	0.26	324±30(24.1)	6.14e-3	0.96	154(11.5)

注：括号内数值为该值占总量的百分数(%)。

四、讨论

四种污染程度土壤经伴矿景天连续吸取修复九季后，土壤全量锌镉均显著降低(图 5.9)。随污染程度的增加，土壤锌镉的去除率依次降低，并表现为 Cd 的去除率大于 Zn。修复后所有污染程度土壤 Cd 的去除率均在 80%以上；而植物连续修复仅对低污染土壤和中低污染土壤的 Zn 具有较高的去除率，分别为 64.2%、70.1%，对中污染和高污染土壤上 Zn 的去除率较低。根据我国农田土壤重金属环境标准值，不同程度污染土壤经 3 年连续修复九季，低污染和中低污染土壤 Cd 及低污染土壤 Zn 浓度已达到农田土壤环境质量二级标准

(GB 15618—1995)，而中污染和高污染土壤中 Zn 浓度还远大于修复目标值。根据本书研究的土壤中锌镉与植物吸收锌镉的相关关系，计算了伴矿景天连续修复低污染和高污染土壤所需时间：低污染土壤锌镉去除至二级标准值仅需要连续修复 4 季(1.33 年)，而高污染土壤锌镉去除分别需要连续修复 46 季(15.3 年)和 15 季(5 年)。表明伴矿景天吸取修复技术适合于低污染土壤，而高污染土壤上伴矿景天的修复效率较低，需结合其他方法联合修复或采用辅助措施强化修复方能实现修复目标。

同样，根据我国农田土壤 Zn 和 Cd 的标准，在不同土壤性质的污染土壤修复试验中，酸性大宝山土壤经过三年连续修复后已经达标，而葫芦岛 Zn 和 Cd 也有较大幅度降低，分别下降了 89%和 52%(图 5.14)，但仍需继续修复。根据第五季和第七季植物日均吸收量的平均值计算，将葫芦岛土壤 Zn 和 Cd 降低至标准值(Zn 200mg/kg，Cd 0.3mg/kg)至少仍需修复 0.9 和 1.2 年。但是对于碱性土壤，伴矿景天的吸取修复效率相对较低，尤其是双林土壤，连续修复七季后土壤 Zn 和 Cd 只分别降低了 37%和 12%(图 5.14)。由于在双林和诸佳坞土壤上随修复次数的增加，伴矿景天吸收锌镉的量保持相对恒定。因此，可利用伴矿景天各季 Zn 和 Cd 日均吸收量的平均值计算土壤中残留 Zn 和 Cd 达标所需的修复时间。经计算，诸佳坞土壤 Zn 和 Cd 修复到达标值(Zn 300mg/kg，Cd 1.0mg/kg)分别至少还需 17.0 和 1.38 年，而双林土壤还需要 18.2 和 4.6 年。由此可见，伴矿景天吸取修复较为适用于酸性锌镉污染土壤，而碱性土壤修复需联合其他方法共同修复或采取相应措施提高修复效率。

本书研究结果表明，利用伴矿景天修复锌镉污染的碱性土壤和高污染土壤，修复效率较低，达到修复目标需要较长时间。为综合利用土壤资源并保证农产品安全生产和降低土壤重金属生态风险，可以将土壤中最有害的重金属部分去除，而与土壤结合较强的威胁较小的重金属并不需要清除。Hamon 和 McLaughlin(1999)提出了基于去除土壤中有效性重金属代替去除全量重金属为目的的植物吸取修复。这种植物吸取修复在理论上能显著减少修复时间，提高修复效率。本研究分别利用基于平衡原理的 NH_4OAc 提取和 $CaCl_2$ 提取，以及考虑固相金属解吸的 DGT 表征来指示植物修复中土壤 Zn 和 Cd 有效性的变化。已有报道表明，前两种提取方法表征的土壤重金属的有效性分别与超积累植物和普通作物吸收量具有较好的相关性(Menzies et al.，2007；Liu et al.，2011)，而 DGT 技术表征的重金属有效性与普通植物和超积累植物均有良好的相关关系(Song et al.，2004；Tandy et al.，2011)。本书试验结果表明，四种污染土壤经连续修复后所用三种方法表征的 Zn 和 Cd 有效性均有很大程度降低，其降低率大于土壤全量 Zn 和 Cd(图 5.14 和 5.15)。尤其是 DGT 表征的 Zn 和 Cd 有效性，经七季修复后，所有污染土壤中 Zn 和 Cd 的降低率均高达 82%以上。此外，按土壤全量重金属的安全标准，尽管葫芦岛土壤锌镉在连续修复后还没有达标，但从土壤锌镉形态分级结果可以看出，修复后土壤 Zn 主要以残渣态存在，Cd 也以有效性较低的有机结合态为主。可见，以去除土壤有效态重金属为目的的植物吸取修复具有一定的可行性。然而实际的基于去除有效性金属为目的的植物修复应用还存在诸多问题。首先，修复标准值的设定，要保证修复后在很长时间内有效性重金属恢复较小。其次，由于目前土壤重金属环境标准是基于土壤全量重金属，基于去除有效性重金属的植物吸取修复还需要相关技术示范与法律的支持。

本书采用 BCR 法，利用选择性化学试剂分步连续提取土壤中不同结合形态的重金属。按照 BCR 连续提取法顺序依次提取的重金属分别为可交换及水和弱酸可溶解的重金属(弱酸可溶态)、铁锰氧化物结合态重金属(可还原态)、有机质和硫化物结合态重金属(可氧化态),以及结合在土壤矿物晶格中的重金属(残渣态)(Hass and Fine, 2010)。其中,弱酸可溶态和可还原态重金属易被植物吸收利用,而可氧化态和残渣结合态重金属不易被植物所吸收。本书中,除低污染土壤的 Zn 外,土壤中锌镉主要以弱酸可溶态和可还原态形式存在(表 5.11),较易被植物吸收去除。经伴矿景天连续吸取修复 9 季后,所有污染程度土壤均表现为弱酸可溶态和可还原态锌镉显著下降,且弱酸可溶态的相对降低率和绝对浓度的降低幅度均大于可还原态锌镉,但是可氧化态和残渣态没有显著性变化(表 5.11)。这些结果表明伴矿景天优先吸收弱酸可溶态,其次为可还原态锌镉,而氧化态和残渣态锌镉较为稳定不易被植物吸收去除。此外,低污染土壤连续修复后弱酸可溶态和可还原态 Zn 仅占土壤总 Zn 的 10.2%,与未修复土壤相比,可氧化态和残渣态 Zn 并没有减少。这表明植物吸取修复并非要去除土壤中所有重金属,与土壤结合较强重金属,危害性较小,可以不必完全除去。当然,也应注意监测植物吸取修复后土壤中可氧化态和残渣态重金属能否长时间保持,不会向前两级形态转化而增大其生物有效性。BCR 连续提取方法被用于指示土壤不同粒径颗粒中锌镉有效性。一般而言,按连续提取顺序,即弱酸可溶态、可还原态、可氧化态及残渣态重金属,其有效性依次降低;弱酸可溶态和可还原态重金属易被植物吸收利用,具有较高的植物有效性,可氧化态和残渣态重金属一般不易被植物吸收利用。本试验中,低污染未修复土壤颗粒随粒径减小,弱酸可溶态和可还原态 Zn 之和所占的比例没有显著变化,但弱酸可溶态的比例有所下降,而可还原态和残渣态 Zn 的比例增加(图 5.11a)。未修复低污染土壤各级颗粒组分中的 Cd 以及高污染土壤各级颗粒组分中的 Zn 和 Cd 均以弱酸可溶态和可还原态为主,表明 Zn 和 Cd 多以静电吸附、碳酸盐及铁锰氧化物结合态形式存在,具有较高的生物有效性。随颗粒粒径减小,弱酸可溶态锌镉所占比例呈下降趋势,而可还原态的比例呈现增加趋势。以上结果表明,无论低污染还是高污染土壤,随土壤颗粒粒径减小,有效态锌镉的比例均呈降低趋势。但是由于细颗粒中锌镉浓度要大于粗颗粒,因此在绝对浓度上仍表现细颗粒中有效性锌镉浓度大于粗颗粒。植物连续吸取修复后,土壤各级颗粒组分中弱酸可溶态和可还原态锌镉明显降低,其中低污染土壤各级颗粒组分中 Zn 均以可氧化态和残渣态为主,有效性显著降低。而其他土壤各级颗粒组分中锌镉仍以静电吸附、碳酸盐及铁锰氧化物结合态的弱酸可溶态和可还原态为主,具有较高的生物有效性。

土壤固相重金属向溶液中解吸释放影响着重金属有效性及移动性。DGT 技术是在不考虑植物根际效应下,模拟植物吸收导致土壤溶液重金属浓度下降后,土壤固相重金属通过解吸补充液相的过程(Davison et al., 2000)。Fitz 等(2003)利用 DGT 表征了 As 超积累植物(*Pteris vittata*)的根际及非根际土壤中 As 的解吸特征,发现根际土壤固相 As 向液相补充能力(R 值)和解吸速率常数均低于非根际土壤。在本研究中,四种不同性质土壤在伴矿景天连续修复后土壤固相锌镉对溶液解吸的补充能力表现出不同的变化特征(图 5.18)。中碱性的双林和诸佳坞土壤结果与 Fitz 等(2003)的研究一致,随修复次数增加锌镉的 R 值均呈下降趋势,与未修复土壤相比,修复后土壤重金属的响应时间 T_c 增加,而解吸速率常数 k_{-1} 降低。这表明吸取修复后碱性土壤固相锌镉的解吸能力降低。但是在酸性的大宝山和葫芦岛未修复土壤中锌镉 R 值较小,经伴矿景天修复后,大宝山土壤锌镉的 R 值没有显著变化,而葫芦岛土壤则显著增加(图 5.18)。在本试验中,酸性土壤锌镉固-液间的分配系数 K_d 值较小(表 5.13)，说明重金属在土壤溶液中的分布比例较大，导致土壤溶液重金属浓度降低后其浓度较难恢复，因而固相对液相的恢复补充能力小。但是，R 值并不能说明土壤固相锌镉解吸能力的强弱，这是由于 R 值大小不仅与固相解吸能力有关，还与土壤溶液重金属浓度有关。土壤溶液重金属浓度高则 R 值会变小，如葫芦岛修复后土壤溶液中 Zn 和 Cd 分别仅为未修复土壤的 0.75%和 0.54%，导致 R 值变大。但是，经伴矿景天吸取修复后酸性土壤中锌镉的解吸速率常数减小，说明修复后该土壤的锌镉解吸能力降低(图 5.19)。

DIFS 模型模拟计算土壤重金属的解吸特征是基于 DGT 表征(＜24h)，反映的是较短时间内植物根吸收—土壤固相解吸的过程。因此，本书采用 EDTA 溶液对土壤重金属进行了解吸，快速模拟长时间内土壤重金属的有效性和移动性。同时应用双一级反应模型对解吸数据进行拟合，将土壤重金属分别为易解吸、较难解吸和不可解吸三种结合形态。土壤重金属解吸动力学均可分为开始时的快速解吸过程(＜60min)和随后的慢速解吸过程(1～24h)，这与 Fangueiro 等(2005)研究结果一致。一般认为快速解吸阶段所提取的重金属是水溶态、可交换态和弱结合态，而慢速解吸的重金属是与土壤结合能力较强的部分(Rauret，1998)。快速解吸阶段释放的重金属较易转移到溶液中，进而被植物吸收或发生迁移，在环境中具有重要的意义；慢速解吸的重金属尽管不能代表其在环境中的移动性，但是在一定条件下具有潜在的移动性(Fangueiro et al.，2005；Labanowski et al.，2008)。本书中，“诸佳坞”未修复土壤快速解吸阶段所提取的易解吸重金属按照浓度由高到低为：Cd＞Cu、Pb＞Zn，易解吸态 Zn 仅占总量的 9.5%(表 5.15)；在“高污染”土壤上仍以 Cd 的易提取所占比例为最高，达 79.6%，其次为 Pb、Cu 和 Zn(表 5.16)。一般地，Cd 和 Zn 在土壤中的结合能力较弱，较易被提取；虽然 Cu、Pb 与土壤的结合能力较强，但 Cu、Pb 与 EDTA 的络合常数比 Cd、Zn 更大(Labanowski et al.，2008)，导致 EDTA 对 Cu 和 Pb 也具有较强提取能力。而对于“诸佳坞”土壤，易提取态 Zn 比例低的原因，可能是碱性土壤中 Zn 以 Zn-LDH 形式的四面体内圈络合形态存在，较难被 EDTA 所解吸(Voegelin et al.，2011)。植物吸取修复过程中，土壤易解吸态重金属浓度会因植物吸收而降低；其次，由于植物根际分泌的有机物质或 H^+等的作用，导致土壤重金属各形态间相互转化(杨肖娥等，2002)。本试验所用的两种土壤经伴矿景天连续吸取修复后，除“高污染”土壤的较难解吸态 Zn 比未修复土壤的高外，其余土壤易解吸态和较难解吸态锌镉均低于未修复土壤(表 5.15 和表 5.16)，表明伴矿景天根系吸收显著地降低了土壤中有效性高的那部分锌镉的量。而对于非伴矿景天积累的重金属 Cu 和 Pb，则表现为修复后易解吸态增加，或易解吸态和较难解吸态均增加(表 5.15 和表 5.16)。此外，所有重金属的不可解吸态在伴矿景天吸取修复后均降低。以上结果表明伴矿景天能通过根际作用活化土壤重金属，既包括伴矿景天可超积累的金属元素也包括伴矿景天非超积累元素。若将 EDTA 易解吸和较难解吸态之和作为该重金属的潜在移动性指标，则与未修复土壤相比，伴矿景天吸取修复后，“诸佳坞”和“高污染”土壤中 Zn 的潜在移动性分别降低了 17%和 27%，Cd 的潜在移动性分别降低了 10%和 79%；但是 Cu 和 Pb 的潜在移动性却分别增加了 26%、9%和 35%、15%。这些结果表明，污染土壤在 Zn/Cd 元素超标的同时仍含有其他种类的重金属，即对于复合污染土壤的修复，应注意伴矿景天对其他重金属如 Cu 和 Pb 的活化风险；但是从修复角度考虑，两种或多种适宜的超积累植物联合种植修复可能会促进各自对目标元素的吸收，从而提高联合修复效率。

第三节　植物吸取修复对土壤重金属根际分布特征的影响

伴矿景天多季种植修复后，不同污染程度土壤上 Zn、Cd 总量和结合形态均发生显著变化，其根际重金属特征也将发生相应变化。探明不同 Zn、Cd 污染程度土壤修复一定时间后伴矿景天(*Sedum plumbizincicola*)植物根-土界面重金属的分布特征，可为重金属污染土壤植物修复调控提供依据。

2006 年 4 月 5 日开始种植伴矿景天，进行植物修复盆栽试验，于 2007 年 12 月 6 日分别取连续种植伴矿景天 5 季(SP5)和相应的不种植伴矿景天的对照土壤(CK5)(表 5.17)，开展伴矿景天吸取修复根际试验一(表 5.18)；2008 年 10 月 14 日，分别取连续种植伴矿景天 6 季(SP6)和相应的不种植伴矿景天的对照土壤(CK6)，开展伴矿景天吸取修复根际试验二(表 5.19)。

表 5.17　根际“试验一”供试土壤基本性质

污染土壤	pH (1∶2.5)	总有机碳/(g/kg)	全氮/(g/kg)	全钾/(g/kg)	全磷/(g/kg)	碱解 N/(mg/kg)	Olsen-P/(mg/kg)	醋酸铵-K
S1-SP5	6.02±0.21 b	32.3±0.48 a	3.45±0.06 b	18.3±0.3 b	0.73±0.03 a	153±15 a	42.2±3.5 a	32.8±4.4 a
S1-CK5	6.38±0.24 a	32.2±0.47 a	4.06±0.05 a	21.4±0.5 a	0.53±0.04 b	143±7 a	8.2±0.4 b	33.0±2.4 a
S4-SP5	6.91±0.12 b	24.8±0.76 a	2.27±0.02 b	19.6±1.8 b	0.73±0.04 a	98.4±9.7 b	42.3±5.5 a	29.5±3.6 b
S4-CK5	7.15±0.13 a	21.9±0.28 b	2.61±0.06 a	24.5±0.3 a	0.51±0.02 b	123±8 a	13.1±1.3 b	128±13 a

注：表中数据为平均值±标准差，同列中具有不同字母的数据具有显著差异($P<0.05$)。

表 5.18　根际“试验一”供试土壤全量 Zn 和 Cd 浓度　　(单位：mg/kg)

处理	全量 Zn	全量 Cd	备注
S1-SP5	224±11	0.22±0.03	伴矿景天连续修复 5 季
S1-CK5	321±8	1.11±0.14	未经任何修复
S4-SP5	5485±445	5.33±0.34	伴矿景天连续修复 5 季
S4-CK5	6499±324	15.3±0.6	未经任何修复

表 5.19　根际“试验二”供试土壤全量 Zn 和 Cd 浓度　　(单位：mg/kg)

处理	全量 Zn	全量 Cd	备注
S2-CK6	2367±11	5.82±0.35	未经任何修复
S2-SP6	1184±83	1.60±0.88	伴矿景天连续修复 6 季
S3-CK6	4343±276	10.6±0.5	未经任何修复
S3-SP6	3179±54	1.97±0.79	伴矿景天连续修复 6 季
S4-CK6	6499±324	15.3±0.6	未经任何修复
S4-SP6	5200±246	3.51±0.63	伴矿景天连续修复 6 季

一、土壤溶液中锌镉浓度变化特征

试验一分别在实施 6 周(42d)、8 周(56d)时(植物旺长期)采集土壤溶液并测定其重金属浓度。由图 5.23 可知，伴矿景天连续修复对土壤溶液 Cd、Zn 浓度产生了显著影响。

S1-CK5 处理根际、非根际土壤溶液重金属(Cd、Zn)浓度均显著高于 S1-SP5 处理(P<0.01)，S4-CK5 与 S4-SP5 比较也有相似规律。

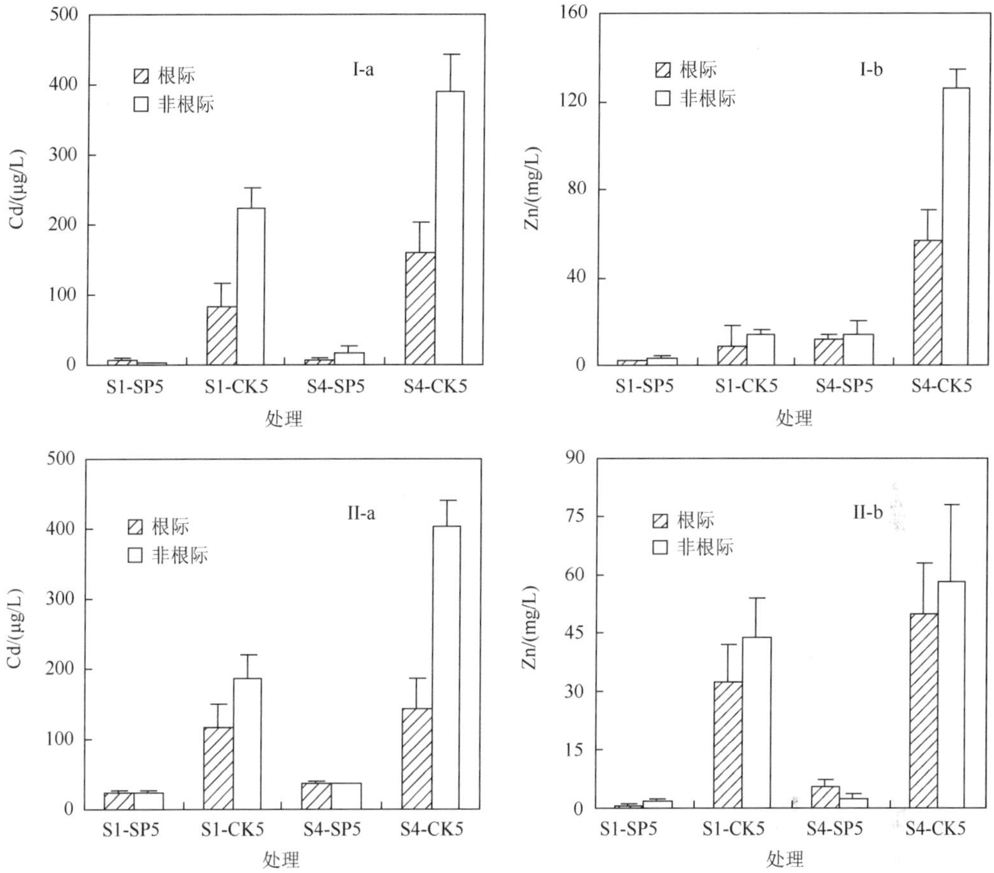

图 5.23 土壤溶液锌镉浓度变化(试验一)

I、II 分别为第一次(42d)和第二次(56d)采样测定结果；a、b 分别为 Cd、Zn 的测定结果

试验前 S1-CK5 土壤重金属全量(Cd 1.11mg/kg；Zn 321mg/kg)低于 S4-SP5 土壤(Cd 5.33mg/kg；Zn 5485mg/kg)，但试验进行 56d 后，S1-CK5 土壤溶液重金属浓度显著高于 S4-SP5，前者根际土壤溶液 Cd、Zn 浓度分别是后者的 3.27、6.24 倍(图 5.23-IIa，II-b)，表明污染土壤(S1、S4)经伴矿景天连续吸取修复 5 季后，土壤中重金属 Cd、Zn 不仅全量降低，且其有效性也在急剧下降。

二、土壤醋酸铵提取态锌镉浓度变化特征

试验一条件下，经伴矿景天连续修复 5 季后，根际、非根际土壤 NH_4OAc 提取态 Zn 浓度均低于相应未经修复的对照土壤(图 5.24)。S1-SP5、S1-CK5、S4-SP5、S4-CK5 处理根际土壤醋酸铵提取态 Zn 浓度比其非根际分别下降 59.7%、18.0%、16.3%、18.6%；NH_4OAc-Cd 分别下降 6.67%、29.4%、40.3%、41.4%，差异显著(P<0.05)。随着醋酸铵

提取态重金属浓度升高，根际土壤 Cd 亏缺率逐渐升高，亏缺趋势更加明显。S1-SP5 处理土壤 NH_4OAc-Cd 与 S1-CK5 处理没有显著差异，这可能是由重金属浓度过低时测定误差较大所致。重污染土壤经植物连续吸取修复与否，其根际土壤重金属 Zn 亏缺不明显。

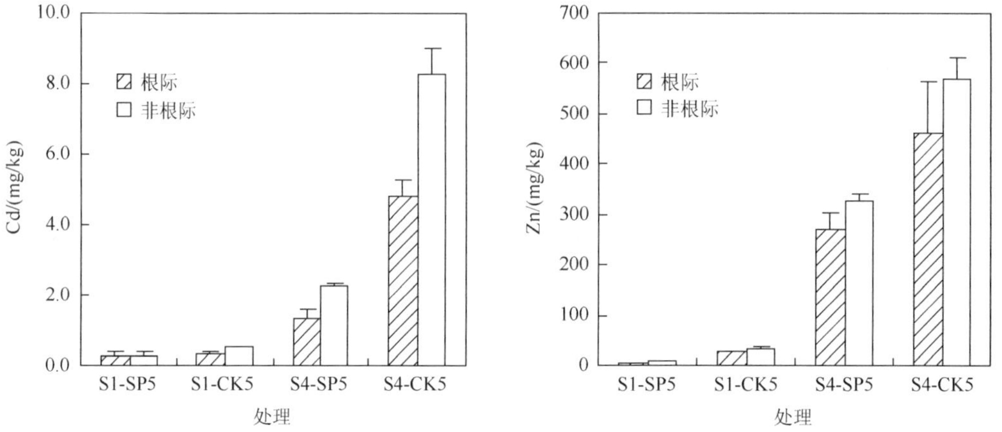

图 5.24　土壤醋酸铵提取态重金属浓度变化(试验一)

试验二条件下，S2-SP6、S3-SP6、S4-SP6 处理根际、非根际土壤醋酸铵提取态 Cd 浓度分别低于 S2-CK6、S3-CK6、S4-CK6 处理(表 5.20)，差异极显著($P<0.01$)。S2-SP6、S3-SP6 和 S4-SP6 处理根际土壤重金属醋酸铵提取率(根际土壤重金属浓度×100%/土壤重金属全量)依次为 11.9%、26.4%和 43.7%；S2-CK6、S3-CK6 和 S4-CK6 处理分别为 51.7%、43.7%和 40.2%。经伴矿景天连续吸取修复的土壤，随着土壤重金属浓度升高，根际土壤中 Cd 的醋酸铵提取率呈上升趋势；而对未经植物修复的土壤，其根际土壤中 Cd 的醋酸铵提取率随土壤重金属浓度升高没有显著变化，表明低污染土壤上超积累植物吸取带走的重金属比例更高，且在污染程度低的土壤上表现得尤为明显，因而醋酸铵提取态 Cd 下降更为显著。另外，S2-SP6 根际土壤 Cd 醋酸铵提取率(11.9%)低于 S2-CK6(51.7%)，也即经植物连续吸取修复后根际土壤 Cd 的活性降低更明显。

表 5.20　土壤醋酸铵提取态重金属浓度变化(试验二)　(单位：mg/kg)

处理	Cd		Zn	
	根际	非根际	根际	非根际
S2-SP6	0.19±0.01	0.25±0.02	359±67	370±50
S2-CK6	3.01±0.24	3.48±0.20	667±74	531±30
S3-SP6	0.52±0.03	0.58±0.09	802±126	953±119
S3-CK6	4.63±0.60	6.01±0.99	790±93	887±100
S4-SP6	1.41±0.09	1.82±0.08	873±94	948±70
S4-CK6	6.55±0.33	7.83±0.63	830±216	870±107

三、伴矿景天生长及锌镉吸收性变化

图 5.25 显示了试验一(右图)、试验二(左图)条件下不同污染程度土壤上伴矿景天地上

部生物量。S4-CK5 和 S4-SP5 处理植物地上部生物量均显著高于 S1-CK5 和 S1-SP5(P<0.05)；S2-SP6、S2-CK6 处理植物地上部烘干重差异不显著，S3-SP6、S3-CK6 也是如此。说明土壤污染程度可能为超积累植物生长的重要因素之一；此外，植物修复后土壤基本理化性质的改善也将有利于修复植物伴矿景天的生长。

试验一条件下，不同污染程度土壤上伴矿景天地上部 Cd、Zn 浓度差异显著(图 5.26)，S1-SP5 处理植物地上部 Cd 浓度显著低于其余 3 个处理。

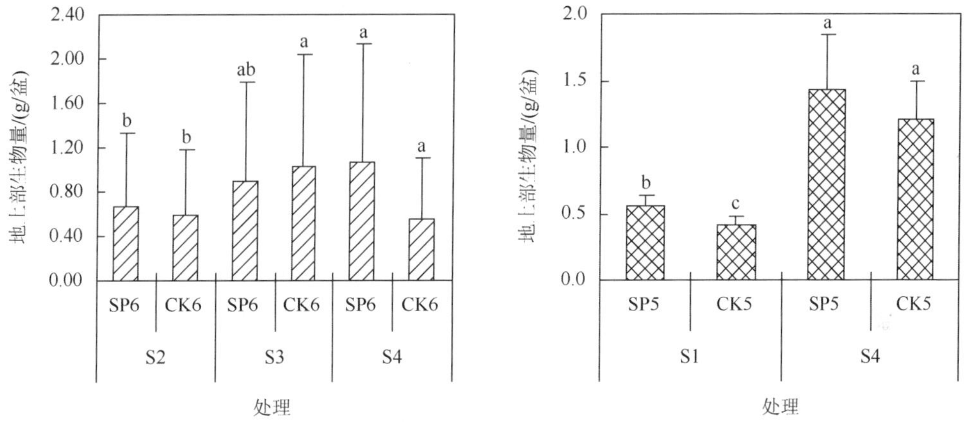

图 5.25　不同污染程度土壤上伴矿景天地上部生物量(试验一：右；试验二：左)

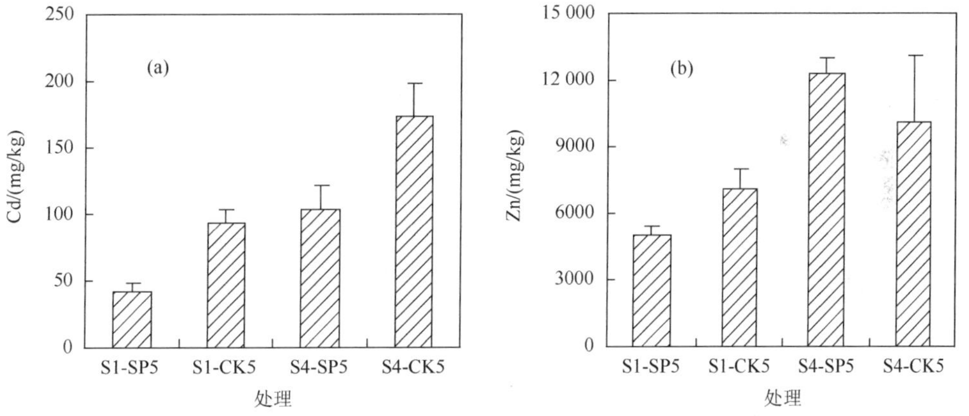

图 5.26　不同污染程度土壤上伴矿景天地上部重金属浓度(试验一)

重污染土壤经伴矿景天连续 5 季修复后(S4-SP5)，土壤全量 Cd 由 15.3mg/kg 降至 5.33mg/kg，与未经植物连续修复的轻污染土壤(Cd 1.11mg/kg)全量Cd相差近5倍(表3.3)，但由于土壤 Cd 有效性显著降低，其伴矿景天地上部 Cd 浓度已与 S1-CK5 处理没有差异。

伴矿景天地上部重金属吸取量(mg/盆)=伴矿景天地上部生物量(g/盆)×植物地上部重金属浓度(mg/kg)。由图 5.27 可见，土壤污染程度由低到高，植物地上部重金属 Cd 吸取量呈显著上升趋势。污染土壤经伴矿景天连续修复 5 季后(S1-SP5 和 S4-SP5)，植物地上部 Cd 吸取量分别显著低于相应未经修复的土壤上植物的地上部 Cd 吸收量(S1-CK5 和 S4-CK5)。

重污染土壤(S4-SP5 和 S4-CK5)上植物 Zn 吸取量显著高于轻污染土壤的(S1-SP5 和 S1-CK5)。说明本次试验条件下，伴矿景天地上部重金属吸取量的差异来自于植物生物量的差异，因为随着土壤重金属浓度的增加伴矿景天生物量显著增大(P<0.01)。

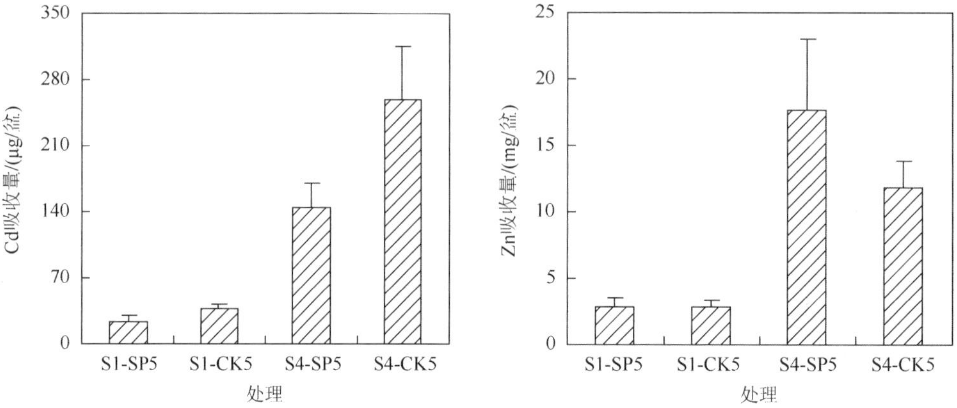

图 5.27　伴矿景地上部重金属吸取量(试验一)

试验二条件下，土壤经伴矿景天连续 6 季修复后，植物地上部 Cd 浓度显著低于未经修复的土壤上植物地上部 Cd 浓度，即 S2-SP6、S3-SP6、S4-SP6 伴矿景天地上部 Cd 浓度分别低于 S2-CK6、S3-CK6 和 S4-CK6，差异极显著(P<0.01)；但各处理植物地上部 Zn 浓度差异不显著(P>0.05)。

S2-SP6、S2-CK6、S3-SP6、S3-CK6 处理间植物地上部 Cd 吸取量没有显著差异(P>0.05)(表 5.21)，说明本次试验条件下，是否进行伴矿景天连续修复对中度污染土壤上植物地上部 Cd 吸取量没有显著影响，但是对重污染土壤上植物地上部吸取量影响显著(S4-CK6 处理 Cd 吸取量显著高于 S4-SP6，P<0.05)。

对土壤 NH_4OAc 提取态镉锌浓度与伴矿景天地上部重金属浓度进行相关分析发现，伴矿景天植物地上部 Cd 浓度与根际、非根际土壤中醋酸铵提取态 Cd 均呈极显著正相关(P<0.01)，相关系数依次为 0.90、0.94；伴矿景天地上部 Zn 浓度与根际、非根际土壤醋酸铵提取态 Zn 也均呈极显著正相关(P<0.01)，相关系数分别为 0.74 和 0.81。

表 5.21　伴矿景地上部重金属浓度及吸取量(试验二)

处理	重金属浓度/(mg/kg)		重金属吸取量/(mg/盆)	
	Cd	Zn	Cd	Zn
S2-SP6	151±29 C	18 827±1122	0.10±0.04	12.6±4.4
S2-CK6	272±54 B	15 380±3902	0.16±0.04	6.56±3.50
S3-SP6	149±9 C	17 693±736	0.13±0.03	15.9±4.4
S3-CK6	267±12 B	14 765±1166	0.28±0.11	15.1±5.9
S4-SP6	143±10 C	16 015±1721	0.15±0.02	17.1±2.3
S4-CK6	458±34 A	17 233±2254	0.25±0.04	9.50±2.23

四、讨论

根际土壤一般指围绕根表面1～2mm厚、受根系分泌物影响大的薄层土壤，是植物根系影响下的特殊生态环境。根系由于生长发育和生理代谢活动，形成了一个不同于非根际土壤的微生态系统，根际土壤物理、化学和生物化学性质与非根际存在极大的差异，这会影响到根际土壤重金属的存在形态、分布、迁移规律及其生物有效性，使得重金属污染物在根际土壤中表现出一些特殊的化学行为(Hisinger et al.，2005)。

很多研究证实化学提取方法可用以衡量重金属被植物提取和/或积累的潜在能力(Kennedy et al.，1997)。一步提取法基于这样一个推测，即提取态重金属浓度与重金属的生物有效性有很好的相关关系，这揭示了土壤全量重金属中一部分可以被植物有效利用(Fang et al.，2007)。

对于植物而言，重金属在进入土壤后，其植物可利用性逐渐降低(McLaughlin，2001；Lu et al.，2005)。廖晓勇等(2004)研究发现种植蜈蚣草修复砷污染土壤后，土壤中有效As浓度较初始土壤低。Knight等(1997)研究了种植*T. caerulescens*对土壤中Zn浓度和有效性的影响，结果发现土壤溶液中Zn浓度不及*T. caerulescens*植株内Zn浓度的1%，即生长过程中*T. caerulescens*吸取的Zn超过土壤溶液Zn浓度的100倍。

从伴矿景天的生长情况看，试验一由12月持续到次年2月(60d)，而试验二由10月持续到12月(73d)，且种植时间比试验一长25%，但是伴矿景天生物量却没有显著增长，这说明伴矿景天的生长可能受到季节(气候)因素以及本身生长周期的影响。

试验一条件下，随土壤重金属浓度升高，植物地上部生物量呈上升趋势。伴矿景天是Zn、Cd超积累植物，地上部生物量随土壤重金属浓度的升高而增大。S4-SP5与S4-CK5植物地上部生物量没有显著差异，李娜(2008)的研究结果也显示，同一土壤上伴矿景天生长速率随时间变化稍有波动，但无明显的上升或下降趋势。由此可见，植物吸取修复次数对同一土壤上伴矿景天植物生物量没有显著影响。

Fang等(2007)的研究认为，尽管根际、非根际土壤在土壤性质方面存在某些差异，但是这些差异对根际、非根际土壤DTPA、EDTA和$CaCl_2$等提取态重金属浓度的影响较小，从而导致根际、非根际土壤提取态重金属浓度与植物体内重金属浓度的相关系数较为接近，即根际、非根际土壤均适合用于评价土壤重金属的生物有效性。Zhao等(2003)对文献资料数据进行分析后发现，土壤中Zn、Cd浓度与超积累植物*T. caerulescens*地上部Zn、Cd浓度呈极显著正相关关系。Mench and Martin(1991)报道，土壤EDTA、$CaCl_2$提取态Cd与小麦根中Cd具有很好的相关性。本研究结果表明，根际、非根际土壤NH_4OAc提取态镉锌与伴矿景天地上部重金属极显著正相关($P<0.01$)，说明根际与非根际土壤醋酸铵提取态重金属浓度适于评价土壤重金属的植物有效性。

第四节　连续植物吸取修复下土壤微生物特性变化

土壤微生物指标和土壤酶指标是土壤质量指标中比较敏感的指标之一，目前国内已有利用土壤酶监测土壤重金属污染的报道(和文祥等，2000)和相关的研究(刘云国和尹志平，2000)。

国内开展植物修复对土壤质量影响的研究工作才刚刚起步，虽然国内有一些关于植物修复对重金属污染土壤酶指标(李廷强等，2007；唐清畅，2009)研究，但都不是原位修复，或者只是研究了根际和根外的土壤酶活性变化，并没有从田间原位修复角度去研究整体效应，这些研究多数为盆栽试验，由于盆栽试验条件比较严格，其试验结果并不能真实反映田间实际情况。本试验以盆栽试验结合田间原位植物修复试验，研究了植物连续修复后重金属复合污染农田土壤土壤酶活性的变化。

一、超积累植物连续修复下土壤微生物特性变化

(一) 超积累植物连续修复对土壤酶活性影响

图 5.28 和图 5.29 显示了土壤脲酶活性，β-呋喃糖苷酶活性，中性磷酸酶活性和芳基

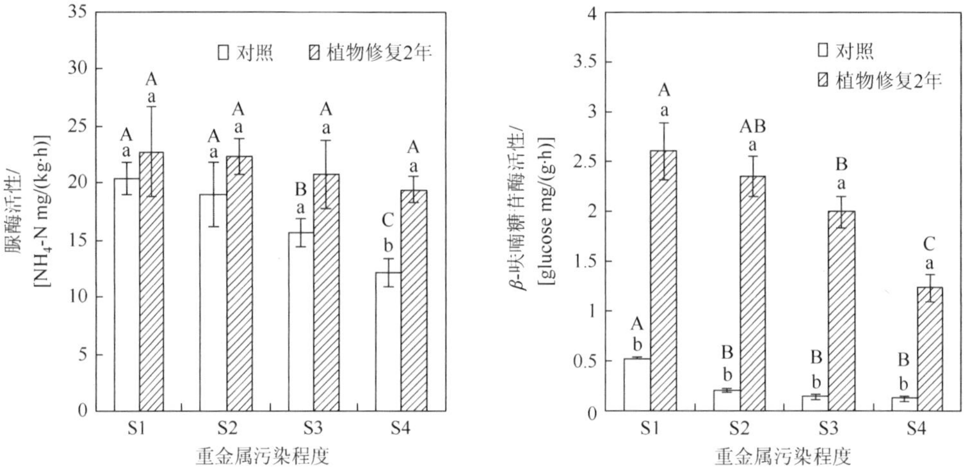

图 5.28　植物修复 2 年对不同重金属污染水平土壤水解酶活性(37℃)影响

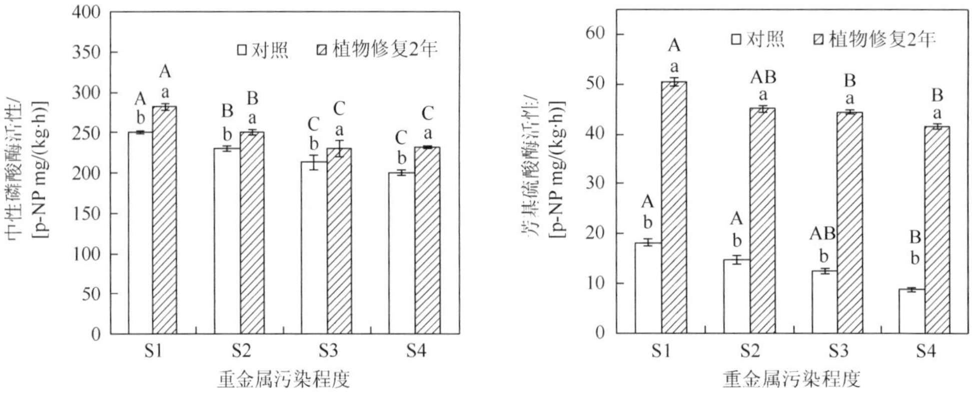

图 5.29　植物修复 2 年对不同重金属污染水平土壤水解酶活性(37℃)影响

p-NP 表示对硝基苯酚

硫酸酶活性的变化。与对照相比，除了种植修复植物 2 年后土壤脲酶活性差异不显著外，四个水解酶活性均随着土壤重金属浓度增加而显著降低($P<0.05$)。而且，这四种水解酶活性的变化规律相似，种植修复植物后土壤酶活性要显著高于没有种植修复植物的对照($P<0.05$)。如图所示，无论是种植修复植物与否，在重金属污染水平最小的 S1 土壤中土壤酶活性均最大，而在重金属污染水平最高的 S4 土壤中土壤酶活性均最小。

相关分析结果显示，在没有种植修复植物的土壤中，重金属 Zn 和 Cd 浓度与脲酶活性(分别为 $r=-0.737$，$P>0.05$ 和 $r=-0.746$，$P>0.05$)、β-呋喃糖苷酶活性(分别为 $r=-0.862$，$P>0.05$ 和 $r=-0.873$，$P>0.05$)呈负相关。然而在没有种植修复植物土壤中，重金属 Zn 和 Cd 浓度与中性磷酸酶活性(分别为 $r=-0.993$，$P\leqslant0.01$ 和 $r=-0.997$，$P\leqslant0.01$)、芳基硫酸酶活性(分别为 $r=-0.997$，$P\leqslant0.01$ 和 $r=-0.985$，$P\leqslant0.05$)呈显著负相关。在连续植物修复 2 年之后，全量 Zn 和 Cd 浓度与脲酶活性(分别为 $r=-0.975$，$P\leqslant0.05$ 和 $r=-0.996$，$P\leqslant0.01$)、β-呋喃糖苷酶活性(分别为 $r=-0.989$，$P\leqslant0.05$ 和 $r=-0.988$，$P\leqslant0.05$)呈显著负相关，但是重金属 Zn 和 Cd 浓度与中性磷酸酶活性(分别为 $r=-0.797$，$P>0.05$ 和 $r=-0.907$，$P>0.05$)、芳基硫酸酶活性(分别为 $r=-0.834$，$P>0.05$ 和 $r=-0.913$，$P>0.05$)呈负相关。

(二) 各因子的主成分分析

图 5.30(a)是以植物修复前后微生物指标和土壤酶活性指标进行主成分(PCA)排序，主成分分析结果表明两个主成分能够代表总变量的 89.5%，第一个主成分(PC1)能够代表数据总变量的 69.0%，其主要由重金属浓度、微生物生物量碳、基础呼吸和中性磷酸酶活性决定。而第二个主成分(PC2)代表总变量的 20.5%，其主要由呼吸商(qCO_2)决定。如图所示，以重金属浓度、微生物指标和土壤酶为主要土壤质量评价指标而形成的两个主成分为坐标的象限图中，不同重金属污染水平的土壤其所在的位置代表不同的土壤质量，可见土壤质量之间存在较大差异，土壤质量的高低可以通过主成分 PC1 和 PC2 区分开。由这个排序图可以看出，通过两年伴矿景天植物修复，不同重金属污染水平土壤质量都得到不同程度的提高，而 P1 的土壤质量最高。

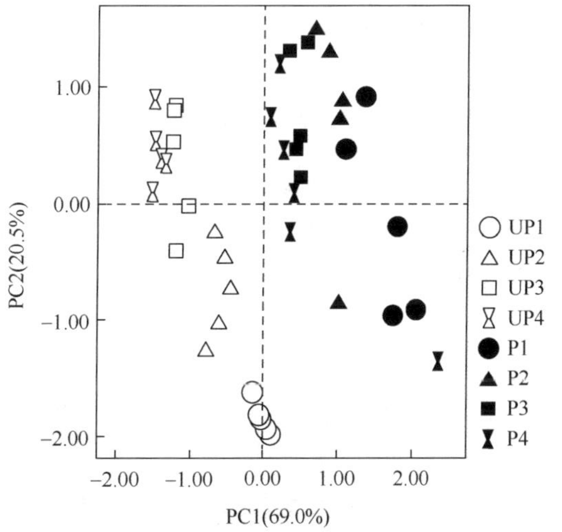

(a) 以植物修复前后微生物指标和土壤酶活性指标进行PCA排序

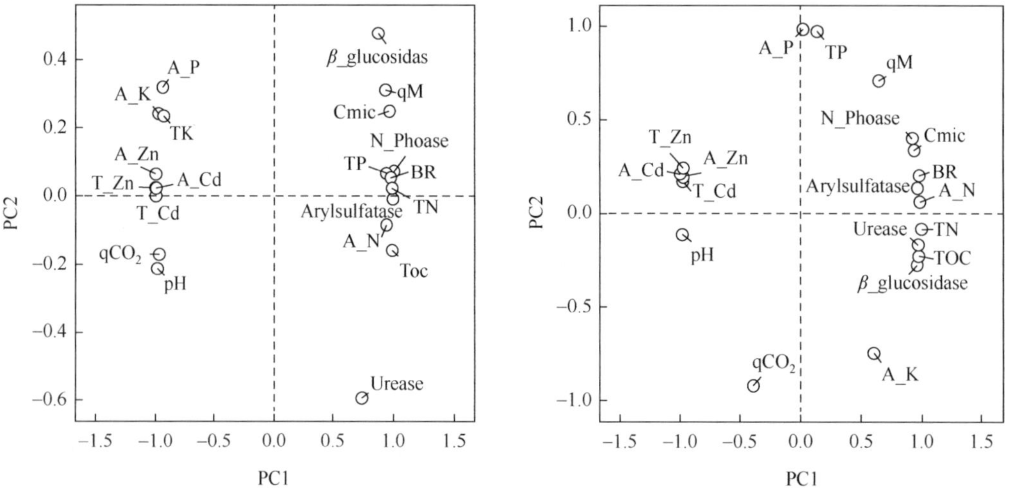

(b) 植物修复前土壤微生物活性指标和土壤酶活性指标负载值与土壤理化指标负载值关系图

(c) 植物修复后土壤微生物活性指标和土壤酶活性指标负载值与土壤理化指标负载值关系图

图 5.30　盆栽植物修复试验后土壤中重金属和土壤养分主成分分析

T_Zn：全锌；T_Cd：全镉；A_Zn：提取态锌(1mol/L NH_4OAc)；A_Cd：提取态镉(1mol/L NH_4OAc)；A_K：速效钾；A_P：有效磷；A_N：速效氮；TN：全氮；TP：全磷；TOC：有机碳；Cmic：微生物生物量碳；qM：微生物商；qCO_2：呼吸商；BR：基础呼吸；urease：脲酶活性；β-glucosidase：β-呋喃糖苷酶活性；NPhoase：中性磷酸酶活性；Arylsulfatase：芳基硫酸酶活性

图 5.30(b)和图 5.30(c)是植物修复前后土壤微生物活性指标和土壤酶活性指标负载值与土壤物理化学指标负载值关系图。由图可以看出，在植物修复前后除了速效养分和全量养分外，种植修复植物土壤和没有种植修复植物对照土壤中脲酶活性、β-呋喃糖苷酶活性、呼吸商和微生物商有显著的变化。由图 5.30(c)可以看出植物修复后土壤脲酶活性和速效氮、全氮处于相同的区域。重金属浓度、芳基硫酸酶活性、微生物生物量碳和基础呼吸修复前后没有显著的位置变化。

二、连续三年植物原位修复下土壤微生物特性变化

(一)连续三年植物原位修复对土壤水解酶活性影响

表 5.22 是短期植物原位修复后土壤水解酶活性。试验结果显示富阳东南景天三年修复后土壤中脲酶活性显著高于种植伴矿景天、海州香薷和撂荒地的($P<0.05$)，其中撂荒地脲酶活性最低。中性磷酸酶活性表现出与脲酶相反的趋势，即撂荒地土壤中磷酸酶活性最高，而种植海州香薷的最低，但差异不显著。海州香薷短期原位修复后土壤中β-呋喃糖苷酶活性显著高于种植富阳东南景天、伴矿景天和撂荒地的($P<0.05$)，其中富阳东南景天修复后土壤中β-呋喃糖苷酶活性最低，海州香薷处理是富阳东南景天 2.6 倍。芳基硫酸酶活性与硫素的代谢直接相关，试验结果显示四种植物修复处理之间差异不显著，植物原位修复导致土壤芳基硫酸酶活性降低，撂荒地土壤中芳基硫酸酶活性最大。

表 5.22　植物原位修复三年后土壤主要水解酶活性变化

处理	脲酶活性 / [mg/(kg·h)]	中性磷酸酶活性 / [mg/(kg·24h)]	β-呋喃糖苷酶活性 / [mg/(kg·24h)]	芳基硫酸酶活性 / [mg/(kg·h)]
伴矿景天(S1)	11.8±1.2 b	29.1±2.0	1.12±0.05 b	21.4±3.3
东南景天(S2)	15.1±1.0 a	28.0±1.9	0.75±0.04c	22.0±2.9
海州香薷(S3)	14.1±1.6 a	26.9±1.3	1.92±0.12 a	21.4±1.8
撂荒地(CK)	11.5±1.5 b	30.3±1.1	0.91±0.17 bc	23.1±1.7

注：不同字母表示差异显著($P<0.05$)，各种酶活都是在 37℃下测定。

(二)连续三年植物原位修复试验相关分析

植物原位修复三年之后土壤酶活性与重金属 Cu、Zn、Pb 和 Cd 浓度相关系数矩阵如表 5.23 所示，重金属全 Cu、Zn 和 Pb 浓度以及 Cu 醋酸铵 1mol/L [NH_4OAc(pH=7.0)] 提取态与四种水解酶活性均呈负相关关系。王秀丽等(2002)也得出相似的结果，β-呋喃糖苷酶和芳基硫酸酶活性与所有的重金属浓度均呈负相关关系，其中芳基硫酸酶活性与醋酸铵提取态 Pb 和 Cd 呈显著负相关关系($P<0.05$)。

表 5.23　短期植物修复之后土壤酶活性与重金属含量相关系数矩阵

	TCu	TZn	TP	TCd	NH_4OAc –Cu	NH_4OAc –Zn	NH_4OAc –Pb	NH_4OAc –Cd
脲酶活性	–0.078	–0.211	–0.001	–0.266	–0.151	–0.05	0.002	–0.06
中性磷酸酶活性	–0.569	–0.469	–0.391	0.052	–0.213	0.184	–0.253	0.065
呋喃糖苷酶活性	–0.277	–0.053	–0.068	0.049	–0.003	–0.016	–0.055	–0.324
芳基硫酸酶活性	–0.373	–0.473	–0.25	–0.464	–0.593	–0.619	–0.691*	–0.68*

注：“T”表示全量；“NH_4OAc-”表示醋酸铵提取态。
*表示在 0.05 水平上达到显著。

三、不同植物修复方式对土壤微生物特性的影响

(一)不同植物修复方式对土壤水解酶活性影响

试验采集重金属复合污染土壤植物修复多年后土壤，研究土壤主要水解酶活性、包括脲酶活性、中性磷酸酶活性、芳基硫酸酶活性以及β-呋喃糖苷酶活性，其活性大小如图 5.31 和图 5.32 所示，各种处理之间都表现出显著的差异($P<0.05$)。图 5.31 中，脲酶活性除了香薷修复土壤最低，其他四种修复没有显著的差异，海州香薷修复土壤最低值为 NH_4-N 0.26mg/(kg·h)。β-呋喃糖苷酶活性修复之间的差异比脲酶活性大，高粱修复土壤酶活性最高，其值为 glucose 8.28mg/(g·24h)，香根草，海州香薷及伴矿景天+高粱作β-呋喃糖苷酶活性之间差异不显著，而伴矿景天+海州香薷间作修复土壤最低，其值为 glucose 4.62mg/(g·24h)。

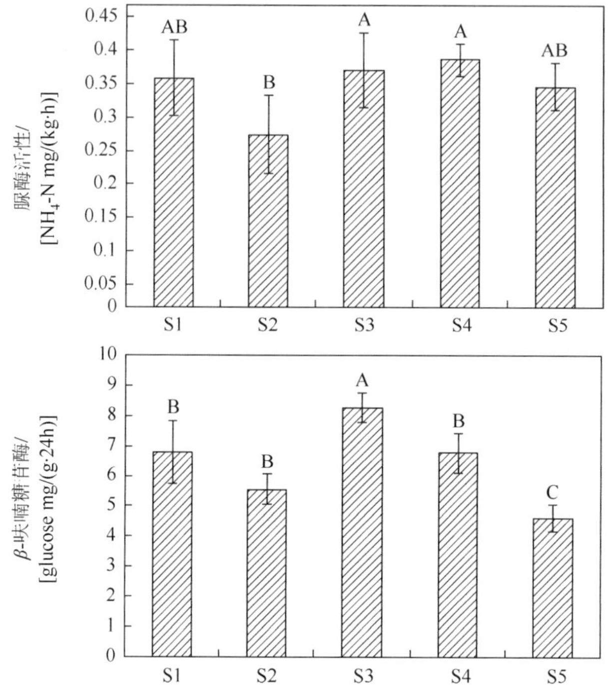

图 5.31　植物修复对重金属污染土壤脲酶活性和 β-呋喃糖苷酶活性(37℃)影响

S1 为香根草；S2 为海州香薷；S3 为高粱；S4 为伴矿景天+高粱；S5 为伴矿景天+海州香薷

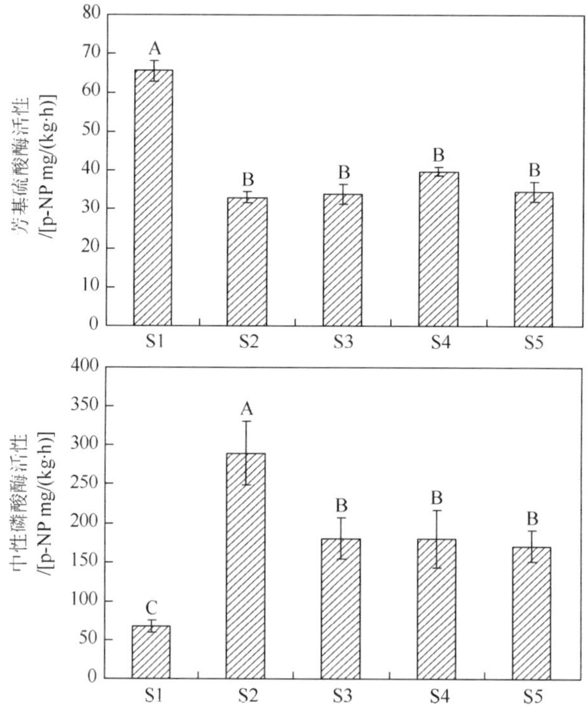

图 5.32　植物修复对重金属污染土壤芳基硫酸酶活性和中性磷酸酶活性(37℃)影响

p-NP 表示对硝基苯酚；S1 为香根草；S2 为海州香薷；S3 为高粱；S4 为伴矿景天+高粱；S5 为伴矿景天+海州香薷

图 5.32 中，两个土壤酶活性差异较大，香薷修复土壤中中性磷酸酶活性最高，最大值为 p-NP 290mg/(kg·h)，而香根草修复土壤中中性磷酸酶活性最低，为 p-NP 67.3mg/(kg·h)，其他三种之间差异不显著。芳基硫酸酶活性除了香根草修复土壤最大外，最大值为 p-NP 65.4mg/(kg·h)，而且显著搞高于其他四种，其他四种之间差异不显著，但海州香薷修复土壤中芳基硫酸酶活性最小，最小值 p-NP 33.2mg/(kg·h)。

(二) 不同植物修复方式连续原位修复试验相关分析

各形态重金属浓度与土壤水解酶活性间的相关系数见表 5.24，由表可以看出，各种重金属浓度与脲酶活性几乎均呈现负的相关关系，各种提取态重金属与芳基硫酸酶活性也均呈现负相关系。四种全量重金属与中性磷酸酶活性均呈现正相关关系，与 β-呋喃糖苷酶活性均呈现正的相关关系，其中全 Cd 浓度与 β-呋喃糖苷酶活呈显著正相关关系($P<0.05$，r=0.483*)。

表 5.24 植物修复后土壤重金属污染物形态与土壤水解酶活性间的相关系数(r)

	脲酶活性	中性磷酸酶活性	芳基硫酸酶活性	β-呋喃糖苷酶活性
TCu	−0.411	0.148	−0.320	0.133
TZn	−0.027	0.332	−0.012	0.323
TPb	−0.238	0.199	−0.106	0.369
TCd	−0.195	0.028	0.033	0.483*
NH_4OAc-Cu	−0.476	−0.022	−0.207	0.127
NH_4OAc-Zn	−0.302	0.238	−0.224	−0.029
NH_4OAc-Pb	0.131	−0.282	−0.082	0.009
NH_4OAc-Cd	−0.488	0.064	−0.212	0.245

注：TCu 为土壤总 Cu；TZn 为土壤总 Zn；TPb 为土壤总 Pb；TCd 为土壤总 Cd。

* 表示显著相关（$P<0.05$）。

(三) 主成分分析

图 5.33(a)是以重复小区重金属浓度(包括全量态和醋酸铵提取态)为主要指标对土壤质量进行排序，可见由于土壤小区重金属浓度差异较大，所以相对区域不明显，仅伴矿景天+高粱和伴矿景天+海州香薷土壤重复相对较集中，而香根草，海州香薷以及高粱单作小区重复内重金属差异较大。因而图 5.33(b)以重复内平均值作为总体土壤质量的评价结果，由图可以看出，其两个主成分 PC1(70.7%)和 PC2(16%)占总变异量的 86.7%，因此 PC1 和 PC2 可以代表土壤质量的优劣。图中海州香薷和高粱地土壤质量最差，而伴矿景天+高粱和伴矿景天+海州香薷两个间作区平均土壤质量最好，这与 2008 年土壤质量评价结果比较接近。图 5.33(c)是以土壤微生物活性指标以及土壤水解酶活性指标对修复后(2009 年)土壤质量进行评价结果，土壤中微生物指标以及土壤酶指标都是评价土壤质量的正指标，其大小高低可以反映土壤体系的环境质量状况。由图可以看出，两个主成分 PC1(63.4%)和 PC2(22.8%)占变异总量的 86.2%，以此可以得出香根草、高粱和伴矿景天+高粱地土壤质量相对较高，而海州香薷以及伴矿景天+海州香薷间作土壤质量相对较低，香根草土壤质量最好。

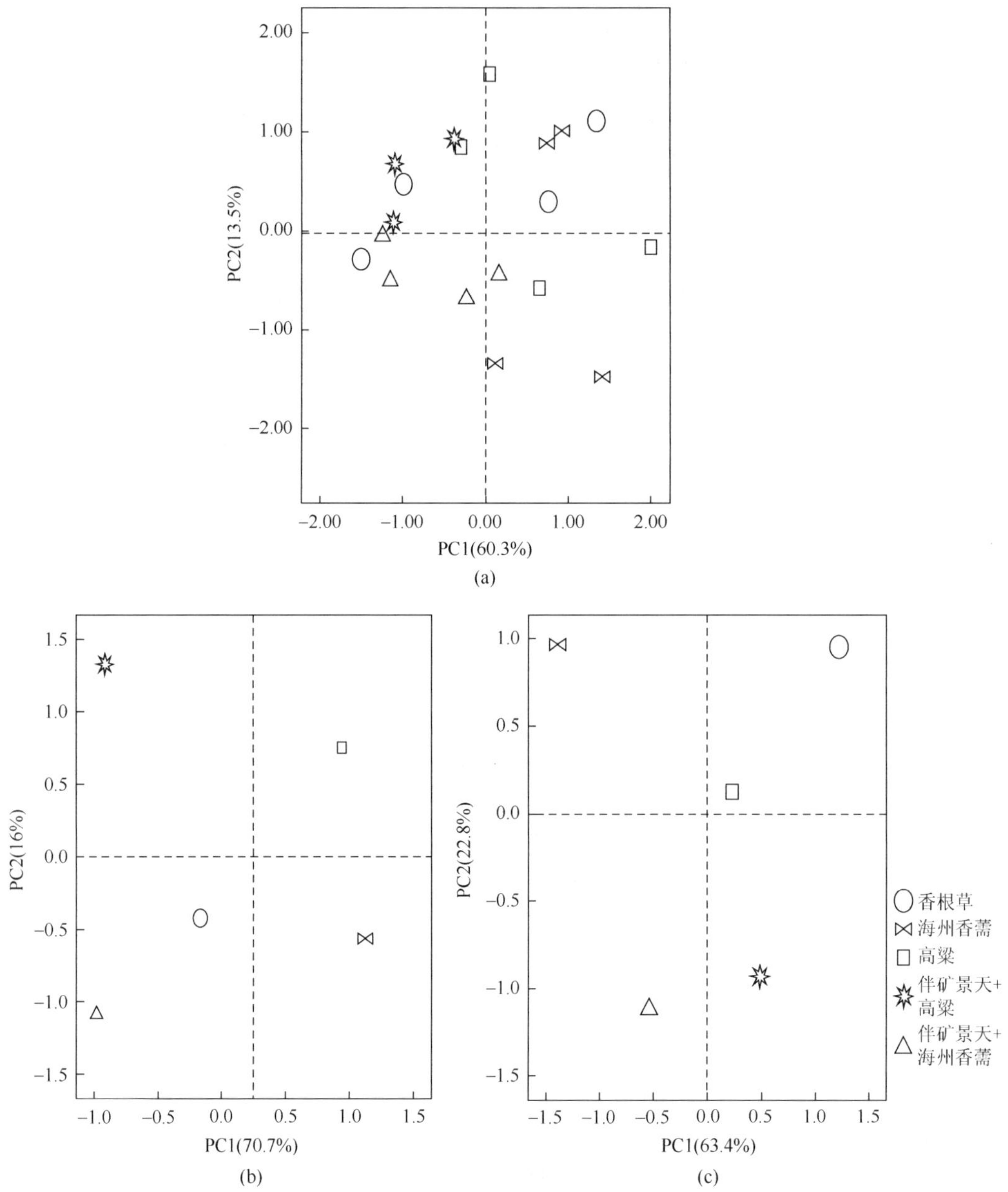

图 5.33　2009 年分别以全量和提取态重金属(a)、重金属平均值(b)以及微生物活性和酶活性(c)为主要指标对植物修复土壤质量评价

(四) 植物修复后土壤各指标之间相互关系分析

土壤体系中各种物质之间的相互关系变化是土壤质量变化的主要因素，因此土壤体系中物质关系研究有利于深入了解土壤质量变化。图 5.34 和图 5.35 是所测定每个植物修复处理土壤质量指标之间的相互关系图，图 5.34(a)是香根草修复土壤中各种物质之间的相互关系图，由图可以看出，除呼吸商和微生物生物量碳与微生物生物量氮比值外，土壤体系中微生物活性指标和土壤酶活性指标与重金属污染物呈明显的负相关关系，各种重金

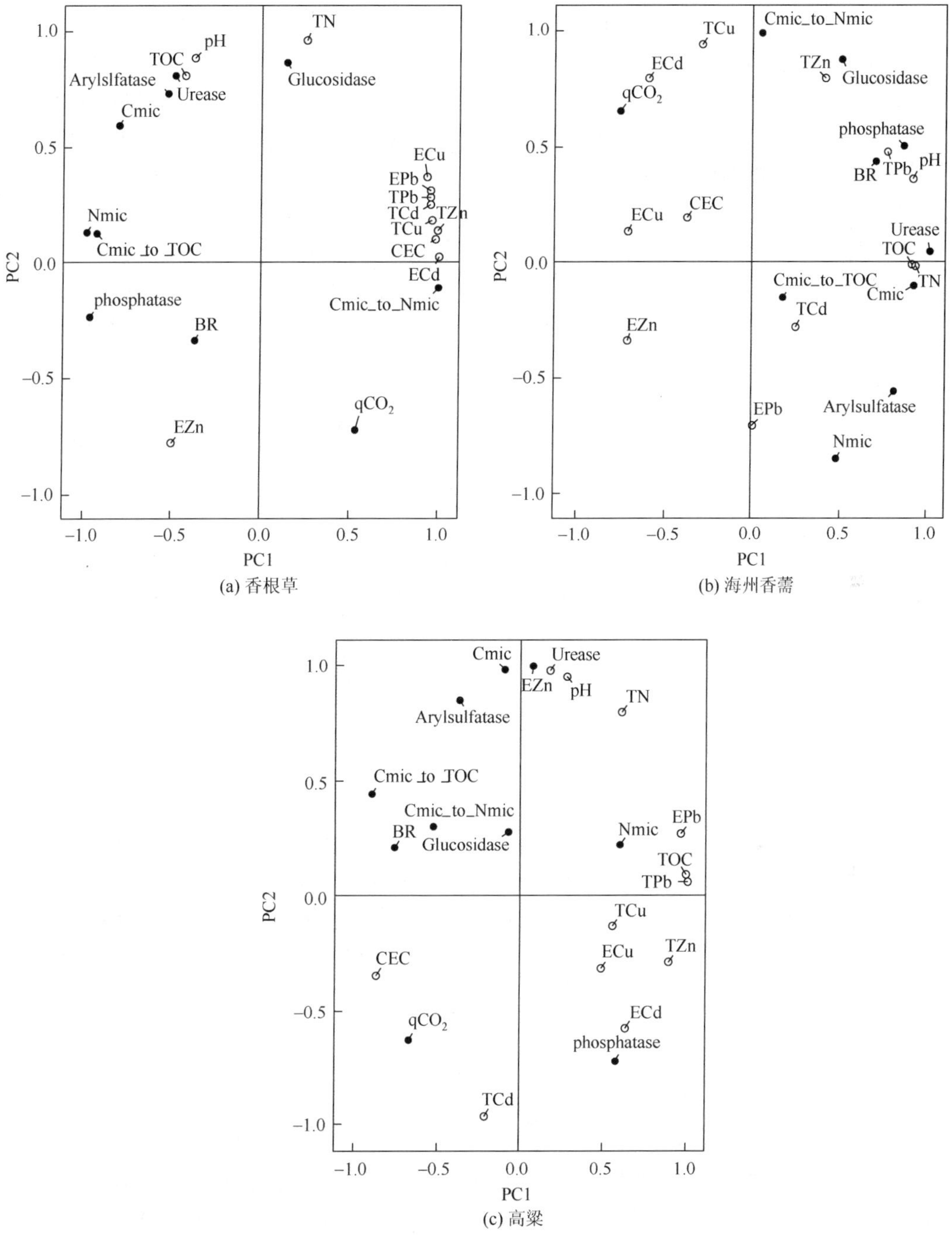

图 5.34　植物(单作)修复处理后土壤质量指标之间的相互关系

Cmic：微生物生物量碳；Nmic：微生物生物量氮；ECu：醋酸铵提取态 Cu；EZn：醋酸铵提取态锌；EPb：醋酸铵提取态铅；ECd：醋酸铵提取态镉；CEC：阳离子代换量；BR：基础呼吸；TOC：有机全碳；qCO_2：呼吸商；TCu：全 Cu；TZn：全锌；TPb：全铅；TCd：全镉；Cmic_to_Nmic：微生物生物量 C 与微生物生物量 N 比值

属相对较为集中，说明它们之间紧密相关而且相互影响显著。图 5.34(b)是海州香薷修复土壤中各土壤质量指标之间的相互关系图，由图所示，各种指标比较分散，微生物指标除呼吸商外，与全量 Cu 和醋酸铵提取态 Cu、醋酸铵提取态 Cd、醋酸铵提取态 Zn 均表现出负相关，可见提取态浓度是影响土壤微生物以及土壤酶活性的主要因素。图 5.34(c)是高粱地土壤体系中各种物质之间的相互关系图，由图可以看出，主要的微生物指标和土壤酶指标均与重金属污染物呈负相关关系，而呼吸商与中性磷酸酶活性呈正的相关关系。图 5.35(a)是伴矿景天+高粱间作地土壤体系中各种物质关系图，由图可以看出，微生物生物量碳与醋酸铵提取态 Zn 以及全 Cd 呈显著负相关，而微生物生物量氮与全 Cu，醋酸铵提取态 Cu 和提取态 Cd 呈显著负相关，三种土壤酶脲酶活性、β-呋喃糖苷酶活性和中性磷酸酶活性与全 Cu、提取态 Cu 和提取态 Cd 呈负相关关系。图 5.35(b)是伴矿景天+海州香薷修复地土壤体系物质之间相互关系图，由图示可是看出，除基础呼吸、呼吸商和芳基硫酸酶活性外，其他大部分微生物指标均与土壤重金属污染物呈负相关。

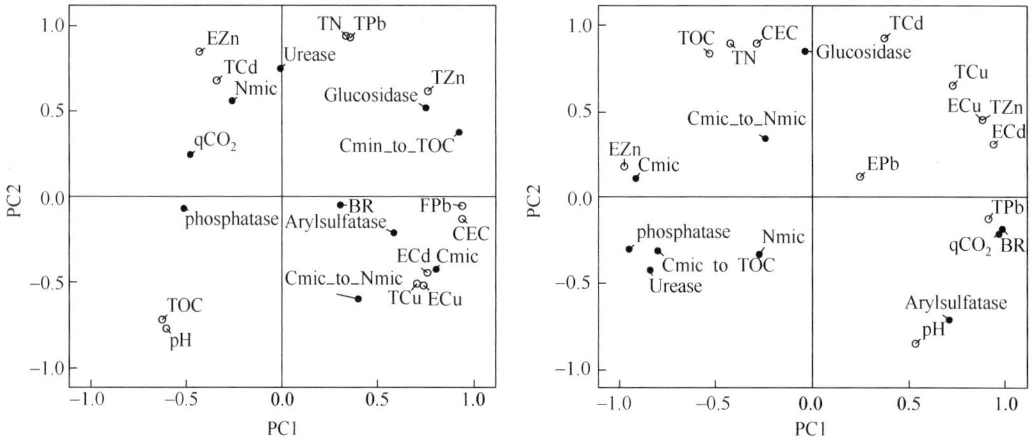

(a) 高粱与伴矿景天间作　　(b) 海州香薷与伴矿景天间作

图 5.35　植物(单作)修复处理后土壤质量指标之间的相互关系

Cmic：微生物生物量碳；Nmic：微生物生物量氮；ECu：醋酸铵提取态 Cu；EZn：醋酸铵提取态锌；EPb：醋酸铵提取态铅；ECd：醋酸铵提取态镉；CEC：阳离子代换量；BR：基础呼吸；TOC：有机全碳；qCO_2：呼吸商；TCu：全 Cu；TZn：全锌；TP b：全铅；TCd：全镉；Cmic_to_Nmic：微生物生物量 C 与微生物生物量 N 比值

四、讨论

(一) 超积累植物连续修复对土壤酶活性影响

重金属对土壤酶活性影响的变化可能与重金属的形态、污染方式和接触时间密切相关(Renella et al.，2005)。Kandeler 等(1997)发现与土壤 N、P 和 S 循环有关的土壤酶活性显著地受到土壤重金属浓度影响。然而，有研究者认为植物修复后重金属复合污染土壤酶活性的变化可能是重金属、植物和微生物共同作用的结果(李廷强等，2007)。刘云国等(2002)研究表明植物修复可以恢复 Cd 污染土壤脲酶活性。Hernández-Allica 等(2006)也发现在遏蓝菜修复重金属复合污染土壤试验中，种植修复植物土壤脲酶活性要显著高于对照。李廷强等(2007)在东南景天对重金属污染土壤脲酶活性影响研究中也得到相似的结论。本研究也证实了这些结果，在本试验中四种水解酶活性随着土壤重金属浓度降低而增大，伴矿景天连续修复两年后土壤和没有修复对照相比水解酶活性也有不同程度的升高。众所周知，土壤酶主要来自微生物和植物分泌物，而种植修复植物导致重金属污染土壤水解酶活性增强的原因可能就是植物根系分泌物带入土壤大量的新鲜有机质，刺激微生物快速繁殖致使土壤水解酶活性增强，另外植物对重金属吸收导致土壤金属生物毒性降低也是土壤酶活性增强的一个原因，对于重金属污染土壤而言修复植物的存在有助于生物化学和微生物功能的活化(Hernández-Allica et al., 2006)。施肥为土壤提供了过量的磷素，其可能是中性磷酸酶活性变化原因之一。

(二) 连续 3 年植物原位修复对重金属复合污染土壤酶活性影响

土壤水解酶活性代表土壤体系中物质的循环以及供肥的能力。李廷强等(2007)研究表明重金属对根际脲酶和蔗糖酶活性有抑制作用。很多研究表明植物修复能够促进土壤酶活性增强(Epelde et al., 2008a, 2008b; 唐清畅, 2009)。张崇邦等(2009)研究五节芒植物修复重金属尾矿的结果表明，植物修复导致根区 10 种土壤酶活性均显著提高。除了重金属影响外，植物根系以及土壤养分均可能会影响土壤酶活性。短期植物修复对土壤肥力影响较小，因此养分的变化不是土壤酶活性变化的主要因素，而土壤重金属浓度的变化可能成为主要因素。植物三年原位修复导致重金属复合污染土壤脲酶活性增强，说明植物修复后土壤中氮素的代谢能力增强。土壤中性磷酸酶活性在植物原位修复后有不同程度的下降，其原因可能与土壤中重金属生物有效性有关。引起 *β*-呋喃糖苷酶活性变化的因素可能与土壤提取态重金属浓度有关，而海州香薷修复土壤中提取态重金属浓度均最小。

(三) 不同植物修复方式对重金属复合污染土壤酶活性影响

土壤水解酶与土壤中大部分的有机物分解代谢相关联，因此其活性大小关系到养分循环与供应(Chander et al., 1995)。在这四种酶中，脲酶活性与土壤中尿酸的分解有关，中性磷酸酶与 P 素的代谢有关，*β*-呋喃糖苷酶与糖类物质的代谢有关，芳基硫酸酶与 S 素的代谢有关。重金属污染导致土壤中这些水解酶活性受到不同程度抑制(杨志新和刘树庆, 2001; 罗虹等, 2006; 王建坤等, 2009)，然而在植物修复之后，由于重金属污染物部分被去除，其生物毒性降低，同时根际环境胁迫减小，因而这些土壤酶活性又增强(刘云国等, 2002)。唐清畅(2009)利用商陆和芦苇修复锰矿尾渣污染土壤的研究结果表明，植物修复能够显著提高根际土壤酶活性。本研究结果表明香根草长期修复对土壤脲酶活性、*β*-呋喃糖苷酶活性以及芳基硫酸酶活性提高较大，但中性磷酸酶活性却受到抑制，而海州香薷修复土壤中脲酶活性、*β*-呋喃糖苷酶活性以及芳基硫酸酶活性都较低，而中性磷酸酶却较高，可见前三种水解酶受重金属的影响较大。高粱单作、伴矿景天+高粱以及伴矿景天+海州香薷间作修复土壤中，土壤脲酶活性和芳基硫酸酶活性没有显著的差异，但均高于海州香薷单作。总的来说这四种土壤水解酶活性的差异可能由于植物本身的影响以及植物对其根际环境影响程度大小决定的。很显然，香根草具有强大的根系，高粱虽然是须根系，但其对耕作层土壤的影响显然很大，伴矿景天根系很小，因而其影响力较小，海州香薷的根系因长势的不同差异也较大。当然土壤重金属与土壤酶活性也存在一定的关系，相关分析表明重金属对土壤酶活性的影响很小。土壤环境是一个复杂的体系，重金属之间的相互作用以及植物与重金属相互作用都是导致土壤酶活性变化的因素，因此对于这三者之间的关系研究需要更深入。

第五节　污染农田土壤的超积累植物连续修复研究

通过田间微区试验探明重金属污染土壤连续种植伴矿景天下的生物有效性变化及其对植物地上部锌镉吸收性和修复效率的影响，以及修复植物不同种植密度对其地上部产量以及重金属吸取量的影响，可为重金属污染农田土壤的超积累植物吸取修复及其适宜调控技术的建立提供依据。

试验地位于浙江省杭州郊区，属于亚热带向北亚热带过渡的季风湿润气候，全年温暖湿润，年平均温度 16℃，年平均降水量 1425mm，集中于 5 月和 6 月。试验地为农田土壤，由于上风向金属冶炼厂长期大气沉降和污水灌溉，导致土壤多种重金属超标，Cd、Zn 浓度分别为 3.04±0.11mg/kg 和 1299±96mg/kg，超过国家土壤环境质量三级标准（Cd 1.00mg/kg；Zn 500mg/kg）204%、160%，为严重污染土壤。

试验设 4 个种植密度处理：株距分别为 30cm×30cm，即 11.1 万株/hm^2（D11）；20cm×20cm，即 25 万株/hm^2（D25）；15cm×15cm，即 44.4 万株/hm^2（D44）；10cm×10cm，即 100 万株/hm^2（D100）。试验设 3 次重复，每小区面积为 12m^2。土壤 pH（H_2O）为 7.24，有机碳浓度为 29.1g/kg，阳离子交换量（CEC）为 11.8cmol/kg，全量 N、P、K 分别为 2.21、0.22、22.9g/kg，碱解氮、Olsen 磷和 1mol/L NH_4OAc 提取态钾分别为 105、6.70、160mg/kg。

一、伴矿景天地上部产量及构成因素

伴矿景天第一次和第二次收获时植物地上部产量基本一致（图 5.36）。不同种植密度对伴矿景天地上部生物量影响显著。由 D11 处理至 D44 处理，随着种植密度的增大，植物地上部生物量呈明显的增长趋势。第一次收获时，每公顷种植 11.1、25、44.4、100 万株时，地上部产量平均为 4.5、6.6、12.0、11.5 吨/hm^2，即过分密植时，伴矿景天地

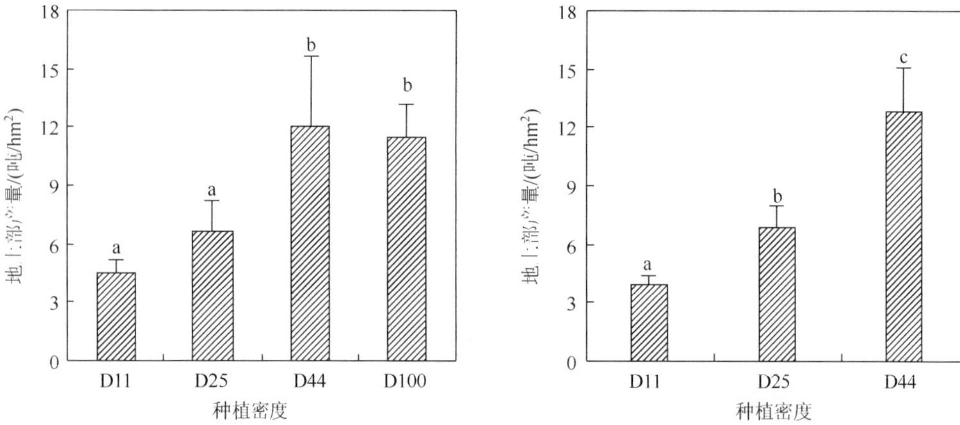

图 5.36　不同种植密度下伴矿景天地上部产量

上部生物量不再增大。因此，在第二次进行超积累植物修复时，本书研究选取每公顷分别种植 11、25 和 44 万株的处理，由图 5.36 看出，D44 处理植物地上部产量最大，达 12.8 吨/hm^2。

表 5.25 为第一次收获时不同种植密度下伴矿景天分枝数、单株生物量及株高。植物分枝数差异显著，即种植密度越大，所种植的每株伴矿景天的分枝数越少，但分支数的降低量明显低于种植密度的增率，即伴矿景天的总分枝数随着种植密度的增大而减小，可能是其总生物量显著升高的原因之一。从单株生物量可见，种植密度由 11.1 万株/hm^2 增大到 25 万株/hm^2 时，单株生物量降为前者的 65.6%，但是种植密度增大到 44.4 万株/hm^2 时，伴矿景天的单株生物量不再降低；种植密度继续增大，其单株生物量急剧下降，这可能与养分供应、光照等条件的限制有关，有待进一步探讨。种植密度对伴矿景天的株高差异影响不显著。

表 5.25　不同种植密度下伴矿景天地上部产量构成因素

种植密度	分枝数/个	单株生物量/g	株高/cm
D11	37±4 a	40.2±6.4 a	42.1±2.4
D25	29±3 b	26.4±6.5 b	42.7±1.7
D44	27±4 b	27.0±8.2 b	41.8±3.9
D100	23±4 b	11.5±1.7 c	41.4±4.4

二、伴矿景天地上部重金属浓度变化

植物连续修复的结果显示各种植密度下伴矿景天地上部重金属浓度没有显著差异（图 5.37，图 5.38）。植物第一次修复条件下，种植密度由低到高，植物地上部 Cd 浓度依次为 46.6、47.0、52.6、56.2mg/kg，即种植密度变化对伴矿景天地上部 Cd 浓度没有显著影响［图 5.37(a)］。D11 密度条件下，植物地上部 Zn 浓度最低，为 2968mg/kg，与其他密度处理下植物地上部 Zn 浓度差异显著，这可能与较低密度下单株生物量大而造成的“稀释效应”有关。D44 密度处理下伴矿景天地上部重金属 Zn 浓度最高可达 4899mg/kg［图 5.37(b)］。

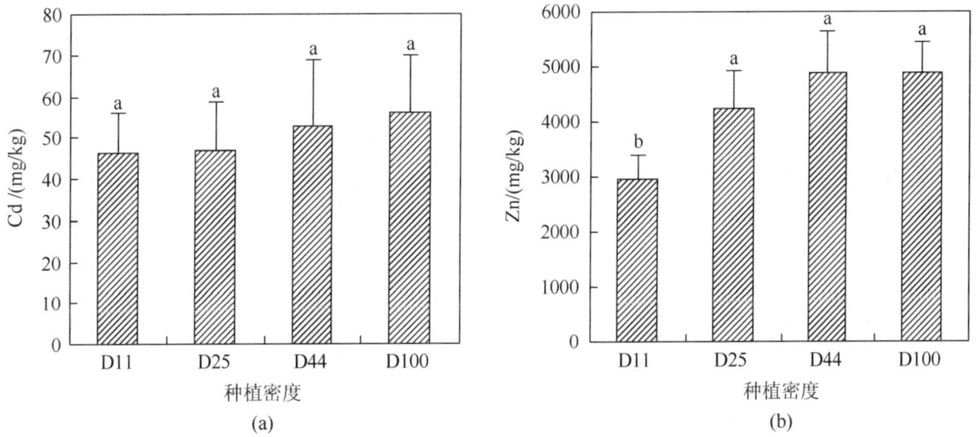

图 5.37　不同种植密度下伴矿景天地上部重金属浓度(第一次收获)

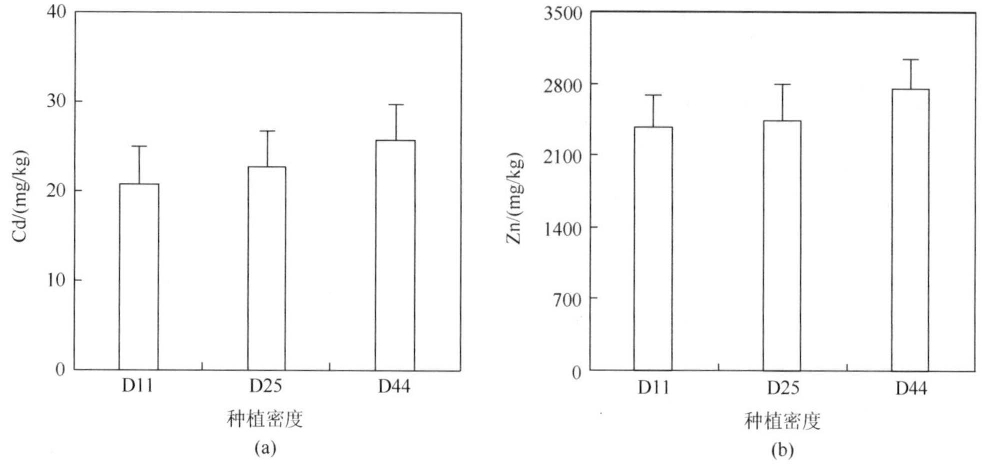

图 5.38　不同种植密度下伴矿景天地上部重金属浓度(第二次收获)

植物第二次修复条件下，地上部重金属浓度比第一次有所下降，这可能是由于：①污染土壤经伴矿景天修复后重金属有效性下降；②第二次修复时伴矿景天种植时间比第一次短 4 个月；③第二次收获时田间土壤持续干旱半个月以上，伴矿景天虽能维持基本的生长但重金属的吸收受到影响。

三、伴矿景天地上部重金属吸取量

连续修复条件下伴矿景天地上部锌镉吸取量均随种植密度的增加而升高。由于植物吸取量由植物产量与重金属浓度的乘积获得，因此，植物地上部产量基本不变而重金属浓度下降时，植物地上部重金属吸取量呈下降趋势(图 5.39)。

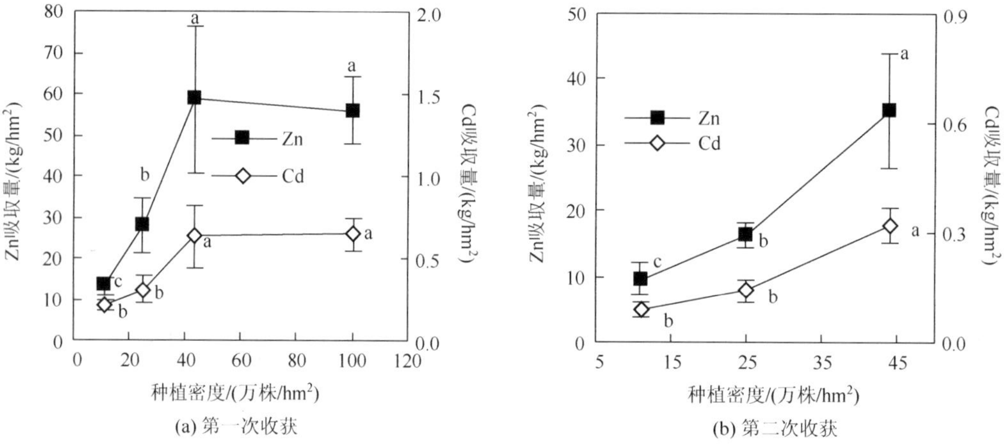

图 5.39　不同种植密度下伴矿景天地上部重金属吸取量

由 D11 到 D44，随着种植密度增大，伴矿景天地上部重金属吸取量逐渐增加［图 5.39(a)］。D44 处理时，伴矿景天地上部 Zn 吸取量达最大值，为 Zn55.9kg/hm^2，是 D11 处理的 4.4

倍；在 D100 处理中，伴矿景天地上部重金属 Cd 吸取量达到最大值 Cd646g/hm^2，而 D11 处理仅为 Cd208g/hm^2。

当种植密度小于 44 万株/hm^2 时，伴矿景天地上部的 Cd、Zn 吸取量随种植密度的增加而增大。当种植密度分别为 44.4 万株/hm^2 和 100 万株/hm^2 时，地上部 Cd、Zn 吸取量显著高于其他密度处理，但这 2 个种植密度条件下伴矿景天地上部 Cd、Zn 吸取量没有显著差异。

四、连续植物修复对土壤重金属浓度及修复效率的影响

修复效率 II(%)=植物地上部吸取量(g/hm^2)/土壤重金属浓度(g/hm^2)×100%。由表 5.26 可知 2008 年 9 月～2009 年 5 月植物修复效率比 2007 年 5 月～2008 年 6 月有所下降，这主要是由于两次修复条件下植物地上部生物量未显著变化而第二次收获时伴矿景天地上部重金属浓度显著下降所致。这与李娜(2008)的盆栽试验结果趋势一致。盆栽试验条件下，较低污染程度的土壤，伴矿景天连续修复 5 次，同一处理伴矿景天地上部生物量变化不大，但是植物地上部锌镉浓度则渐次下降。这表明田间条件下，随着伴矿景天对污染土壤中锌镉的大量吸收，其生物有效性迅速降低，从而导致伴矿景天的锌镉吸收性显著降低。

连续种植伴矿景天进行修复后，不同种植密度下土壤中 Cd、Zn 浓度均比试验前有明显下降。伴矿景天吸取修复第一年，密度处理为 D11、D25、D44、D100 时，土壤 Zn 浓度依次下降了 11、27、59、50mg/kg，土壤 Cd 浓度由试验前的 3.04mg/kg 分别下降到种植后的 2.94、2.67、2.40、2.61mg/kg。

由图 5.40 可见，D44 处理土壤醋酸铵提取态 Cd 浓度显著低于其他 3 个种植密度处理，但种植密度对土壤醋酸铵提取态 Zn 浓度的影响不大。

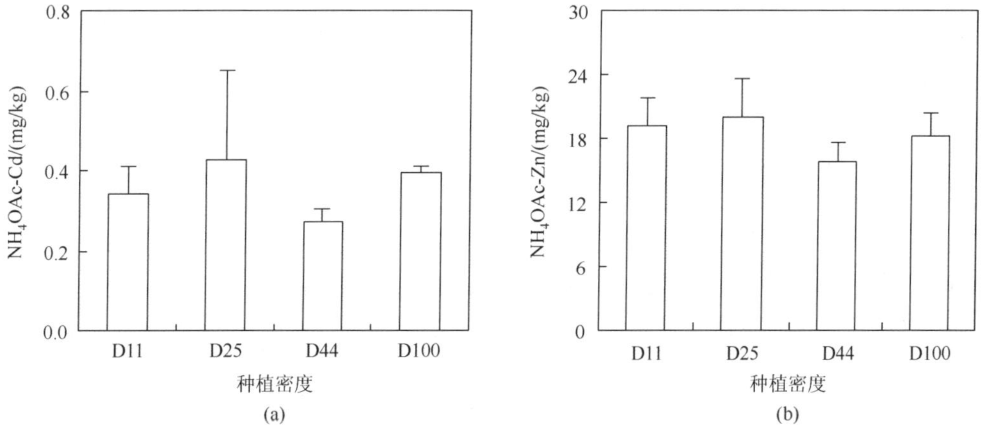

图 5.40　不同种植密度下土壤重金属 Cd、Zn 醋酸铵提取态浓度

由表 5.26 可看出，D44 密度处理下土壤 Zn 污染修复效率为 D11 时的 4.5 倍。每公顷种植 44.4 万株伴矿景天时，对土壤 Cd 污染修复效率达 21.1%。由伴矿景天植物地上部重

金属吸取量计算得出的污染土壤 Cd、Zn 修复效率与土壤测定的结果具有相似的规律。

表 5.26　不同种植密度下土壤污染修复效率　　(单位：%)

种植密度	修复效率 I		修复效率 II	
	Cd	Zn	Cd	Zn
D11	3.46	0.86	5.94(2.68)	0.89(0.67)
D25	12.1	2.14	8.86(4.26)	1.87(1.14)
D44	21.1	4.60	18.0(9.68)	3.93(2.46)
D100	14.2	3.86	18.5(-)	3.74(-)

注：①修复效率 I 由土壤表层 0～10cm 伴矿景天根系生长范围内重金属浓度变化计算，修复效率 II 由植物吸取量计算得到。②括号前的数值为 2008 年 6 月第一次收获的修复效率，括号内的数值为 2009 年 5 月第二次收获的修复效率。

五、讨论

伴矿景天快速生长期为每年的春季至初夏(3～6 月)、秋季至初冬(9～11 月)。本试验时间为 2007 年 5 月至 2008 年 6 月，2007 年夏季，伴矿景天植物进入生长停滞期，直至 2007 年 9 月伴矿景天地上部生物量无明显增大，故延迟收获时间至次年 6 月。2008 年春季后，环境气候条件较适宜伴矿景天植物生长。在田间试验条件下，伴矿景天在重金属严重超标的长期污染农田土壤上生长良好。选择合适的种植密度可以提高环境资源如光、水和热的利用率，达到增加伴矿景天地上部产量的目的，从而缩短植物修复时限。每公顷种植 100 万株伴矿景天时产量构成因素与每公顷种植 44.4 万株伴矿景天时产量构成因素差异不显著，这说明过分密植条件下，由于养分、光照等条件的竞争产生了不良影响，不利于伴矿景天的生长。

修复植物的生物量和生长周期会限制植物修复效率(Chaney et al., 1997; Terry, 2003)。Schnoor(1998)建议用于植物修复的植物年生产量(干重)应不低于 $3t/hm^2$。在本次田间试验中，D11 密度条件下，伴矿景天地上部产量已超过这一建议值，这说明伴矿景天用于农田污染土壤的植物修复工程具有可行性。

不同种植密度对伴矿景天地上部重金属 Cd 浓度影响不显著，对 D11 密度条件下植物地上部重金属 Zn 浓度影响显著，这可能是由“稀释效应”造成。随种植密度的增加，伴矿景天植物地上部 Cd、Zn 吸取量呈显著上升趋势，但种植密度为 100 万株/hm^2 时，伴矿景天地上部的 Cd、Zn 吸取量没有显著提高。

不同种植密度条件下，土壤中醋酸铵提取态 Zn 浓度差异不大；每公顷种植 44.4 万株时土壤醋酸铵提取态 Cd 浓度低于其他 3 种种植密度条件下土壤中醋酸铵提取态 Cd 浓度，但各密度条件下土壤醋酸铵提取态 Cd 浓度变化幅度大。

污染土壤经伴矿景天修复 1 年后，土壤 Cd 浓度有所下降，降幅最小的是 D11，下降了 0.08mg/kg，最大降幅为 D44，达 0.64mg/kg。伴矿景天植物为浅根系植物，植物地上部吸取的重金属可能集中于 0～10cm 层，收获伴矿景天植物时采集的土壤样品为表层 0～10cm，从而导致表层土壤重金属浓度降低幅度较大，但这仅是推测，伴矿景天对 10～20cm 土层重金属的吸取修复情况如何，有待进一步试验。

小　结

一、伴矿景天的污染土壤锌镉吸收性及吸取修复潜力

伴矿景天地上部 Zn、Cd 浓度随土壤 Zn、Cd 浓度的升高而增加，地上部 Zn、Cd 浓度最高可达 23582、430mg/kg，且生物量未出现显著下降，表明伴矿景天能够在严重污染土壤上正常生长，对土壤高浓度的 Zn、Cd 具有极强的忍耐性和吸收性。伴矿景天生长速率随季节变化而不同，地上部 Zn、Cd 浓度随收获次数的增加而不同，表现为地上部 Cd 浓度随收获次数的增加而下降，而高污染土壤上伴矿景天地上部 Zn 浓度有所增加。种植伴矿景天对土壤 Zn、Cd 总量、有效性和化学结合态产生显著影响，土壤中 Zn、Cd 的变化可能反过来影响伴矿景天 Zn、Cd 吸收性，引起伴矿景天地上部 Zn、Cd 浓度随种植次数而变化。

盆栽条件下，四个污染土壤 Zn 浓度从 6499、4343、2367、321mg/kg 降至 300mg/kg，需要连续种植伴矿景天时间分别约为 101、83、50、0.7 个月；土壤 Cd 浓度从 15.3、10.6、5.82、1.11mg/kg 减少到 0.3mg/kg，所需时间分别为 30、24、22、14 个月。相对而言，伴矿景天对土壤中 Cd 的去除效率高，可在较短时间内将土壤修复至正常水平；当土壤中 Zn 浓度较高时，修复时间较长，不适于伴矿景天的吸取修复。

二、植物吸取修复过程中土壤锌镉结合特征变化

伴矿景天吸取修复较为适用于酸性及低污染程度锌镉污染土壤，而在碱性土及高污染土壤修复效率较低，需进行采取措施提高植物修复效率或联合其他修复方法进行联合修复。植物吸取的锌镉也主要来自于大颗粒组分，土壤大颗粒在植物吸取修复中起着重要作用。植物吸取修复中，土壤弱酸可提取态、可还原态锌镉易被植物所吸收，而残渣态锌镉较难被植物所利用。经植物修复后，各级粒径颗粒中弱酸可提取态和可还原态的比例显著下降，可氧化和残渣态的比例增加。高污染土壤 Zn 同位素组分较低污染土壤轻；随土壤粒径减小 Zn 轻同位素组分呈增加趋势；植物吸取修复导致土壤 Zn 重同位素组分增加。经伴矿景天连续吸取修复后，中碱性的双林和诸佳坞土壤，其固相锌镉对溶液的补充能力呈下降趋势；而酸性的大宝山和葫芦岛土壤，则其锌镉补充能力则无显著变化或有所增加；但植物吸取修复后四种土壤剩余锌镉的解吸能力较修复前显著降低。两种土壤的 Cd 均以易解吸态为主要存在形态，具有较强的移动性；而 Zn 的移动性较弱，尤其是“诸佳坞”土壤主要以不可解吸态存在。连续修复后土壤锌镉的易解吸态重金属均显著下降，但不可解吸态 Zn、Cd、Cu 及 Pb 浓度均显著降低，表明在伴矿景天吸取修复中重金属发生由不可解吸态向可解吸态转化的现象。

三、植物吸取修复对土壤重金属根际分布特征的影响

采用根际试验单边根袋法研究了不同 Zn、Cd 污染程度土壤修复一定时限后伴矿景天根际土壤重金属的分布、有效性及其对修复植物生长和吸取修复效率的影响。污染土壤经

伴矿景天连续修复多季后，其根际、非根际土壤溶液重金属(Cd、Zn)浓度均显著低于未经植物连续修复的土壤($P<0.01$)。污染土壤经伴矿景天连续吸取修复 5 季后，土壤中重金属全量降低，且其 Cd、Zn 有效性也在急剧下降。随土壤醋酸铵提取态重金属浓度上升，根际土壤 Cd 亏缺率逐渐升高，亏缺趋势更趋明显。

重污染土壤经植物连续吸取修复，其根际土壤重金属 Zn 亏缺不明显。污染土壤经伴矿景天连续修复 5 季后，植物地上部 Cd 吸取量均显著低于相应未经修复的土壤地上部 Cd 吸取量。低污染土壤上，超积累植物吸取带走的重金属比例更高。经植物连续吸取修复后，根际土壤 Cd 的活化程度降低。根际、非根际土壤 NH_4OAc 提取态重金属与伴矿景天地上部重金属极显著正相关($P<0.01$)，根际与非根际土壤醋酸铵提取态重金属均适于表征重金属污染超积累植物吸取修复过程中土壤重金属的生物有效性。

四、连续植物吸取修复下土壤微生物特性变化

超积累植物连续修复能够使土壤水解酶活性增强，特别是呋喃糖苷酶和芳基硫酸酶活性显著升高($P<0.05$)，土壤酶活性可以作为重金属复合污染农田土壤植物修复后质量评价的指标，而植物、重金属污染物毒性和微生物共同作用是引起土壤酶活性变化的主要因素。植物修复导致土壤水解酶活性表现出一定的变化趋势，和撂荒地比较，植物修复后土壤脲酶活性和呋喃糖苷酶活性在修复三年之后有所升高，而中性磷酸酶活性、芳基硫酸酶活性均有所降低。引起土壤脲酶活性、中性磷酸酶和呋喃糖苷酶活性变化的因素可能主要是 Cu 和 Zn，而引起芳基硫酸酶活性变化主要是醋酸铵提取态 Pb 和 Cd 浓度。以重金属污染物对土壤质量排序，则土壤质量高低次序为：伴矿景天+海州香薷＞伴矿景天+高粱＞香根草＞海州香薷＞高粱；以土壤微生物和土壤酶活性对土壤质量进行排序，则土壤质量高低次序为：香根草>高粱＞伴矿景天+高粱＞伴矿景天+海州香薷＞海州香薷。

植物连续修复能够改善重金属复合污染土壤质量状况，刺激土壤水解酶活性提高，然而几种修复方式中，植物生物量越大则土壤酶活性越高，间作修复效果要优于单作。

五、污染农田土壤的超积累植物连续修复研究

污染农田连续植物修复条件下，同一处理伴矿景天地上部生物量没有显著变化，这表明连续植物修复对超积累植物伴矿景天地上部产量没有显著影响。连续植物修复对植物地上部重金属吸取量影响显著，这可能是由于重金属有效性下降导致，有待进一步研究。适当提高种植密度能够增加伴矿景天地上部产量，增大植物地上部重金属吸取量，有利于 Cd、Zn 污染农田土壤的植物修复；过分密植对伴矿景天地上部产量以及植物体内 Cd、Zn 浓度没有显著影响。在研究的田间试验条件下，土壤污染修复效率在种植密度为 44.4 万株/hm^2 时最大，对 Cd、Zn 的吸取修复效率在第 1 年分别为 18.0%和 3.93%，种植第 2 年时相应的镉和锌吸取修复效率分别为 9.68%和 2.46%。

参 考 文 献

蔡信德，仇荣亮. 2007. 植物吸收修复对土壤镍及其主要化学性质的影响. 生态环境，16(6)：1705～1709

和文祥，陈会明，冯贵颖，等. 2000. 汞铬砷元素污染土壤的酶监测研究. 环境科学学报，20(3)：338～343

李娜. 2008. 重金属污染土壤的伴矿景天吸取修复及其农艺调控研究. 南京：中国科学院南京土壤研究所硕士学位论文

李廷强，朱恩，杨肖娥，等. 2007. 超积累植物东南景天根际土壤酶活性研究. 水土保持学报，21(3)：112～117

廖晓勇，陈同斌，谢华，等. 2004. 磷肥对砷污染土壤的植物修复效率的影响：田间实例研究. 环境科学学报，24(3)：435～62

刘云国，李欣，徐敏，等. 2002. 土壤重金属镉污染的植物修复与土壤酶活性. 湖南大学学报(自然科学版)，29(4)：108～113

刘云国，尹志平. 2000. 土壤镉污染生物整治研究. 湖南大学学报，27(3)：34～37

罗虹，刘鹏，宋小敏. 2006. 重金属镉、铜、镍复合污染对土壤酶活性的影响. 水土保持学报，20(2)：94～96

唐清畅. 2009. 锰矿尾渣污染土壤的植物修复以及土壤改良研究. 长沙：湖南大学硕士学位论文

王建坤，张小平，周薇. 2009. 铅锌矿区土壤微生物区系及酶活性调查. 环境监测管理与技术，21(4)：23～27

王秀丽，徐建民，谢正苗，等. 2002. 重金属铜和锌污染对土壤环境质量生物学指标的影响. 浙江大学学报（农业与生命科学版），28：190～194

杨肖娥，龙新宪，倪吾钟. 2002. 超积累植物吸收重金属的生理及分子机制. 植物营养与肥料学报，8(1)：8～15

杨志新，刘树庆. 2001. 重金属 Cd、Zn、Pb 复合污染对土壤酶活性的影响. 环境科学学报，21(1)：60～63

张崇邦，王江，王美丽. 2009. 尾矿砂堆积地五节芒自然定居对土壤微生物生物量、呼吸速率及酶活性的影响. 植物营养与肥料学报，15(2)：386～394

Brown S L，Chaney R L，Angle J S，et al. 1994. Phytoremediation potential of *Thlaspi caerulescens* and bladder campion for zinc and cadmium-contaminated soil. Journal of Environmental Quality，23：1151～1157

Calace N，Petronio B M，Picciolo M，et al. 2002. Heavy metal uptake by barley growing in polluted soils：relationship with heavy metal speciation in soils. Communications in Soil Science and Plant Analysis，33(1～2)：103～115

Campbell P G C. 1995. Interactions between trace metals and aquatic organisms：acritique of the free-ion activity model. In：Metal Speciation and Bioavailability in Aquatic Systems. Tessier A and Tumer D R. eds. New York：Wiley：45～102

Chander K，Brookes P C，Harding S A，et al. 1995. Microbial biomass dynamics following addition of metal-enriched sewage sludge to a sandy loam. Soil Biology and Biochemistry，27(11)：1409～1421

Chaney R L，Malikz M，Li Y M，et al. 1997. Phytoremediation of soil metals. Current Opinion in Biotechnology，8：279～84

Cloquet C，Carignan J，Lehmann M F，et al. 2008. Variation in the isotopic composition of zinc in the natural environment and the use of zinc isotopes in biogeosciences：a review. Analytical and Bioanalytical Chemistry，390(2)：451～463

Davison W，Hooda P S，Zhang H，et al. 2000. DGT measured fluxes as surrogates for uptake of metals by plants. Advances in Environmental Research，3(4)：550～555

Epelde L，Becerril J M，Allica J H，et al. 2008a. Functional diversity as indicator of the recovery of soil health derived from *Thlaspi caerulescens* growth and metal phytoextraction. Applied Soil Ecology，39(3)：299～310

Epelde L，Mijangos I，Becerril J M，et.al. 2008b. Functional diversity as indicator of the recovery of soil health derived from *Thlaspi caerulescens* growth and metal phytoextraction. Applied Soil Ecology，39(3)：299～310

Fang J，Wen B，Shan X Q，et al. 2007. Is an adjusted rhizosphere-based method valid for field assessment of metal phytoavailability? Application to non-contaminated soils. Environmental Pollution，150：209～17

Fangueiro D，Bermond A，Santos E，et al. 2005. A. Kinetic approach to heavy metal mobilization assessment in sediments：choose of kinetic equations and models to achieve maximum information. Talana，66(4)：844～857

Fitz W J，Wenzel W W，Zhang H，et al. 2003. Rhizosphere characteristics of the arsenic hyperaccumulator *Pteris vittata* L. and monitoring of phytoremoval efficiency. Environmental Science and Technology，37(21)：5008～5014

Hammer D，Keller C. 2003. Phytoextraction of Cd and Zn with *Thlaspi caerulescens* in field trials. Soil Use and Management，19(2)：144～149

Hamon R E，McLaughlin M J. 1999. Use of the hyperaccumulator *Thlaspi cearulescens* for bioavailable contaminant striping. In：Proc. 5th International Conference on the Biogeochemistry of Trace Elements. W W Wenzel et al. eds. Vienna. 908～909

Hass A，Fine P. 2010. Sequential selective extraction procedures for the study of heavy metals in soils，sediments，and waste materialsa critical review. Critical Reviews in Environmental Science and Technology，40(5)：365～399

Hernández A J，Pastor J. 2008. Relationship between plant biodiversity and heavy metal bioavailability in grasslands overlying an abandoned mine. Environmental Geochemistry and Health，30(2)：127～133

Hernández-Allica J，Becerril J M，Zárate O，et al. 2006. Assessment of the efficiency of a metal phytoextraction process with bioiogical indicators of soil health. Plant and Soil，281：147～158

Hinsinger P，Gobran G R，Gregory P J，et al. 2005. Rhizosphere geometry and heterogeneity arising form root-mediated physical and chemical processes. New Phytologist，168：293～303

Japenga J，Koopmans G F，Song J，et al. 2007. A feasibility test to estimate the duration of phytoextraction of heavy metals form polluted soils. International Journal of Phytoremediation，9：115～132

Jiang J P，Wu L H，Li N，et al. 2010. Effects of multiple heavy metal contamination and repeation and repeated phytoextraction by *Sedum plumbizincicola* on soil microbial properties. Eurpean Journal of Soil Biology，46(1)：18～26

Jouvin D，Louvat P，Juillot F，et al. 2009. Zinc isotopic fractionation：why organic matters. Environmental Science and Technology，43(15)：5747～5754

Juillot F，Marechal C，Ponthieu M，et al. 2008. Zn isotopic fractionation caused by sorption on goethite and 2-Lines ferrihydrite. Geochimica et Cosmochimica Acta，72(19)：4886～4900

Kandeler E，Luftenegger G，Schwarz S. 1997. Influence of heavy metals on the functional diversity of soil microbial communities. Biology and Fertility of Soils，23：299～306

Kennedy V，Sanchez A L，Oughton D H，et al. 1997. Rowland use of single and sequential chemical extractants to assess radionuclide and heavy metal availability from soils for root uptake. Analyst，122：89～100

Knight B，Zhao F J，McGrath S P，et al. 1997. Zinc and cadmium uptake by the hyperaccumulator *Thlaspi caerulescens* in contaminated soils and its effects on the concentration and chemical speciation of metals in soil solution. Plant and Soil，197：71～78

Kumar PBAN，Dushenkov V，Motto H，et al. 1995. Phytoextraction：the use of plants to remove heavy metals from soils. Environmental Science and Technology，29(5)：1232～1238

Labanowski J，Monna F，Bermond A，et al. 2008. Kinetic extractions to assess mobilization of Zn，Pb，Cu，and Cd in a metal-contaminated soil：EDTA vs. citrate. Environmental Pollution，152(3)：693～701

Li Z，Wu L H，Hu P J，et al. 2013. Copper changes the yield and cadmium/zinc accumulation and cellular distribution in the cadmium/zinc hyperaccumulator *Sedum plumbizincicola*. Journal of Hazardous Materials，261：332-341

Li Z，Wu L H，Luo Y M，et al. 2014a. Dynamics of plant metal uptake and metal changes in whole soil and soil particle fractions during repeated phytoextraction. Plant and Soil，374：857-869

Li Z，Wu L H，Luo Y M，et al. 2014b. Repeated phytoextraction of four metal-contaminated soils using the cadmium/zinc hyperaccumulator *Sedum plumbizincicola*. Environmental Pollution，189：176-183

Liu L，Wu L H，Li N，et al. 2011. Rhizosphere concentrations of zinc and cadmium in a metal contaminated soil after repeated phytoextraction by *Sedum plumbizincicola*. International Journal of Phytoremediation，13(8)：750～764

Lu A X，Zhang S Z，Shan X Q. 2005. Time effect on the fractionation of heavy metals in soils. Geoderma，125(3～4)：225～234

McGrath S P，Shen Z G，Zhao F J. 1997. Heavy metal uptake and chemical changes in the rhizosphere of *Thlaspi caerulescens* and *Thlaspi ochroleucum* grown in contaminated soils. Plant and Soil，188：153～159

McGrath S P，Sidoli C M D，Baker A J M，et al. 1993. The potential for the use of metal-accumulating plants for the in situ decontamination of metal-polluted soils//Eijsackers H J P，Hamers T. eds. Integrated Soil and Sediment Research：A Basis for Proper Protection. Dordrecht：Kluwer Academic Publishers，673～676

McLaughlin M J. 2001. Ageing of metals in soils changes bioavailability//International Council on Metals and the Environment (ICME) Fact Sheet Environment on Risk Assessment，4：1～6

Mench M，Martin E. 1991. Mobilization of cadmium and other metals from two soils by root exudates of *Zea mays* L.，*Nicotian atabacum* L. and *Nicotian arustica* L. Plant and Soil，132(2)：187～196

Menzies N W，Donn M J，Kopittke P M. 2007. Evaluation of extractants for estimation of the phytoavailable trace metals in soils. Environmental Pollution，145(1)：121～130

Ozturk L，Karanlik S，Ozkutlu F，et al. 2003. Shoot biomass and zinc/cadmium uptake for hyperaccumulator and non-accumulator

Thlaspi species in response to growth on a zinc-deficient calcareous soil. Plant Science，164：1095～1101

Plette A C C，Nederlof M M，Temminghoff E J M，et al. 1999. Bioavailability of heavy metals in terrestrial and aquatic system：a quantitative approach. Environmental Toxicology and Chemistry，18(9)：1882～1890

Pokrovsky O S，Viers J，Freydier R. 2005. Zinc stable isotope fractionation during its adsorption on oxides and hydroxides. Journal of Colloid and Interface Science，291(1)：192～200

Rauret G. 1998. Extraction procedures for the determination of heavy metals in contaminated soil and sediment. Talanta，46(3)：449～455

Renella G，Mench M，Landi L，et.al. 2005. Microbial activity and hydrolase synthesis in long-term Cd-contaminated soils. Soil Biology and Biochemistry，37：133～139

Schnoor J L. 1998. Phytoremediation. Water Remediation Technologies An alysis Center Series-Technology Evaluation Report TE-98-01，1～43

Shen Z O，Zhao F J，McGrath S P. 1997. Uptake and transport of zinc in the hyperaccumulator *Thlaspi caerulescens* and the nonhyperaccumulator *Thlaspi ochroleucum*. Plant Cell and Environment，20：898～906

Song J，Zhao F J，Luo Y M，et al. 2004. Copper uptake by *Elsholtzia splendens* and *Silene vulgaris* and assessment of copper phytoavailability in contaminated soils. Environmental Pollution，128：307～315

Tandy S，Mundus S，Yngvesson J，et al. 2011. The use of DGT for prediction of plant available copper，zinc and phosphorus in agricultural soils. Plant and Soil，346(1-2)：167～180

Terry M. 2003. Phytoremediation of Heavy Metals from Soils. Advances in Biochemical Engineering Biotechnology，78：97-123

Voegelin A，Jacquat O，Pfister S，et al. 2011. Time-dependent changes of zinc speciation in four soils contaminated with zincite or sphalerite. Environmental Science and Technology，45(1)：255～261

Whiting S N，Leake J R，McGrath S P，et al. 2001. Hyperaccumulation of Zn by *Thlaspi caerulescens* can ameliorate Zn toxicity in the rhizosphere of co-cropped *Thlaspi arvense*. Environmental Science and Technology，35(15)：3237～3241

Wu L H，Li Z，Akahane I，et al. 2012a. Effects of organic amendments Cd，Zn and Cu bioavailability in soil with repeated phytoextraction by *Sedum plumbizincicola*. International Journal of Phytoremediation，14(10)：1024～1038

Wu L H，Li Z，Han C L，et al. 2012b. Phytoremediation of soil contaminated with cadmium，copper and polychlorinated biphenyls. International Journal of Phytoremediation，14(6)：570-584

Zhang H，Davison W，Tye A M，et al. 2006. Kinetics of zinc and cadmium release in freshly contaminated soils. Environmental Toxicology and Chemistry，25(3)：664～670

Zhao F J，Lombi E，McGrath S P. 2003. Assessing the potential for zinc and cadmium phytoremediation with the hyperaccumulator *Thlaspi caerulescens*. Plant and Soil，249：37～43

第六章　伴矿景天安全处置技术原理研究

自20世纪80年代以来，植物修复已经成为了国际学术界研究热点，并且开始进入产业化初期阶段。目前植物修复技术的市场以每年翻一番的速度迅速发展(周乃元和王仁武，2002)。植物修复具有独特的技术及经济优势：治理效果的永久性、治理过程的原位性、治理成本的低廉性、环境美学的兼容性、后期处理的简易性等特点，预示其将发展成为污染治理领域的朝阳产业。

然而，对重金属污染土壤进行植物修复所得的生物质同样存在着一个后处理问题，常见的方法有焚烧发电、热处理、堆肥等。Anderson 和 Brooks(1999)提出了一种植物采矿(Phytomining)的模型：种植超积累植物—收割、焚烧—冶炼，希望对生物矿(Bio-ore)中的镍、金、镉等金属进行回收，并利用焚烧时产生的热能。通过经济性分析，他们认为在低品位矿、尾矿等传统采矿方式经济性不够的区域运用该技术有着良好的前景。目前国内外对垃圾焚烧飞灰中的重金属污染研究较多(王英彪等，2004；赵玉杰，2004)。普遍认为，挥发性重金属如汞、镉、铅等形成的二次污染是一个重要问题。我国的土壤Cd、Pb污染相当严重。采用植物修复有着很大的市场，但对相应的后处理技术的研究未见报道(Banuelos，2006)。

邢前国和潘伟斌(2004)对富含Cd、Pb的野生植物铁芒萁(*Dicranopteris pedata*)，在450、650、850℃不同温度下进行了焚烧模拟试验，对焚烧过程中的灰分、Cd及Pb残留量的变化情况进行了探讨。用焚烧方法可以将生物质的质量减至原来的10%以下，并且体积也可以大幅缩小，便于进一步处理；但随着温度的升高(＞650℃时)与停留时间的延长，Cd、Pb 的损失量明显增加，焚烧后它们在底灰中的残留很少，可从底灰中回收的量很小。富含Cd、Pb的植物在焚烧过程中存在着烟气的二次污染问题，当温度低于800℃时，又容易产生二噁英。

Catherine 等(2005)用实验室规模的热解反应器来模拟植物中重金属在大型炉子中的挥发行为，通过热吸附光谱(TDS)在线监测碱和重金属的挥发情况，实验材料为生长在受污染土壤中富含有Cd和Zn的超累积植物*Thlaspi caerulescens*和高生物量的*Salix viminalis*的叶子，实验温度为25～900℃。结果表明，与氧化状态下的焚烧方法相比，通过热解气化的方法不仅可以增加重金属的挥发量，从而提高回收率，而且可以将底灰回收用来作为肥料。

目前，国内进行修复植物后续处理的研究相当少，特别是二次污染物的减排或捕集技术问题，以及其他热处理的关键参数等基本问题。因此，本章通过对伴矿景天进行焚烧处置，探明伴矿景天焚烧过程中重金属的迁移、排放特性，获得可行的无害化处置技术方案或流程，为进一步进行中试或工业化富含重金属植物无害化热处置装备及技术开发提供技术保证。

第一节　伴矿景天的焚烧及锌镉排放控制技术初探

伴矿景天作为Zn和Cd的超积累植物，其后续处理尚无研究报道。因此，通过焚烧处置初步探索研究伴矿景天的重金属排放、迁移特性和控制方法，可为伴矿景天热处置装备及技术开发奠定基础。

一、焚烧床与热解床结构及工作原理

（一）热解和焚烧的管式炉试验台

功能：研究固定床反应器（微小批量）中富含重金属植物的热解和焚烧的重金属排放特性。在卧式石英管电加热反应炉（上海实验电炉厂，型号 SK2—2.5—13TS，图 6.1）中进行，主反应管材质为石英玻璃，由内管（内径 2cm，长约 40cm）和外管（内径 2.5cm，总长约 100cm）两部分组成，被电炉加热的恒温反应区域长约为 40cm。试验开始时，混合均匀的反应物（0.5～1g）被放入方形瓷舟 4 中；在瓷舟推入反应管中部恒温区之前，反应管中通反应气流约 10～15min，之后用推杆迅速将方形瓷舟推入恒温反应区，开始计时及试验。反应后气流通过实验室小型烟气中重金属吸附装置进行样品采集。本试验台采用热电偶测温、可控硅反馈的温度调节控制系统，反应区域的温度调节精度为±2～5℃，试验样品热处理的温度研究范围为 350～950℃。

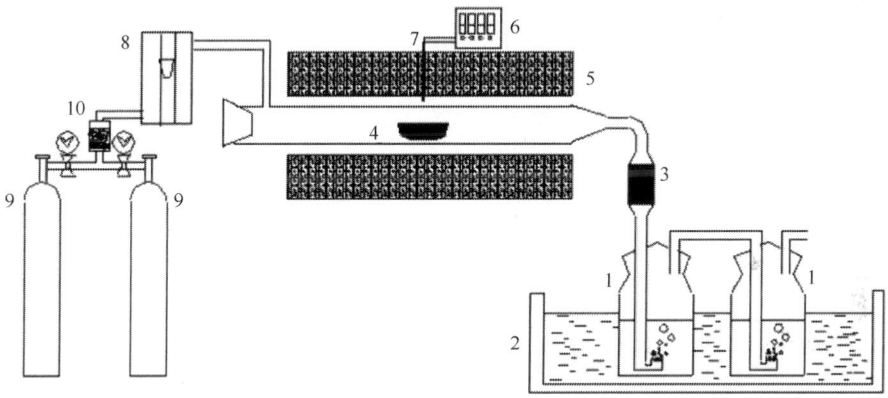

图 6.1　小型管式炉试验台示意图

1. 吸收液，分别为 5%HNO_3＋10%H_2O_2、4%$KMnO_4$＋10%H_2SO_4；2. 冰浴；3. 玻璃棉；4. 置于反应管中的反应物（瓷舟内）；5. 电加热炉；6. 温度控制调节器；7. 热电偶；8. 气流转子流量计；9. 高压气源；10. 气体混合器

（二）焚烧的流化床试验台

功能：研究流化床技术（中小批量）对富含重金属植物焚烧处理的重金属排放特性。

试验是在小型流化床反应炉（图 6.2）上进行的，试验系统由供气部分、流化床反应炉及烟气吸收部分组成。流化床内部为一根内径 40mm、高度 500mm 的螺纹陶瓷管，功率 2kW 的电热丝缠绕在陶瓷管上（主要集中于密相区）；布风板为孔径约 50μm 的不锈钢网；陶瓷管外设置石棉保温层，以减少散热损失并保证试验的安全；床层内装有 K 型热电偶测量床温，超温时通过温控仪 XCT 可使电源自动跳闸；加热功率由变压器调节。送风系统由一台离心风机和转子流量计组成，气体流量由阀门控制。选取石英砂作为床料，其平均粒径为 0.277mm，最小流化风速 0.323m/s。混合好的物料（50g 左右）由螺旋给料机给料。

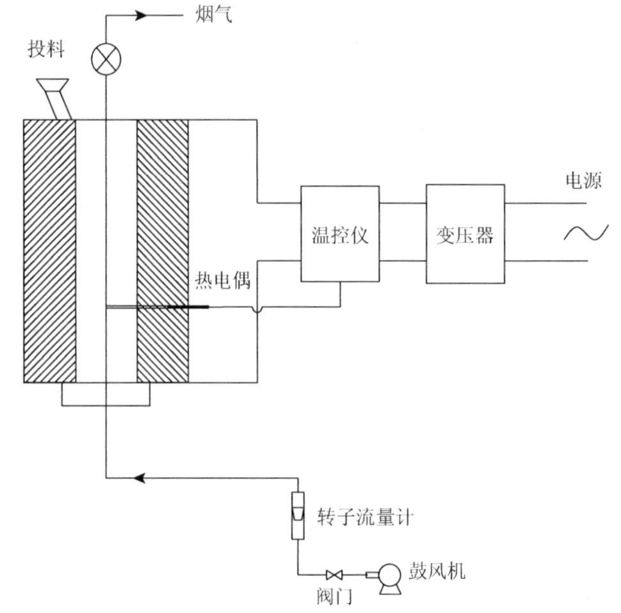

图 6.2　小型流化床试验台示意图

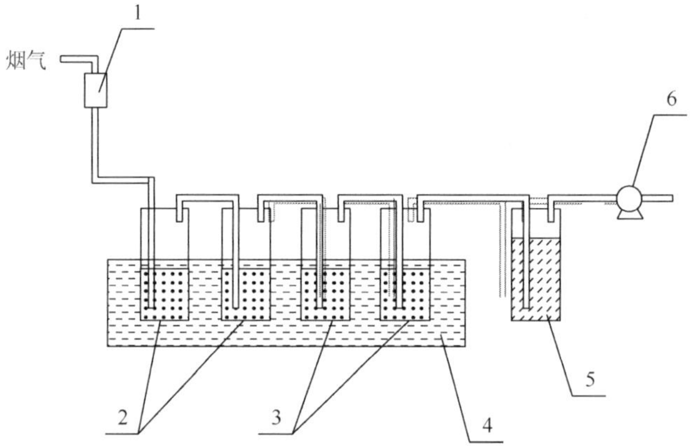

图 6.3　烟气中重金属的吸收装置示意图

1. 滤筒；2. 吸收液（5%HNO_3＋10%H_2O_2）；3. 吸收液（4%$KMnO_4$＋10%H_2SO_4）；4. 冰槽；5. 硅胶；6. 抽气泵

烟气吸收部分参照 EPA METHOD 101，如图 6.3 所示。由 4 个吸收瓶组成，前两个装有 5%HNO_3＋10%H_2O_2，用于吸收烟气中离子态的金属元素，后两个装有酸化的 $KMnO_4$ 溶液，用于吸收元素态的重金属。

二、植物中重金属的排放和迁移特性及其控制原理

（一）试验方法与设计

1. 管式炉热解和焚烧的重金属排放特性

将伴矿景天混合均匀（0.5～1g）放入方形瓷舟中；在瓷舟推入反应管中部恒温区之前，

反应管中通反应气流约10～15min，之后用推杆迅速将方形瓷舟推入恒温反应区，开始计时及烟气收集，反应后气流通过实验室小型烟气中重金属吸附装置进行样品采集，具体试验处理见表6.1、表6.2。

表6.1　茎叶管式炉热解和焚烧的重金属排放特性试验设计

原料	编号	工况/℃	气氛	气流量/(ml/min)	分析重金属样品
伴矿景天茎叶	1	350	氮气	350	烟气，残渣
	2	450	氮气	350	烟气，残渣
	3	550	氮气	350	烟气，残渣
	4	650	氮气	350	烟气，残渣
	6	550	空气	300	烟气，残渣
	7	750	空气	300	烟气，残渣
	8	850	空气	300	烟气，残渣
	9	950	空气	300	烟气，残渣

表6.2　混合物料管式炉热解和焚烧的重金属排放特性试验设计

原料	编号	工况	气氛	气流量/(ml/min)	分析重金属样品
伴矿景天植株	1	550℃	氮气	350	烟气，残渣
	2	550℃碳酸钙添加剂	氮气	350	烟气，残渣
	3	850℃	空气	300	烟气，残渣
	4	850℃碳酸钙添加剂	空气	300	烟气，残渣

2. 流化床焚烧重金属排放特性

首先，向流化床中加入流化沙200g，通入空气，预热20min，然后，将混合好的伴矿景天物料(50g左右)由螺旋给料机给料，当样品全部进入流化床后，开始计时及烟气收集，具体试验设计见表6.3。

表6.3　流化床焚烧的重金属排放特性试验设计

原料	编号	工况/℃	气氛	气流量/(ml/min)	分析重金属样品
伴矿景天植株	1	850	空气	8000	烟气
	2	850	空气，碳酸钙添加剂	8000	烟气
	3	850	空气，活性炭烟气吸附	8000	烟气

(二) 原料特性分析

伴矿景天(*S. plumbizincicola*)是在中国境内首次发现的Zn超积累植物，其地上部分平均含Zn量(干质量)≥1000mg/kg，因而该植物被认为在修复Zn污染土壤方面具有一定的潜在价值(陈爱胜等，2004)。伴矿景天无性繁殖(以株芽为主)的速率很快，在较短的生长期内可形成良好的地面覆盖，其盖度几乎可达100%，另外，伴矿景天还具有适于刈割的特点，在生长环境条件较为适宜时，一年内可收获该植物地上部 3～4 茬，其单季干物质产量高达 1800kg/hm^2(杨肖娥等，2002)。

从表 6.4 可以看出，伴矿景天茎叶(鲜样)的 C、H、N、S 都要比相应的根低，而伴矿景天茎叶(烘干基)的 C、H、O、N、S 都要比相应的根高，这主要是由于鲜样的伴矿景天茎叶的含水量比相应的根高的缘故。

表 6.4　伴矿景天工业分析表

样品	碳/%	氢/%	氧/%	氮/%	硫/%	水分/%	灰分/%	挥发分/%	焦炭/%	热值/(J/g)
根(烘干基)	20.8	4.17	5.91	0.71	0.11	2.98	65.3	2.73	29.0	5937
茎叶(烘干基)	37.8	5.31	36.9	1.08	0.20	4.44	14.6	10.3	70.6	4744
根(鲜样)	6.76	1.36	1.92	0.23	0.04	68.5	21.2	0.89	9.41	68
茎叶(鲜样)	3.88	0.55	3.79	0.11	0.02	90.2	1.5	1.06	7.25	72

表 6.5 直观地表明伴矿景天茎叶的重金属浓度与根大致处于同一数量级，其中 Zn、Fe 的浓度最高，Cu、Pb 次之，Cd 浓度最少。与根相比，茎叶中 Cd、Pb、Zn、Fe 的浓度要比相应的根高，而 Cu 的浓度则要比相应的根低。

表 6.5　伴矿景天茎叶和根(烘干基)重金属浓度　　(单位：mg/kg)

样品	Cd	Cu	Pb	Zn	Fe
茎叶(烘干基)	281	244	3934	34668	5085
根(烘干基)	207	529	2164	22654	14156

(三)重金属排放、迁移特性和控制方法研究

1. 管式炉热解和焚烧重金属排放、迁移特性比较

对物料进行焚烧要求必须达到“3T”条件，即必须达到充分高的燃烧温度(Temperature)、燃烧气体的混合必须有充分的紊流度(Turbulence)、必须在这些条件下保持足够长的时间(Time)(常万林和刘丽萍，2004)。因此，试验探究了不同温度对重金属分布的影响，图 6.4 为伴矿景天茎叶在不同热解和焚烧温度下底灰质量百分含量的对比图。从中不难发现：焚烧底灰的质量百分含量在 15%左右，约为相应热解产物的二分之一；总体上，无论是焚烧还是热解，随着反应温度的升高，底灰质量百分含量有不同程度的减少，其中，热解的变化幅度要高于相应的焚烧产物。

焚烧过程中产生的烟气主要成分是 CO_2、H_2O、N_2、O_2，同时，也含有部分有害物质，如：烟尘、酸性气体(HCl、HF、SO_2)、NO_x、CO、碳氢化合物(TCH)、重金属(Pb、Zn 等)、二噁英(PCDD/Fs)等(王英彪等，2004；吕国强和王华，2004)。试验以烟气中的重金属作为研究重点，图 6.5 显示了伴矿景天茎叶在不同热解和焚烧温度下，烟气中 Cd、Cu、Pb 和 Zn 四种重金属百分含量(即烟气与材料本底中重金属含量的比值)的对比情况。

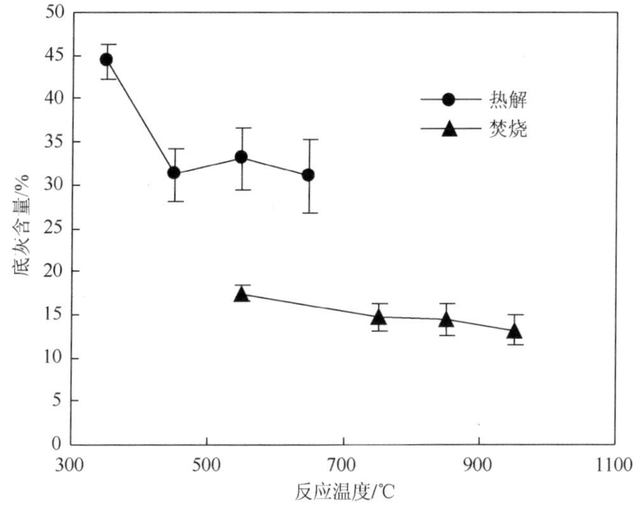

图 6.4　伴矿景天茎叶管式炉热解和焚烧底灰质量百分含量比较

总体来说，无论是热解还是焚烧，烟气中重金属相对含量均较低(＜15%)，这一结果与万晓等(2005)在垃圾焚烧飞灰中重金属分布的研究结果一致。但热解和焚烧又有区别，以550℃的反应温度为例，热解烟气中 Cd、Cu 的百分含量要高于相应的焚烧产物，特别是Cd，相差 5 倍以上，相反，Pb、Zn 的含量却要低得多，其中 Pb 的含量不到焚烧的 3%。

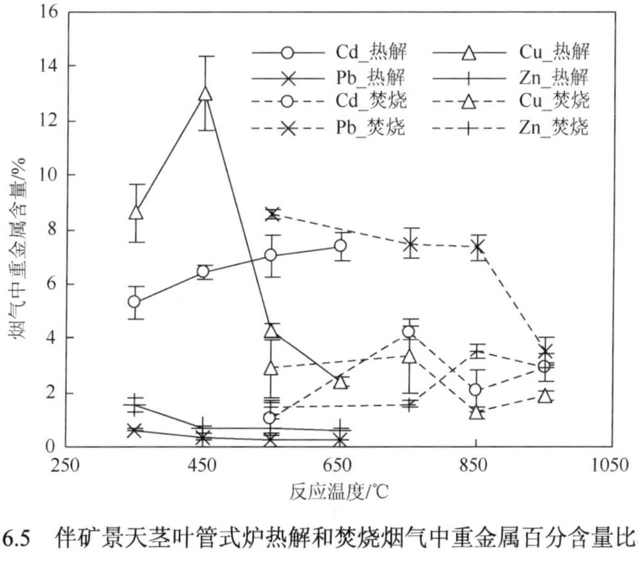

图 6.5　伴矿景天茎叶管式炉热解和焚烧烟气中重金属百分含量比较

相对于烟气，茎叶热解残渣中重金属的含量很高。目前，残渣是焚烧法资源化利用的主要考虑对象，并已经被证实是可行的，可以作为填充材料、替代骨料等，但由于残渣中也含有一些有毒有害的污染物，如重金属直接利用可能对人类健康和环境造成危害(孙健，1994；钱玲和侯浩波，2004)。通常将热解或焚烧后底灰与材料本底中重金属浓度的百分比定义为重金属的回收率。由图 6.6 不难发现，热解重金属的回收率要明显高于相应的焚烧产物，且重金属之间差异小。以 Cd 为例，550℃反应温度下热解的回收率约为相应焚烧产物的 5 倍；从总体来看，随着熔点的升高，重金属回收率有不同程度的增长。图 6.7 说明了伴矿景天茎叶在 550℃反应温度下热解和焚烧底灰重金属回收率与熔点之间的变化趋势。

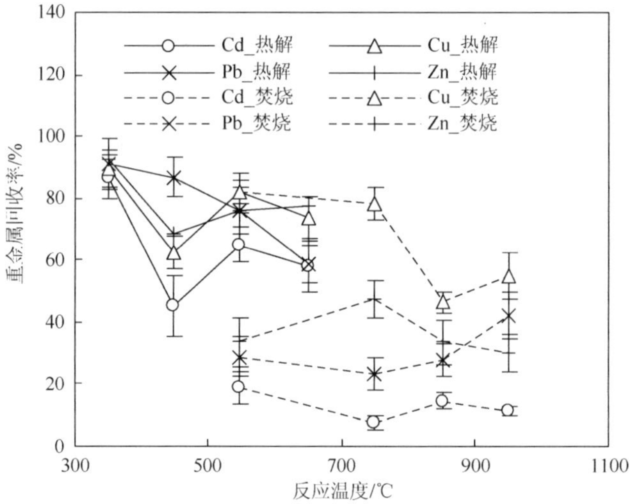

图 6.6　伴矿景天茎叶管式炉热解和焚烧重金属回收率比较

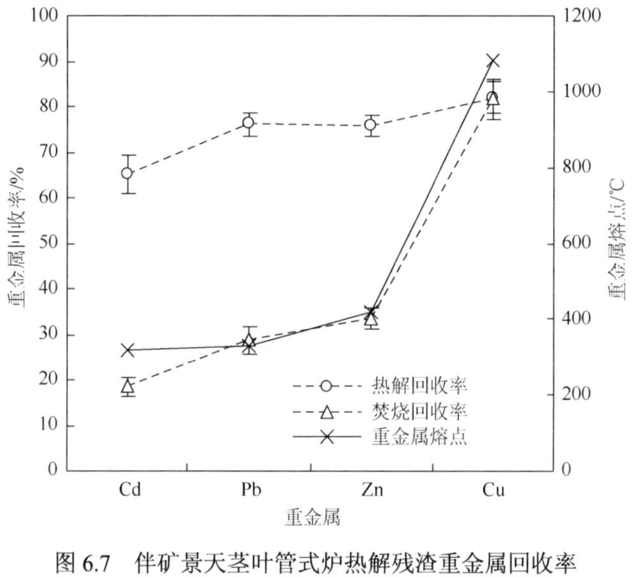

图 6.7　伴矿景天茎叶管式炉热解残渣重金属回收率

计算表明，550℃反应温度下热解和焚烧底灰重金属回收率与熔点之间的相关系数分别为 0.73 和 0.99，可见重金属熔点是决定回收率的一个关键因素(赵玉杰，2004)。由于 Cd 熔点很低(320.9℃)，因而在热处理过程中容易从反应物中挥发出来而导致其回收率的下降，相反，高熔点的 Cu(1083.4℃)使其无论在热解还是焚烧反应中均保持了很高的回收率。

2. 管式炉热解和焚烧重金属控制方法研究

图6.8显示了添加$CaCO_3$(按质量比1∶1)前后伴矿景天管式炉热解(反应温度为550℃)和焚烧(反应温度为850℃)烟气中重金属含量的对比情况。从中不难看出，无论是热解还是焚烧，添加碳酸钙前后烟气中Cd、Cu、Pb和Zn的相对含量并未有显著的下降，相反，在热解气氛下，添加碳酸钙的烟气中四种重金属的百分含量有不同程度的提高，特别是Pb的含量增加了近1倍。

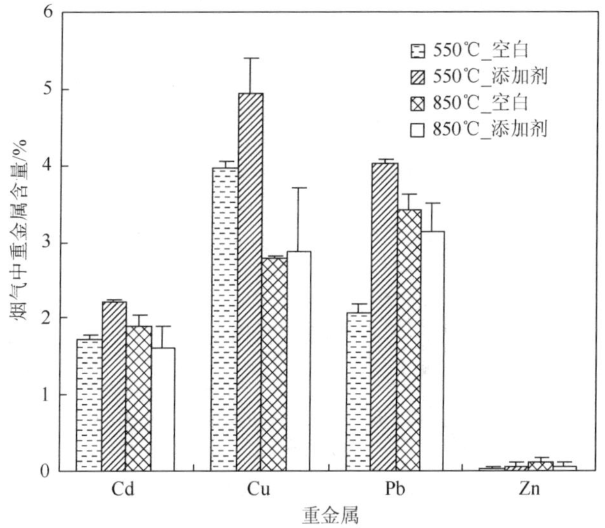

图 6.8　添加剂对伴矿景天茎叶热解和焚烧烟气中重金属含量的影响

图6.9显示了添加$CaCO_3$(按质量比1∶1)前后伴矿景天茎叶管式炉热解(反应温度为550℃)和焚烧(反应温度为850℃)底灰中重金属回收率的对比情况。对于热解而言，

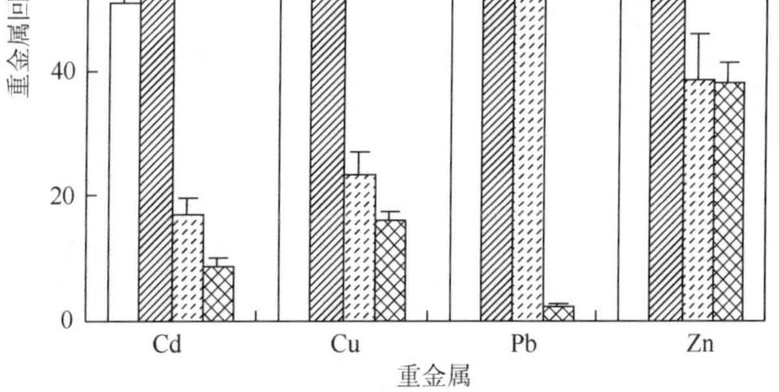

图 6.9　添加剂对伴矿景天茎叶热解和焚烧底灰中重金属回收率的影响

添加碳酸钙前后底灰中 Cd、Cu、Pb 和 Zn 回收率并未有显著的变化。相反，在焚烧气氛下，添加碳酸钙的底灰中四种重金属的回收率有不同程度的下降。例如 Cd 和 Pb 的回收率分别只有未添加碳酸钙时的 4%和 36%。造成该现象的原因是：重金属不同形态的分布与焚烧过程中温度、水分、无机氯与有机氯密切相关，重金属 Pb 容易转化到气相中去，而其他重金属大部分则以固态形式残留在底渣中，同时，氯的存在也使得重金属更易向飞灰和烟气中转移(祝建中和胡志华，2004)。

通过上述添加碳酸钙前后烟气和底灰中重金属百分含量和回收率的比较，可以认为添加碳酸钙不利于控制管式炉热解和焚烧烟气中重金属的排放以及提高底灰中重金属的回收率。

3. 流化床焚烧重金属排放和控制方法研究

流化床焚烧炉的优点之一是燃烧速度快、燃尽效果好，处理难燃物和锅炉起停方面时间短(严建华等，2005)。但由于流化床结构、运行工况和控制比较复杂，起停控制难，因此，只对其中的烟气进行了测定。同时，温度设置在 850℃，伴矿景天和空气充分混合燃烧，烟气在 850℃以上停留时间大于 2s 时，能极大地减少二噁英在流化床内生成(方建华，2004；徐进，2005)。

图 6.10 为中小批量伴矿景天茎叶在添加碳酸钙和采用活性炭吸附前后流化床焚烧尾部烟气中重金属含量的对比情况。与空白相比，添加碳酸钙的烟气中重金属浓度均有显著的下降。例如 Cd 和 Zn 的浓度分别只有未添加碳酸钙时的 29%和 9%；采用活性炭吸附的烟气中重金属浓度变化虽然不如添加碳酸钙显著，但除 Pb 外均有不同程度的下降，例如 Cd 和 Zn 的浓度分别只有未采用活性炭吸附时的 64%和 31%。

通过上述添加碳酸钙和采用活性炭吸附前后流化床焚烧尾部烟气中重金属含量的比较，可以认为添加碳酸钙和采用活性炭吸附均有利于控制中小批量伴矿景天流化床焚烧烟气中重金属的排放，其中添加碳酸钙的效果要优于活性炭吸附。

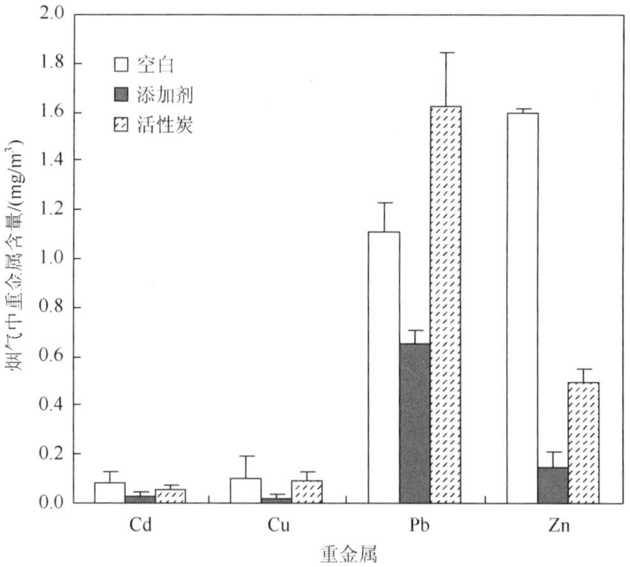

图 6.10　添加剂和活性炭吸附对流化床焚烧伴矿景天茎叶烟气中重金属含量的影响

第二节 焚烧过程中常规污染物的排放与重金属迁移转化规律

目前修复植物的后处理主要处在实验室的小试阶段，主要有溶液提取和热处理。在热处理研究中，国内外报道的主要是应用马福炉、管式炉和热重分析仪等方法进行的机理性研究(Yan et al.，2008；邢前国等，2003)。与其他焚烧技术相比，流化床更适合生物质的燃烧，因为它能燃烧低等级的燃料，而且在燃烧过程中就能直接有效地控制有毒气体。应用流化床燃烧技术处理伴矿景天，是一种简单、有效、且可行的处理方法，可大大减少修复植物的容积，并使之无害化。但是，二次污染控制是非常重要的。伴矿景天干基部分基本上是有机物，由大量的 C、H、O 等元素组成，还含有 N、S、P 和卤素等成分。这些元素在焚烧过程中与空气中的氧气反应，不可避免地产生 CO、CO_2、NO_x、SO_2 及 HCl 等。然而对于重金属元素则会随燃烧环境的不同进行各种相变化及迁移转化，一般来说，以空气为气氛的燃烧能使重金属元素更多地留在残渣中(Zhao et al.，2000)。

伴矿景天是 Zn 和 Cd 的超积累植物。本节主要通过实验来研究不同工况，即不同焚烧温度、不同的添加剂及其不同用量对焚烧过程中 Zn、Cd 和 Pb 在烟气、飞灰和底渣中分布的影响。通过检测焚烧后产生的烟气、飞灰和炉渣中各类重金属的含量来研究重金属在焚烧与烟气系统中的分配情况，以期获得合适的焚烧条件和选用恰当的添加剂，以减少和控制修复植物焚烧过程中重金属向环境中的排放量。

一、焚烧装置及试验方法设计

(一) 焚烧装置

1. 烟气分析装置

试验设备主要应用 GASMET DX4000 傅里叶红外烟气分析仪(图 6.11)。

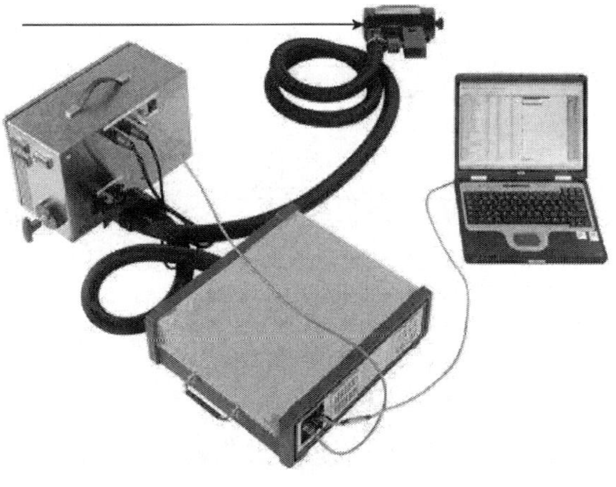

图 6.11 GASMET DX4000 烟气分析仪

2. 小型流化床结构及工作原理

试验是在小型流化床反应炉(图 6.12)上进行的，试验系统主要由供气部分、流化床反应炉及烟气吸收部分组成，其中流化床反应炉分为应用三段式加热方式。流化床内部为一根内径 60mm、高度 1000mm 的螺纹陶瓷管，三根功率 3kw 的电热丝缠绕在陶瓷管上(主要集中于密相区)；布风板采用两张孔径约为 50μm 的不锈钢网；陶瓷管与炉壁之间为石棉保温层，以减少因散热造成热量损失并且保证试验的安全。床层内装有三根 K 型热电偶测量床温，当炉内温度超过设定温度时温控仪 XCT 可自动切断电源；加热功率由变压器调节；送风系统由一台离心风机和转子流量计组成，气体流量由图 6.13 中空气调节阀控制；混合好的修复植物样品分次由流化床中部的进料器输送入流化床内部。烟气常规分析采用 GASMET DX4000(芬兰制造)烟气分析仪。烟气吸收部分参照 EPA METHOD 29 进行，由 2 个装有 5% HNO_3+10% H_2O_2 吸收瓶组成，用于吸收烟气中的金属元素(图 6.13)。

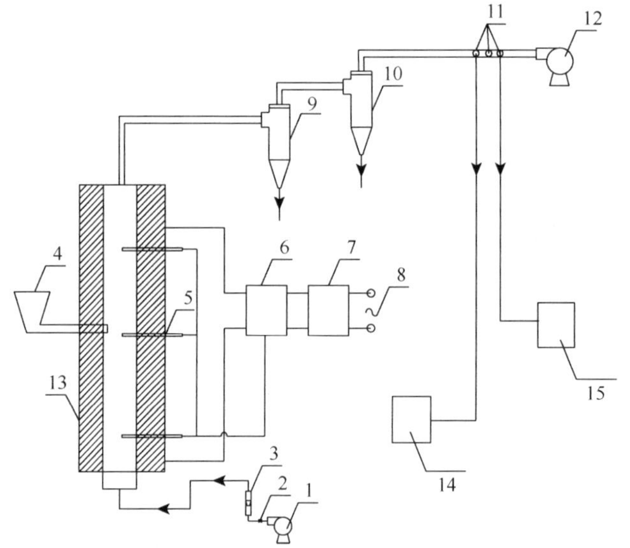

图 6.12　流化床试验台示意图

1. 鼓风机；2. 空气调节阀；3. 转子流量计；4. 进料器；5. 热电偶；6. 温控仪；7. 变压器；8. 电源；9. 旋风除尘器；10. 布袋除尘器；11. 烟气采样口；12. 引风机；13. 流化床；14. 烟气分析仪；15. 烟气采样装置

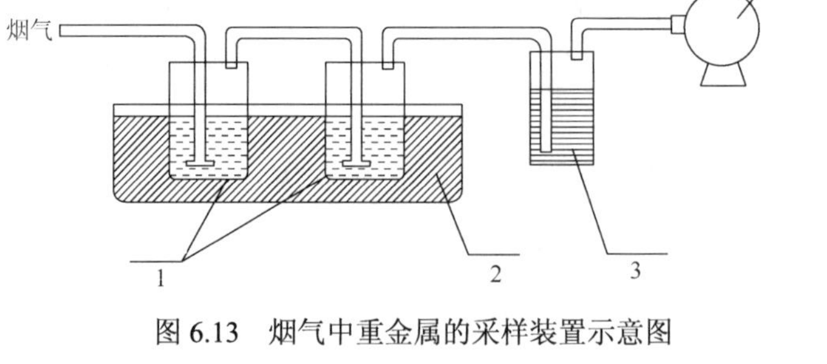

图 6.13　烟气中重金属的采样装置示意图

1. 吸收液(5%HNO_3+10%H_2O_2)；2. 冰槽；3. 硅胶；4. 抽气泵

(二)试验方法与设计

1. 燃烧温度对重金属迁移转化与常规污染物排放特性的影响

开通电源，预热一段时间后，开启一次风机与引风机，待炉温升高至目标温度后，将干燥过的伴矿景天物料由螺旋给料机给料，用 Gasmet DX4000 烟气分析仪对烟气进行检测，待烟气中 O_2 稳定后进行重金属烟气样品的收集(表 6.6)。

表 6.6　温度对伴矿景天焚烧中常规烟气污染物与重金属排放特性的影响试验设计

编号	工况/℃	分析重金属样品	烟气常规污染物检测项目
1	650	烟气、飞灰、残渣	水蒸气、CO_2、CO、O_2、SO_2、NO_2、NO、N_2O_5、HCl、N_2O、NH_3、HCN
2	750	烟气、飞灰、残渣	
3	850	烟气、飞灰、残渣	
4	950	烟气、飞灰、残渣	

2. 添加剂对焚烧过程中重金属迁移转化和常规污染物排放的影响

开通电源，预热一段时间后，开启一次风机与引风机，待炉温升高至目标温度后，将添加剂(分析纯)与伴矿景天混合过的物料由螺旋给料机给料，用 Gasmet DX4000 烟气分析仪对烟气进行检测，待烟气中 O_2 稳定后进行烟气收集(表 6.7)。

表 6.7　添加剂对伴矿景天焚烧过程中重金属与烟气中常规污染物排放的影响试验设计

编号	工况/℃	处理工艺	分析重金属样品	烟气检测项目
1	850	添加 CaO	烟气、飞灰、残渣	水蒸气、CO_2、CO、O_2、SO_2、NO_2、NO、N_2O_5、HCl、N_2O、NH_3、HCN
2	850	添加 Al_2O_3	烟气，飞灰、残渣	

3. 不同 Ca/S 对重金属迁移转化和常规污染物排放的影响

开通电源，预热一段时间后，开启一次风机与引风机，待炉温升高至目标温度后，将 CaO 和 Al_2O_3(分析纯)与伴矿景天混合过的物料由螺旋给料机给料，用 Gasmet DX4000 烟气分析仪对烟气进行检测，待烟气中 O_2 稳定后进行烟气收集(表 6.8)。

表 6.8　流化床伴矿景天焚烧的重金属排放的控制方法试验设计

编号	工况/℃	处理工艺	分析重金属样品	烟气检测项目
1	850	Ca/S=0	烟气、飞灰、残渣	水蒸气、CO_2、CO、O_2、SO_2、NO_2、NO、N_2O_5、HCl、N_2O、NH_3、HCN
2	850	Ca/S=2	烟气、飞灰、残渣	
3	850	Ca/S=4	烟气，飞灰、残渣	
4	850	Ca/S=6	烟气，飞灰、残渣	

4. 原料工业分析

对伴矿景天样品的工业原料分析结果见表 6.9，从表中可见，风干样的水分在 14.2%，样品以碳为主，热值较高，适于焚烧。

表 6.9　伴矿景天工业分析表

M_{ad}/%	A_{ad}/%	V_{ad}/%	FC_{ad}/%	C_{ad}/%	H_{ad}/%	N_{ad}/%	St_{ad}/%	O_{ad}/%	Qb，ad/(J/g)	Qb，ad/(k/g)
14.2	8.97	62.9	14.0	39.4	3.2	2.2	0.12	31.9	14 414	3447

注：M_{ad}：含水量；A_{ad}：灰分；V_{ad}：挥发分；FC_{ad}：固定碳；C_{ad}：碳元素；H_{ad}：氢元素；N_{ad}：氮元素；St_{ad}：硫元素；O_{ad}：氧元素；Qb：热值。

二、植物中常规污染物的排放特性

（一）CO 的排放特性

CO 是有机质中的 C 化合物在燃烧氧化反应中生成：

$$2C+O_2 \rightarrow 2CO，C+H_2O \rightarrow CO+H_2$$

图 6.14 是 CO 随着温度的变化趋势图，可见 CO 的排放量是随着温度的增加而下降。Leckner 和 Karlsson（1989）在煤和木竹的混烧中也发现在较低温度 800℃时，导致 CO 形成。由图 6.15 可知，在 Ca/S=4 之前随着 Ca/S 的增加，CO 的排放量明显的增加的趋势，而 Ca/S＞4 后，对 CO 的排放没有太大的影响。

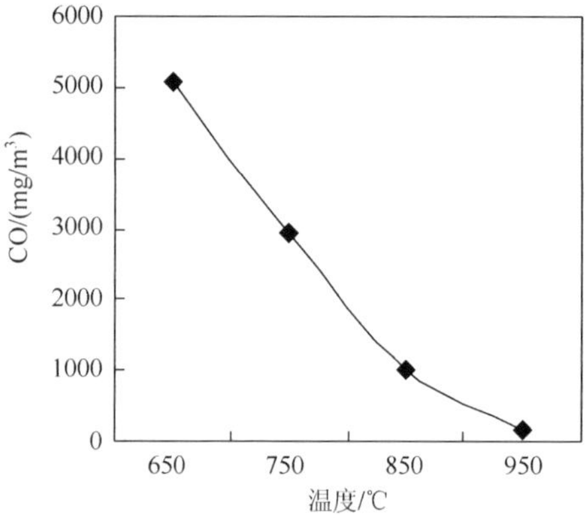

图 6.14　CO 随温度的变化

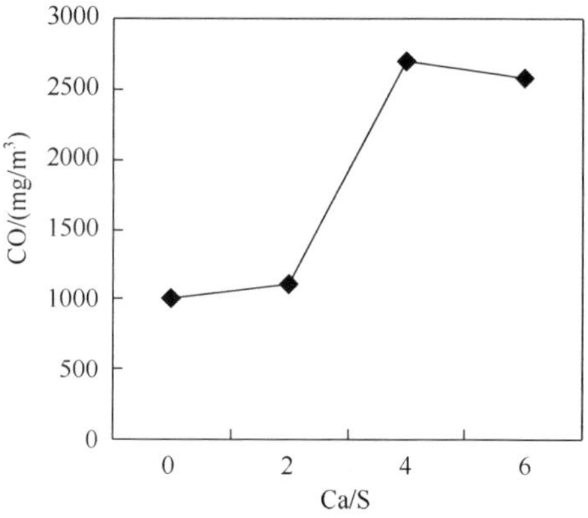

图 6.15　不同 Ca/S 对焚烧中 CO 产生的影响

（二）NO_x 和 NH_3 的排放特性

NO_x 主要由 NO_2 和 NO 组成。在高温下，NO_x 主要由 N_2 和 O_2 的氧化反应生成（Salt et al.，1995）。流化床工艺主要在低温下燃烧，热力 NO_x 和快速 NO_x 的生成量很小，因此，流化床锅炉焚烧过程中产生的 NO_x 可以忽略热力 NO_x 和快速 NO_x，NO_x 主要由含生物质中氮有机物的氧化生成。另外，NO 占 NO_x 中的比例高于 95%，而 NO_2 仅占 NO_x 很少一部分，因此，可用 NO 来表示 NO_x 的浓度。

在流化床燃烧过程中，修复植物中的氮元素转化为 NH_3 与 HCN。NH_3 和 HCN 再经过一系列的氧化和还原反应生成 NO_2 和 NO 等氮的氧化物。

NO 和 NO_2 的排放浓度与温度的关系随着温度的升高存在以下反应：

HCN+O→NCO+H，4 NH_3+5 O_2→4 NO+6 H_2O，NCO→NH_3→NO

温度的升高，促进了 HCN 和 NH_3 氧化为 NO，导致 NO_x 产生量增加。

NO_x 是向大气排放的影响人体健康的主要污染物，尤其它经太阳紫外线照射后，与汽车尾气中碳氢化合物结合，生成一种更具毒性的光化学烟雾，会更大的危害人体；此外，NO_x 也是酸雨的重要来源(李国学等，2003；李艳霞等，2000；Sarret et al.，2001；Perronet et al.，2000)。

由图 6.16 所示，随着温度增加，NO 的浓度增加，而 NH_3 和 NO_2 降低，N_2O 变化不大。温度的升高，有利于有机物中的氮元素挥发。

由图 6.17 所示，随着 Ca/S 的增加，NO、NO_2 和 NH_3 的浓度增加，N_2O 变化不大。

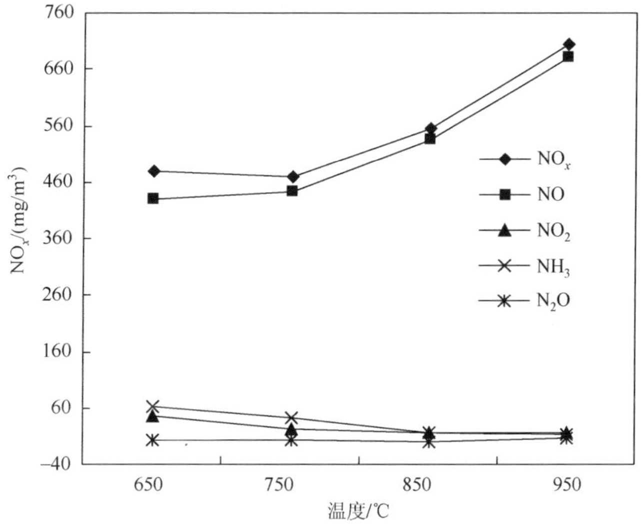

图 6.16　不同温度对 NO_x 和 NH_3 排放的影响

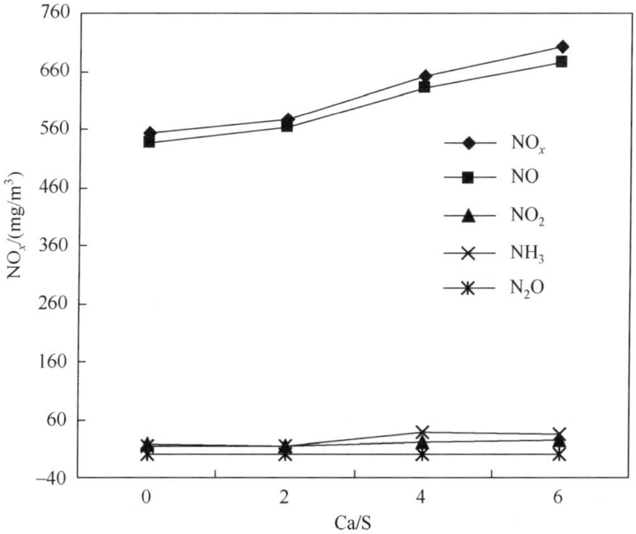

图 6.17　不同 Ca/S 对 NO_x 和 NH_3 产生的影响

流化床脱硫过程中添加氧化钙脱硫剂对氮氧化物的排放影响明显，造成 NO 上升，对此，Jensen 等(2005)通过精细的试验表明，氧化钙改变了含氮挥发分的氧化路径，把它从均相反应变成多相反应且 CaO 对燃料 N 的氧化生成 NO 的贡献大于它对还原性气体还原 NO 反应的贡献，因此导致 NO 的选择性上升，从而增加了 NO 的排放。

根据 GB18484—2001(危险废物焚烧污染控制标准)中规定 NO_x 的浓度应低于 500mg/m^3。因此，当温度高于 850℃时以及添加剂量焚烧过程中必须采取有效措施控制 NO_x 的排放量。

(三) SO_2 的排放特性

生物质中的硫主要是机体结构中的有机硫，如氨基酸、蛋白质等，以及以硫酸盐形式存在的无机硫(McGrath，1998)。一般认为，有机物中硫元素在焚烧过程被氧化生成 SO_2，即 $S+O_2 \rightarrow SO_2$。

由图 6.18 可知，随着温度的升高，SO_2 的浓度呈增加的趋势，另外随着 Ca/S 的增加，SO_2 浓度明显下降(图 6.19)。

根据 GB 18484—2001(危险废物焚烧污染控制标准)中规定 SO_2 浓度应低于 400mg/m^3，因此，试验过程中 SO_2 浓度远低于这一标准。

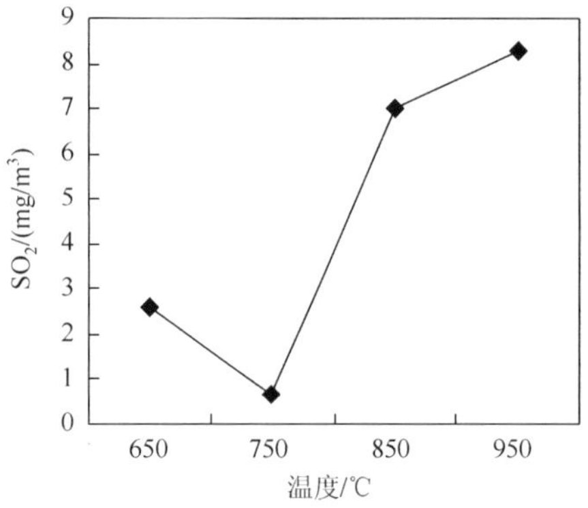

图 6.18　温度对 SO_2 排放的影响

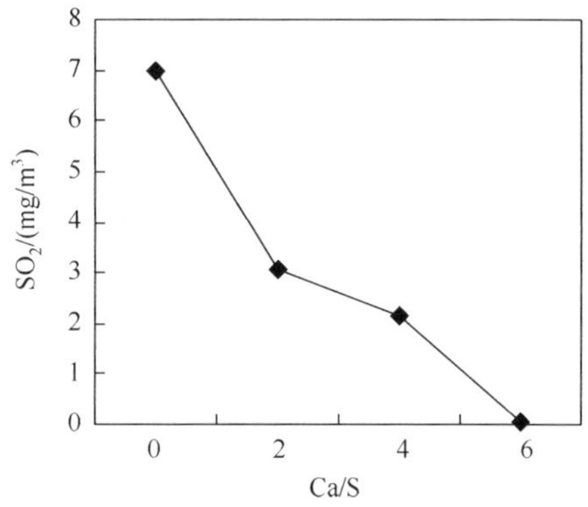

图 6.19　Ca/S 比对 SO_2 产生的影响

(四) HCl 的排放特性

修复植物焚烧完全后生成含氯化合物，主要生成物为 HCl 和 Cl_2。HCl 和 Cl_2 按如下可逆反应相互转化：$4\ HCl+O_2 \leftrightarrow 2\ H_2O+2\ Cl_2$，由于燃烧过程产生的 HC1 远高于 Cl_2 气体的生成量，因此，焚烧过程中产生的氯化物主要以 HCl 为主。

因此，修复植物焚烧过程产生烟气中 HCl 来自于含氯元素的有机物的释放。由图 6.20 可知烟气中的 HCl 在 750℃时有最低值，当温度高于 750℃时，随着温度的升高，HCl 的浓度显示升高的趋势。添加 Ca/S=2 时 HCl 的浓度最低，而 Ca/S=4 时 HCl 的浓度最高(图 6.21)。

根据 GB 18484—2001(危险废物焚烧污染控制标准)中规定 HCl 的浓度应低于 100mg/m^3。因此，试验过程中 HCl 浓度远低于这个标准。

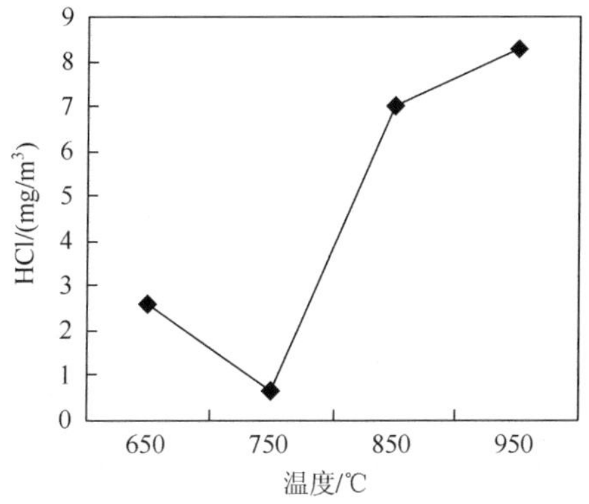

图 6.20　不同温度对 HCl 排放的影响

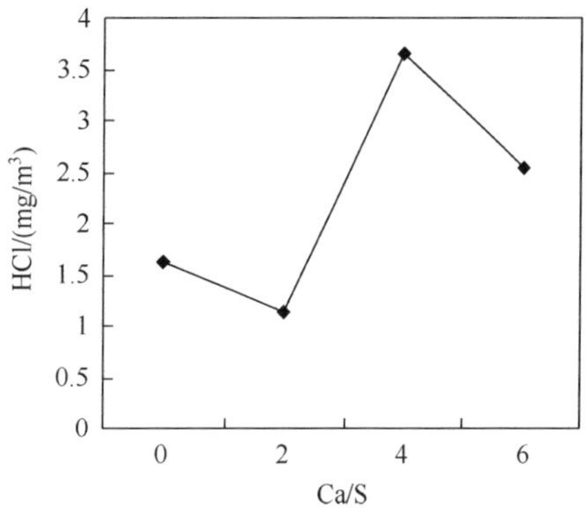

图 6.21　不同 Ca/S 对 HCl 产生的影响

（五）HCN 的排放特性

由图 6.22 可知，随着温度的升高 HCN 浓度有减少的趋势。另外，随着 Ca/S 的增加，HCN 的浓度显现上升趋势(图 6.23)，HCN 在烟气中的浓度很低。

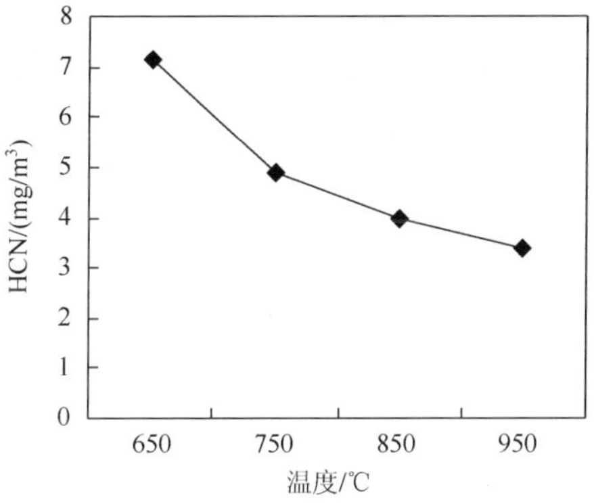

图 6.22　不同温度对 HCN 排放的影响

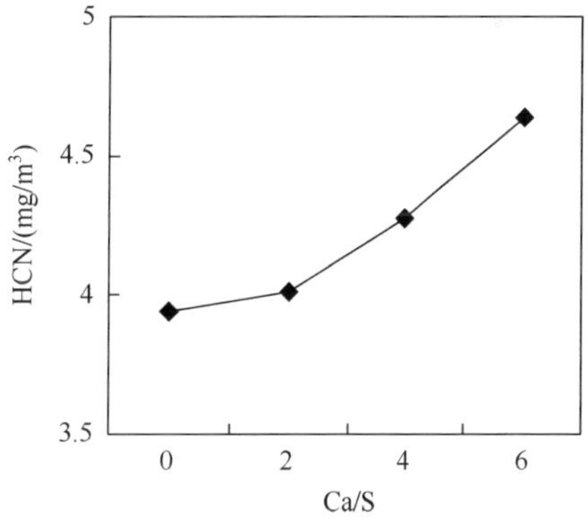

图 6.23　不同 Ca/S 对 HCN 产生的影响

三、烟气中重金属排放特性及控制技术

（一）温度对烟气中重金属排放特性的影响

焚烧温度高低影响重金属的挥发，不同焚烧温度对伴矿景天焚烧过程中烟气重金属浓度的影响如图 6.24 所示，烟气中 Zn 浓度随着温度的升高而升高，650℃和 750℃时烟气中 Zn 浓度较低，分别为 32.25mg/m^3 和 33.90mg/m^3，当温度升高至 850℃和 950℃时，烟气中 Zn 浓度分别上升为 46.40mg/m^3 和 54.20mg/m^3，而烟气中 Cd 的浓度在 750℃和 950℃时浓度较高，其值分别为 0.117mg/m^3 和 0.114mg/m^3，650℃时的浓度最低，为 0.093mg/m^3，850℃时的浓度为 0.101mg/m^3。根据 GB 18484—2001(危险废物焚烧污染控制标准)中规定 Cd 的浓度应低于 0.1mg/m^3 的限值，750℃以上的烟气中重金属都应该进行控制后再排放。胡建杭等(2008)研究发现以空气为气氛，温度的提高有利于提高烟气中的 Zn 和 Cd 的浓度。

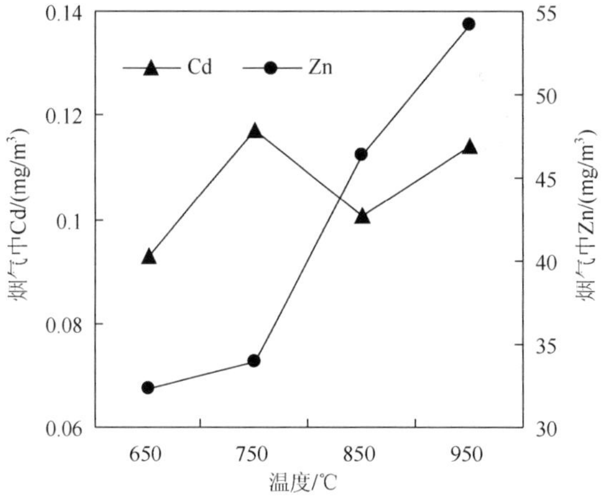

图 6.24　温度对烟气中重金属浓度的影响

（二）不同添加剂对烟气中重金属排放特性的影响

添加剂影响重金属的挥发，不同添加剂对伴矿景天焚烧过程中烟气中重金属浓度的影响如图 6.25 所示，在 850℃时添加 CaO 和 Al_2O_3 都有利于降低烟气中重金属浓度，在 Ca/S 为 6 时添加 CaO 能将烟气中的 Zn 浓度由 46.4mg/m^3 降至 22.8mg/m^3，并使烟气中 Cd 的浓度由 0.101mg/m^3 降到了 0.055mg/m^3。在 Al/S 为 6 时添加 Al_2O_3 使烟气中 Zn 和 Cd 浓度分别由 46.4mg/m^3 和 0.101mg/m^3，降低到 36.4mg/m^3 和 0.067mg/m^3。根据 GB18484—2001(危险废物焚烧污染控制标准)中规定 Cd 的浓度应低于 0.1mg/m^3，因此，添加 CaO 和 Al_2O_3 均可使烟气中 Cd 浓度低于这一标准，但 CaO 对烟气中 Zn 和 Cd 浓度的控制效果优于 Al_2O_3。

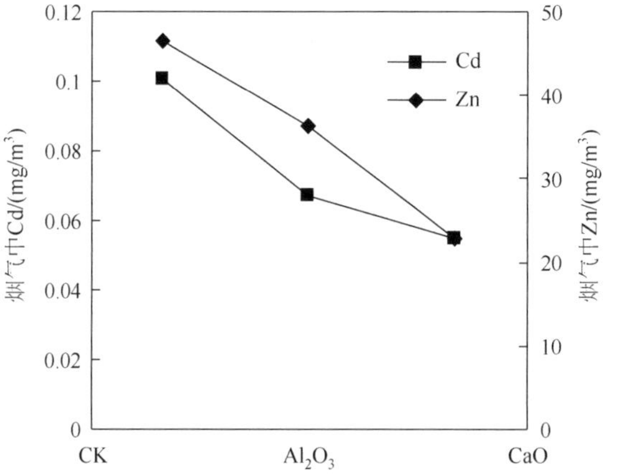

图 6.25　不同添加剂对烟气中重金属排放特性的影响

（三）不同 **Ca/S** 对烟气中重金属排放特性的影响

伴矿景天焚烧过程中添加 CaO 可有效降低烟气中重金属浓度，其添加量也影响着烟气中重金属的浓度。由图 6.26 可知，在 Ca/S=2 时，烟气中 Zn 和 Cd 浓度浓度最高，分别为 51.6mg/m^3 和 0.110mg/m^3，而当 Ca/S 为 4 或 6 时可显著地减少烟气中 Zn 和 Cd 的浓度。

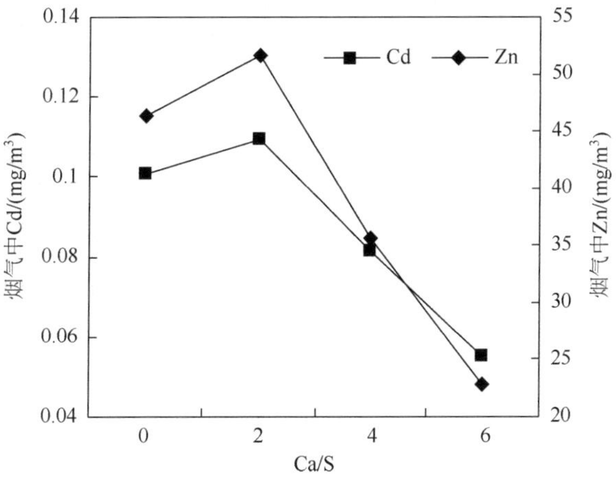

图 6.26 850℃下不同 Ca/S 对烟气中重金属排放特性的影响

四、灰渣中重金属的回收率及其调控原理

为进一步了解重金属的分布特性，对重金属回收率进行分析，这里用重金属回收率来表示伴矿景天焚烧飞灰与底渣中重金属质量相对原伴矿景天中重金属的变化情况，其表达式为

$$\text{飞灰中重金属回收率}(\%)=\frac{\text{飞灰中重金属质量}}{\text{焚烧前伴矿景天中重金属质量}};$$

$$\text{底渣中重金属回收率}(\%)=\frac{\text{底渣中重金属质量}}{\text{焚烧前伴矿景天中重金属质量}};$$

$$\text{总回收率}(\%)=\frac{\text{飞灰中重金属质量}+\text{底渣中重金属质量}}{\text{焚烧前伴矿景天重金属质量}}。$$

(一)温度对灰渣中重金属回收率的影响

图 6.27 为焚烧飞灰中重金属回收率随焚烧温度的变化曲线。在焚烧温度为 650～950℃时，随着焚烧温度的升高，飞灰中 Zn 和 Cd 回收率呈下降趋势。而 Pb 的回收率在 750℃时最高，达 17.1%，750～950℃时，随着焚烧温度的升高 Pb 回收率呈下降趋势，950℃时其回收率为 2.98%。

图 6.28 为焚烧底渣中重金属回收率随焚烧温度的变化曲线。在相同温度下，与 Cd、Pb 在底渣中的回收率相比，Zn 在底渣中的回收率最高，Pb 在焚烧温度为 650℃时回收率最高，为 17.4%，焚烧温度为 950℃时降为 1.15%，Cd 在底渣中的回收率在 650～850℃时最低，焚烧温度为 650℃时 Cd 的回收率为 12.2%，焚烧温度为 950℃时降至 2.03%。虽然 Pb 的沸点(1750℃)比 Cd 的沸点(769℃)高许多，但在 950℃时 Pb 的回收率却为 0.84%，比 Cd 的总回收率(3.88%)低(图 6.29)。Cd 的总回收率随温度的变化不大，这可以解释为 Pb 的氧化物的熔点(886℃)比 Cd 的氧化物的熔点(1500℃)要低很多，因此在相同的温度下，Pb 比 Cd 更容易挥发。

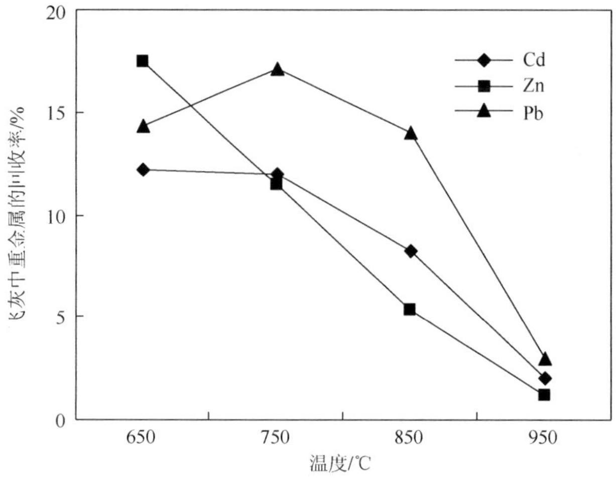

图 6.27　温度对飞灰中重金属回收率的影响

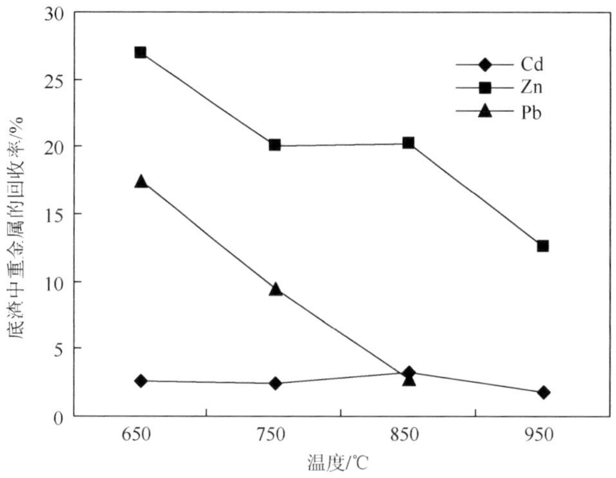

图 6.28　温度对底渣中重金属回收率的影响

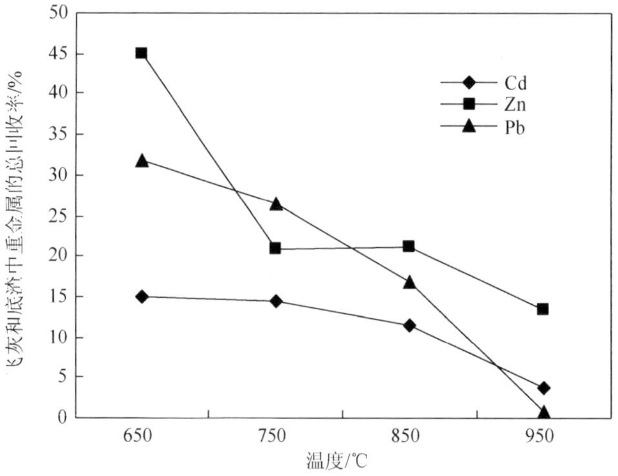

图 6.29　温度对重金属总回收率的影响

另外，飞灰中 Cd 回收率比底渣中的回收率高，Zn 在底渣的回收率比飞灰中的高，而 Pb 在 750～950℃时飞灰中的回收率比底渣中高。Brunner 和 Monch（1986）研究发现，城市生活垃圾焚烧过程中重金属汽化后，76%的 Cd 以 $CdCl_2$、CdO 的形式在飞灰颗粒表面凝结，58%的 Pb 和 51%的 Zn 以氧化物的形式存在于底灰中，其余以 $ZnCl_2$ 或 ZnO 的形式在飞灰颗粒表面凝结。

（二）添加剂对灰渣中重金属回收率的影响

由图 6.30 和图 6.31 可知，添加 CaO 可显著提高飞灰和底渣中 Cd 的回收率，同时也提高了飞灰中 Zn 和底渣中 Pb 的回收率，却降低了底渣中的 Zn 和飞灰中 Pb 的回收率。从图 6.32 可知，添加 CaO，有利于提高 Cd 和 Pb 的灰渣总回收率，但却降低了 Zn 的总回收率。

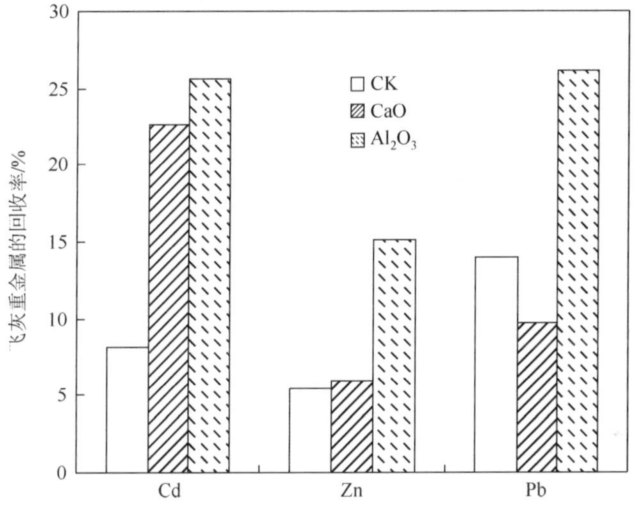

图 6.30　不同添加剂对飞灰中重金属的回收率影响

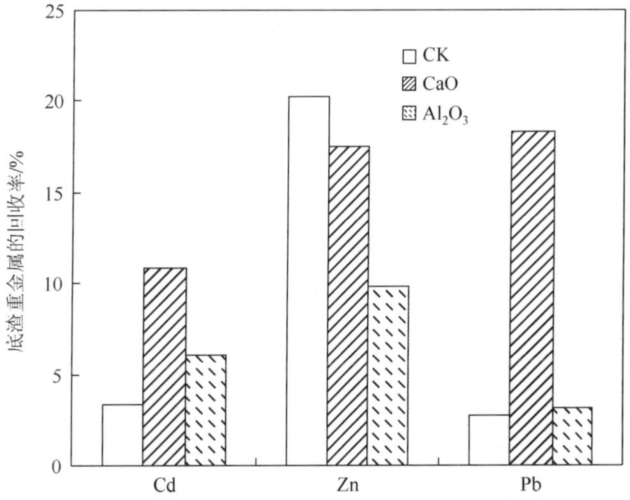

图 6.31　不同添加剂对底渣中重金属的回收率影响

添加 Al_2O_3 可提高飞灰中 Zn、Cd 和 Pb 的回收率，也提高了底渣中 Cd 和 Pb 的回收率，但减少了底渣中 Zn 的回收率。与添加 CaO 相比，添加 Al_2O_3 更有利于提高飞灰中的 Zn、Cd 和 Pb 的回收率，但在底渣中的回收率却比添加 CaO 的低。从总回收率可知 Al_2O_3 对于 Pb 的总回收率比 CaO 高，但对 Cd 和 Zn 的总回收率不如 CaO(图 6.32)。

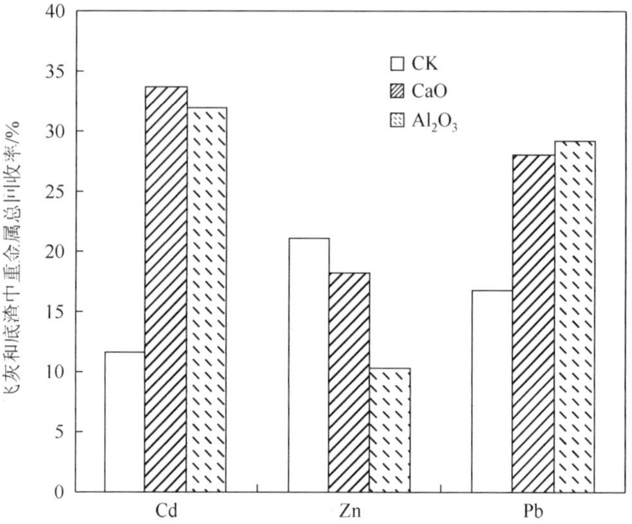

图 6.32　不同添加剂对灰渣中重金属总回收率的影响

(三) 不同 Ca/S 对灰渣中重金属回收率的影响

由图 6.33 可知，随着 CaO 的添加量增加，飞灰中的 Zn、Cd 和 Pb 的回收率都有上升的趋势，Zn、Cd 和 Pb 的回收率分别由无添加 CaO 的 5.39%、8.21%和 14.0%上升至 15.1%、25.7%和 26.1%；由图 6.34 可知底渣中的重金属的回收率在添加剂 Ca/S=4 时，Zn、Cd 和 Pb 的回收率比 Ca/S=2 和 6 时的回收率都低。Cd 在 Ca/S=2 和 6 时底渣中的回收率差别不

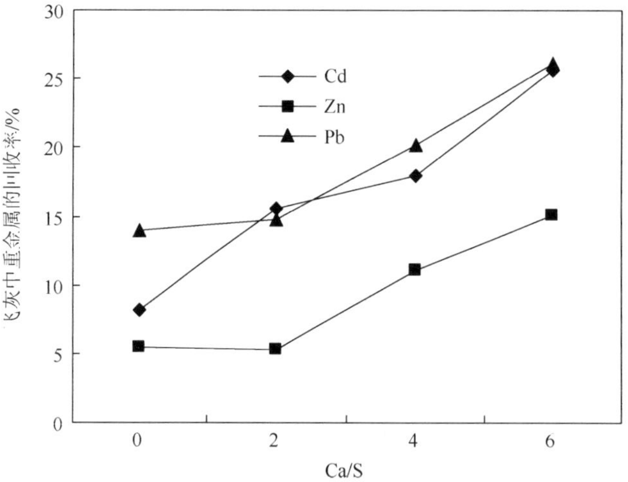

图 6.33　不同 Ca/S 对飞灰中重金属回收率的影响

大，分别为 6.03%和 6.05%，约为无添加剂回收率的 1.8 倍。Zn 在底渣中的回收率随着 Ca/S 的增大出现减小的趋势，在 Ca/S=4 时的总回收率最低为 8.42%，较 Ca/S=6 时的 9.81%低。Ca/S=6 时与无添剂时 Pb 的在底渣中回收率相差不大，分别为 3.09%和 2.76%。由图 6.35 可知，Cd 在灰渣中的总回收率随着 CaO 的添加量的增加而增加，Pb 的总回收率随着 CaO 添加量的增加而增加，但在 Ca/S=2 时的回收率最低。

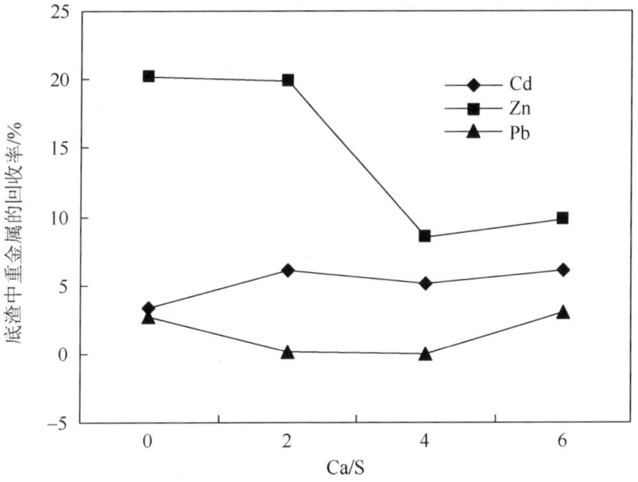

图 6.34 不同 Ca/S 对底渣中重金属回收率的影响

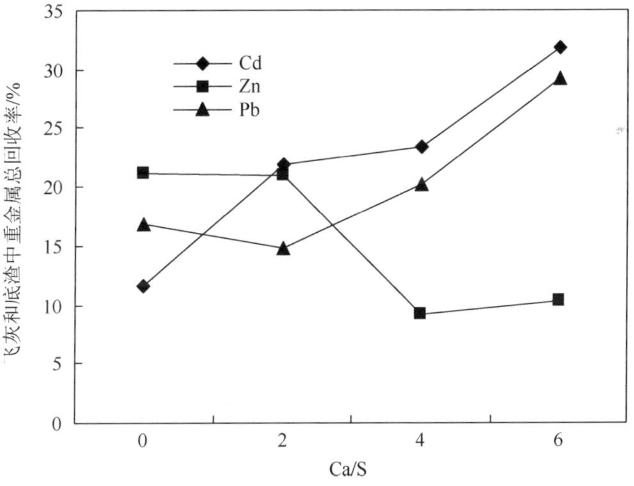

图 6.35 不同 Ca/S 对重金属总回收率的影响

第三节 流化床焚烧过程中有机污染物的排放特征研究

生物质的不完全燃烧易产生多环芳烃(PAHs)，有些学者(李久海等，2008；Fang et al.，1999)对水稻、玉米和小麦等秸秆进行焚烧发现，焚烧过程中的烟气、颗粒物、残渣中都能检测出 PAHs，并通过毒性当量分析后，焚烧后产生的 PAHs 对环境容易造成二次污染。

目前对于修复植物的热处理过程中排放的 PAHs 研究尚未见报道，焚烧工艺、焚烧条件都是影响 PAHs 产生的重要因素。因此，本节以流化床为主要工艺设备，研究伴矿景天不同焚烧温度下的 PAHs 排放规律。

一、试验方法与设计

（一）PAHs 采样装置与预处理

烟气采样装置如图 6.36，抽气泵将烟气引入，通过 XAD-2 树脂与两个装有甲苯的孟氏洗瓶吸收而成。飞灰采自于旋风除尘器，底渣采自于流化床锅炉底部。

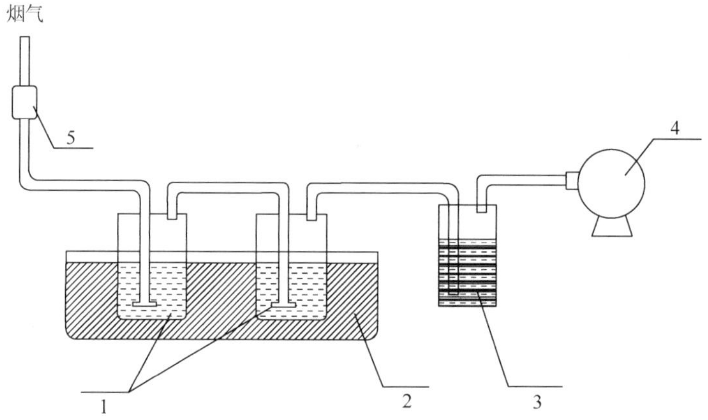

图 6.36　烟气中多环芳烃的采样装置示意图

1. 甲苯；2. 冰槽；3. 硅胶；4. 抽气泵；5. XAD-2 吸附树脂

甲苯吸收液的预处理：将甲苯旋转蒸发后，用环己烷替换后保存。

飞灰、底渣和 XAD-2 树脂的预处理：将全部的 XAD-2 树脂、2.000g 飞灰和 4.000g 底渣，分别加入到已净化的索氏提取器中，用二氯甲烷索氏提取后，于 40℃旋转蒸发干后，再用环己烷替换。

XAD-2 树脂的索提后溶液与甲苯预处理后溶液合并，过硅胶柱净化，在水温为 36℃的旋转蒸发器中旋转浓缩至干。加 2.0ml 乙腈溶解，用高效液相色谱(HPLC)测定。流动相为乙腈/水(60∶40)。液相色谱为日本岛津 Class-vp 高效液相色谱分析系统，配荧光检测器 RF-10AXL，柱温箱 OTO-10ASVP，二元梯度泵 LC-10AT，色谱分离柱为美国 Varian 公司的 ChromSpher 15 PAH。

（二）试验方法设计

试验分别设计了三个焚烧温度，分析样品包括烟气、飞灰、底渣，见表 6.10。

表 6.10　温度对伴矿景天焚烧中 PAHs 排放特性影响试验设计

编号	工况/℃	分析重金属样品	检测项目
1	750	烟气、飞灰、底渣	
2	850	烟气、飞灰、底渣	15 种 PAHs
3	950	烟气、飞灰、底渣	

二、烟气中的多环芳烃

对烟气中的 15 种多环芳烃检测，除二苯并［a，h］蒽和茚并［1，2，3-cd］芘未检出外，共检出了 13 种多环芳烃。

由表 6.11 和图 6.37 可知，750℃时，萘的量最高，为 93.0μg/m^3，占 PAHs 总量的 35.5%；苊和菲浓度次之，分别为 90.0μg/m^3 和 41.3μg/m^3，分别占总量的 34.5%和 15.8%；850℃时，苊的浓度最高，为 91.6μg/m^3，占 PAHs 总量的 41.7%，萘和菲的浓度次之，分别为 46.4μg/m^3 和 39.7μg/m^3，分别占总量的 21.1%和 18.1%；950℃时，菲的浓度最高，达 56.8μg/m^3，占 PAHs 总量的 31.7%，苊和芘的浓度次之，分别为 38.8μg/m^3 和 24.0μg/m^3，分别占总量的 21.7%和 13.4%。

表 6.11　伴矿景天焚烧过程烟气中多环芳烃浓度　（单位：μg/m^3）

化合物	750℃	850℃	950℃
萘	93.0	46.4	0.00
苊	90.3	91.6	38.8
芴	4.41	4.16	14.8
菲	41.3	39.7	56.8
蒽	8.95	10.4	8.86
荧蒽	8.42	5.24	16.0
芘	9.01	5.94	24.0
苯并［a］蒽	1.43	1.01	1.42
屈	3.60	3.92	4.60
苯并［b］荧蒽	0.00	2.27	2.97
苯并［k］荧蒽	0.68	1.78	1.19
苯并［a］芘	0.97	1.33	1.95
二苯并［a，h］蒽	0.00	0.00	0.00
苯并［g，h，i］苝	0.00	6.04	7.69
茚并［1，2，3-cd］芘	0.00	0.00	0.00
总量	262.1	219.9	179.1

气体中的多环芳烃以 3 环为主，且随着温度的升高 3 环占总数的比例上升，在 750℃、850℃、950℃时 3 环的多环芳烃分别占总数的 55.3%、66.4%和 66.6%。另外，PAHs 的总排放量随温度的升高而降低，在 750℃、850℃、950℃时 PAHs 的浓度分别为 262、220、179μg/m^3，850℃和 950℃的烟气中 PAHs 总量与 750℃相比分别降低了 16.1%和 31.7%。Sergey 和 Tamara(2003)在模拟秸秆露天焚烧的实验中，16 种 PAHs 在气相中的总量为 81.0～315.7ng/m^3，以萘为主，占总量的 58%～76%。而薪柴燃烧排放的多环芳烃中主要以 2～3 环化合物为主，萘最高，占 60%～70%；苊的量次之，为 10%～20%；4 环以上的 PAHs 浓度都很低(Zou et al.，2003)。

苯并［a］芘（BaP）是 PAHs 中最常见的一种物质，并被确认为 PAHs 中致癌性最强的一种化合物，已被许多国家和组织的环保与卫生机构确认为应重点监测的致癌性危险物质(犹学筠译，1999a，1999b)。烟气中的 BaP 都高于 GB(3059—96)中规定的 0.01μg/m^3，750℃时烟气中 BaP 最低，为 0.97μg/m^3；随着温度的升高，烟气中 BaP 浓度有增加的趋势，与 750℃相比，850℃和 950℃时烟气中 BaP 浓度分别升高了 37.1%和 101%。因此，伴矿景天焚烧过程当中，温度是影响 BaP 排放浓度的重要因素。

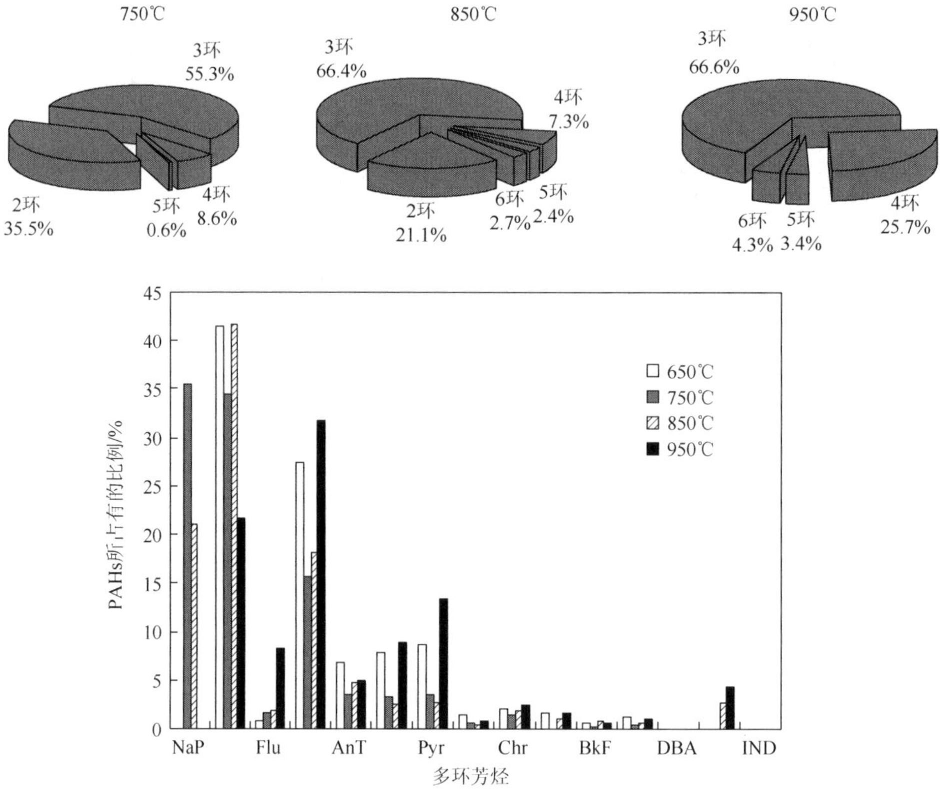

图 6.37　不同焚烧温度下烟气中各种 PAHs 所占的比重

三、飞灰与底渣中多环芳烃的分布

如图 6.38 所示，对飞灰中 15 种 PAHs 的分析发现，萘、二苯并［a，h］蒽和茚并［1，2，3-cd］芘皆未被检出。在检出的 12 种 PAHs 中，750℃和 850℃菲的浓度和占总量的比重最高，750℃和 850℃飞灰中菲的浓度分别为 1091μg/kg 和 1915μg/kg，分别占总量的 43.0%和 54.5%；950℃时飞灰中的苊的浓度最高为 1121μg/kg，占总量的 92.1%。750℃和 850℃时飞灰中的 PAHs 的总浓度为 2532μg/kg 和 3484μg/kg，而 950℃时飞灰中的 PAHs 的总浓度为 1218μg/kg，分别比 750℃和 850℃减少了 51.9%和 65.0%。其中 3 环的 PAHs 浓度最高，750℃、850℃和 950℃飞灰中 3 环 PAHs 分别占总量的 60.9%、71.1%和 96.9%；4 环的 PAHs 次之，750℃、850℃和 950℃飞灰中 4 环 PAHs 分别占总量的 24.7%、27.2%和 2.60%。飞灰中 BaP 在 750℃和 850℃皆被检出，且 850℃时飞灰中的 BaP 为 25.5μg/kg，比 750℃时的浓度 26.3μg/kg 低 2.79%。

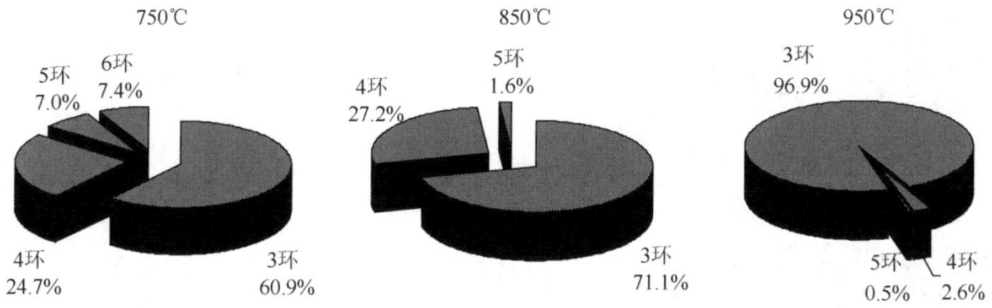

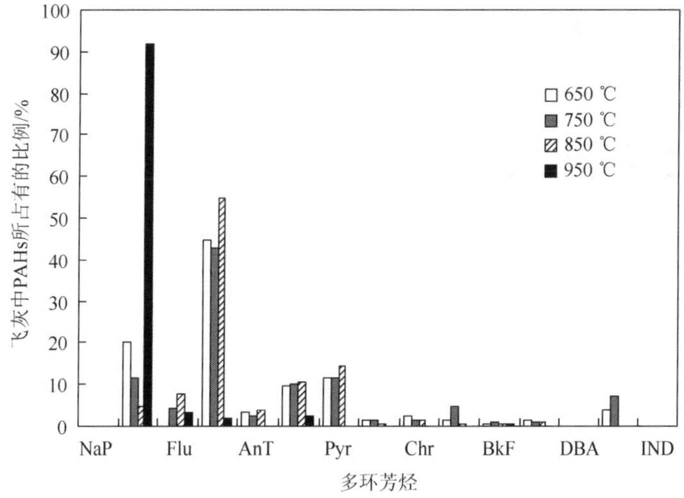

图 6.38　不同温度焚烧飞灰中各种 PAHs 所占的比重

如图 6.39 所示，对底渣中的 15 种 PAHs 的分析发现，只检出 3 环和 4 环的 PAHs，分别是苊、芴、菲、蒽、荧蒽和芘共 6 种 PAHs，750℃时 PAHs 的总量最高，为 466μg/kg，当温度高于 750℃时，随着温度的升高，底渣中的多环芳烃的总量出现下降趋势。

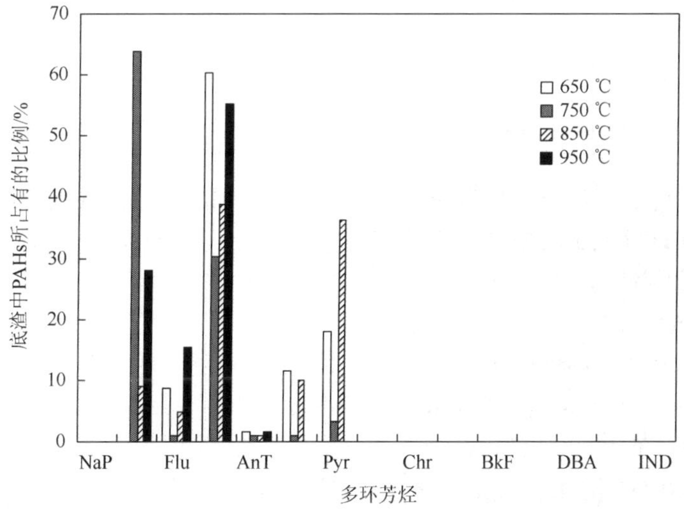

图 6.39　不同温度焚烧底渣中各种 PAHs 所占的比重

四、有机污染物的毒性当量

虽然伴矿景天焚烧过程烟气中的 PAHs 主要以 3 环的 PAHs 为主，但由表 6.12 和图 6.39 可知，3 环的 PAHs 的毒性当量总量在 750℃、850℃和 950℃时分别是 TEQ 0.23、0.24、0.20μg/m^3，分别占总毒性当量的 14.5%、10.8%和 6.93%。而苯并［a］芘(BaP)在 750℃、850℃和 950℃时的毒性当量分别是 TEQ 1.56、2.23、2.87μg/m^3，分别占总毒性当量的 62.3%、59.5%和 68.0%，为伴矿景天焚烧排放烟气中的主要致癌性 PAHs。另外，随着温度的升高，伴矿景天焚烧过程中 PAHs 的当量毒性总量有上升的趋势，850℃和 950℃时 PAHs 的毒性当量总量与 750℃时相比，分别升高了 42.9%和 84.1%。

表 6.12　伴矿景天焚烧后飞灰和底渣中多环芳烃浓度　　(单位：μg/kg)

化合物	飞灰			底渣		
	750℃	850℃	950℃	750℃	850℃	950℃
萘	0.00	0.00	0.00	0.00	0.00	0.00
苊	286.9	165	1121	298	32.7	65.3
芴	109	271	38.4	4.77	18.0	35.8
菲	1091	1915	21.2	140	141	129
蒽	60.6	128	0.00	4.98	3.84	3.70
荧蒽	253	368	31.2	4.28	35.7	0.00
芘	294	507	0.00	14.3	1312	0.00
苯并［a］蒽	40.6	23.2	0.00	0.00	0.00	0.00
屈	39.9	50.3	0.00	0.00	0.00	0.00
苯并［b］荧蒽	124	23.0	0.00	0.00	0.00	0.00
苯并［k］荧蒽	21.0	8.72	6.05	0.00	0.00	0.00
苯并［a］芘	26.3	25.5	0.00	0.00	0.00	0.00
二苯并［a，h］蒽	0.00	0.00	0.00	0.00	0.00	0.00
苯并［g，h，i］芘	187	0.00	0.00	0.00	0.00	0.00
茚并［1，2，3-cd］芘	0.00	0.00	0.00	0.00	0.00	0.00
总量	2533	3485	1218	466	364	234

伴矿景天焚烧产生的飞灰中的 PAHs 主要以 3 环和 4 环的 PAHs 为主，但由表 6.13 可知，3 环在 750℃和 850℃的毒性当量分别是 TEQ 2.09μg/kg 和 3.63μg/kg，分别占总毒性当量的 4.20%和 10.1%，950℃的毒性当量为 TEQ 1.18μg/kg，占总毒性当量的 65.0%；4 环在 750℃、850℃和 950℃的毒性当量含量分别是 TEQ 5.01、3.70、0.03μg/kg，分别占总毒性当量的 10.1%、10.3%和 1.65%；而 5 环的 PAHs 含量虽然低，但毒性当量在 750℃、850℃和 950℃时分别是 TEQ 40.8、28.7、0.61μg/kg，分别占总毒性当量的 82.0%和 79.7%和 33.3%，其中 750℃和 850℃飞灰中 BaP 的毒性当量占总毒性当量的 52.8%和 70.9%，因此 BaP 是伴矿景天焚烧产生的飞灰中的主要致癌性 PAHs。另外，随着温度的升高，伴矿景天焚烧过程中飞灰中 PAHs 的当量毒性总量有降低的趋势，

850℃时 PAHs 的当量毒性总量与 750℃时相比，降低了 27.6%，而 950℃时飞灰中的 BaP 未检出。

表 6.13 不同温度焚烧烟气、飞灰和底渣中 PAHs 的毒性当量

化合物	烟气/(TEQμg/m³)			飞灰/(TEQμg/kg)			底渣/(TEQμg/kg)		
	750℃	850℃	950℃	750℃	850℃	950℃	750℃	850℃	950℃
萘	0.09	0.05	0.00	0.00	0.00	0.00	0.00	0.00	0.00
苊	0.09	0.09	0.04	0.29	0.17	1.12	0.30	0.03	0.07
芴	0.00	0.00	0.01	0.11	0.27	0.04	0.00	0.02	0.04
菲	0.04	0.04	0.06	1.09	1.91	0.02	0.14	0.14	0.13
蒽	0.09	0.10	0.09	0.61	1.28	0.00	0.05	0.04	0.04
荧蒽	0.01	0.01	0.02	0.25	0.37	0.03	0.00	0.04	0.00
芘	0.01	0.01	0.02	0.29	0.51	0.00	0.01	0.13	0.00
苯并［a］蒽	0.14	0.10	0.14	4.06	2.32	0.00	0.00	0.00	0.00
屈	0.04	0.04	0.05	0.40	0.50	0.00	0.00	0.00	0.00
苯并［b］荧蒽	0.00	0.23	0.30	12.4	2.30	0.00	0.00	0.00	0.00
苯并［k］荧蒽	0.07	0.18	0.12	2.10	0.87	0.61	0.00	0.00	0.00
苯并［a］芘	0.97	1.33	1.95	26.3	25.5	0.00	0.00	0.00	0.00
二苯并［a，h］蒽	0.00	0.00	0.00	0.00	0.00	0.00	0.00	0.00	0.00
苯并［g，h，i］苝	0.00	0.06	0.08	1.87	0.00	0.00	0.00	0.00	0.00
茚并［1，2，3-cd］芘	0.00	0.00	0.00	0.00	0.00	0.00	0.00	0.00	0.00
3 环	0.23	0.24	0.20	2.09	3.63	1.18	0.49	0.23	0.27
4 环	0.20	0.15	0.23	5.01	3.70	0.03	0.02	0.17	0.00
5 环	1.04	1.73	2.37	40.8	28.7	0.61	0.00	0.00	0.00
总量	1.56	2.23	2.87	49.8	36.0	1.82	0.51	0.37	0.27

伴矿景天焚烧产生的底渣中的 PAHs 只有毒性较低的 3 环和 4 环的 PAHs。3 环和 4 环除了苯并［a］蒽的毒性当量因子 TEF 为 0.1 和蒽的 TEF 为 0.01，其他都为 0.001。由表 6.13 可知，随着温度的升高毒性当量总量有下降的趋势，750℃、850℃和 950℃时的总毒性当量含量分别为 TEQ 0.511、0.398 和 0.267μg/kg。因此，底渣中的 PAHs 对环境的影响与烟气与飞灰相比要小得多。

小 结

一、伴矿景天的焚烧及锌镉排放控制技术初探

焚烧方法得到的平均底灰质量为反应物的 15%左右，约为热解产物的一半；无论是热解还是焚烧，烟气中重金属相对含量均较低（＜15%），但热解和焚烧又有区别。以 550℃的反应温度为例，热解烟气中 Cd、Cu 的百分含量要高于相应的焚烧产物，特

别是 Cd，相差 5 倍以上，相反，Pb、Zn 的含量却要低得多，前者的含量不到焚烧的 3%；热解重金属的回收率要明显高于相应的焚烧产物，且重金属之间差异小。以 Cd 为例，550℃反应温度下热解的回收率约为相应焚烧产物的 5 倍。重金属熔点是决定回收率的一个关键因素，总体上，随着熔点的升高，重金属回收率有不同程度的增长；添加碳酸钙不利于控制管式炉热解和焚烧烟气中重金属的排放以及提高底灰中重金属的回收率，但却有利于控制中小批量伴矿景天流化床焚烧烟气中重金属的排放；此外，采用活性炭吸附也能在一定程度上控制流化床焚烧烟气中重金属的排放，不过效果不如添加碳酸钙明显。

二、焚烧过程中常规污染物的排放与重金属迁移转化规律

随着焚烧温度的升高，CO 的排放量下降，而 NO_x 的排放量增加。焚烧过程中随着 CaO 添加量的增加 CO 和 NO_x 的排放量明显增大。温度高于 850℃时添加 CaO，焚烧过程中 NO_x 浓度都超过 GB 18484—2001（危险废物焚烧污染控制标准）中规定 500mg/m^3 的限值，CO 的浓度也高于 GB18484—2001 的限值。而烟气中 SO_2 和 HCl 的浓度远低于 GB18484—2001 中的限值。烟气中 Zn 浓度随着焚烧温度的升高而升高，烟气中 Cd 浓度在 750℃和 950℃时较高，650℃时最低（0.093mg/m^3），850℃时浓度为 0.101mg/m^3。根据 GB18484—2001（危险废物焚烧污染控制标准）中规定 Cd 的浓度应低于 0.1mg/m^3 的限值，750 以上的烟气中重金属都应该进行控制后再排放，而烟气吸收液中 Pb 未检出。在 850℃时添加 CaO 和 Al_2O_3 有利于降低烟气中重金属浓度，CaO 对烟气中 Zn 和 Cd 浓度的控制效果好于 Al_2O_3。Ca/S 对烟气中重金属浓度影响明显，在 Ca/S=2 时，烟气中 Zn 和 Cd 的浓度最高，而当 Ca/S＞2 时烟气中 Zn 和 Cd 浓度明显降低，且 Cd 低于 GB18484—2001 的限值。Zn 和 Cd 总回收率随着温度的升高而降低，而 Pb 的回收率在 750℃时最高，当温度高于 750℃时，随着焚烧温度的升高 Pb 的回收率显示下降趋势。添加 CaO 有利于提高灰渣中 Cd 和 Pb 的回收率，但却降低了 Zn 的总回收率。添加 Al_2O_3 更有利于提高飞灰中 Zn、Cd 和 Pb 的回收率，Al_2O_3 对 Pb 总回收率的控制效果优于 CaO，但对 Cd 的总回收率不如 CaO。随着 CaO 添加量的增加，灰渣中 Cd 和 Pb 的回收率增大，而 Zn 则呈下降趋势。

三、流化床焚烧过程中有机污染物的排放特征研究

烟气中 15 种多环芳烃检测结果表明，除二苯并[a，h]蒽和茚并[1，2，3-cd]芘未检出外，共检出 13 种多环芳烃。PAHs 的总排放量随温度的升高而降低。对飞灰中 15 种 PAHs 的分析发现，萘、二苯并[a，h]蒽和茚并[1，2，3-cd]芘皆未被检出。在检出的 12 种 PAHs 中，3 环的最高，4 环次之，其中菲的含量和占总量的比重最高。对底渣中的 15 种 PAHs 的分析发现，只检出 3 环和 4 环的 PAHs，分别是苊、芴、菲、蒽、荧蒽和芘共 6 种 PAHs。随着温度的升高，底渣中 PAHs 总量呈下降趋势。随着温度的升高，伴矿景天焚烧过程烟气和飞灰中 PAHs 的当量毒性总量有上升的趋势，而底渣中 PAHs 的当量毒性总量则为下降趋势。苯并[a]芘（BaP）是伴矿景天焚烧排放烟气中的主要致癌性 PAHs。750℃、

850℃和 950℃三个焚烧工况下，烟气中的 BaP 都高于 GB(3059—96)中规定的 0.01 μg/m^3，随着温度的升高，烟气中 BaP 量有增加的趋势，毒性当量在 750℃、850℃和 950℃时分别占总毒性当量的 62.3%、59.5%和 68.0%。

参 考 文 献

常万林，刘丽萍. 2004. 垃圾焚烧处理技术的现状与趋势. 煤炭工程，12：52～54

陈爱胜，林初夏，龙新宪. 2004. 不同土壤处理对东南景天吸取土壤中锌和镉效率的影响. 生态环境，13(4)：556～559

方建华. 2004. 北京市生活垃圾焚烧处理发展探讨. 环境卫生，6(1)：34～36

胡建杭，王华，吴桢芬，等. 2008. 垃圾焚烧过程重金属的氯化转化与挥发. 材料与冶金学报，7(1)：69～74

李国学，李玉春，李彦富. 2003. 固体废物堆肥化及堆肥添加剂研究进展. 农业环境科学学报，22(2)：252～256

李久海，董元华，曹志洪. 2008. 稻草焚烧产生的多环芳烃排放特征研究. 中国环境科学，28(1)：23～26

李艳霞，王敏健，王菊思，等. 2000. 固体废弃物的堆肥化处理技术. 环境污染治理技术与设备，1(4)：39～45

吕国强，王华. 2004. 城市生活垃圾熔融焚烧试验研究. 云南环境科学，23(4)：37～39

钱玲，侯浩波. 2004. 浅谈垃圾焚烧灰渣的资源化利用. 中国资源综合利用，10：9～12

孙健. 1994. 焚烧法处理生活垃圾发展前景初探. 煤炭环境保护，2(4)：42～45

万晓，王伟，高兴保. 2005. 垃圾焚烧飞灰中重金属的分布与性质. 环境科学，26(3)：172～175

王英彪，吴占松，李星文. 2004. 垃圾焚烧技术与发展. 垃圾焚烧技术与发展，5：251～254

邢前国，潘伟斌. 2004. 富含 Cd、Pb 植物焚烧处理方法的探讨. 生态环境，13(4)：585～586

邢前国，潘伟斌，张太平. 2003. 重金属污染土壤的植物修复技术. 生态科学，22(3)：275～279

徐进. 2005. 垃圾焚烧发电工艺设计及技术装备研究. 可再生能源，121：65～67

严建华，沈祥智，李晓东. 2005. 流化床焚烧垃圾的关键问题及预处理措施. 中国动力工程学报，25(1)：1～6

杨肖娥，龙新宪，倪吾钟，等. 2002. 东南景天(*Sedum alfredii* Hance)：一种新的锌超积累植物. 科学通报，47(13)：1003～1006

犹学筠译. 1999a. 国际癌症研究中心(IARC)最新公布的对人致癌性总评价表(1). 劳动医学，16(3)：126～127

犹学筠译. 1999b. 国际癌症研究中心(IARC)最新公布的对人致癌性总评价表(2). 劳动医学，16(3)：196～209

赵玉杰. 2004. 我国城市垃圾焚烧技术的现状和发展趋势. 青海大学学报(自然科学版)，22(3)：25～28

周乃元，王仁武. 2002. 植物修复－治理土壤重金属污染的新途径. 中国生物工程杂志，22(5)：53～57

祝建中，胡志华. 2004. 垃圾焚烧过程中影响重金属分布因素的研究. 环境污染治理技术与设备，5(12)：48～51

Anderson C W N，Brooks R R. 1999. Phytomining for nickel，thallium and gold. Journal of Geochemical Exploration，67：407～415

Banuelos G S. 2006. Phyto-products may be essential for sustainability and implementation of phytoremediation. Environmental Pollution，144(1)：19～23

Brunner P H，Monch H. 1986. The flux of metals through municipal solid waste incineration. Waste Management and Research，4(2)：105～119

Catherine K，Christian L，Frederic D W. 2005. Thermal treatment of metal enriched biomass produced from heavy metal phytoextraction. Environmental Science and Technology，39：3359～3367

Fang M，Zheng M，Wang F，et al.1999. The solvent-extractable organic compounds in the Indonesia biomass burning aerosols-characterization studies. Atmospheric Environment，33：783～795

Jensen M B，Pettersson L G M，Swang O. 2005. CO_2 sorption on MgO and CaO surfaces：a comparative quantum chemical cluster study. The Journal of Physical Chemistry B.，109：16774～16781

Leckner B，Karlsson M. 1989. Gaseous emissions from circulating fluidised bed combustion of wood. Biomass and Bio energy，4(5)：379～389

McGrath S P. 1998. Phytoextraction for soil remediation//Brooks R R. ed. Plants that hyperaccumulate heavy metals，their role in phytoremediation，microbiology，archaeology，mineral exploration and phytomining. CAB International，Wallingford，UK. 261～287

Perronet K，Schwartz C，Gearard E，et al. 2000. Availability of cadmium and zinc accumulated in the leaves of *Thalspi caerulescens* incorporated into soil. Plant and Soil，227：257～263

Sarret G，Vangronsveld J，Manceau A，et al. 2001. Accumulation forms of Zn and Pb in *Phaseolus vulgaris* in the presence and absence of EDTA. Environmental Science and Technology，35：2854～2859

Sergey V K，Tamara I K. 2003. PAH emission from the open burning of agricultural debris. Science of the Total Environment，124：283～289

Yan X L，Chen T B，Liao X Y，et al. 2008. Arsenic transformation and volatilization during incineration of the hyperaccumulator *Pteris vittata* L. Environmental Science and Technology，42：1479～1484

Zhao F J，Lombi E，Breedon T，et al. 2000. Zinc hyperaccumulation and cellular distribution in *Arabidopsis halleri*. Plant Cell and Environment，23：507～514

Zou Y，Zhang W D，Atkiston S. 2003. The characterisation of polycyclic aromatic hydrocarbons emissions from burning of different firewood species in Australia. Environmental Pollution，124：283～289

结　语

土壤是农业生产的基本要素和人类赖以生存的物质基础，也是经济社会发展不可或缺的重要资源。我国农田土壤污染呈逐年增加趋势，已对“菜篮子”、“米袋子”安全构成了严重威胁。正如2014年我国土壤污染公报所言，我国农用地污染物点位超标率高达19.4%，其中18.3%为中低度污染，且多种污染物共存，主要涉及镉砷等重金属和多环芳烃等持久性污染物，湘江流域、珠江流域、长江流域、北方半湿润或干旱区等地区尤为突出。“点位超标率”不完全等同于污染物的“面积超标率”以及“农产品超标率”。因此，我国农田土壤的污染特征尚需深入研究和分析。

农田土壤污染修复技术主要包括物化稳定、生物修复和传统农艺技术，以及这些技术的集成联用。稳定修复的基本思路是降低土壤中重金属的有效性和植物吸收性，较为常见的稳定剂包括土壤酸碱性(pH)调节剂，如石灰等；重金属的广谱或选择性吸附剂，如蒙脱石、海泡石、凹凸棒土等黏土矿物类或这些矿物经过改性的材料，也包括采用纳米技术处理的新型材料如纳米羟基磷灰石等；生物技术包括植物、微生物技术，如重金属低积累植物品种的筛选与种植、促进农作物生长的微生物菌剂、重金属超积累植物的筛选与应用，亦或是这些技术的联用；传统农艺调控技术方法多样，较广泛应用的是调控水分以调节土壤氧化还原电位和重金属的生物有效性，从而降低农作物的重金属吸收性；其次是调整种植业结构，由粮食、蔬菜种植改为其他方式，避免食物链风险。种植业结构调整更多地受当地自然与气候条件、种植与消费习惯、国家政策等方面的限制。我国现有土壤修复技术仍存在处理污染物单一、修复效果不理想、缺少可复制和可推广的修复产品和设备等问题，亟需继续优化相关单项技术，集成并形成高效、稳定和易推广的中低度复合污染农田修复技术，并大面积推广与示范。

我国幅员辽阔、气候类型多样，土壤性质也千差万别。因此，各种修复技术在我国各地污染农田土壤上的修复效率也必将有明显不同。因此，在选定污染修复技术后，常需研究修复技术对土壤中重金属有效性的影响及其与农作物重金属吸收性的关系，以及连续实施过程中这些技术的有效性变化、土壤中重金属总量与生物可利用性的变化等，以探明这些技术的可靠性、实用性与经济效益等。评价修复技术对土壤中重金属形态与生物有效性的方法很多，有些较为成熟，但研究结果多为部分区域或是小范围的试验，较难推而广之应用于全国范围内修复技术的可行性、经济效益等的评价。

实验室内的培养试验或是温室盆栽试验结果，常较为理想。但这些技术应用于田间实际污染农田的修复时往往与预想相去甚远，其原因多数也已明了。需要指出的是，田间小区试验或小面积范围内成功应用的技术，大规模产业化推广时可能需要考虑更为综合和复杂的影响因素，也即该项技术成功与否存在更大的不确定性；修复技术的规模化示范和产业化应用需要多学科、多部门进行集成和综合协调。土壤修复需要切合实际的应用技术，同样也需开展相关技术原理及机制的探索，以期真正实现土壤污染的控制与修复。对污染物在不同土壤中的形态转化与有效性变化的探明，利于控制与修复技术的有效实施与大面积应用；对控制与修复技术实施中污染物总量、形态与有效变化的研究，利于控制、修复技术的优化及修复效率与效益的提高。

应用超积累植物开展重金属污染农田土壤的吸取修复，是农田土壤修复的可选技术之一，该项技术适用于中低污染的农田土壤，主要污染元素是修复植物可大量吸收且其余元素对修复植物无明显毒害作用。因此，一种或两种植物联用、结合农艺调控等技术，在可接受的时间范围内实现污染农田土壤的高效、绿色修复。我国在超积累植物筛选与修复方面起步晚于欧美，但是研究进展较快，且有特色。这与我国近期科研工作快速发展有关，但我国人多地少、农产品总量需求迫切也是重要因素；农田复种指数高及农用化学品投入高，对低污染农田安全生产的要求等方面是我国重金属土壤污染与植物修复研究与技术研发的重要推动力。

针对我国农田土壤污染突出问题，我国各级政府部门已作整体布局，出台了《重金属污染综合防治“十二五”规划》等系列文件；科技部、农业部等部委组织实施了一大批科技项目，开展了农产品产地环境调查与评估、污染农田土壤安全利用及修复等方面的工作，部分技术正在规模化示范。其中，中低度复合污染农田多为“基本农田”，事关农产品安全。随着“土壤污染防治行动计划”以及《土壤污染防治法》等在不远的将来陆续颁布与实施，未来我国农田土壤修复技术的需求将持续增强，对相关基础性研究的要求也将随之提高。因此，在重金属污染土壤修复的基础研究方面，以污染物的生物与地球化学过程和风险评估与管理为指导思想，进一步开展不同类型土壤中污染物的化学/生物过程、形态转化与有效性和生物毒性效应，探明污染物的界面过程、相互作用机制、运移规律及植物吸收机制，进而提出区域农田土壤污染控制策略；揭示不同类型土壤在修复过程中污染物的界面过程、毒性效应变化规律与机制；在应用技术方面，结合不同地区土壤类型与污染特征、气候条件、种植习惯等因素，研发可切实解决农田实际污染问题的修复技术，开展其物理、化学、生物、农艺等技术的集成，攻克集成技术规模化示范过程中的工程与产业化技术瓶颈性难题，以期实现污染农田土壤的高效修复，进而形成相关技术规程。我国农田土壤污染修复基础研究与应用技术研发还有很长的路要走，需要大家共同携手、长久努力。

彩　　图

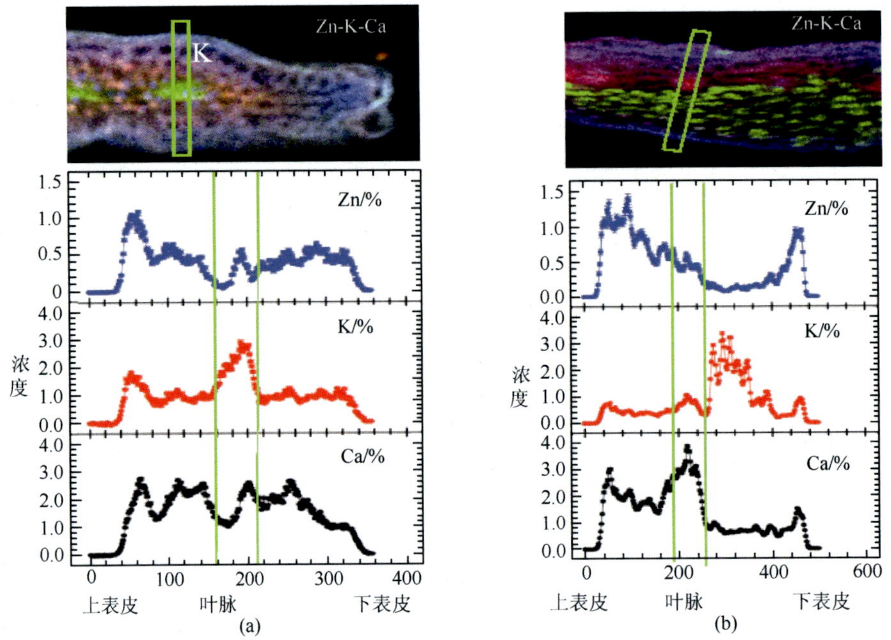

图 2.12　Zn 处理下伴矿景天新叶中部（a）及靠近叶缘横切面（b）Zn 的分布

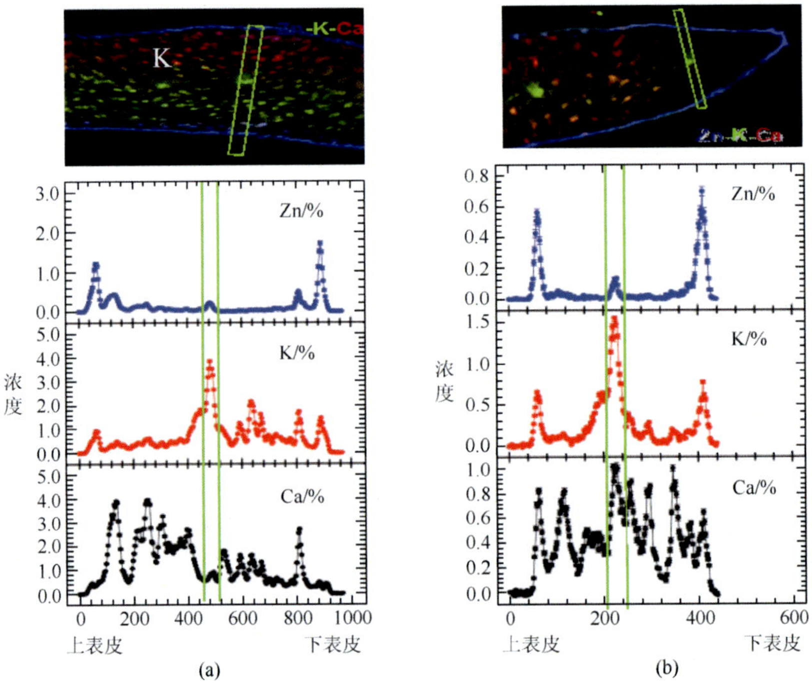

图 2.13　Zn 处理下伴矿景天成熟叶中部（a）及靠近叶缘横切面（b）Zn 的分布

(a) 植株　　(b) 盛花期

图 1.1　伴矿景天植物野外生长状况图

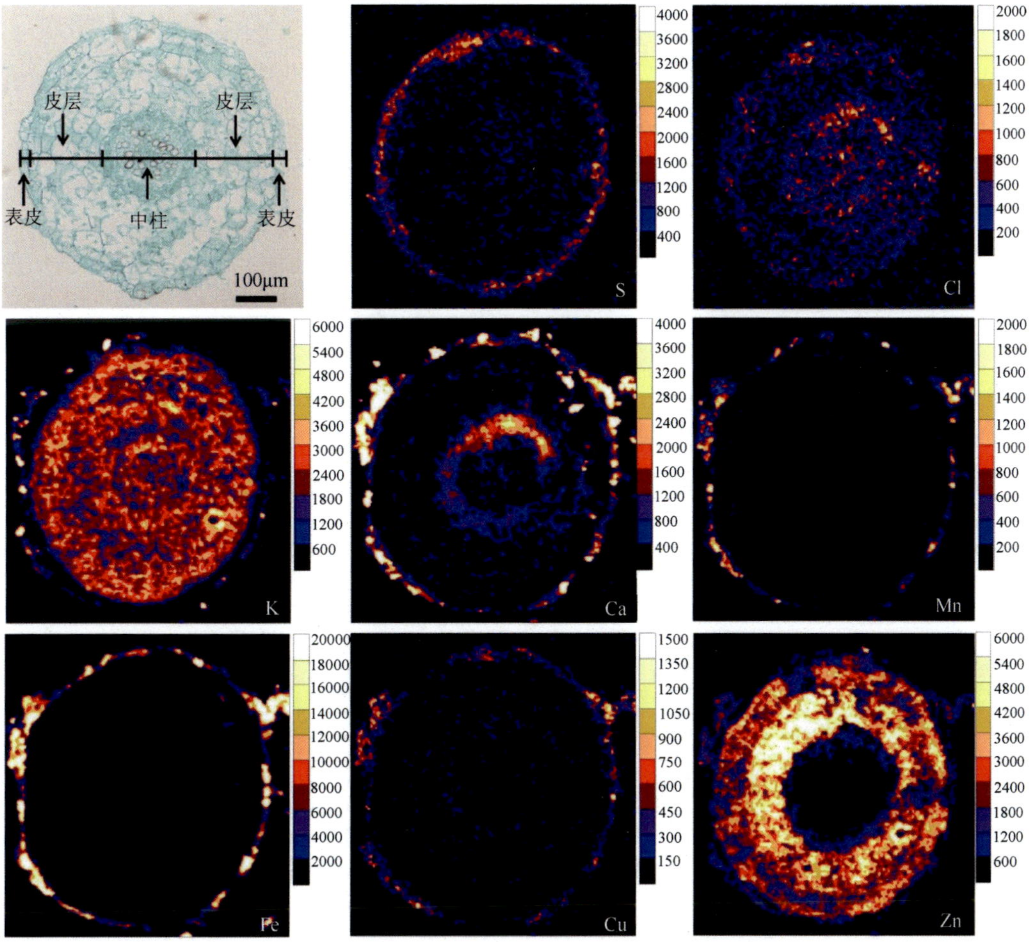

图 2.14　伴矿景天根横切面结构及元素分布（单位：mg/kg 含水冷冻组织）

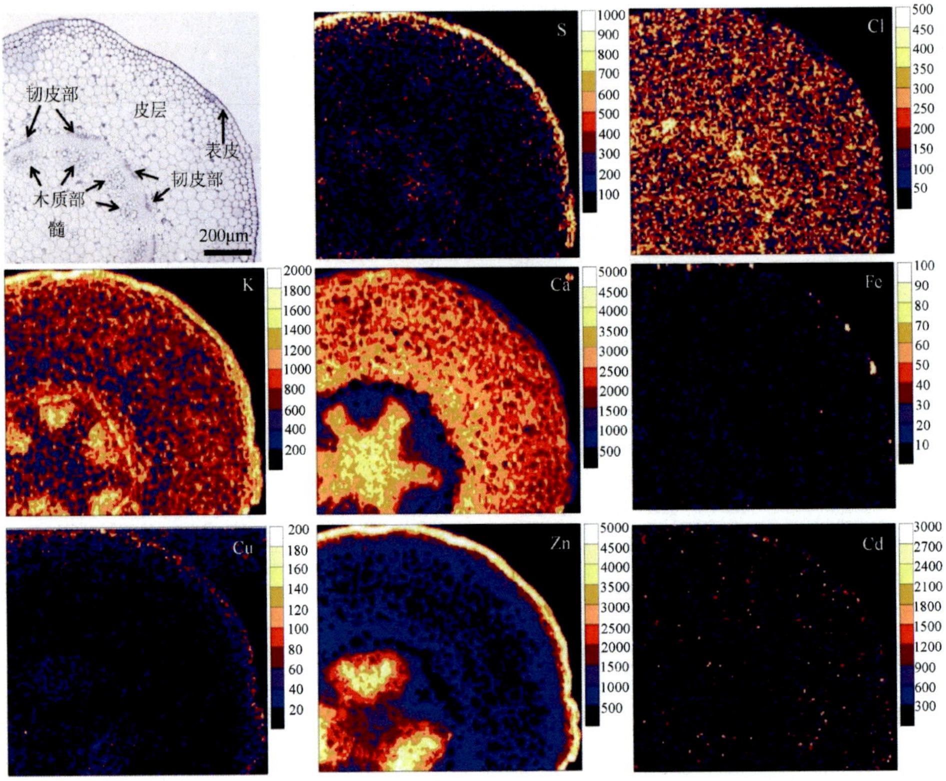

图 2.15　伴矿景天茎横切面结构及元素分布（单位：mg/kg 含水冷冻组织）

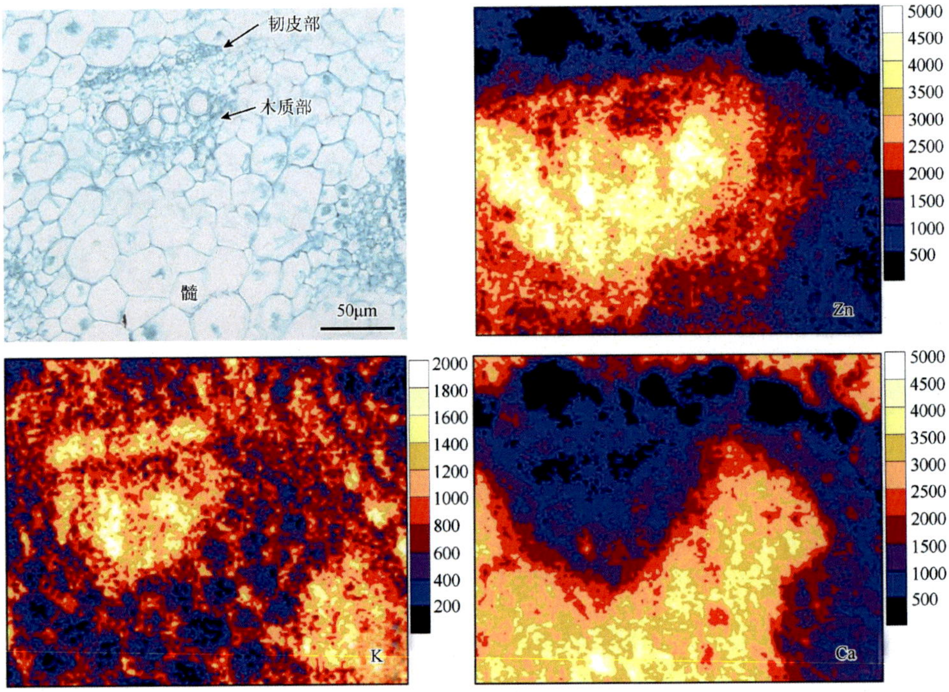

图 2.16　伴矿景天茎维管束和髓结构及元素分布图（单位：mg/kg 含水冷冻组织）

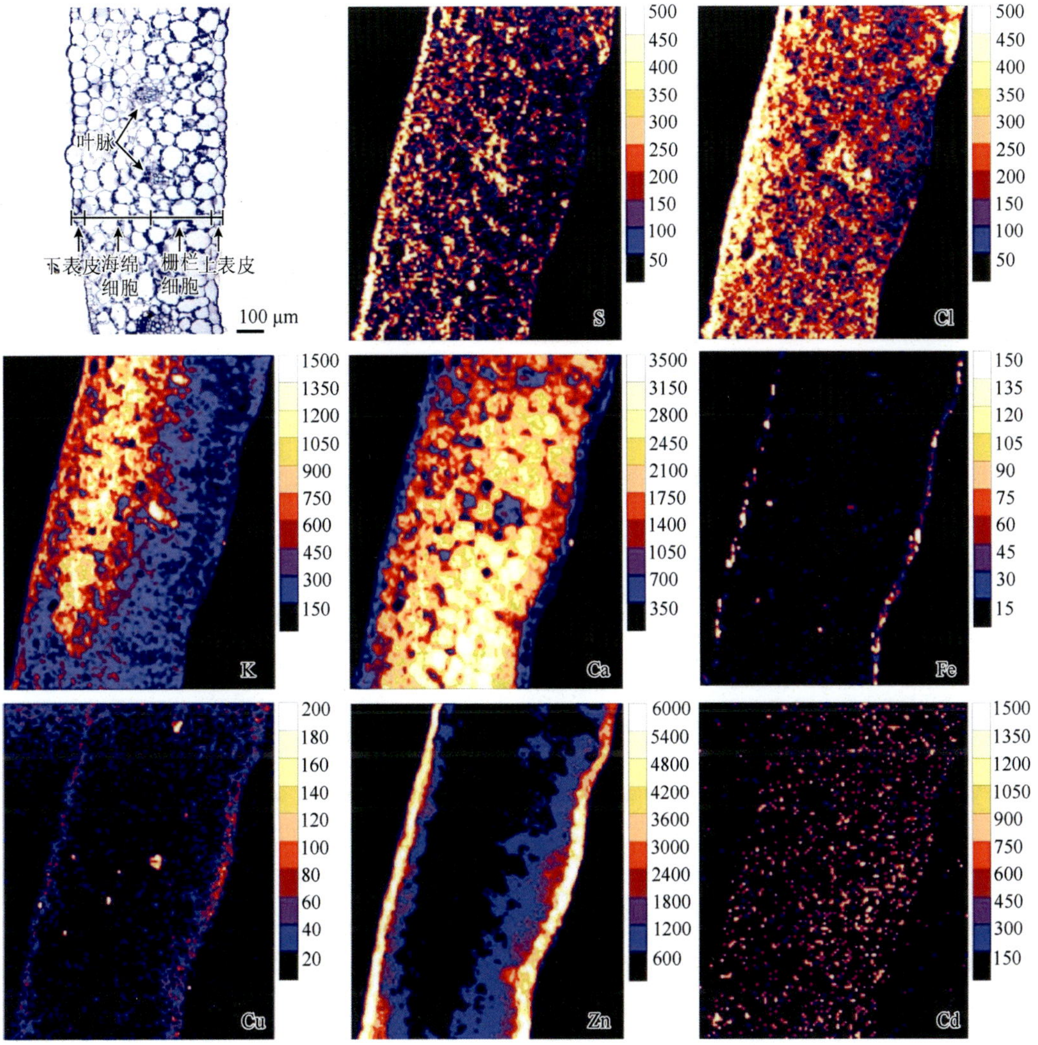

图 2.17　伴矿景天叶片横切面结构及元素分布（单位：mg/kg 含水冷冻组织）

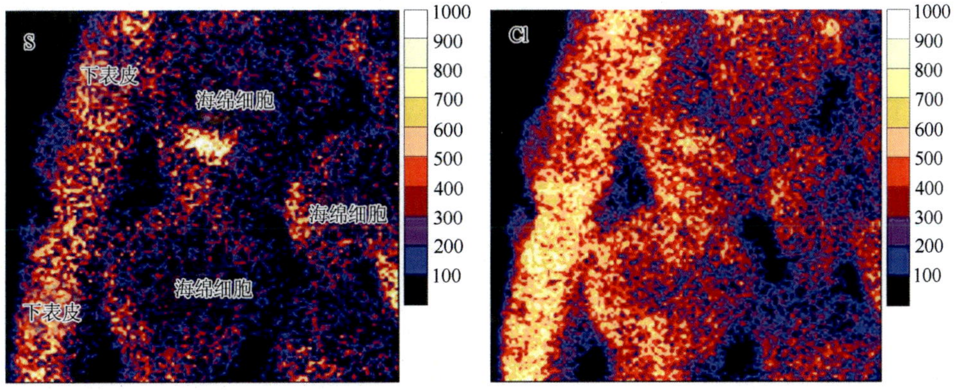

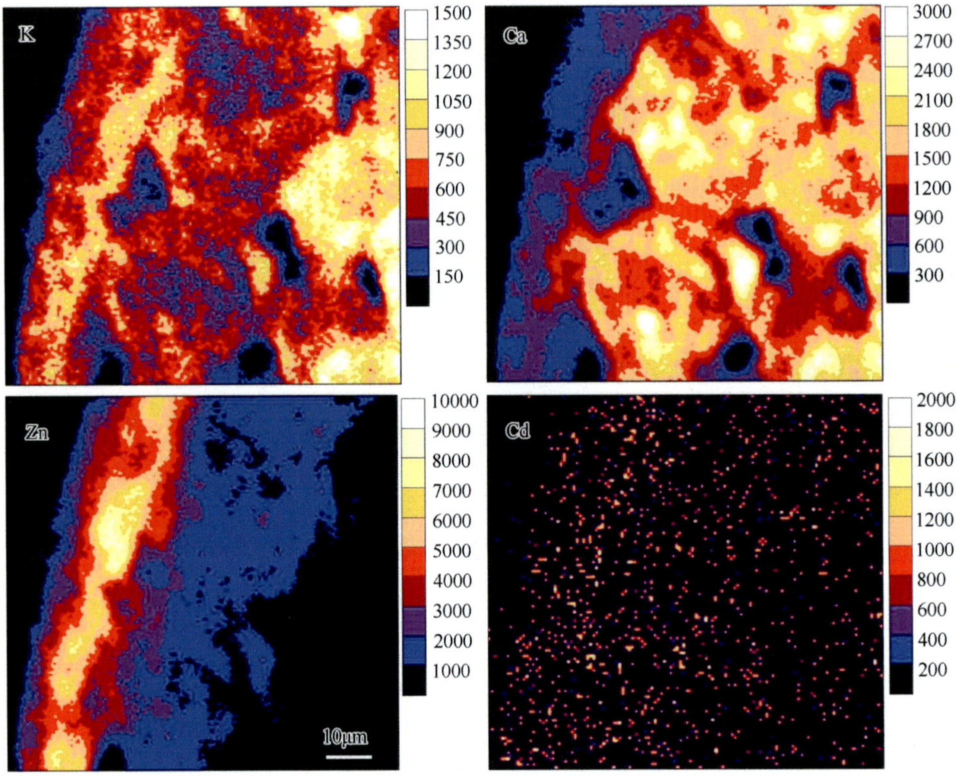

图 2.18　伴矿景天叶片表皮和叶片细胞元素分布（单位：mg/kg 含水冷冻组织）

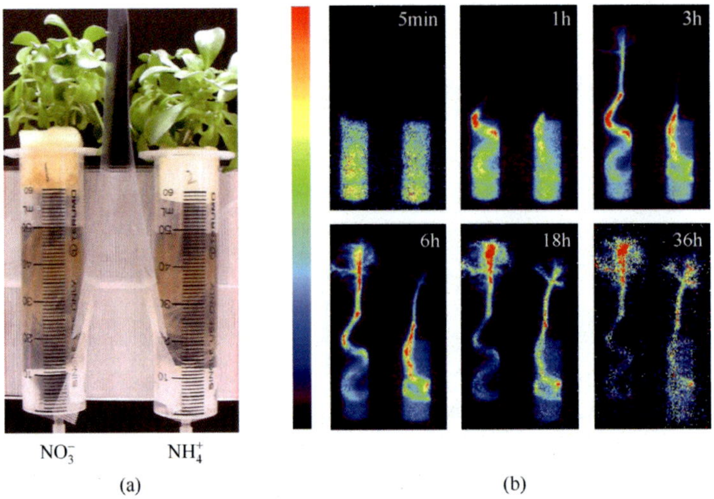

图 4.16　伴矿景天经 NO_3^- 和 NH_4^+ 处理 3d 后对 ^{107}Cd 的动态吸收